위험물
산업기사 실기

머리말

Hazardous material Industrial Engineer

국가기초산업의 중추적 역할을 담당하고 있는 위험물 분야에서 자신의 능력을 충분히 발휘하고 활동 영역을 확대하기 위해서는 어느 분야보다도 위험물 분야에서의 자격증 취득이 무엇보다 중요합니다.

최근 위험물에 대한 관심이 고조되는 가운데, 위험물산업기사 시험을 준비하는 수험생들이 단기간에 자격증을 취득할 수 있도록 이 책의 구성을 다음과 같이 하였습니다.

제1장 위험물의 성상
제2장 소화설비
제3장 위험물안전관리법 시설기준
제4장 소화설비, 경보설비 및 피난설비의 기준
제5장 제조소등에서의 위험물의 저장 및 취급에 관한 기준
제6장 위험물의 운반에 관한 기준
제7장 위험물 운송책임자의 감독 또는 운송 · 운반기준 파악
제8장 안전관리대행기관의 지정기준
제9장 화학소방자동차에 갖추어야 하는 소화능력 및 설비의 기준
제10장 안전교육의 과정 · 기간과 그 밖의 교육의 실시에 관한 사항
제11장 위험물시설의 안전관리 등
부록 과년도 기출문제

최선을 다했지만, 미흡한 부분이 없지 않을 것입니다. 내용의 오류가 있으면 차후 독자들의 의견을 수렴하여 인터넷 홈페이지나 정오표에 게시할 것을 약속드리며, 이 책으로 공부하시는 수험생 여러분에게 합격의 영광이 함께 하기를 기원합니다.
끝으로 이 책이 발간되기까지 도와주신 분들께도 감사드립니다.

저자

출제기준

| 직무 분야 | 화학 | 중직무 분야 | 위험물 | 자격종목 | 위험물산업기사 | 적용기간 | 2025.01.01.~2029.12.31 |

○직무내용 : 위험물제조소 등에서 위험물을 제조·저장·취급하고 작업자를 교육·지시·감독하며, 각 설비에 대한 점검과 재해 발생 시 사고대응 등의 안전관리 업무를 수행하는 직무이다.

○수행준거 : 1. 위험물을 안전하게 관리하기 위하여 성상·위험성·유해성 조사, 운송·운반 방법, 저장·취급 방법, 소화 방법을 수립할 수 있다.

2. 사고예방을 위하여 운송·운반 기준과 시설을 파악할 수 있다.

3. 위험물의 저장취급과 위험물시설에 대한 유지관리, 교육훈련 및 안전감독 등에 대한 계획을 수립하고 사고대응 매뉴얼을 작성할 수 있다.

4. 사업장 내의 위험물로 인한 화재의 예방과 소화방법에 대한 계획을 수립할 수 있다.

5. 관련 물질자료를 수집하여 성상을 파악하고, 유별로 분류하여 위험성을 표시할 수 있다.

6. 위험물 제조소의 위치·구조·설비기준을 파악하고 시설을 점검할 수 있다.

7. 위험물 저장소의 위치·구조·설비기준을 파악하고 시설을 점검할 수 있다.

8. 위험물 취급소의 위치·구조·설비기준을 파악하고 시설을 점검할 수 있다.

9. 사업장의 법적기준을 준수하기 위하여 허가신청서류, 예방규정, 신고서류에 대한 작성과 안전관리 인력을 관리할 수 있다.

| 실기검정방법 | | 필답형 | | 시험시간 | 2시간 정도 |

실기과목명	주요항목	세부항목	세세항목
위험물 취급실무	1. 제4류 위험물 취급	1. 성상·유해성 조사하기	1. 제4류 위험물의 품목을 구별하여 성상을 조사할 수 있다. 2. 제4류 위험물의 일반적인 물리·화학적 성질을 검토하여 성상을 조사할 수 있다. 3. 제4류 위험물의 관련 기준을 검토하여 환경 유해성을 조사할 수 있다. 4. 제4류 위험물의 관련 기준을 검토하여 인체 유해성을 조사할 수 있다.
		2. 저장방법 확인하기	1. 제4류 위험물 기준을 확인하여 안전하게 저장할 수 있다. 2. 제4류 위험물 품목별 수납 방법을 확인하여 안전하게 저장할 수 있다. 3. 제4류 위험물 품목별 저장 장소를 확인하여 안전하게 저장할 수 있다. 4. 제4류 위험물을 보관 기준을 확인하여 안전하게 저장할 수 있다.
		3. 취급방법 파악하기	1. 제4류 위험물을 기준을 검토하여 안전하게 취급할 수 있다. 2. 제4류 위험물의 물리·화학적 성질을 검토하여 위험물을 안전하게 취급할 수 있다. 3. 환경조건을 검토하여 제4류 위험물을 안전하게 취급할 수 있다. 4. 제4류 위험물 운송·운반 관련 하역절차·설비를 파악하여 안전하게 취급할 수 있다.

출제기준

실기과목명	주요항목	세부항목	세세항목
위험물 취급실무	1. 제4류 위험물 취급	4. 소화방법 수립 하기	1. 제4류 위험물 기준을 검토하여 안전하게 소화할 수 있다. 2. 제4류 위험물 소화 원리를 검토하여 안전하게 소화할 수 있다. 3. 제4류 위험물 소화설비 설치 기준을 검토하여 안전하게 소화할 수 있다. 4. 제4류 위험물의 소화기구 적응성을 검토하여 안전하게 소화할 수 있다.
	2. 제1류, 제6류 위험물 취급	1. 성상·유해성 조사하기	1. 제1류, 제6류 위험물의 품목을 구별하여 성상을 조사할 수 있다. 2. 제1류, 제6류 위험물의 일반적인 물리·화학적 성질을 검토하여 성상을 조사할 수 있다. 3. 제1류, 제6류 위험물의 관련 기준을 검토하여 환경 유해성을 조사할 수 있다. 4. 제1류, 제6류 위험물의 관련 기준을 검토하여 인체 유해성을 조사할 수 있다.
		2. 저장방법 확인 하기	1. 제1류, 제6류 위험물 기준을 검토하여 안전하게 저장할 수 있다. 2. 제1류, 제6류 위험물의 품목별 수납 방법을 확인하여 안전하게 저장할 수 있다. 3. 제1류, 제6류 위험물의 품목별 저장 장소를 확인하여 안전하게 저장할 수 있다. 4. 제1류, 제6류 위험물을 유별 위험물 보관 기준을 확인하여 안전하게 저장할 수 있다.
		3. 취급방법 파악 하기	1. 제1류, 제6류 위험물을 기준을 검토하여 안전하게 취급할 수 있다. 2. 제1류, 제6류 위험물의 물리·화학적 성질을 검토하여 위험물을 안전하게 취급할 수 있다. 3. 제1류, 제6류 위험물의 환경조건을 검토하여 안전하게 취급할 수 있다. 4. 제1류, 제6류 위험물의 운송·운반 관련 하역절차·설비를 파악하여 안전하게 취급할 수 있다.
		4. 소화방법 수립 하기	1. 제1류, 제6류 위험물 기준을 검토하여 안전하게 소화할 수 있다. 2. 제1류, 제6류 위험물 소화 원리를 검토하여 안전하게 소화할 수 있다. 3. 제1류, 제6류 위험물 소화설비 설치 기준을 검토하여 안전하게 소화할 수 있다. 4. 제1류, 제6류 위험물 소화기구 적응성을 검토하여 안전하게 소화할 수 있다.

출제기준

실기과목명	주요항목	세부항목	세세항목
위험물 취급실무	3. 제2류, 제5류 위험물 취급	1. 성상 · 유해성 조사하기	1. 제2류, 제5류 위험물 품목을 구별하여 성상을 조사할 수 있다. 2. 제2류, 제5류 위험물 일반적인 물리 · 화학적 성질을 검토하여 성상을 조사할 수 있다. 3. 제2류, 제5류 위험물 관련 기준을 검토하여 환경 유해성을 조사할 수 있다. 4. 제2류, 제5류 위험물 관련 기준을 검토하여 인체 유해성을 조사할 수 있다.
		2. 저장방법 확인하기	1. 제2류, 제5류 위험물을 안전하게 저장하기 위해서 기준을 검토할 수 있다. 2. 제2류, 제5류 위험물의 품목별 수납 방법을 확인하여 안전하게 저장할 수 있다. 3. 제2류, 제5류 위험물의 품목별 저장 장소를 확인하여 안전하게 저장할 수 있다. 4. 제2류, 제5류 위험물의 유별 위험물 보관 기준을 확인하여 안전하게 저장할 수 있다.
		3. 취급방법 파악하기	1. 제2류, 제5류 위험물 기준을 검토하여 안전하게 취급할 수 있다. 2 제2류, 제5류 위험물의 물리 · 화학적 성질을 검토하여 안전하게 취급할 수 있다. 3. 제2류, 제5류 위험물의 환경조건을 검토하여 안전하게 취급할 수 있다. 4. 제2류, 제5류 위험물의 운송 · 운반 관련 하역절차 · 설비를 파악하여 안전하게 취급할 수 있다.
		4. 소화방법 수립하기	1. 제2류, 제5류 위험물 기준을 검토하여 안전하게 소화할 수 있다. 2. 제2류, 제5류 위험물 소화 원리를 검토하여 안전하게 소화할 수 있다. 3. 제2류, 제5류 위험물 소화설비 설치 기준을 검토하여 안전하게 소화할 수 있다. 4. 제2류, 제5류 위험물 소화기구 적응성을 검토하여 안전하게 소화할 수 있다.
	4. 제3류 위험물 취급	1. 성상 · 유해성 조사하기	1. 제3류 위험물 품목을 구별하여 성상을 조사할 수 있다. 2. 제3류 위험물 일반적인 물리 · 화학적 성질을 검토하여 성상을 조사할 수 있다. 3. 제3류 위험물 관련 기준을 검토하여 환경 유해성을 조사할 수 있다. 4. 제3류 위험물 관련 기준을 검토하여 인체 유해성을 조사할 수 있다.

출제기준

실기과목명	주요항목	세부항목	세세항목
위험물 취급실무	4. 제3류 위험물 취급	2. 저장방법 확인 하기	1. 제3류 위험물을 안전하게 저장하기 위해서 기준을 검토할 수 있다. 2. 제3류 위험물의 품목별 수납 방법을 확인하여 안전하게 저장 할 수 있다. 3. 제3류 위험물의 품목별 저장 장소를 확인하여 안전하게 저장 할 수 있다. 4. 제3류 위험물의 유별 위험물 보관 기준을 확인하여 안전하게 저장할 수 있다.
		3. 취급방법 파악 하기	1. 제3류 위험물 기준을 검토하여 안전하게 취급할 수 있다. 2. 제3류 위험물의 물리·화학적 성질을 검토하여 안전하게 취 급할 수 있다. 3. 제3류 위험물의 환경조건을 검토하여 안전하게 취급할 수 있다. 4. 제3류 위험물의 운송·운반 관련 하역절차·설비를 파악하 여 안전하게 취급할 수 있다.
		4. 소화방법 수립 하기	1. 제3류 위험물 기준을 검토하여 안전하게 소화할 수 있다. 2. 제3류 위험물 소화 원리를 검토하여 안전하게 소화할 수 있다. 3. 제3류 위험물 소화설비 설치 기준을 검토하여 안전하게 소화 할 수 있다. 4. 제3류 위험물 소화기구 적응성을 검토하여 안전하게 소화할 수 있다.
	5. 위험물 운송· 운반시설 기준 파악	1. 운송기준 파악 하기	1. 위험물의 안전한 운송을 위하여 이동탱크저장소의 위치 기 준을 파악할 수 있다. 2. 위험물의 안전한 운송을 위하여 이동탱크저장소의 구조 기 준을 파악할 수 있다. 3. 위험물의 안전한 운송을 위하여 이동탱크저장소의 설비 기 준을 파악할 수 있다. 4. 위험물의 안전한 운송을 위하여 이동탱크저장소의 특례 기 준을 파악할 수 있다.
		2. 운송시설 파악 하기	1. 위험물 운송시설의 종류별 특징에 따라 안전한 운송을 할 수 있다. 2. 위험물 이동탱크저장소 구조를 파악하여 안전한 운송을 할 수 있다. 3. 위험물 컨테이너식 이동탱크저장소 구조를 파악하여 안전한 운송을 할 수 있다. 4. 위험물 주유탱크차 구조를 파악하여 안전한 운송을 할 수 있다.

출제기준

실기과목명	주요항목	세부항목	세세항목
위험물 취급실무	5. 위험물 운송·운반시설 기준 파악	3. 운반기준 파악하기	1. 운반기준에 따라 적합한 운반용기를 선정할 수 있다. 2. 운반기준에 따라 적합한 적재방법을 선정할 수 있다. 3. 운반기준에 따라 적합한 운반방법을 선정할 수 있다.
		4. 운반시설 파악하기	1. 위험물 운반시설의 종류를 분류하여 안전한 운반을 할 수 있다. 2. 위험물 육상 운반시설의 구조를 검토하여 안전한 운반을 할 수 있다. 3. 위험물 해상 운반시설의 구조를 검토하여 안전한 운반을 할 수 있다. 4. 위험물 항공 운반시설의 구조를 검토하여 안전한 운반을 할 수 있다.
	6. 위험물 안전 계획 수립	1. 위험물 저장·취급계획 수립하기	1. 과년도 위험물 저장·취급의 실적과 성과를 평가할 수 있다. 2. 사업장 내 위험물 저장·취급의 실태와 문제점을 진단할 수 있다. 3. 위험물안전관리법령을 고려하여 위험물 저장·취급의 계획을 수립할 수 있다. 4. 위험물 저장·취급의 추진과제와 실행계획을 수립할 수 있다.
		2. 시설 유지관리 계획 수립하기	1. 과년도 위험물 시설의 유지관리 실적을 평가할 수 있다. 2. 사업장 내 위험물 시설의 유지관리 실태와 문제점을 진단할 수 있다. 3. 가용자원과 공정을 고려하여 위험물 시설의 정기·수시 유지관리 계획을 수립할 수 있다. 4. 위험물안전관리법령에 근거하여 위험물 시설의 점검 결과를 작성할 수 있다. 5. 위험물 시설의 유지관리와 보수에 소요되는 비용을 산출할 수 있다.
		3. 교육훈련계획 수립하기	1. 과년도 교육훈련의 실적과 성과를 평가할 수 있다. 2. 교육훈련 대상자의 수준을 고려하여 교육훈련과정을 편성할 수 있다. 3. 교육훈련과정별 목표에 부합하는 교육훈련 방향을 제시할 수 있다. 4. 교육여건과 교육인원을 고려하여 연간 교육훈련 일정을 수립할 수 있다. 5. 교육훈련의 개선을 위한 교육훈련평가기준을 작성할 수 있다.
		4. 위험물 안전 감독계획 수립하기	1. 위험물 저장취급기준에 근거하여 감독계획을 수립할 수 있다. 2. 위험물시설 기준에 근거하여 유지관리 감독계획을 수립할 수 있다.

출제기준

실기과목명	주요항목	세부항목	세세항목
위험물 취급실무	6. 위험물 안전 계획 수립	4. 위험물 안전 감독계획 수립 하기	3. 위험물시설 보수에 대한 감독계획을 수립할 수 있다. 4. 위험물 운반기준에 근거하여 운반 전 감독계획을 수립할 수 있다.
		5. 사고대응 매뉴얼 작성하기	1. 매뉴얼 운영·관리의 기본방향을 수립할 수 있다. 2. 사고대응의 업무수행 체계를 수립할 수 있다. 3. 사고대응 조직을 구성할 수 있다. 4. 상황별 사고대응 조치계획을 수립할 수 있다. 5. 사고대응 조치 후 복구방안을 수립할 수 있다.
	7. 위험물 화재 예방·소화 방법	1. 위험물 화재예방 방법 파악하기	1. 취급물질자료와 시설 주변에 잠재된 위험요소를 파악할 수 있다. 2. 화재예방을 위하여 시설별 점검 사항을 파악할 수 있다. 3. 적응성에 따른 화재예방 방법을 파악할 수 있다. 4. 사업장의 특수성 또는 중점관리 물질을 반영하여 화재예방 방법을 적용할 수 있다.
		2. 위험물 화재예방 계획 수립하기	1. 위험성을 바탕으로 화재예방 및 점검 기준을 파악할 수 있다. 2. 위험물시설의 점검 계획을 수립할 수 있다. 3. 관련법령, 기준, 지침에 따라 화재예방 세부계획을 수립할 수 있다. 4. 수립된 화재예방 방법을 검토하고 개선사항을 도출할 수 있다.
		3. 위험물 소화방법 파악하기	1. 위험물의 연소 및 소화이론을 파악할 수 있다. 2. 위험물 화재 시 조치방법을 파악할 수 있다. 3. 발화요인에 따라 적응성 높은 소화방법을 파악할 수 있다. 4. 소화기구 및 소화약제의 종류 및 특성을 파악할 수 있다. 5. 소방시설 작동방법을 파악할 수 있다.
		4. 위험물 소화방법 수립하기	1. 화재의 종류 및 규모별 대응조치 방안을 수립할 수 있다. 2. 발화요인에 따라 적응성 높은 소화방법을 수립할 수 있다. 3. 위험물 화재별 확산방지, 추가사고예방 등의 방안을 수립할 수 있다. 4. 적응성 있는 소화기구 및 소화약제를 선정할 수 있다. 5. 소방시설 작동방법을 수립할 수 있다.
	8. 위험물 제조소 유지관리	1. 제조소의 시설 기술기준 조사 하기	1. 사업장에 설치된 제조소의 위치기준을 조사할 수 있다. 2. 사업장에 설치된 제조소의 구조기준을 조사할 수 있다. 3. 사업장에 설치된 제조소의 설비기준을 조사할 수 있다. 4. 사업장에 설치된 제조소의 특례기준을 조사할 수 있다.
		2. 제조소의 위치 점검하기	1. 위치와 관련된 최종 허가도면을 찾아 위치에 관한 사항을 확인할 수 있다.

출제기준

실기과목명	주요항목	세부항목	세세항목
위험물 취급실무	8. 위험물 제조소 유지관리	2. 제조소의 위치 점검하기	2. 위치와 관련된 최종 허가도면에 존재하지 않는 건축물, 공작물의 존부를 확인할 수 있다. 3. 설치허가 당시의 안전거리 및 보유공지에 관한 기술기준을 파악하고, 이에 저촉되는 건축물, 공작물의 존부를 확인할 수 있다. 4. 현행의 안전거리 및 보유공지의 기술기준에 저촉되는 새로이 설치된 건물, 공작물의 존부를 확인할 수 있다. 5. 위치에 관한 기술기준 또는 허가도면에 저촉되는 건축물 또는 공작물의 제거 또는 법적·안전상 해결방안을 강구할 수 있다. 6. 제조소의 일반점검표에 위치 점검결과를 기록할 수 있다.
		3. 제조소의 구조 점검하기	1. 제조소의 일반점검표에 정해진 점검항목 중 사업장에 해당하는 것을 확인하고, 점검취지와 방법을 조사할 수 있다. 2. 제조소의 구조 점검대상물 및 점검기기를 작동하고 그 결과를 판정할 수 있다. 3. 기술기준과 상이한 것은 허가도면을 색인하여 허가 시 적용된 기준을 확인할 수 있다. 4. 구조에 관한 기술기준 또는 허가도면에 저촉되는 사항의 법적·안전상 해결방안을 강구할 수 있다. 5. 제조소의 일반점검표에 구조 점검결과를 기록할 수 있다.
		4. 제조소의 설비 점검하기	1. 제조소의 일반점검표에 정해진 점검항목 중 사업장에 해당하는 것을 확인하고, 점검취지와 방법을 조사할 수 있다. 2. 제조소의 설비 점검대상물 및 점검기기를 작동하고 그 결과를 판정할 수 있다. 3. 기술기준과 상이한 것은 허가도면을 색인하여 허가 시 적용된 기준을 확인할 수 있다. 4. 설비에 관한 기술기준 또는 허가도면에 저촉되는 사항의 법적·안전상 해결방안을 강구할 수 있다. 5. 제조소의 일반점검표에 설비 점검결과를 기록할 수 있다.
		5. 제조소의 소방 시설 점검하기	1. 제조소의 일반점검표에 정해진 점검항목 중 사업장에 해당하는 것을 확인하고, 점검취지와 방법을 조사할 수 있다. 2. 제조소의 소화설비·경보설비·피난설비 점검대상물 및 점검기기를 작동하고 그 결과를 판정할 수 있다. 3. 기술기준과 상이한 것은 허가도면을 찾아서 허가 시 적용된 기준을 확인할 수 있다. 4. 소화설비·경보설비·피난설비에 관한 기술기준 또는 허가도면에 저촉되는 사항의 법적·안전상 해결방안을 강구할 수 있다. 5. 제조소의 일반점검표에 제조소의 소화설비·경보설비·피난설비 점검결과를 기록할 수 있다.

출제기준

실기과목명	주요항목	세부항목	세세항목
위험물 취급실무	9. 위험물 저장소 유지관리	1. 저장소의 시설 기술기준 조사 하기	1. 사업장에 설치된 저장소의 위치기준을 조사할 수 있다. 2. 사업장에 설치된 저장소의 구조기준을 조사할 수 있다. 3. 사업장에 설치된 저장소의 설비기준을 조사할 수 있다. 4. 사업장에 설치된 저장소의 특례기준을 조사할 수 있다.
		2. 저장소의 위치 점검하기	1. 위치와 관련된 최종 허가도면을 찾아 위치에 관한 사항을 확인할 수 있다. 2. 위치와 관련된 최종 허가도면에 존재하지 않는 건축물, 공작 물의 존부를 확인할 수 있다. 3. 설치허가 당시의 안전거리 및 보유공지에 관한 기술기준을 파악하고, 이에 저촉되는 건축물, 공작물의 존부를 확인할 수 있다. 4. 현행의 안전거리 및 보유공지의 기술기준에 저촉되는 새로 이 설치된 건물, 공작물의 존부를 확인할 수 있다. 5. 위치에 관한 기술기준 또는 허가도면에 저촉되는 건축물 또는 공작물의 제거 또는 법적·안전상 해결방안을 강구할 수 있다. 6. 저장소의 일반점검표에 위치 점검결과를 기록할 수 있다.
		3. 저장소의 구조 점검하기	1. 저장소의 일반점검표에 정해진 점검항목 중 사업장에 해당 하는 것을 확인하고, 점검취지와 방법을 조사할 수 있다. 2. 저장소의 구조 점검대상물 및 점검기기를 작동하고 그 결과 를 판정할 수 있다. 3. 기술기준과 상이한 것은 허가도면을 색인하여 허가 시 적용 된 기준을 확인할 수 있다. 4. 구조에 관한 기술기준 또는 허가도면에 저촉되는 사항의 법 적·안전상 해결방안을 강구할 수 있다. 5. 저장소의 일반점검표에 구조 점검결과를 기록할 수 있다.
		4. 저장소의 설비 점검하기	1. 저장소의 일반점검표에 정해진 점검항목 중 사업장에 해당 하는 것을 확인하고, 점검취지와 방법을 조사할 수 있다. 2. 저장소의 설비 점검대상물 및 점검기기를 작동하고 그 결과 를 판정할 수 있다. 3. 기술기준과 상이한 것은 허가도면을 색인하여 허가 시 적용 된 기준을 확인할 수 있다. 4. 설비에 관한 기술기준 또는 허가도면에 저촉되는 사항의 법 적·안전상 해결방안을 강구할 수 있다. 5. 저장소의 일반점검표에 설비 점검결과를 기록할 수 있다.
		5. 저장소의 소방 시설 점검하기	1. 저장소의 일반점검표에 정해진 점검항목 중 사업장에 해당 하는 것을 확인하고, 점검취지와 방법을 조사할 수 있다. 2. 저장소의 소화설비·경보설비·피난설비 점검대상물 및 점 검기기를 작동하고 그 결과를 판정할 수 있다.

출제기준

실기과목명	주요항목	세부항목	세세항목
위험물 취급실무	9. 위험물 저장소 유지관리	5. 저장소의 소방 시설 점검하기	3. 기술기준과 상이한 것은 허가도면을 찾아서 허가 시 적용된 기준을 확인할 수 있다. 4. 소화설비·경보설비·피난설비에 관한 기술기준 또는 허가 도면에 저촉되는 사항의 법적·안전상 해결방안을 강구할 수 있다. 5. 저장소의 일반점검표에 저장소의 소화설비·경보설비·피 난설비 점검결과를 기록할 수 있다.
	10. 위험물 취급소 유지관리	1. 취급소의 시설 기술기준 조사 하기	1. 사업장에 설치된 취급소의 위치기준을 조사할 수 있다. 2. 사업장에 설치된 취급소의 구조기준을 조사할 수 있다. 3. 사업장에 설치된 취급소의 설비기준을 조사할 수 있다. 4. 사업장에 설치된 취급소의 특례기준을 조사할 수 있다.
		2. 취급소의 위치 점검하기	1. 위치와 관련된 최종 허가도면을 찾아 위치에 관한 사항을 확인할 수 있다. 2. 위치와 관련된 최종 허가도면에 존재하지 않는 건축물, 공작 물의 존부를 확인할 수 있다. 3. 설치허가 당시의 안전거리 및 보유공지에 관한 기술기준을 파악하고, 이에 저촉되는 건축물, 공작물의 존부를 확인할 수 있다. 4. 현행의 안전거리 및 보유공지의 기술기준에 저촉되는 새로 이 설치된 건물, 공작물의 존부를 확인할 수 있다. 5. 위치에 관한 기술기준 또는 허가도면에 저촉되는 건축물 또 는 공작물의 제거 또는 법적·안전상 해결방안을 강구할 수 있다. 6. 취급소의 일반점검표에 위치 점검결과를 기록할 수 있다.
		3. 취급소의 구조 점검하기	1. 취급소의 일반점검표에 정해진 점검항목 중 사업장에 해당 하는 것을 확인하고, 점검취지와 방법을 조사할 수 있다. 2. 취급소의 구조 점검대상물 및 점검기기를 작동하고 그 결과 를 판정할 수 있다. 3. 기술기준과 상이한 것은 허가도면을 색인하여 허가 시 적용 된 기준을 확인할 수 있다. 4. 구조에 관한 기술기준 또는 허가도면에 저촉되는 사항의 법 적·안전상 해결방안을 강구할 수 있다. 5. 취급소의 일반점검표에 구조 점검결과를 기록할 수 있다.
		4. 취급소의 설비 점검하기	1. 취급소의 일반점검표에 정해진 점검항목 중 사업장에 해당 하는 것을 확인하고, 점검취지와 방법을 조사할 수 있다. 2. 취급소의 설비 점검대상물 및 점검기기를 작동하고 그 결과 를 판정할 수 있다.

출제기준

실기과목명	주요항목	세부항목	세세항목
위험물 취급실무	10. 위험물 취급소 유지관리	4. 취급소의 설비 점검하기	3. 기술기준과 상이한 것은 허가도면을 색인하여 허가 시 적용 된 기준을 확인할 수 있다. 4. 설비에 관한 기술기준 또는 허가도면에 저촉되는 사항의 법 적·안전상 해결방안을 강구할 수 있다. 5. 취급소의 일반점검표에 설비 점검결과를 기록할 수 있다.
		5. 취급소의 소방 시설 점검하기	1. 취급소의 일반점검표에 정해진 점검항목 중 사업장에 해당 하는 것을 확인하고, 점검취지와 방법을 이해할 수 있다. 2. 취급소의 소화설비·경보설비·피난설비 점검대상물 및 점 검기기를 작동하고 그 결과를 판정할 수 있다. 3. 기술기준과 상이한 것은 허가도면을 찾아서 허가 시 적용된 기준을 확인할 수 있다. 4. 소화설비·경보설비·피난설비에 관한 기술기준 또는 허가 도면에 저촉되는 사항의 법적·안전상 해결방안을 강구할 수 있다. 5. 취급소의 일반점검표에 취급소의 소화설비·경보설비·피 난설비 점검결과를 기록할 수 있다.
	11. 위험물행정 처리	1. 예방규정 작성 하기	1. 사업장 내의 위험물 시설현황을 조사할 수 있다. 2. 예방규정 작성기준에 따라 예방규정을 작성할 수 있다. 3. 예방규정 변경사유 발생 시 변경하여 작성할 수 있다. 4. 예방규정을 제출하고 변경명령 시 변경제출할 수 있다.
		2. 허가신청하기	1. 제조소 등의 설치 또는 변경 허가대상 여부를 조사할 수 있다. 2. 제조소 등의 설치 또는 변경 허가 신청 시 제출서류를 조사할 수 있다. 3. 제조소 등의 설치 또는 변경 허가 시 제출서류에 대한 적정성 을 검토할 수 있다. 4. 제조소 등의 설치 또는 변경 허가 신청서를 작성하고 제출할 수 있다.
		3. 신고서류 작성 하기	1. 지위승계, 선·해임, 용도폐지, 품명·수량·지정수량배수의 변경신고 대상여부를 조사할 수 있다. 2. 신고대상의 원인행위 발생시점과 신고기한을 조사할 수 있다. 3. 신고대상별 신고서류를 작성할 수 있다. 4. 작성된 신고서류를 제출할 수 있다.
		4. 안전관리 인력 관리하기	1. 위험물안전관리에 필요한 수요인력을 조사할 수 있다. 2. 필요 인력의 자격기준을 조사할 수 있다. 3. 인력배치 기준을 수립할 수 있다. 4. 인력을 명부에 기록하여 유지관리할 수 있다.

Contents

Contents

A Periodic Table

주기 \ 족	1A	2A	3A	4A	5A	6A	7A	8	8	8	1B	2B	3B	4B	5B	6B	7B	0
1	1 H 1.008 수소																	2 He 4.0 헬륨
2	3 Li 6.9 리튬	4 Be 9.0 베릴륨											5 B 10.8 붕소	6 C 12.011 탄소	7 N 14.0 질소	8 O 15.999 산소	9 F 19.0 플루오린	10 Ne 20.2 네온
3	11 Na 23.0 나트륨	12 Mg 24.3 마그네슘											13 Al 27.0 알루미늄	14 Si 28.1 규소	15 P 31.0 인	16 S 32.1 황	17 Cl 35.5 염소	18 Ar 39.9 아르곤
4	19 K 39.1 칼륨	20 Ca 40.1 칼슘	21 Sc 45.0 스칸듐	22 Ti 47.9 타이타늄	23 V 51.0 바나듐	24 Cr 52.0 크로뮴	25 Mn 54.9 망가니즈	26 Fe 55.8 철	27 Co 58.9 코발트	28 Ni 58.7 니켈	29 Cu 63.5 구리	30 Zn 65.4 아연	31 Ga 69.7 갈륨	32 Ge 72.6 저마늄	33 As 74.9 비소	34 Se 79.0 셀레늄	35 Br 79.9 브로민	36 Kr 83.8 크립톤
5	37 Rb 85.5 루비듐	38 Sr 87.6 스트론튬	39 Y 88.9 이트륨	40 Zr 91.2 지르코늄	41 Nb 92.9 나이오븀	42 Mo 95.9 몰리브데넘	43 Tc 99* 테크네튬	44 Ru 101.1 루테늄	45 Rh 102.9 로듐	46 Pd 106.4 팔라듐	47 Ag 107.9 은	48 Cd 112.4 카드뮴	49 In 114.8 인듐	50 Sn 118.7 주석	51 Sb 121.8 안티모니	52 Te 127.6 텔루륨	53 I 126.9 아이오딘	54 Xe 131.3 제논
6	55 Cs 132.9 세슘	56 Ba 137.3 바륨	57~71 La~Lu 란타넘족	72 Hf 178.5 하프늄	73 Ta 180.9 탄탈럼	74 W 183.9 텅스텐	75 Re 186.2 레늄	76 Os 190.2 오스뮴	77 Ir 192.2 이리듐	78 Pt 195.1 백금	79 Au 197.0 금	80 Hg 200.6 수은	81 Tl 204.4 탈륨	82 Pb 207.2 납	83 Bi 209.0 비스무트	84 Po [209]* 폴로늄	85 At [210]* 아스타틴	86 Rn [222]* 라돈
7	87 Fr [223] 프랑슘	88 Ra [226] 라듐	89~103 Ac~Lr 악티늄족															

전형원소 — 전이원소

이 원소 — 비금속 / 이 원소 — 금속 / 밑줄은 양쪽성 원소

원소기호의 왼쪽 위 숫자는 원자 번호, 아래의 숫자는 1961년의 만국 원자량(소수 둘째 자리를 반올림) [1안의 숫자는 가장 안정한 동위 원소의 질량수, *는 가장 잘 알려진 동위원소의 질량수

란타넘족

57 La 138.9 란타넘	58 Ce 140.0 세륨	59 Pr 140.9 프레세오디뮴	60 Nd 144 네오디뮴	61 Pm 145* 프로메튬	62 Sm 150.4 사마륨	63 Eu 152.0 유로퓸	64 Gd 157.3 가돌리늄	65 Tb 158.9 터븀	66 Dy 162.5 디스프로슘	67 Ho 164.3 홀뮴	68 Er 167.3 어븀	69 Tm 168.9 툴륨	70 Yb 173.0 이터븀	71 Lu 175.0 루테튬

악티늄족

89 Ac [227]* 악티늄	90 Th 232.0 토륨	91 Pa [231]* 프로트악티늄	92 U 238.0 우라늄	93 Np [237] 넵투늄	94 Pu [244]* 플루토늄	95 Am [243]* 아메리슘	96 Cm [247]* 퀴륨	97 Bk [249]* 버클륨	98 Cf [251]* 캘리포늄	99 Es [254]* 아인슈타이늄	100 Fm [253]* 페르뮴	101 Md [256]* 멘델레븀	102 No [254]* 노벨륨	103 Lr [257]* 로렌슘

Chapter

제1장
위험물의 성상

Section ## 1. 위험물의 정의

1) 위험물의 정의

"위험물"이란 대통령령이 정하는 인화성 또는 발화성 물질을 말한다.

2) 위험물의 분류

(1) 제1류 위험물(산화성 고체)

"산화성 고체"라 함은 고체[액체(1atm 및 20℃에서 액상인 것 또는 20℃ 초과 40℃ 이하에서 액상인 것을 말한다) 또는 기체(1atm 및 20℃에서 기상인 것을 말한다) 외의 것을 말한다]로서 산화력의 위험성 또는 충격에 대한 민감성을 판단하기 위하여 소방청장이 정하여 고시하는 성질과 상태를 나타내는 것을 말한다. 즉, 산화성 물질이라 함은 물과 반응하여 산소가스를 발생시켜 연소를 촉진하는 물질로서 제1류 위험물(고체)과 제6류 위험물(액체)이 여기에 해당된다.

(2) 제2류 위험물(가연성 고체, 인화성 고체)

황, 철분, 금속분, 마그네슘분 등의 비교적 낮은 온도에서 발화하기 쉬운 가연성 고체 위험물과 고형알코올 그 밖에 1atm에서 인화점이 40℃ 미만인 고체, 즉 인화성 고체 위험물을 말한다.

(3) 제3류 위험물(금수성 물질 및 자연발화성 물질)

공기 중에서 발화위험성이 있는 것 또는 물과 접촉하여 발화하거나 가연성 가스의 발생 위험성이 있는 자연발화성 물질 및 물과의 접촉을 금해야 하는 유의 위험물을 말한다. 즉, 물과 접촉하거나 대기 중의 수분과 접촉하면 발열·발화하는 물질을 말한다.

(4) 제4류 위험물(인화성 액체)

비교적 낮은 온도에서 불을 끌어당기듯이 연소를 일으키는 위험물로서 인화의 위험성이 매우 큰 액체위험물을 말한다. 즉, 인화점이 60℃ 미만인 가연성 액체를 말하며, 액체 표면에서 증발된 가연성 증기와의 혼합기체에 의하여 폭발위험성을 가지는 물질을 말한다.

(5) 제5류 위험물(자기반응성 물질)

"자기반응성 물질"이라 함은 고체 또는 액체로서 폭발의 위험성 또는 가열, 분해의 격렬함을 갖고 있는 위험물을 말한다. 즉, 나이트로기(NO_2)가 2개 이상인 물질은 강한 폭발성을 나타내는 물질을 말한다. 자기반응성 물질의 폭발성에 의한 위험도를 판단하기 위해 열분석 시험을 한다.

(6) 제6류 위험물(산화성 액체)

"산화성액체"라 함은 강산화성 액체로서 산화력의 잠재적인 위험성을 갖고 있는 위험물을 말한다.

 ## 2. 지정수량

대통령령으로 정하는 수량을 말하며 보통 고체위험물은 "kg"으로 표시하고 액체위험물은 "L" 단위로 표시한다. 저정수량이 작을수록 위험도 측면에서 더 위험한 물질이라 할 수 있다.

1) 지정수량 배수

지정수량에 미달되는 위험물을 2품명 이상을 동일한 장소 또는 시설에서 제조·저장 또는 취급할 경우에 품명별로 제조·저장 또는 취급하는 수량을 품명별 지정수량으로 나누어 얻은 수치의 합계가 1 이상이 될 때에는 이를 지정수량 이상의 위험물로 취급한다.

[계산방법]

$$계산값 = \frac{A품명의\ 저장수량}{A품명의\ 지정수량} + \frac{B품명의\ 저장수량}{B품명의\ 지정수량} + \frac{C품명의\ 저장수량}{C품명의\ 지정수량} + \cdots$$

계산값 ≧ 1 : 위험물(위험물안전관리법 규제)

계산값 < 1 : 소량위험물(시·도 조례 규제)

3. 혼합 발화

위험물을 2가지 이상 또는 그 이상으로 서로 혼합한다든지, 접촉하면 발열·발화하는 현상을 말한다.

다음 표는 위험물이 서로 혼합저장할 수 있는 위험물과 없는 위험물로 구별하여 운반취급할 때 주의해야 할 위험물이다(지정수량 $\frac{1}{10}$ 이하의 위험물은 적용하지 않는다).

구분	제1류	제2류	제3류	제4류	제5류	제6류
제1류		×	×	×	×	○
제2류	×		×	○	○	×
제3류	×	×		○	×	×
제4류	×	○	○		○	×
제5류	×	○	×	○		×
제6류	○	×	×	×	×	

※ "○" 표시는 혼재할 수 있음을 나타냄, "×" 표시는 혼재할 수 없음을 나타냄

혼재 가능 위험물은 다음과 같다.
• 423 → 4류와 2류, 4류와 3류는 서로 혼재 가능
• 524 → 5류와 2류, 5류와 4류는 서로 혼재 가능
• 61 → 6류와 1류는 서로 혼재 가능

 ## 4. 위험물의 품명과 지정수량

1) 용어의 정의

(1) "산화성 고체"라 함은 고체[액체(1atm 및 20℃에서 액상인 것 또는 20℃ 초과 40℃ 이하에서 액상인 것을 말한다) 또는 기체(1atm 및 20℃에서 기상인 것을 말한다) 외의 것을 말한다]로서 산화력의 잠재적인 위험성 또는 충격에 대한 민감성을 판단하기 위하여 소방청장이 정하여 고시하는 시험에서 고시로 정하는 성질과 상태를 나타내는 것을 말한다.

이 경우 "액상"이라 함은 수직으로 된 시험관(안지름 30mm, 높이 120mm의 원통형유리관을 말한다)에 시료를 55mm까지 채운 다음 당해 시험관을 수평으로 하였을 때 시료액면의 선단이 30mm를 이동하는 데 걸리는 시간이 90초 이내에 있는 것을 말한다.

(2) "가연성 고체"라 함은 고체로서 화염에 의한 발화의 위험성 또는 인화의 위험성을 판단하기 위하여 고시로 정하는 시험에서 고시로 정하는 성질과 상태를 나타내는 것을 말한다(가연성 고체에 대한 착화의 위험성 시험방법 : 시험장소는 온도 20℃, 습도 50%, 1기압, 무풍장소로 한다).

(3) 황은 순도가 60(중량)% 이상인 것을 말한다. 이 경우 순도측정에 있어서 불순물은 활석 등 불연성 물질과 수분에 한한다.

(4) "철분"이라 함은 철의 분말로서 53μm의 표준체를 통과하는 것이 50(중량)% 미만인 것은 제외한다.

(5) "금속분"이라 함은 알칼리금속·알칼리토류금속·철 및 마그네슘 외의 금속의 분말을 말하고, 구리분·니켈분 및 150μm의 체를 통과하는 것이 50(중량)% 미만인 것은 제외한다.

(6) 마그네슘 및 제2류 제8호의 물품 중 마그네슘을 함유한 것에 있어서는 다음 각 목의 1에 해당하는 것은 제외한다.
   ① 2mm의 체를 통과하지 아니하는 덩어리 상태의 것
   ② 직경 2mm 이상의 막대 모양의 것

(7) 황화인·적린·황 및 철분은 (2)에 따른 성질과 상태가 있는 것으로 본다.

(8) "인화성 고체"라 함은 고형알코올 그 밖에 1atm에서 인화점이 40℃ 미만인 고체를 말한다.

(9) "자연발화성 물질 및 금수성 물질"이라 함은 고체 또는 액체로서 공기 중에서 발화의 위험성이 있거나 물과 접촉하여 발화하거나 가연성 가스를 발생하는 위험성이 있는 것을 말한다.

(10) 칼륨·나트륨·알킬알루미늄·알킬리튬 및 황린은 (9)의 규정에 의한 성상이 있는 것으로 본다.

(11) "인화성 액체"라 함은 액체(제3석유류, 제4석유류 및 동식물유류에 있어서는 1atm과 20℃에서 액체인 것만 해당한다)로서 인화의 위험성이 있는 것을 말한다.

(12) "특수인화물"이라 함은 이황화탄소, 다이에틸에터 그 밖에 1atm에서 발화점이 100℃ 이하인 것 또는 인화점이 -20℃ 이하이고 비점이 40℃ 이하인 것을 말한다.

(13) "제1석유류"라 함은 아세톤, 휘발유 그 밖에 1atm에서 인화점이 21℃ 미만인 것을 말한다.

(14) "알코올류"라 함은 1분자를 구성하는 탄소원자의 수가 1개부터 3개까지인 포화1가 알코올(변성알코올을 포함한다)을 말한다. 다만, 다음 각 목의 1에 해당하는 것은 제외한다.
   ① 1분자를 구성하는 탄소원자의 수가 1개 내지 3개의 포화1가 알코올의 함유량이 60(중량)% 미만인 수용액
   ② 가연성 액체량이 60(중량)% 미만이고 인화점 및 연소점(태그개방식인화점측정기에 의한 연소점을 말한다)이 에틸알코올 60(중량)%수용액의 인화점 및 연소점을 초과하는 것

(15) "제2석유류"라 함은 등유, 경유 그 밖에 1atm에서 인화점이 21℃ 이상 70℃ 미만인 것을 말한다. 다만, 도료류 그 밖의 물품에 있어서 가연성 액체량이 40(중량)% 이하이면서 인화점이 40℃ 이상인 동시에 연소점이 60℃ 이상인 것은 제외한다.

(16) "제3석유류"라 함은 중유, 클로오소트유 그 밖에 1atm에서 인화점이 70℃ 이상 200℃ 미만인 것을 말한다. 다만, 도료류 그 밖의 물품은 가연성 액체량이 40(중량)% 이하인 것은 제외한다.

(17) "제4석유류"라 함은 기어유, 실린더유 그 밖에 1atm에서 인화점이 200℃ 이상 250℃ 미만의 것을 말한다. 다만, 도료류 그 밖의 물품은 가연성 액체량이 40(중량)% 이하인 것은 제외한다.

(18) "동식물유류"라 함은 동물의 지육 등 또는 식물의 종자나 과육으로부터 추출한 것으로서 1atm에서 인화점이 250℃ 미만인 것을 말한다. 다만 법 제20조제1항의 규정에 의하여 행정안전부령으로 정하는 용기기준과 수납·저장기준에 따라 수납되어 저장·보관되고 용기의 외부에 물품의 통칭명, 수량 및 화기엄금(화기엄금과 동일한 의미를 갖는 표시를 포함한다)의 표시가 있는 경우를 제외한다.

(19) "자기반응성 물질"이라 함은 고체 또는 액체로서 폭발의 위험성 또는 가열분해의 격렬함을 판단하기 위하여 고시로 정하는 시험에서 고시로 정하는 성질과 상태를 나타내는 것을 말한다.

(20) 제5류 제11호의 물품에 있어서는 유기과산화물을 함유하는 것 중에서 불활성 고체를 함유하는 것으로서 다음 각 목의 1에 해당하는 것은 제외한다.
　① 과산화벤조일의 함유량이 35.5(중량)% 미만인 것으로서 전분가루, 황산칼슘2수화물 또는 인산수소칼슘2수화물과의 혼합물
　② 비스(4-클로로벤조일)퍼옥사이드의 함유량이 30(중량)% 미만인 것으로서 불활성 고체와의 혼합물
　③ 과산화다이쿠밀의 함유량이 40(중량)% 미만인 것으로서 불활성 고체와의 혼합물
　④ 1·4비스(2-터셔리뷰틸퍼옥시아이소프로필)벤젠의 함유량이 40(중량)% 미만인 것으로서 불활성 고체와의 혼합물
　⑤ 사이클로헥산온퍼옥사이드의 함유량이 30(중량)% 미만인 것으로서 불활성 고체와의 혼합물

(21) "산화성 액체"라 함은 액체로서 산화력의 잠재적인 위험성을 판단하기 위하여 고시로 정하는 시험에서 고시로 정하는 성질과 상태를 나타내는 것을 말한다.

(22) 과산화수소는 그 농도가 36(중량)% 이상인 것에 한하며, (21)의 성상이 있는 것으로 본다.

(23) 질산은 그 비중이 1.49 이상인 것에 한하며, (21)의 성상이 있는 것으로 본다.

2) 제1류 위험물

<table>
<tr><th colspan="3">위험물</th><th rowspan="2">지정수량</th></tr>
<tr><th>유별</th><th>성질</th><th>품명</th></tr>
<tr><td rowspan="11">제1류</td><td rowspan="11">산화성
고체</td><td>1. 아염소산염류</td><td>50kg</td></tr>
<tr><td>2. 염소산염류</td><td>50kg</td></tr>
<tr><td>3. 과염소산염류</td><td>50kg</td></tr>
<tr><td>4. 무기과산화물</td><td>50kg</td></tr>
<tr><td>5. 브로민산염류</td><td>300kg</td></tr>
<tr><td>6. 질산염류</td><td>300kg</td></tr>
<tr><td>7. 아이오딘산염류</td><td>300kg</td></tr>
<tr><td>8. 과망가니즈산염류</td><td>1,000kg</td></tr>
<tr><td>9. 다이크로뮴산염류</td><td>1,000kg</td></tr>
<tr><td>10. 그 밖에 행정안전부령으로 정하는 것
11. 제1호부터 제10호까지의 어느 하나에 해당하
는 위험물을 하나 이상 함유한 것</td><td>50kg, 300kg 또는 1,000kg</td></tr>
</table>

(1) 제1류 위험물 소화방법

① 제1류 위험물 : 산화성 고체로서 주수에 의한 냉각소화

② 알칼리금속의 과산화물 : 마른 모래, 탄산수소염류 분말약제, 팽창질석, 팽창진주암

(2) 아염소산염류

① 아염소산($HClO_2$)의 수소이온에 금속 또는 양이온을 치환한 형태의 염

② 아염소산칼륨($KClO_2$) : 고온에서 분해하면 이산화염소(ClO_2)의 유독가스가 발생

③ 아염소산나트륨($NaClO_2$) : 산과 반응하면 이산화염소(ClO_2)의 유독가스가 발생

$$3NaClO_2 + 2HCl \rightarrow 3NaCl + 2ClO_2 + H_2O_2 \uparrow$$

(3) 염소산염류

① 염소산($HClO_3$)의 수소이온에 금속 또는 양이온을 치환한 형태의 염

② 염소산칼륨($KClO_3$), 염소산나트륨($NaClO_3$) : 산과 반응하면 이산화염소(ClO_2)의 유독가스를 발생

$$2KClO_3 + 2HCl \rightarrow 2KCl + 2ClO_2 + H_2O_2 \uparrow$$

$$2NaClO_3 + 2HCl \rightarrow 2NaCl + 2ClO_2 + H_2O_2 \uparrow$$

③ 염소산나트륨의 분해방정식 : $2NaClO_3 \rightarrow 2NaCl + 3O_2 \uparrow$

④ 염소산암모늄 : NH_4ClO_3

(4) 과염소산염류

① 과염소산($HClO_4$)의 수소이온이 금속 또는 양이온을 치환한 형태의 염

② 과염소산칼륨의 분해방정식 : $KClO_4 \rightarrow KCl + 2O_2 \uparrow$

③ 과염소산나트륨의 분해방정식 : $NaClO_4 \rightarrow NaCl + 2O_2 \uparrow$

(5) 무기과산화물

① 무기과산화물은 물과 반응하여 산소를 방출하고 심하게 발열한다.

② 과산화수소(H_2O_2)의 수소이온이 금속으로 치환한 형태의 화합물

③ 과산화칼륨(K_2O_2)의 반응식(과산화나트륨 동일)

- 분해반응식 : $2K_2O_2 \rightarrow 2K_2O + O_2 \uparrow$
- 물과 반응 : $2K_2O_2 + 2H_2O \rightarrow 4KOH + O_2 \uparrow + 발열$
- 탄산가스와 반응 : $2K_2O_2 + 2CO_2 \rightarrow 2K_2CO_3 + O_2 \uparrow$
- 초산과 반응 : $K_2O_2 + 2CH_3COOH \rightarrow 2CH_3COOK + H_2O_2 \uparrow$
  (초산칼륨)
- 염산과 반응 : $K_2O_2 + 2HCl \rightarrow 2KCl + H_2O_2 \uparrow$
- 황산과 반응 : $K_2O_2 + H_2SO_4 \rightarrow K_2SO_4 + H_2O_2 \uparrow$
- 알코올과 반응 : $K_2O_2 + 2C_2H_5COOH \rightarrow 2C_2H_5OK + + H_2O_2 \uparrow$

④ 과산화칼륨(알칼리금속의 과산화물)·과산화나트륨의 소화방법 : 마른 모래, 탄산수소염류 분말약제, 팽창질석, 팽창진주암

※ 알칼리토금속의 과산화물 : 과산화칼슘, 과산화바륨, 과산화마그네슘

⑤ 과산화마그네슘의 반응식

- 분해방정식 : $2MgO_2 \rightarrow 2MgO + O_2 \uparrow$
- 물과 반응 : $2MgO_2 + 2H_2O \rightarrow 2Mg(OH)_2 + O_2 \uparrow + 발열$
- 산과 반응 : $MgO_2 + 2HCl \rightarrow MgCl_2 + H_2O_2 \uparrow$

(6) 브로민산염류

브로민산($HBrO_3$)의 수소이온이 금속 또는 양이온으로 치환된 화합물

(7) 질산염류 : 질산(HNO_3)의 수소이온이 금속 또는 양이온으로 치환된 화합물

① 질산칼륨(초석) 분해방정식 : $2KNO_3 \rightarrow 2KNO_2 + O_2 \uparrow$

② 질산나트륨(칠레초석) 분해방정식 : $2NaNO_3 \rightarrow 2NaNO_2 + O_2 \uparrow$

③ 질산암모늄[ANFO(안포폭약)]

　• 분해방정식 : $NH_4NO_3 \rightarrow N_2O + 2H_2O$

　• 제조 폭발반응식 : $2NH_4NO_3 \rightarrow 4H_2O + 2N_2 + O_2\uparrow$

④ 질산은(갈색병 보관) 분해반응식 : $2AgNO_3 \rightarrow 2Ag + 2NO_2 + O_2$

(8) 아이오딘산염류

(9) 과망가니즈산염류

① 과망가니즈산칼륨($KMnO_4$) 반응식

　• 분해방정식 : $2KMnO_4 \rightarrow K_2MnO_4 + MnO_2 + O_2\uparrow$

　• 묽은황산과 반응 : $4KMnO_4 + 6H_2SO_4 \rightarrow 2K_2SO_4 + 4MnSO_4 + 6H_2O + 5O_2\uparrow$

　• 진한황산과 반응 : $2KMnO_4 + H_2SO_4 \rightarrow K_2SO_4 + 2HMnO_4$

　• 염산과 반응 : $2KMnO_4 + 16HCl \rightarrow 2KCl + 2MnCl_28H_2O + 5Cl_2\uparrow$

2) 제2류 위험물

위험물			지정수량
유별	성질	품명	
제2류	가연성 고체	1. 황화인	100kg
		2. 적린	100kg
		3. 황	100kg
		4. 철분	500kg
		5. 금속분	500kg
		6. 마그네슘	500kg
		7. 그 밖에 행정안전부령으로 정하는 것 8. 제1호부터 제7호까지의 어느 하나에 해당하는 위험물을 하나 이상 함유한 것	100kg 또는 500kg
		9. 인화성고체	1,000kg

(1) 제2류 위험물 소화방법

① 가연성 고체로서 주수에 의한 냉각소화

② 철분, 금속분, 마그네슘 : 마른 모래, 탄산수소염류에 의한 질식소화

(2) 제2류 위험물의 반응식

① 삼황화인의 연소반응식 : $P_4S_3 + 8O_2 \rightarrow 2P_2O_5 + 3SO_2\uparrow$

② 오황화인의 연소반응식 : $2P_2S_5 + 15O_2 \rightarrow 2P_2O_5 + 10SO_2$ — 이산화황
$$\text{(오산화린)}\quad \text{(아황산가스)}$$

③ 오황화인과 물의 분해방정식 : $P_2S_5 + 8H_2O \rightarrow 5H_2S + 2H_3PO_4$
$$\text{(황화수소)}\quad \text{(인산)}$$

④ 적린의 연소반응식 : $4P + 5O_2 \rightarrow 2P_2O_5$

⑤ 마그네슘의 연소반응식 : $2Mg + O_2 \rightarrow 2MgO$

⑥ 마그네슘과 물의 반응 : $Mg + 2H_2O \rightarrow Hg(OH)_2 + H_2\uparrow$

⑦ 알루미늄과 물의 반응 : $2Al + 6H_2O \rightarrow 2Al(OH)_3 + 3H_2\uparrow$

⑧ 알루미늄과 산의 반응 : $2Al + 6HCl \rightarrow 2AlCl_3 + 3H_2\uparrow$

(3) 황화인의 동소체

삼황화인	오황화인	칠황화인
P_4S_3	P_2S_5	P_4S_7
(착화점 100℃) 조해성(X)	조해성(O), 흡습성(O)	조해성(O)

(4) 적린(P)

강알칼리와 반응하여 유독성의 포스된 가스를 발생, 황린(P_4)을 공기를 차단하고 250℃로 가열하면 적린이 된다(적린과 황린의 연소반응식은 동소체와 같다).

(5) 황

공기 중 연소하면 이산화황(SO_2)이 발생한다.

(6) 금속분

① 알루미늄분[산, 알칼리, 물과 반응하면 수소(H_2)가스가 발생한다]
$$\hookrightarrow \text{테르밋반응} : 2Al + Fe_2O_3 \rightarrow 2Fe + Al_2O_3$$

② $4Al + 3O_2 \rightarrow 2Al_2O_3$

③ $2Al + 6HCl \rightarrow 2AlCl_3 + 3H_2$

④ $2Al + 6H_2O \rightarrow 2Al(OH)_3 + 3H_2$

⑤ $2Al + 2KOH + 2H_2O \rightarrow 2KAlO_3 + 3H_2$

⑥ $8Al + 3Fe_3O_4 \rightarrow 4Al_2O_3 + 9Fe$

(7) 마그네슘(Mg)

물이나 산과 반응하면 수소가스 발생

- $Mg + 2H_2O \rightarrow Mg(OH)_2 + H_2 \uparrow$
- $Mg + 2HCl \rightarrow MgCl_2 + H_2 \uparrow$
- $Mg + H_2SO_4 \rightarrow MgSO_4 + H_2 \uparrow$

① 고온에서 질소와 반응하여 질화마그네슘(Mg_3N_2)을 생성한다.

- $3Mg + N_2 \rightarrow Mg_3N_2$

② 공기 중 연소하면 산화마그네슘 생성, 질소와 결합해서 질화마그네슘을 생성한다.

- $2Mg + O_2 \rightarrow 2MgO$
- $3Mg + N_2 \rightarrow Mg_3N_2$

③ 이산화탄소와 반응하여 산화마그네슘을 생성한다.

- $2Mg + CO_2 \rightarrow 2MgO + C$

④ 이산화탄소는 연소반응을 일으키며 탄소를 발생시키므로 소화적응성이 없다.

3) 제3류 위험물

유별	성질	품명	지정수량
		위험물	
제3류	자연발화성 물질 및 금수성 물질	1. 칼륨	10kg
		2. 나트륨	10kg
		3. 알킬알루미늄	10kg
		4. 알킬리튬	10kg
		5. 황린	20kg
		6. 알칼리금속(칼륨 및 나트륨을 제외한다) 및 알칼리토금속	50kg
		7. 유기금속화합물(알킬알루미늄 및 알킬리튬을 제외한다)	50kg
		8. 금속의 수소화물	300kg
		9. 금속의 인화물	300kg
		10. 칼슘 또는 알루미늄의 탄화물	300kg
		11. 그 밖에 행정안전부령으로 정하는 것 12. 제1호 내지 제11호의 1에 해당하는 어느 하나 이상을 함유한 것	10kg, 20kg, 50kg 또는 300kg

(1) 제3류 위험물 소화방법

① 황린은 주수소화 가능, 나머지는 절대 불가능
② 소화약제 : 마른 모래, 탄산수소염류분말, 팽창질석, 팽창진주암

(2) 저장방법

구분	황린	칼륨	과산화수소	이황화탄소
유별	제3류	제3류	제6류	제4류
지정수량	20kg	10kg	300kg	50L
저장방법	물속에 저장	등유, 경유, 유동파라핀	갈색유리병	물속에 저장
저장이유	포스핀가스발생 방지	가연성 가스	폭발 방지	가연성 증기

(3) 칼륨

① 마른 모래, 탄산수소염류분말로 피복하여 질식소화
② 칼륨의 반응식

 ㉠ 연소반응식 : $4K + O_2 \rightarrow 2K_2O$

 ㉡ 물과의 반응 : $2K + 2H_2O \rightarrow 2KOH + H_2\uparrow$

 ㉢ 이산화탄소와 반응 : $4K + 3CO_2 \rightarrow 2K_2CO_3 + C$

 ㉣ 사염화탄소와 반응 : $4K + CCl_4 \rightarrow 4KCl + C$

 ㉤ 염소와 반응 : $2K + Cl_2 \rightarrow 2KCl$

 ㉥ 알코올과 반응 : $2K + 2C_2H_5OH \rightarrow 2C_2H_5OK + H_2\uparrow$

 ㉦ 초산과 반응 : $2K + 2CH_3COOH \rightarrow 2CH_3COOK + H_2\uparrow$

 ㉧ 암모니아와 반응 : $2K + 2NH_3 \rightarrow 2KNH_2 + H_2\uparrow$

 ㉨ 칼륨, 나트륨 : 은백색의 광택이 있는 무른 경금속
  • 칼륨 : 보라색 불꽃을 내면서 연소
  • 나트륨 : 노란색 불꽃을 내면서 연소

(4) 알킬알루미늄

① 종류 : 트라이메틸알루미늄[$(CH_3)_3Al$], 트라이에틸알루미늄[$(C_2H_5)_3Al$]
② 트라이에틸알루미늄($(C_2H_5)_3Al$) 반응

 • 공기와 반응 : $2(C_2H_5)_3Al + 21O_2 \rightarrow Al_2O_3 + 15H_2O + 12CO_2$

 • 물과 반응 : $(C_2H_5)_3Al + 3H_2O \rightarrow Al(OH)_3 + 3C_2H_6$

(5) 황린(P_4)

① 포스핀(PH_3)의 생성을 방지하기 위하여 pH=9인 물속에 저장한다.

② 황린의 연소식 : $P_4 + 5O_2 \rightarrow 2P_2O_5$

(6) 알칼리금속류 및 알칼리토금속

① 리튬
- 물, 산, 알코올과 반응하면 수소(H_2)가스를 발생
- 리튬과 물의 반응식 : $2Li + 2H_2O \rightarrow 2LiOH + H_2 \uparrow$

② 칼슘
- 은백색의 육방정계 결정
- 칼슘과 물의 반응식 : $Ca + 2H_2O \rightarrow Ca(OH)_2 + H_2 \uparrow$

(7) 금속의 수소화물

수소화칼륨과 물의 반응식 : $KH + H_2O \rightarrow KOH + H_2 \uparrow$

(8) 금속의 인화물60+

인화칼슘과 물의 반응식 : $Ca_3P_2 + 6H_2O \rightarrow 3Ca(OH)_2 + 2PH_3 \uparrow$

(9) 칼슘 또는 알루미늄의 탄화물

① 탄화칼슘(카바이드)과 물의 반응식 : $CaC_2 + 2H_2O \rightarrow Ca(OH)_2 + C_2H_2 \uparrow$

② 아세틸렌의 연소반응식 : $2C_2H_2 + 5O_2 \rightarrow 4CO_2 + 2H_2O$

③ 기타 금속탄화물과 물의 반응식
- 탄화알루미늄 : $Al_4C_3 + 12H_2O \rightarrow 4Al(OH)_3 + 3CH_4 \uparrow$
- 탄화망가니즈 : $Mn_3C + 6H_2O \rightarrow 3Mn(OH)_2 + CH_4 + H_2 \uparrow$
- 탄화베릴륨 : $Be_2C + 4H_2O \rightarrow 2Be(OH)_2 + CH_4 \uparrow$

4) 제4류 위험물

유별	성질	품명		지정수량
제4류	인화성 액체	1. 특수인화물		50L
		2. 제1석유류	비수용성 액체	200L
			수용성 액체	400L
		3. 알코올류		400L
		4. 제2석유류	비수용성 액체	1,000L
			수용성 액체	2,000L
		5. 제3석유류	비수용성 액체	2,000L
			수용성 액체	4,000L
		6. 제4석유류		6,000L
		7. 동식물유류		10,000L

(1) 제4류 위험물 소화방법

포말, 이산화탄소, 할로젠화합물, 불활성 가스소화약제로 질식소화

(2) 특수인화물

① 다이에틸에터($C_2H_5OC_2H_5$) : 용기의 공간용적을 2% 이상으로 하여야 한다.

   ㉠ 에테르의 연소방정식 : $C_2H_5OC_2H_5 + 6O_2 \rightarrow 4CO_2 + 5H_2O$

   ㉡ 에테르의 구조식

$$H-\overset{\displaystyle \overset{H}{|}}{\underset{\displaystyle \underset{H}{|}}{C}}-\overset{\displaystyle \overset{H}{|}}{\underset{\displaystyle \underset{H}{|}}{C}}-O-\overset{\displaystyle \overset{H}{|}}{\underset{\displaystyle \underset{H}{|}}{C}}-\overset{\displaystyle \overset{H}{|}}{\underset{\displaystyle \underset{H}{|}}{C}}-H$$

   ㉢ 과산화물 생성 방지 : 40mesh의 구리망을 넣어준다.

   ㉣ 과산화물 검출시약 : 10% KI 용액(KI : 옥화칼륨)

   ㉤ 과산화물 제거시약 : 황산제일철 또는 환원철

② 이황화탄소(CS_2)

   ㉠ 연소반응식 : $CS_2 + 3O_2 \rightarrow CO_2 + 2SO_2$

   ㉡ 물과 반응 : $CS_2 + 2H_2O \rightarrow CO_2 + 2H_2S$

③ 아세트알데하이드(CH_3CHO)

   ㉠ 펠링반응. 은거울반응

ⓛ 구리, 마그네슘, 은, 수은과 반응하면 아세틸레이트를 생성한다.

  ※ 산화프로필렌도 동일

ⓒ 연소반응식 : $2CH_3CHO + 5O_2 \rightarrow 4CO_2 + 4H_2O$

ⓔ 구조식

$$\begin{array}{c} H \\ | \\ H-C-C \\ | \quad \diagdown \\ H \quad \quad O \end{array}$$

④ 산화프로필렌(CH_3CHCH_2O) 구조식

$$\begin{array}{c} H \quad H \quad H \\ | \quad | \quad | \\ H-C-C-C-H \\ | \quad \diagdown \diagup \\ H \quad \; O \end{array}$$

(3) 제1석유류

① 아세톤($(CH_3)_2CO$)

  ⓐ 검출방법 : 아이오딘포름 반응, 갈색병에 저장하여야 한다.

  ⓑ 구조식

$$\begin{array}{c} H \quad O \quad H \\ | \quad \| \quad | \\ H-C-C-C-H \\ | \quad \quad | \\ H \quad \quad H \end{array}$$

② 가솔린($C_5H_{12} \sim C_9H_{20}$)

  ⓐ 옥탄가 : 연료가 내연기관의 실린더 속에서 공기와 혼합하여 연소할 때 노킹을 억제할 수 있는 정도를 측정한 값으로 가솔린의 품질을 나타내는 척도

  ⓑ 옥탄가 구하는 방법$= \dfrac{이소옥탄}{이소옥탄 + 노르말헵탄} \times 100$

  ⓒ 옥탄가와 연소효율의 관계 : 옥탄가가 높을수록 연소효율은 증가한다(비례관계).

③ 벤젠(C_6H_6)

  ⓐ 무색투명한 방향성을 갖는 액체

  ⓑ 연소반응식 : $2C_6H_6 + 15O_2 \rightarrow 12CO_2 + 6H_2O$

ⓒ 구조식

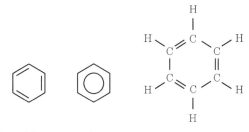

④ 톨루엔(C$_6$H$_5$CH$_3$)

ⓐ T.N.T의 원료

ⓑ 구조식

⑤ 콜로디온

⑥ 메틸에틸케톤(MEK, CH$_3$COC$_2$H$_5$) 구조식

⑦ 피리딘(C$_5$H$_5$N) 구조식

⑧ 초산에스터류

⑨ 의산에스터류

⑩ 사이클로헥산

⑪ 사이안화수소(HCN) : 제4류 위험물 중 증기가 유일하게 공기보다 가볍다.

⑫ 아세토나이트릴(CH$_3$CN)

⑬ 아크릴로나이트릴(CH$_2$ = CHCN)

(4) 알코올류

① 메틸알코올(CH$_3$OH) : 산화하면 메틸알코올 → 포름알데하이드 → 포름산

ㄱ 연소반응식 : $2CH_3OH + 3O_2 \rightarrow 2CO_2 + 4H_2O$

ㄴ 산화 · 환원반응

$$CH_3OH \underset{환원}{\overset{산화}{\rightleftharpoons}} HCHO \underset{환원}{\overset{산화}{\rightleftharpoons}} HCOOH$$

② 에틸알코올(C_2H_5OH) : 산화하면 메틸알코올 → 아세트알데하이드 → 초산(아세트산)

ㄱ 연소반응식 : $C_2H_5OH + 3O_2 \rightarrow 2CO_2 + 3H_2O$

ㄴ 산화 · 환원반응

$$C_2H_5OH \underset{환원}{\overset{산화}{\rightleftharpoons}} CH_3CHO \underset{환원}{\overset{산화}{\rightleftharpoons}} CH_3COOH$$

③ 이소프로필알코올

(5) 제2석유류

① 등유($C_9 \sim C_{18}$)

② 경유($C_{15} \sim C_{20}$) : 품질은 세탄값으로 정한다.

③ 의산($HCOOH$) : 은거울반응을 한다.

④ 초산(CH_3COOH, 아세트산)

⑤ 테레핀유

⑥ 스티렌

⑦ 장뇌유

⑧ 송근유

⑨ 에틸셀르솔브

⑩ 클로로벤젠(C_6H_5Cl)

⑪ 크실렌($C_6H_4(CH_3)_2$)

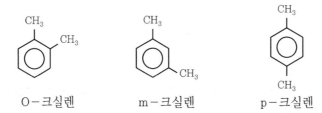

O-크실렌   m-크실렌   p-크실렌

⑫ 하이드라진(N_2H_4)

⑬ 아크릴산

⑭ 부탄올

(6) 제3석유류

① 중유

② 크레오소트유(타르유)

③ 아닐린($C_6H_5NH_2$) 구조식

④ 나이트로벤젠($C_6H_5NO_2$) 구조식

⑤ 에탄올아민

⑥ 에틸렌글리콜[$C_2H_4(OH)_2$]

⑦ 글리세린[$C_3H_5(OH)_3$]

⑧ 담금질유

⑨ 메타크레졸

(7) 제4석유류

① 종류 : 윤활유(기어유, 실린더유)

(8) 동식물유류

① 건성유(아이오딘값 130 이상) : 해바라기유, 동유, 아마인유, 정어리기름, 들기름

② 반건성유(100 이상 ~ 130 미만) : 채종유, 면실유, 참기름, 쌀겨기름, 콩기름

③ 불건성유(100 미만) : 땅콩기름, 야자유, 소기름, 고래기름, 피마자유, 올리브유, 피마자유

※ 아이오딘값 : 유지 100g에 부가되는 아이오딘의 g 수

5) 제5류 위험물

위험물			지정수량	위험등급
유별	성질	품명		
제5류	자기반응성 물질	1. 유기과산화물	1종 : 10kg 2종 : 100kg	Ⅰ
		2. 질산에스터류		
		3. 나이트로화합물		Ⅱ
		4. 나이트로소화합물		
		5. 아조화합물		
		6. 다이아조화합물		
		7. 하이드라진 유도체		
		8. 하이드록실아민		
		9. 하이드록실아민염류		
		10. 그 밖에 행정안전부령이 정하는 것		
		11. 제1호 내지 제10호의 1에 해당하는 어느 하나 이상을 함유한 것		

(1) 제5류 위험물 소화방법

주수에 의한 냉각소화

(2) 유기과산화물

$-O-O-$기의 구조를 가진 산화물

① 과산화벤조일($(C_6H_5CO)_2O_2$) 구조식

② 과산화메틸에틸케톤($(CH_3COC_2H_5)_2O_2$) 구조식

③ 과산화초산(CH_3COOOH) 구조식

④ 과산화아세틸((CH$_3$CO)$_2$O$_2$) 구조식

$$CH_3 - \underset{\underset{O}{\|}}{C} - O - O - \underset{\underset{O}{\|}}{C} - CH_3$$

(3) 질산에스터류

질산(HNO$_3$)의 수소(H)원자가 알킬기(C$_n$H$_{2n+1}$)로 치환된 화합물

① 질산메틸(CH$_3$ONO$_2$)

② 질산에틸(C$_2$H$_5$ONO$_2$)

③ 나이트로셀룰로오스(C$_{24}$H$_{29}$O$_9$(ONO$_2$)$_{11}$)

   ㉠ 셀룰로오스에 진한황산과 진한질산의 혼산으로 반응시켜 제조한 것

   ㉡ 물 또는 알코올로 습윤시켜 저장

   ㉢ 130℃에서는 서서히 분해하여 180℃에서 불꽃을 내면서 급격히 연소한다.

   ㉣ 질화도가 클수록 폭발성이 크다.

   ※ 질화도 : 나이트로셀룰로오스 속에 함유된 질소의 함유량

   • 강면약 : 질화도 N>12.76%

   • 약면약 : 질화도 N<10.18~12.76%

④ 나이트로글리세린(C$_3$H$_5$(ONO$_2$)$_3$)

   ㉠ 분해방정식 : 4C$_3$H$_5$(ONO$_2$)$_3$ → 12CO$_2$↑ + 10H$_2$O + 6N$_2$↑ + O$_2$↑

   ㉡ 구조식

$$H - \underset{\underset{NO_2}{\underset{|}{O}}}{\overset{\overset{H}{|}}{C}} - \underset{\underset{NO_2}{\underset{|}{O}}}{\overset{\overset{H}{|}}{C}} - \underset{\underset{NO_2}{\underset{|}{O}}}{\overset{\overset{H}{|}}{C}} - H$$

⑤ 나이트로글리콜(C$_2$H$_4$(ONO$_2$)$_2$) 구조식

$$H - \underset{\underset{NO_2}{\underset{|}{O}}}{\overset{\overset{H}{|}}{C}} - \underset{\underset{NO_2}{\underset{|}{O}}}{\overset{\overset{H}{|}}{C}} - H$$

(4) 나이트로소화합물

(5) 아조화합물

(6) 다이아조화합물

(7) 하이드라진유도체

(8) 하이드록실아민

(9) 하이드록실아민염류

6) 제6류 위험물

위험물			지정수량
유별	성질	품명	
제6류	산화성 액체	1. 과염소산	300kg
		2. 과산화수소	300kg
		3. 질산	300kg
		4. 그 밖에 행정안전부령으로 정하는 것	300kg
		5. 제1호 내지 제4호의 1에 해당하는 어느 하나 이상을 함유한 것	300kg

(1) 제6류 위험물 소화방법

주수에 의한 냉각소화

(2) 과염소산($HClO_4$)

(3) 과산화수소(H_2O_2) : 농도가 36wt% 이상인 것

① 물, 알코올, 에테르에는 녹지만, 벤젠에는 녹지 않는다.

② 나이트로글리세린, 하이드라진과 혼촉하면 분해하여 발화·폭발한다.

$$2H_2O_2 + N_2H_4 \rightarrow N_2 + 4H_2O$$

③ 저장용기는 밀봉하지 않고 구멍이 있는 마개를 사용한다.

※ 이유 : 상온에서 서서히 분해하면 산소를 발생하여 폭발의 위험이 있다. 즉, 통기를 위하여 구멍 뚫린 마개를 사용한다.

④ 과산화수소의 안정제 : 인산(H_3PO_4), 요산($C_5H_4N_4O_3$)

(4) 질산(HNO_3) : 비중이 1.49 이상인 것

① 부동태화 : 철, 코발트, 니켈, 알루미늄, 크로뮴 등은 진한질산과 작용하여 금속 표면에 얇은 수산화물의 피막이 생겨 더 이상 산화가 진행되지 않는 현상

② 크산토프로테인 반응 : 단백질 검출반응의 하나로서 아미노산 또는 단백질에 진한질산을 가하여 가열하면 황색이 되고, 냉각하여 염기성이 되면 등황색을 띠는 현상

③ 분해방정식 : $4HNO_3 \rightarrow 2H_2O + 4NO_2\uparrow + O_2\uparrow$

7) 복수성상물품(하나의 위험물이 둘 이상의 위험성을 가질 경우 위험물안전관리법에서 복수성상물품이라고 하며 더 위험한 위험성을 그 위험물의 성상으로 함)

(1) 복수성상물품이 산화성 고체(제1류)의 성상 및 가연성 고체(제2류)의 성상을 가지는 경우 : 제2류 제8호의 규정에 의한 품명

(2) 복수성상물품이 산화성 고체(제1류)의 성상 및 자기반응성 물질(제5류)의 성상을 가지는 경우 : 제5류 제11호의 규정에 의한 품명

(3) 복수성상물품이 가연성 고체(제2류), 자연발화성 물질의 성상(제3류) 및 금수성 물질(제3류)의 성상을 가지는 경우 : 제3류

(4) 복수성상물품이 자연발화성(제3류), 금수성(제3류) 및 인화성 액체(제4류)의 성상을 가지는 경우 : 제3류

(5) 복수성상물품이 인화성 액체의 성상(제4류) 및 자기반응성 물질(제5류)의 성상을 가지는 경우 : 제5류

제2장
소화설비

Hazardous material
Industrial Engineer

1. 소화기의 설치기준

1) 전기설비의 소화설비

제조소등에 전기설비(전기배선, 조명기구 등은 제외)가 설치된 경우에는 당해 장소의 면적 100m²마다 소형수동식소화기를 1개 이상 설치해야 한다.

2) 대형수동식소화기의 설치기준

방호대상물의 각 부분으로부터 하나의 대형수동식소화기까지의 보행거리가 30m 이하가 되도록 설치해야 한다.

3) 소형수동식소화기의 설치기준

소형수동식소화기는 지하탱크저장소, 간이탱크저장소, 이동탱크저장소, 주유취급소 또는 판매취급소에서는 유효하게 소화할 수 있는 위치에 설치하여야 하며, 그 밖의 제조소등에서는 방호대상물의 각 부분으로부터 하나의 소형수동식소화기까지의 보행거리가 20m 이하가 되도록 설치해야 한다.

2. 소요단위 및 능력단위

1) 소요단위

(1) 정의

소화설비의 설치대상이 되는 건축물 그 밖의 공작물의 규모 또는 위험물의 양의 기준단위이다.

(2) 1소요단위의 계산방법

① 제조소 또는 취급소의 건축물
    ㉠ 외벽이 내화구조 : 연면적 $100m^2$
    ㉡ 외벽이 비내화구조 : 연면적 $50m^2$
② 저장소의 건축물
    ㉠ 외벽이 내화구조 : 연면적 $150m^2$
    ㉡ 외벽이 비내화구조 : 연면적 $75m^2$
③ 위험물 : 지정수량의 10배

2) 능력단위

(1) 정의

소요단위에 대응하는 소화설비의 소화능력의 기준단위이다.

(2) 소화설비의 능력단위

소화설비	용량	능력단위
소화전용물통	8L	0.3
수조(소화전용물통 3개 포함)	80L	1.5
수조(소화전용물통 6개 포함)	190L	2.5
마른 모래(삽 1개 포함)	50L	0.5
팽창질석 또는 팽창진주암(삽 1개 포함)	160L	1.0

---

3. 소화전설비의 설치기준

1) 옥내소화전설비의 설치기준

(1) 제조소등의 건축물의 층마다 당해 층의 각 부분에서 하나의 호스접속구까지의 수평거리는 25m 이하일 것

(2) 수원의 수량은 옥내소화전이 가장 많이 설치된 층의 옥내소화전 설치개수(설치개수가 5개 이상인 경우는 5개)에 7.8m³를 곱한 양 이상일 것

(3) 당해 층의 모든 옥내소화전(설치개수가 5개 이상인 경우는 5개의 옥내소화전)을 동시에 사용할 경우에 각 노즐선단의 방수압력이 350kPa 이상이고 방수량이 1분당 260L 이상일 것

(4) 옥내소화전의 개폐밸브 및 호스접속구는 바닥면으로부터 1.5m 이하의 높이에 설치할 것

(5) 옥내소화전설비의 설치 표시

① 옥내소화전함에는 그 표면에 "소화전"이라고 표시할 것

② 옥내소화전함의 상부의 벽면에 적색의 표시등을 설치하되, 당해 표시등의 부착면과 15° 이상의 각도가 되는 방향으로 10m 떨어진 곳에서 용이하게 식별이 가능하도록 할 것

(6) 가압송수장치의 기준

① 고가수조를 이용하는 가압송수장치

$$H = h_1 + h_2 + 35m$$

여기서, H : 필요낙차(수조의 하단으로부터 호스접속구까지의 수직거리)(m)
h_1 : 방수용 호스의 마찰손실수두(m)
h_2 : 배관의 마찰손실수두(m)

② 압력수조를 이용하는 가압송수장치

$$P = p_1 + p_2 + p_3 + 0.35MPa$$

여기서, P : 필요한 압력(MPa)
p_1 : 소방용 호스의 마찰손실수두압(MPa)
p_2 : 배관의 마찰손실수두압(MPa)
p_3 : 낙차의 환산수두압(MPa)

③ 펌프를 이용하는 가압송수장치

$$H = h_1 + h_2 + h_3 + 35m$$

여기서, H : 펌프의 전양정(m)
h_1 : 소방용 호스의 마찰손실수두(m)
h_2 : 배관의 마찰손실수두(m)
h_3 : 낙차(m)

(7) 옥내소화전설비를 45분 이상 작동시킬 수 있는 비상전원을 설치할 것

2) 옥외소화전설비의 설치기준

(1) 방호대상물의 각 부분(건축물의 경우에는 당해 건축물의 1층 및 2층의 부분에 한함)에서 하나의 호스접속구까지의 수평거리 : 40m 이하일 것

(2) 수원의 수량 : 옥외소화전의 설치개수(설치개수가 4개 이상인 경우는 4개의 옥외 소화전)에 13.5m³를 곱한 양 이상일 것

(3) 모든 옥외소화전(설치개수가 4개 이상인 경우는 4개의 옥외소화전)을 동시에 사용할 경우에 각 노즐선단의 방수압력이 350kPa 이상이고, 방수량이 1분당 450L 이상일 것

(4) 옥외소화전의 개폐밸브 및 호스접속구는 바닥면으로부터 1.5m 이하의 높이에 설치할 것

(5) 옥외소화전함은 불연재료로 제작하고 옥외소화전으로부터 보행거리 5m 이하의 장소에 설치할 것

(6) 옥외소화전설비를 45분 이상 작동시킬 수 있는 비상전원을 설치할 것

3) 스프링클러설비의 설치기준

(1) 스프링클러헤드는 방호대상물의 각 부분에서 하나의 스프링클러헤드까지의 수평거리가 1.7m 이하가 되도록 설치할 것

(2) 개방형 스프링클러헤드를 이용한 스프링클러설비의 방사구역은 150m² 이상(방호대상물의 바닥면적이 150m² 미만인 경우에는 당해 바닥면적)으로 할 것

(3) 수원의 수량

① 폐쇄형 스프링클러헤드 : 30(헤드의 설치개수가 30 미만인 방호대상물인 경우에는 당해 설치개수)×2.4m³를 곱한 양 이상

② 개방형 스프링클러헤드 : 스프링클러헤드가 가장 많이 설치된 방사구역의 스프링클러헤드 설치개수×2.4m³를 곱한 양 이상

(4) 스프링클러헤드를 동시에 사용할 경우에 각 선단의 방사압력이 100kPa 이상이고, 방수량이 1분당 80L 이상일 것

(5) 스프링클러헤드는 그 부착장소의 평상시의 최고주위온도에 따라 다음 표에 정한 표시온도를 갖는 것을 설치할 것

부착장소의 최고주위온도(℃)	표시온도(℃)
28 이상 39 미만	58 이상 79 미만
39 이상 64 미만	79 이상 121 미만
64 이상 106 미만	121 이상 162 미만
106 이상	162 이상

(6) 스프링클러설비를 45분 이상 작동시킬 수 있는 비상전원을 설치할 것

4) 물분무소화설비의 설치기준

(1) 방사구역은 150m² 이상(방호대상물의 표면적이 150m² 미만인 경우 당해 표면적)으로 할 것

(2) 수원의 수량은 분무헤드가 가장 많이 설치된 방사구역의 모든 분무헤드를 동시에 사용할 경우에 당해 방사구역의 표면적 1m²당 1분당 20L의 비율로 계산한 양으로 30분간 방사할 수 있는 양 이상이 되도록 설치할 것

(3) 분무헤드를 동시에 사용할 경우에 각 선단의 방사압력이 350kPa 이상으로 방사할 수 있는 성능이 되도록 할 것

(4) 물분무소화설비를 45분 이상 작동시킬 수 있는 비상전원을 설치할 것

5) 포소화설비의 설치기준

(1) 포방출구는 다음의 구분에 의할 것

① Ⅰ형 : 고정지붕구조의 탱크에 상부포주입법(고정포방출구를 탱크 옆판의 상부에 설치하여 액표면상에 포를 방출하는 방법을 말한다)을 이용하는 것으로서 방출된 포가 액면 아래로 몰입되거나 액면을 뒤섞지 않고 액면상을 덮을 수 있는 통계단 또는 미끄럼판 등의 설비 및 탱크 내의 위험물증기가 외부로 역류되는 것을 저지할 수 있는 구조·기구를 갖는 포방출구

② Ⅱ형 : 고정지붕구조 또는 부상덮개부착고정지붕구조(옥외저장탱크의 액상에 금속제의 플로팅, 팬 등의 덮개를 부착한 고정지붕구조의 것을 말한다)의 탱크에 상부포주입법을 이용하는 것으로서 방출된 포가 탱크 옆판의 내면을 따라 흘러내려 가면서 액면 아래로 몰입되거나 액면을 뒤섞지 않고 액면상을 덮을 수 있는 반사판 및 탱크 내의 위험물증기가 외부로 역류되는 것을 저지할 수 있는 구조·기구를 갖는 포방출구

③ 특형 : 부상지붕구조의 탱크에 상부포주입법을 이용하는 것으로서 부상지붕의 부상부분상에 높이 0.9m 이상의 금속제의 칸막이(방출된 포의 유출을 막을 수 있고 충분한 배수능력을 갖는 배수구를 설치한 것에 한한다)를 탱크 옆판의 내측으로부터 1.2m 이상 이격하여 설치하고 탱크 옆판과 칸막이에 의하여 형성된 환상부분에 포를 주입하는 것이 가능한 구조의 반사판을 갖는 포방출구

④ Ⅲ형 : 고정지붕구조의 탱크에 저부포주입법(탱크의 액면하에 설치된 포방출구로부터 포를 탱크 내에 주입하는 방법을 말한다)을 이용하는 것으로서 송포관(발포기 또는 포발생기에 의하여 발생된 포를 보내는 배관을 말한다. 당해 배관으로 탱크 내의 위험물

이 역류되는 것을 저지할 수 있는 구조·기구를 갖는 것에 한한다)으로부터 포를 방출하는 포방출구

※ Ⅲ형의 포방출구를 이용하는 것은 온도 20℃의 물 100g에 용해되는 양이 1g 미만인 위험물이면서 저장온도가 50℃ 이하 또는 동점도가 100cSt(센티스톡스) 이하인 위험물을 저장 또는 취급하는 탱크에 한하여 설치 가능하다.

⑤ Ⅳ형 : 고정지붕구조의 탱크에 저부포주입법을 이용하는 것으로서 평상시에는 탱크의 액면하의 저부에 설치된 격납통(포를 보내는 것에 의하여 용이하게 이탈되는 캡을 갖는 것을 포함한다)에 수납되어 있는 특수호스 등이 송포관의 말단에 접속되어 있다가 포를 보내는 것에 의하여 특수호스 등이 전개되어 그 선단이 액면까지 도달한 후 포를 방출하는 포방출구

(2) 포방출구에 따른 포수용액량과 방출률(비수용성의 위험물에 한함)

구분	Ⅰ형		Ⅱ형		특형		Ⅲ형		Ⅳ형	
	포수용액량 (L/m²)	방출률 (L/m² · min)	포수용액량 (L/m²)	방출률 (L/m² · min)	포수용액량 (L/m²)	방출률 (L/m² · min)	포수용액량 (L/m²)	방출률 (L/m² · min)	포수용액량 (L/m²)	방출률 (L/m² · min)
인화점이 21℃ 미만인 것	120	4	220	4	240	8	220	4	220	4
인화점이 21℃ 이상 70℃ 미만인 것	80	4	120	4	160	8	120	4	120	4
인화점이 70℃ 이상인 것	60	4	100	4	120	8	100	4	100	4

(3) 보조포소화전의 기준

① 방유제 외측에 각각의 보조포소화전 상호 간의 보행거리가 75m 이하가 되도록 설치할 것

② 보조포소화전은 3개(호스접속구가 3개 미만인 경우에는 그 개수)의 노즐을 동시에 사용할 경우에 각각의 노즐선단의 방사압력이 0.35MPa 이상이고 방사량이 400L/min 이상의 성능이 되도록 설치할 것

(4) 포헤드방식의 포헤드의 기준

① 방호대상물의 표면적(건축물의 경우에는 바닥면적) 9m²당 1개 이상의 헤드를, 방호대상물의 표면적 1m²당의 방사량이 6.5L/min 이상의 양으로 방사할 수 있도록 설치할 것

② 방사구역은 100m² 이상(방호대상물의 표면적이 100m² 미만인 경우에는 당해 표면적)으로 할 것

(5) 포모니터노즐위치가 고정된 노즐의 방사각도를 수동 또는 자동으로 조준하여 포를 방사하는 설비의 기준

① 포모니터노즐은 옥외저장탱크 또는 이송취급소의 펌프설비 등이 안벽, 부두, 해상구조물, 그 밖의 이와 유사한 장소에 설치되어 있는 경우에 당해 장소의 끝선(해면과 접하는 선)으로부터 수평거리 15m 이내의 해면 및 주입구 등 위험물취급설비의 모든 부분이 수평방사거리 내에 있도록 설치할 것

② 포모니터노즐은 모든 노즐을 동시에 사용할 경우에 각 노즐선단의 방사량이 1,900L/min 이상이고 수평방사거리가 30m 이상이 되도록 설치할 것

(6) 이동식포소화설비의 기준

4개(호스접속구가 4개 미만인 경우에는 그 개수)의 노즐을 동시에 사용할 경우에 각 노즐선단의 방사압력은 0.35MPa 이상이고 방사량은 옥내에 설치한 것은 200L/min 이상, 옥외에 설치한 것은 400L/min 이상으로 30분간 방사할 수 있는 양

(7) 가압송수장치의 기준

① 고가수조를 이용하는 가압송수장치

$$H = h_1 + h_2 + h_3$$

여기서, H : 필요한 낙차(수조의 하단으로부터 포방출구까지의 수직거리)(m)
h_1 : 고정식포방출구의 설계압력 환산수두 또는 이동식포소화설비 노즐방사압력 환산수두)(m)
h_2 : 배관의 마찰손실수두(m)
h_3 : 이동식포소화설비의 소방용 호스의 마찰손실수두(m)

② 압력수조를 이용하는 가압송수장치

$$P = p_1 + p_2 + p_3 + p_4$$

여기서, P : 필요한 압력(MPa)
p_1 : 고정식포방출구의 설계압력 또는 이동식포소화설비 노즐방사압력(MPa)
p_2 : 배관의 마찰손실수두압(MPa)
p_3 : 낙차의 환산수두압(MPa)
p_4 : 이동식포소화설비의 소방용 호스의 마찰손실수두압(MPa)

③ 펌프를 이용하는 가압송수장치

$$H = h_1 + h_2 + h_3 + h_4$$

여기서, H : 펌프의 전양정(m)

h_1 : 고정식포방출구의 설계압력 환산수두 또는 이동식포소화설비 노즐선단의 방사압
력 환산수두(m)

h_2 : 배관의 마찰손실수두(m)

h_3 : 낙차(m)

h_4 : 이동식포소화설비의 소방호스의 마찰손실수두(m)

(8) 기동장치의 기준

① 직접조작 또는 원격조작에 의하여 가압송수장치, 수동식개방밸브 및 포소화약제혼합장
치를 기동할 수 있을 것

② 2 이상의 방사구역을 갖는 포소화설비는 방사구역을 선택할 수 있는 구조로 할 것

③ 기동장치의 조작부는 화재 시 용이하게 접근이 가능하고 바닥면으로부터 0.8m 이상
1.5m 이하의 높이에 설치할 것

④ 기동장치의 조작부에는 유리 등에 의한 방호조치가 되어 있을 것

⑤ 기동장치의 조작부 및 호스접속구에는 직근의 보기 쉬운 장소에 각각 "기동장치의 조
작부" 또는 "접속구"라고 표시 할 것

6) 불활성가스소화설비의 설치기준

(1) 불활성가스소화약제의 종류

① 이산화탄소

② 불활성가스

㉠ IG-100 : 질소 100%

㉡ IG-55 : 질소 50%와 아르곤 50%

㉢ IG-541 : 질소 52%와 아르곤 40%와 이산화탄소 8%

(2) 불활성가스소화설비의 방사압력

① 이산화탄소를 방사하는 분사헤드

㉠ 고압식의 것(소화약제가 상온으로 용기에 저장되어 있는 것) : 2.1MPa 이상

㉡ 저압식의 것(소화약제가 −18℃ 이하의 온도로 용기에 저장되어 있는 것) : 1.05MPa
이상

② IG-100, IG-55 또는 IG-541을 방사하는 분사헤드 : 1.9MPa 이상

(3) 불활성가스소화설비의 방사시간

① 전역방출방식

㉠ 이산화탄소를 방사하는 것 : 60초 이내

ⓛ IG−100, IG−55 또는 IG−541을 방사하는 것 : 소화약제의 양의 95% 이상을
60초 이내

  ② 국소방출방식(이산화탄소 소화약제에 한함) : 30초 이내

(4) 이산화탄소소화약제의 양

① 전역방출방식

$$Q = (V \times K_1 + A \times K_2) \times K$$

여기서, Q : 소화약제의 양(kg)
      V : 방호구역 체적(m^3)
      K_1 : 체적계수(kg/m^3)

$V(m^3)$	$K_1(kg/m^3)$	소화약제 총량의 최저한도(kg)
5 미만	1.20	—
5 이상 15 미만	1.10	6
15 이상 45 미만	1.00	17
45 이상 150 미만	0.90	45
150 이상 1,500 미만	0.80	135
1,500 이상	0.75	1,200

    A : 개구부 면적(m^2)
    K_2 : 개구부 면적계수(kg/m^2)
      ※ 자동폐쇄장치 설치 시 필요 없고 미설치 시 5kg/m^2 가산
    K : 위험물의 종류에 대한 가스계소화약제의 계수

위험물의 종류	이산화탄소	IG−100	IG−55	IG−541
휘발유	1.0	1.0	1.0	1.0
경유	1.0	1.0	1.0	1.0
등유	1.0	1.0	1.0	1.0

② 국소방출방식

  ㉠ 면적식

    • 고압식 : $Q = (A \times 13kg/m^2 \times K) \times 1.4$

    • 저압식 : $Q = (A \times 13kg/m^2 \times K) \times 1.1$

      여기서, Q : 소화약제의 양(kg)
          A : 방호대상물의 표면적(m^2)
          K : 위험물의 종류에 대한 가스계소화약제의 계수

  ㉡ 용적식

    • 고압식 : $Q = V \times Q_1 \times K \times 1.4$

    • 저압식 : $Q = V \times Q_1 \times K \times 1.1$

여기서, Q : 소화약제의 양(kg)

V : 방호공간의 체적(m^3)

$Q_1 : (8 - 6\frac{a}{A})(kg/m^3)$

a : 방호대상물의 주위에 실제로 설치된 고정벽의 면적의 합(m^2)

A : 방호공간 전체둘레의 면적(m^2)

K : 위험물의 종류에 대한 가스계소화약제의 계수

(5) 저장용기의 충전기준

① 이산화탄소 : 저장용기의 충전비(용기 내용적의 수치와 소화약제 중량의 수치와의 비율)는 고압식인 경우에는 1.5 이상 1.9 이하이고, 저압식인 경우에는 1.1 이상 1.4 이하일 것

② IG$-$100, IG$-$55 또는 IG$-$541 : 저장용기의 충전압력을 21℃의 온도에서 32MPa 이하로 할 것

(6) 저장용기는 다음에 정하는 것에 의하여 설치할 것

① 방호구역 외의 장소에 설치할 것

② 온도가 40℃ 이하이고 온도 변화가 적은 장소에 설치할 것

③ 직사일광 및 빗물이 침투할 우려가 적은 장소에 설치할 것

④ 저장용기에는 안전장치(용기밸브에 설치되어 있는 것을 포함)를 설치할 것

⑤ 저장용기의 외면에 소화약제의 종류와 양, 제조연도 및 제조자를 표시할 것

(7) 이산화탄소를 저장하는 저압식저장용기에는 다음을 설치할 것

① 액면계 및 압력계

② 2.3MPa 이상의 압력 및 1.9MPa 이하의 압력에서 작동하는 압력경보장치

③ 용기내부의 온도를 영하 20℃ 이상 영하 18℃ 이하로 유지할 수 있는 자동냉동기

④ 파괴판

⑤ 방출밸브

(8) 선택밸브의 기준

① 저장용기를 공용하는 경우에는 방호구역 또는 방호대상물마다 선택밸브를 설치할 것

② 선택밸브는 방호구역 외의 장소에 설치할 것

③ 선택밸브에는 "선택밸브"라고 표시하고 선택이 되는 방호구역 또는 방호대상물을 표시할 것

(9) 전역방출방식인 것에는 다음에 정하는 안전조치를 할 것

① 기동장치의 방출용스위치 등의 작동으로부터 저장용기의 용기밸브 또는 방출밸브의 개

방까지의 시간이 20초 이상 되도록 지연장치를 설치할 것

② 수동기동장치에는 지연시간 내에 소화약제가 방출되지 않도록 조치를 할 것

③ 방호구역의 출입구 등 보기 쉬운 장소에 소화약제가 방출된다는 사실을 알리는 표시등을 설치할 것

7) 할로젠화물소화설비의 설치기준

C → F → Cl → Br → I 순서로 이루어짐

(1) 할로젠화물소화설비의 방사압력

① 할론 2402 : 0.1MPa 이상

② 할론 1211 : 0.2MPa 이상

③ 할론 1301 : 0.9MPa 이상

(2) 할로젠화물소화설비의 방사시간

① 전역방출방식(할론 2402, 할론 1211 또는 할론 1301) : 30초 이내

② 국소방출방식(할론 2402, 할론 1211 또는 할론 1301) : 30초 이내

(3) 할로젠화물소화약제의 양

① 전역방출방식

$$Q = (V \times K_1 + A \times K_2) \times K$$

여기서, Q : 소화약제의 양(kg)

V : 방호구역 체적(m^3)

K_1 : 체적계수(kg/m^3)

약제의 종류	K_1(kg/m^3)
할론 2402	0.40
할론 1211	0.36
할론 1301	0.32

A : 개구부 면적(m^2)

K_2 : 개구부 면적계수(kg/m^2)

※ 자동폐쇄장치 설치 시 필요 없고 미설치 시 다음의 양 가산

· 할론 2402 : 3.0kg/m^2

· 할론 1211 : 2.7kg/m^2

· 할론 1301 : 2.4kg/m^2

K : 위험물의 종류에 대한 가스계소화약제의 계수

② 국소방출방식

㉠ 면적식

- 할론 2402 : $Q = A \times 8.8 \text{kg/m}^2 \times K \times 1.1$
- 할론 1211 : $Q = A \times 7.6 \text{kg/m}^2 \times K \times 1.1$
- 할론 1301 : $Q = A \times 6.8 \text{kg/m}^2 \times K \times 1.25$

　　여기서, Q : 소화약제의 양(kg)
　　　　　　V : 방호대상물의 표면적(m^3)
　　　　　　K : 위험물의 종류에 대한 가스계소화약제의 계수

㉡ 용적식

- 할론 2402 : $Q = V \times Q_1 \times K \times 1.1$
- 할론 1211 : $Q = V \times Q_1 \times K \times 1.1$
- 할론 1301 : $Q = V \times Q_1 \times K \times 1.25$

　　여기서, Q : 소화약제의 양(kg)
　　　　　　V : 방호공간의 체적(m^3)
　　　　　　$Q_1 : (X - Y\dfrac{a}{A})(\text{kg/m}^3)$

　　　　　　Q_1 : 단위체적당 소화약제의 양(kg/m^3)
　　　　　　X 및 Y : 다음 표에 정한 수치

약제의 종류	X의 수치	Y의 수치
할론 2402	5.2	3.9
할론 1211	4.4	3.3
할론 1301	4.0	3.0

　　　　a : 방호대상물의 주위에 실제로 설치된 고정벽의 면적의 합(m^2)
　　　　A : 방호공간 전체둘레의 면적(m^2)
　　　K : 위험물의 종류에 대한 가스계소화약제의 계수

(4) 이동식할로젠화물소화설비의 하나의 노즐마다에 대한 소화약제의 양

① 할론 2402 : 50kg 이상

② 할론 1211 또는 할론 1301 : 45kg 이상

(5) 저장용기 등의 충전비

① 할론 2402

㉠ 가압식저장용기에 저장하는 것 : 0.51 이상 0.67 이하

㉡ 축압식저장용기에 저장하는 것 : 0.67 이상 2.75 이하

② 할론 1211 : 0.7 이상 1.4 이하

③ 할론 1301 : 0.9 이상 1.6 이하

(6) 온도 21℃에서 질소가스로 축압하는 축압식저장용기 등의 압력

① 할론 1211을 저장하는 것 : 1.1MPa 또는 2.5MPa

② 할론 1301을 저장하는 것 : 2.5MPa 또는 4.2MPa

(7) 오존파괴지수(ODP)

① 정의 : 어떤 물질의 오존파괴 정도를 나타내는 지표

② 공식 : $ODP = \dfrac{\text{어떤 물질 1kg이 파괴하는 오존량}}{\text{1kg의 CFC} - \text{11이 파괴하는 오존량}}$

8) 분말소화설비의 설치기준

(1) 분말소화제의 종류

① 제1종 분말소화약제 : $NaHCO_3$(탄산수소나트륨)

② 제2종 분말소화약제 : $KHCO_3$(탄산수소칼륨)

③ 제3종 분말소화약제 : $NH_4H_2PO_4$(인산암모늄)

(2) 소화약제의 분해반응식

① 제1종 분말소화약제

㉠ 1차 분해반응식(270℃) : $2NaHCO_3 \rightarrow Na_2CO_3 + CO_2 + H_2O$

㉡ 2차 분해반응식(850℃) : $2NaHCO_3 \rightarrow Na_2O + 2CO_2 + H_2O$

② 제2종 분말소화약제

㉠ 1차 분해반응식(190℃) : $2KHCO_3 \rightarrow K_2CO_3 + CO_2 + H_2O$

㉡ 2차 분해반응식(890℃) : $2KHCO_3 \rightarrow K_2O + 2CO_2 + H_2O$

③ 제3종 분말소화약제

㉠ 1차 분해반응식(190℃) : $NH_4H_2PO_4 \rightarrow H_3PO_4 + NH_3$

㉡ 2차 분해반응식(215℃) : $2H_3PO_4 \rightarrow H_4P_2O_7 + H_2O$

㉢ 3차 분해반응식(300℃) : $H_4P_2O_7 \rightarrow 2HPO_3 + H_2O$

㉣ 완전분해반응식 : $NH_4H_2PO_4 \rightarrow HPO_3 + H_2O + NH_3$

(3) 분말소화설비의 방사압력

0.1MPa 이상

(4) 분말소화약제의 방사시간

30초 이내

(5) 분말소화약제의 방사량

① 전역방출방식

$$Q = (V \times K_1 + A \times K_2) \times K$$

여기서, Q : 소화약제의 양(kg)

V : 방호구역 체적(m^3)

K_1 : 체적계수(kg/m^3)

약제의 종류	K_1(kg/m^3)
제1종 분말	0.60
제2종 또는 제3종 분말	0.36
제4종 분말	0.24

A : 개구부 면적(m^2)

K_2 : 개구부 면적계수(kg/m^2)

※ 자동폐쇄장치 설치 시 필요 없고 미설치 시 다음의 양 가산
- 제1종 분말 : 4.5kg/m^2
- 제2종 분말 또는 제3종 분말 : 2.7kg/m^2
- 제4종 분말 : 1.8kg/m^2

K : 위험물의 종류에 대한 가스계소화약제의 계수

② 국소방출방식

㉠ 면적식

- 제1종 분말 : $Q = A \times 8.8 \text{kg}/\text{m}^2 \times K \times 1.1$
- 제2종 또는 제3종 분말 : $Q = A \times 5.2 \text{kg}/\text{m}^2 \times K \times 1.1$
- 제4종 분말 : $Q = A \times 3.6 \text{kg}/\text{m}^2 \times K \times 1.1$

여기서, Q : 소화약제의 양(kg)

V : 방호대상물의 표면적(m^2)

K : 위험물의 종류에 대한 가스계소화약제 계수

㉡ 용적식

$$Q = V \times Q_1 \times K \times 1.1$$

여기서, Q : 소화약제의 양(kg)

V : 방호공간의 체적(m^3)

Q_1 : $(X - Y \dfrac{a}{A})$(kg/m^3)

Q_1 : 단위체적당 소화약제의 양(kg/m^3)

X 및 Y : 다음 표에 정한 수치

약제의 종류	X의 수치	Y의 수치
제1종 분말	5.2	3.9
제2종 또는 제3종 분말	3.2	2.4
제4종 분말	2.0	1.5

a : 방호대상물의 주위에 실제로 설치된 고정벽의 면적의 합(m^2)
A : 방호공간 전체둘레의 면적(m^2)
K : 위험물의 종류에 대한 가스계소화약제의 계수

(6) 저장용기 등의 충전비

① 제1종 분말 : 0.85 이상 1.45 이하
② 제2종 또는 제3종 분말 : 1.05 이상 1.75 이하
③ 제4종 분말 : 1.50 이상 2.50 이하

9) 위험물의 종류에 대한 가스계 및 분말소화약제의 계수

소화약제의 종별 위험물의 종류	이산화탄소	IG-100	IG-55	IG-541	할로젠화물		분말			
					할론 1301	할론 1211	제1종	제2종	제3종	제4종
아크릴로나이트릴	1.2	1.2	1.2	1.2	1.4	1.2	1.2	1.2	1.2	1.2
아세트알데하이드	1.1	1.1	1.1	1.1	1.1	1.1	–	–	–	–
아세트나이트릴	1.0	1.0	1.0	1.0	1.0	1.0	1.0	1.0	1.0	1.0
아세톤	1.0	1.0	1.0	1.0	1.0	1.0	1.0	1.0	1.0	1.0
아닐린	1.1	1.1	1.1	1.1	1.1	1.1	1.0	1.0	1.0	1.0
이소옥탄	1.0	1.0	1.0	1.0	1.0	1.0	1.1	1.1	1.1	1.1
이소프렌	1.0	1.0	1.0	1.0	1.2	1.0	1.1	1.1	1.1	1.1
이소프로필아민	1.0	1.0	1.0	1.0	1.0	1.0	1.1	1.1	1.1	1.1
이소프로필에테르	1.0	1.0	1.0	1.0	1.0	1.0	1.1	1.1	1.1	1.1
이소헥산	1.0	1.0	1.0	1.0	1.0	1.0	1.1	1.1	1.1	1.1
이소헵탄	1.0	1.0	1.0	1.0	1.0	1.0	1.1	1.1	1.1	1.1
이소펜탄	1.0	1.0	1.0	1.0	1.0	1.0	1.1	1.1	1.1	1.1
에탄올	1.2	1.2	1.2	1.2	1.2	1.2	1.2	1.2	1.2	1.2
에틸아민	1.0	1.0	1.0	1.0	1.0	1.0	1.1	1.1	1.1	1.1
염화비닐	1.1	1.1	1.1	1.1	1.1	1.1	–	–	1.0	–
옥탄	1.2	1.2	1.2	1.2	1.0	1.0	1.1	1.1	1.1	1.1

위험물의 종류 \ 소화약제의 종별	이산화탄소	IG-100	IG-55	IG-541	할로젠화물		분말			
					할론 1301	할론 1211	제1종	제2종	제3종	제4종
휘발유	1.0	1.0	1.0	1.0	1.0	1.0	1.0	1.0	1.0	1.0
포름산(개미산)에틸	1.0	1.0	1.0	1.0	1.0	1.0	1.1	1.1	1.1	1.1
포름산(개미산)프로필	1.0	1.0	1.0	1.0	1.0	1.0	1.1	1.1	1.1	1.1
포름산(개미산)메틸	1.0	1.0	1.0	1.0	1.4	1.4	1.1	1.1	1.1	1.1
경유	1.0	1.0	1.0	1.0	1.0	1.0	1.0	1.0	1.0	1.0
원유	1.0	1.0	1.0	1.0	1.0	1.0	1.0	1.0	1.0	1.0
초산(아세트산)	1.1	1.1	1.1	1.1	1.1	1.1	1.0	1.0	1.0	1.0
초산에틸	1.0	1.0	1.0	1.0	1.0	1.0	1.0	1.0	1.0	1.0
초산메틸	1.0	1.0	1.0	1.0	1.0	1.0	1.1	1.1	1.1	1.1
산화프로필렌	1.8	1.8	1.8	1.8	2.0	1.8	−	−	−	−
사이클로헥산	1.0	1.0	1.0	1.0	1.0	1.0	1.1	1.1	1.1	1.1
다이에틸아민	1.0	1.0	1.0	1.0	1.0	1.0	1.1	1.1	1.1	1.1
다이에틸에터	1.2	1.2	1.2	1.2	1.2	1.2	−	−	−	−
디옥산	1.6	1.6	1.6	1.6	1.8	1.6	1.2	1.2	1.2	1.2
중유(重油)	1.0	1.0	1.0	1.0	1.0	1.0	1.0	1.0	1.0	1.0
윤활유	1.0	1.0	1.0	1.0	1.0	1.0	1.0	1.0	1.0	1.0
테트라하이드로퓨란	1.0	1.0	1.0	1.0	1.4	1.4	1.2	1.2	1.2	1.2
등유	1.0	1.0	1.0	1.0	1.0	1.0	1.0	1.0	1.0	1.0
트라이에틸아민	1.0	1.0	1.0	1.0	1.0	1.0	1.1	1.1	1.1	1.1
톨루엔	1.0	1.0	1.0	1.0	1.0	1.0	1.0	1.0	1.0	1.0
나프타	1.0	1.0	1.0	1.0	1.0	1.0	1.0	1.0	1.0	1.0
채종유	1.1	1.1	1.1	1.1	1.1	1.1	1.0	1.0	1.0	1.0
이황화탄소	3.0	3.0	3.0	3.0	4.2	−	−	−	−	−
비닐에틸에테르	1.2	1.2	1.2	1.2	1.6	1.4	1.1	1.1	1.1	1.1
피리딘	1.1	1.1	1.1	1.1	1.1	1.1	1.0	1.0	1.0	1.0
부탄올	1.1	1.1	1.1	1.1	1.1	1.1	1.0	1.0	1.0	1.0
프로판올	1.0	1.0	1.0	1.0	1.0	1.2	1.0	1.0	1.0	1.0
2-프로판올	1.0	1.0	1.0	1.0	1.0	1.0	1.1	1.1	1.1	1.1
프로필아민	1.0	1.0	1.0	1.0	1.0	1.0	1.1	1.1	1.1	1.1

위험물의 종류 \ 소화약제의 종별	이산화탄소	IG-100	IG-55	IG-541	할로젠화물		분말			
					할론 1301	할론 1211	제1종	제2종	제3종	제4종
헥산	1.0	1.0	1.0	1.0	1.0	1.0	1.2	1.2	1.2	1.2
헵탄	1.0	1.0	1.0	1.0	1.0	1.0	1.0	1.0	1.0	1.0
벤젠	1.0	1.0	1.0	1.0	1.0	1.0	1.2	1.2	1.2	1.2
펜탄	1.0	1.0	1.0	1.0	1.0	1.0	1.4	1.4	1.4	1.4
메탄올	1.6	1.6	1.6	1.6	2.2	2.4	1.2	1.2	1.2	1.2
메틸에틸케톤	1.0	1.0	1.0	1.0	1.0	1.0	1.0	1.0	1.2	1.0
모노클로로벤젠	1.1	1.1	1.1	1.1	1.1	1.1	–	–	1.0	–
그 밖의 것	1.1	1.1	1.1	1.1	1.1	1.1	1.1	1.1	1.1	1.1

제3장
위험물안전관리법 시설기준

1. 제조소의 기준

1) 제조소의 안전거리

(1) 사용전압 7,000V 초과 35,000V 이하의 특고압가공전선 : 3m 이상

(2) 사용전압 35,000V 초과의 특고압가공전선 : 5m 이상

(3) 주거용으로 사용되는 것 : 10m 이상

(4) 고압가스, 액화석유가스, 도시가스를 저장 또는 취급하는 시설 : 20m 이상

(5) 학교, 병원, 복지시설, 어린이집, 정신보건시설 : 30m 이상

(6) 유형문화재, 지정문화재 : 50m 이상

2) 제조소의 보유공지

(1) 지정수량의 10배 이하 : 3m 이상

(2) 지정수량의 10배 초과 : 5m 이상

3) 제조소의 표지 및 게시판

(1) 크기 : 한 변의 길이 0.3m 이상, 다른 한 변의 길이 0.6m 이상

(2) 색상 : 백색바탕에 흑색문자

(3) 방화에 관하여 필요한 사항을 게시한 게시판
  내용 : 위험물의 유별 · 품명 및 저장최대수량 또는 취급최대수량, 지정수량의 배수 및 안전관리자의 성명 또는 직명

4) 주의사항을 표시한 게시판 설치

위험물의 종류	주의사항	게시판의 색상
• 제1류 위험물 중 알칼리금속의 과산화물 • 제3류 위험물 중 금수성 물질	물기엄금	청색바탕에 백색문자
• 제2류 위험물(인화성 고체는 제외)	화기주의	적색바탕에 백색문자
• 제2류 위험물 중 인화성 고체 • 제3류 위험물 중 자연발화성 물질 • 제4류 위험물 • 제5류 위험물	화기엄금	적색바탕에 백색문자

5) 제조소 건축물의 구조

(1) 지하층이 없도록 하여야 한다.

(2) 벽·기둥·바닥·보·서까래 및 계단 : 불연재료

　(연소 우려가 있는 외벽은 개구부가 없는 내화구조의 벽으로 할 것)

　※ 연소 우려가 있는 외벽

　　연소 우려가 있는 외벽은 다음에 정한 선을 기준으로 하여 1층은 3m 이내, 2층 이상은 5m 이내에 있는 제조소등의 외벽을 말한다.

　　① 제조소 등이 설치된 부지의 경계선

　　② 제조소 등에 인접한 도로의 중심선

　　③ 제조소 등의 외벽과 동일부지 내의 다른 건축물의 외벽 간의 중심선

(3) 지붕은 폭발력이 위로 방출될 정도의 가벼운 불연재료로 덮어야 한다.

　※ 지붕을 내화구조로 할 수 있는 경우

　　① 제2류 위험물(분상의 것과 인화성 고체는 제외)

　　② 제4류 위험물 중 제4석유류, 동식물유류

　　③ 제6류 위험물

(4) 출입구와 비상구는 60분+방화문 또는 60분방화문 또는 30분방화문을 설치하여야 한다.

　(연소우려가 있는 외벽의 출입구 : 수시로 열 수 있는 자동폐쇄식의 60분+방화문 또는 60분방화문)

(5) 건축물의 창 및 출입구의 유리 : 망입유리

(6) 액체의 위험물을 취급하는 건축물의 바닥 : 적당한 경사를 두고 그 최저부에 집유설비를 할 것

6) 채광 · 조명 및 환기설비

(1) 채광설비

불연재료로 하고 연소 우려가 없는 장소에 설치, 채광면적을 최소로 할 것

(2) 조명설비

① 가연성 가스 등이 체류할 우려가 있는 장소의 조명등 : 방폭등

② 전선 : 내화 · 내열전선

③ 점멸스위치 : 출입구 바깥부분에 설치

(3) 환기설비 : 자연배기방식

① 바닥면적 150m²마다 1개 이상으로 하되, 급기구크기는 800cm² 이상으로 할 것

바닥면적	급기구의 면적
60m² 미만	150cm² 이상
60m² 이상 90m² 미만	300cm² 이상
90m² 이상 120m² 미만	450cm² 이상
120m² 이상 150m² 미만	600cm² 이상

② 급기구는 낮은 곳에 설치하고 가는 눈의 구리망으로 인화방지망을 설치할 것

③ 환기구는 지붕 위 또는 지상 2m 이상 높이에 회전식 고정벤틸레이터 또는 루프팬방식으로 설치할 것

7) 배출설비 : 국소방식

(1) 전역방출방식으로 할 수 있는 경우

① 위험물취급설비가 배관이음 등으로만 된 경우

② 건축물의 구조 · 작업장소의 분포 등의 조건에 의하여 전역방식이 유효한 경우

(2) 배출능력은 1시간당 배출장소 용적의 20배 이상인 것으로 할 것

(전역방출방식 : 바닥면적 1m²당 18m³ 이상)

(3) 급기구는 높은 곳에 설치하고 가는 눈의 구리망으로 인화방지망을 설치할 것

(4) 배출구는 지상 2m 이상, 연소 우려가 없는 장소에 설치. 화재 시 자동으로 폐쇄되는 방화댐퍼 설치

(5) 배풍기 : 강제배기방식

8) 옥외시설의 바닥(옥외에서 액체위험물을 취급하는 경우)

(1) 바닥의 둘레에 높이 0.15m 이상의 턱을 설치할 것
(2) 바닥의 최저부에 집유설비를 할 것
(3) 위험물(20℃의 물 100g에 용해되는 양이 1g 미만인 것에 한함)을 취급하는 설비에는 집유설비에 유분리장치를 설치할 것

9) 제조소에 설치하여야 하는 기타설비

(1) 위험물 누출·비산방지설비
(2) 가열·냉각설비 등의 온도측정장치
(3) 가열건조설비

(4) 압력계 및 안전장치

※ 안전장치
- 자동적으로 압력의 상승을 정지시키는 장치
- 감압측에 안전밸브를 부착한 감압밸브
- 안전밸브를 병용하는 경보장치
- 파괴판(안전밸브의 작동이 곤란한 설비에 한한다)

10) 정전기 제거설비

(1) 접지에 의한 방법
(2) 공기 중의 상대습도를 70% 이상으로 하는 방법
(3) 공기를 이온화하는 방법

11) 피뢰설비

지정수량의 10배 이상의 위험물제조소(제6류 제외)

12) 위험물 취급탱크 방유제(지정수량 1/5 미만은 제외)

(1) 위험물제조소의 옥외에 있는 위험물 취급탱크

① 하나의 취급탱크 주위에 설치하는 방유제 용량 : 해당 탱크용량의 50% 이상
② 2 이상의 취급탱크 주위에 하나의 방유제를 설치하는 경우 방유제용량 : 해당 탱크 중 용량이 최대인 것의 50%에 나머지 탱크용량 합계의 10%를 가산한 양 이상이 되게 할 것

(2) 위험물제조소의 옥내에 있는 위험물 취급탱크

① 하나의 취급탱크의 주위에 설치하는 방유턱의 용량 : 해당 탱크용량 이상

② 2 이상의 취급탱크 주위에 설치하는 방유턱의 용량 : 최대 탱크용량 이상

(3) 옥외탱크저장소 방유제 용량

① 1개일 때 : 탱크용량×1.1(110%)

② 2개 이상일 때 : 최대 탱크용량×1.1(110%)

13) 위험물을 취급하는 배관의 재질

강관, 유리섬유강화플라스틱, 고밀도폴리에틸렌, 폴리우레탄

14) 방화상 유효한 담의 높이

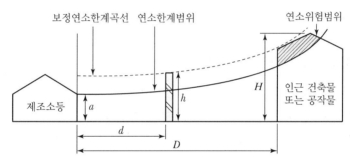

(1) $H \leq pD^2 + a$ 인 경우 $h = 2$

(2) $H > pD^2 + a$ 인 경우 $h = H - p(D^2 - d^2)$

여기서, D : 제조소등과 인근건축물 또는 공작물과의 거리(m)

H : 인근건축물 또는 공작물의 높이(m)

a : 제조소등의 외벽의 높이(m)

d : 제조소등과 방화상 유효한 담과의 거리(m)

h : 방화상 유효한 담의 높이(m)

p : 상수

p의 값	인근건축물 또는 공작물의 구분
0.04	• 건축물 또는 공작물이 목조인 경우 • 건축물 또는 공작물이 방화구조 또는 내화구조이고 방화문이 설치되지 아니한 경우
0.15	• 건축물 또는 공작물이 방화구조인 경우 • 건축물 또는 공작물이 방화구조 또는 내화구조이고 30분방화문이 설치된 경우
∞	60분+방화문 또는 60분방화문

(3) 산출한 수치가 2 미만일 때 담의 높이를 2m로, 4 이상일 때 담의 높이를 4m로 하고 다음의 소화설비를 보강하여야 한다.

① 해당 제조소등의 소형소화기 설치대상인 것에 있어서는 대형소화기를 1개 이상 증설을 할 것

② 해당 제조소등이 대형소화기 설치대상인 것에 있어서는 대형소화기 대신 옥내소화전설비 · 옥외소화전설비 · 스프링클러설비 · 물분무소화설비 · 포소화설비 · 불활성가스소화설비 · 할로젠화합물소화설비 · 분말소화설비 중 적응소화설비를 설치할 것

③ 해당 제조소등이 옥내소화전설비 · 옥외소화전설비 · 스프링클러설비 · 물분무소화설비 · 포소화설비 · 불활성가스소화설비 · 할로젠화합물소화설비 또는 분말소화설비 설치대상인 것에 있어서는 반경 30m마다 대형소화기 1개 이상을 증설할 것

(4) 방화상 유효한 담

① 제조소 등으로부터 5m 미만의 거리에 설치하는 경우 : 내화구조

② 5m 이상의 거리에 설치하는 경우 : 불연재료

15) 알킬알루미늄 등의 제조소의 특례

(1) 알킬알루미늄 등을 취급하는 설비의 주위에는 누설범위를 국한하기 위한 설비와 누설된 알킬알루미늄 등을 안전한 장소에 설치된 저장실에 유입시킬 수 있는 설비를 갖출 것

(2) 알킬알루미늄 등을 취급하는 설비에는 불활성기체를 봉입하는 장치를 갖출 것

16) 아세트알데하이드 등의 제조소의 특례

(1) 아세트알데하이드 등을 취급하는 설비는 은 · 수은 · 동 · 마그네슘 또는 이들을 성분으로 하는 합금으로 만들지 아니할 것

(2) 아세트알데하이드 등을 취급하는 설비에는 연소성 혼합기체의 생성에 의한 폭발을 방지하기 위한 불활성기체 또는 수증기를 봉입하는 장치를 갖출 것

(3) 아세트알데하이드 등을 취급하는 탱크(옥외에 있는 탱크 또는 옥내에 있는 탱크로서 그 용량이 지정수량의 5분의 1 미만의 것을 제외한다)에는 냉각장치 또는 저온을 유지하기 위한 장치(이하 "보냉장치"라 한다) 및 연소성 혼합기체의 생성에 의한 폭발을 방지하기 위한 불활성기체를 봉입하는 장치를 갖출 것. 다만, 지하에 있는 탱크가 아세트알데하이드 등의 온도를 저온으로 유지할 수 있는 구조인 경우에는 냉각장치 및 보냉장치를 갖추지 아니할 수 있다.

(4) 냉각장치 또는 보냉장치는 2 이상 설치하여 하나의 냉각장치 또는 보냉장치가 고장 난 때에도 일정 온도를 유지할 수 있도록 하고, 다음의 기준에 적합한 비상전원을 갖출 것

① 상용전력원이 고장인 경우에 자동으로 비상전원으로 전환되어 가동되도록 할 것
② 비상전원의 용량은 냉각장치 또는 보냉장치를 유효하게 작동할 수 있는 정도일 것

17) 하이드록실아민 등의 제조소의 특례

(1) 안전거리

$$D= 51.1 \sqrt[3]{N}$$

여기서, D : 거리(m)

N : 해당 제조소에서 취급하는 하이드록실아민 등의 지정수량의 배수

(2) 제조소의 주위에는 다음에 정하는 기준에 적합한 담 또는 토제(土堤)를 설치할 것

① 담 또는 토제는 당해 제조소의 외벽 또는 이에 상당하는 공작물의 외측으로부터 2m 이상 떨어진 장소에 설치할 것

② 담 또는 토제의 높이는 당해 제조소에 있어서 하이드록실아민 등을 취급하는 부분의 높이 이상으로 할 것

③ 담은 두께 15cm 이상의 철근콘크리트조·철골철근콘크리트조 또는 두께 20cm 이상의 보강콘크리트블록조로 할 것

④ 토제의 경사면의 경사도는 60도 미만으로 할 것

(3) 하이드록실아민 등을 취급하는 설비에는 하이드록실아민 등의 온도 및 농도의 상승에 의한 위험한 반응을 방지하기 위한 조치를 강구할 것

(4) 하이드록실아민 등을 취급하는 설비에는 철이온 등의 혼입에 의한 위험한 반응을 방지하기 위한 조치를 강구할 것

 ## 2. 옥내저장소의 기준

1) 옥내저장소의 안전거리

제조소와 동일

2) 옥내저장소의 안전거리 제외 대상

(1) 제4석유류 또는 동식물유류의 위험물을 저장 또는 취급하는 옥내저장소로서 지정수량의 20배 미만인 것

(2) 제6류 위험물을 저장 또는 취급하는 옥내저장소

(3) 지정수량 20배 이하의 위험물을 저장하는 옥내저장소로 다음 기준에 적합한 것

① 저장창고의 벽·기둥·바닥·보 및 지붕이 내화구조인 것

② 저장창고의 출입구에 수시로 열 수 있는 자동폐쇄방식의 60분＋방화문 또는 60분방화문 설치

③ 저장창고에 창이 설치되어 있지 아니할 것

3) 옥내저장소의 보유공지

저장 또는 취급하는 위험물의 최대수량	벽·기둥 및 바닥이 내화구조
지정수량의 5배 이하	—
지정수량의 5배 초과 10배 이하	1m 이상
지정수량의 10배 초과 20배 이하	2m 이상
지정수량의 20배 초과 50배 이하	3m 이상
지정수량의 50배 초과 200배 이하	5m 이상
지정수량의 200배 초과	10m 이상

단, 지정수량의 20배를 초과하는 옥내저장소와 동일한 부지 내에 있는 다른 옥내저장소와의 사이에는 동표에 정하는 공지의 너비의 3분의 1의 공지를 보유할 수 있다(해당 수치가 3m 미만인 경우 3m).

4) 단층건물 옥내저장소의 저장창고

(1) 건축물의 기준

① 저장창고의 벽, 기둥 및 바닥

내화구조로 하고 보와 서까래는 불연재료로 한다. 다만, 지정수량의 10배 이하의 위험물의 저장창고 또는 제2류와 제4류 위험물(인화성고체 및 인화점이 70℃ 미만인 제4류 위험물을 제외)만의 저장창고에 있어서는 연소의 우려가 없는 벽, 기둥 및 바닥은 불연재료로 할 수 있다.

② 지붕

폭발력이 위로 방출될 정도의 가벼운 불연재료로 한다. 다만, 제2류 위험물(분상의 것과 인화성고체를 제외)과 제6류 위험물만의 저장창고에 있어서는 지붕을 내화구조로 할 수 있다.

③ 천장

원칙으로는 만들지 아니하여야 하지만 제5류 위험물만의 저장창고의 경우에는 창고 내의 온도를 저온으로 유지하기 위하여 난연재료 또는 불연재료로 된 천장을 설치할 수 있다.

④ 방화문

　　㉠ 출입구와 비상구에는 60분＋방화문 또는 60분방화문 또는 30분방화문 설치

　　㉡ 연소의 우려가 있는 외벽에 설치하는 출입구에는 수시로 열 수 있는 자동폐쇄식의 60분＋방화문 또는 60분방화문을 설치

⑤ 창 및 출입구에 유리를 이용하는 경우 : 망입유리를 사용

⑥ 저장창고의 바닥

　　㉠ 물이 스며나오거나 스며들지 아니하는 구조로 해야 하는 경우

　　　　• 제1류 위험물 중 알칼리금속의 과산화물

　　　　• 제2류 위험물 중 철분, 금속분, 마그네슘

　　　　• 제3류 위험물 중 금수성물질

　　　　• 제4류 위험물

　　㉡ 액상의 위험물의 저장창고의 바닥은 위험물이 스며들지 아니하는 구조로 하고 적당하게 경사지게 하여 그 최저부에 집유설비를 하여야 한다.

⑦ 처마

　　㉠ 저장창고는 지면에서 처마까지의 높이(처마높이)가 6m 미만인 단층건물로 하고 그 바닥을 지반면보다 높게 하여야 한다(저장창고는 위험물의 저장을 전용으로 하는 독립된 건축물로 하여야 한다).

　　㉡ 제2류 또는 제4류 위험물만을 저장하는 경우로서 아래 기준에 적합한 창고는 처마 높이를 20m 이하로 할 수 있다.

　　　　• 벽 · 기둥 · 보 및 바닥을 내화구조로 한 것

　　　　• 출입구에 60분＋방화문 또는 60분방화문을 설치한 것

　　　　• 피뢰침을 설치한 것

(2) 저장창고에 선반 등의 수납장을 설치하는 경우

① 수납장은 불연재료로 만들어 견고한 기초 위에 고정할 것

② 수납장은 당해 수납장 및 그 부속설비의 자중, 저장하는 위험물의 중량 등의 하중에 의하여 생기는 응력에 대하여 안전한 것으로 할 것

③ 수납장에는 위험물을 수납한 용기가 쉽게 떨어지지 아니하게 하는 조치를 할 것

(3) 저장창고의 기준면적

① 1,000m² 이하로 해야 할 위험물
- ㉠ 제1류 위험물 중 아염소산염류, 염소산염류, 과염소산염류, 무기과산화물 그 밖의 지정수량이 50kg인 위험물
- ㉡ 제3류 위험물 중 칼륨, 나트륨, 알킬알루미늄, 알킬리튬 그 밖에 지정수량이 10kg인 위험물 및 황린
- ㉢ 제4류 위험물 중 특수인화물, 제1석유류 및 알코올류
- ㉣ 제5류 위험물 중 유기과산화물, 질산에스터류 그 밖의 10kg인 위험물
- ㉤ 제6류 위험물

② 2,000m² 이하로 해야 할 위험물
- ㉠~㉤ 외의 위험물을 저장하는 창고

③ 1,500m² 이하로 해야 할 위험물
- ①과 ②에 해당 위험물을 내화구조의 격벽으로 완전히 구획된 실에 각각 저장하는 창고

5) 다층건물의 옥내저장소의 기준

(1) 저장할 수 있는 위험물

옥내저장소 중 제2류 또는 제4류의 위험물(인화성고체 및 인화점이 70℃ 미만인 제4류 위험물을 제외한다)만을 저장 또는 취급하는 저장창고가 다층건물인 옥내저장소의 위치·구조 및 설비의 기술기준

① 저장창고는 각 층의 바닥을 지면보다 높게 하고, 바닥면으로부터 상층의 바닥(상층이 없는 경우에는 처마)까지의 높이(이하 "층고"라 한다)를 6m 미만으로 하여야 한다.

② 하나의 저장창고의 바닥면적 합계는 1,000m² 이하로 하여야 한다.

③ 저장창고의 벽·기둥·바닥 및 보를 내화구조로 하고, 계단을 불연재료로 하며, 연소의 우려가 있는 외벽은 출입구외의 개구부를 갖지 아니하는 벽으로 하여야 한다.

6) 복합용도 건축물의 옥내저장소의 기준

(1) 저장 가능한 양은 지정수량의 20배 이하이다.

(2) 건축물의 기준

① 옥내저장소는 벽·기둥·바닥 및 보가 내화구조인 건축물의 1층 또는 2층의 어느 하나의 층에 설치하여야 한다.

② 옥내저장소의 용도에 사용되는 부분의 바닥은 지면보다 높게 설치하고 그 층고를 6m 미만으로 하여야 한다.

③ 옥내저장소의 용도에 사용되는 부분의 바닥면적은 75m² 이하로 하여야 한다.

7) 소규모 옥내저장소의 특례

(1) 저장 가능한 양은 지정수량의 50배 이하이다.

(2) 건축물의 기준

① 저장창고의 주위에는 다음 표에 정하는 너비의 공지를 보유할 것

저장 또는 취급하는 위험물의 최대수량	공지의 너비
지정수량의 5배 이하	
지정수량의 5배 초과 20배 이하	1m 이상
지정수량의 20배 초과 50배 이하	2m 이상

② 하나의 저장창고 바닥면적은 150m² 이하로 할 것

③ 저장창고는 벽·기둥·바닥·보 및 지붕을 내화구조로 할 것

④ 저장창고의 출입구에는 수시로 개방할 수 있는 자동폐쇄방식의 60분＋방화문 또는 60분방화문을 설치할 것

⑤ 저장창고에는 창을 설치하지 아니할 것

8) 위험물의 성질에 따른 옥내저장소의 특례

(1) 적용대상 위험물

① 제5류 위험물 중 유기과산화물 또는 이를 함유하는 것으로서 지정수량이 10kg인 것 (이하 "지정과산화물"이라 한다)

② 알킬알루미늄 등

③ 하이드록실아민 등

(2) 지정과산화물 옥내저장소의 기준

① 지정과산화물의 옥내저장소의 안전거리

저장 또는 취급 하는 위험물의 최대수량	안전거리					
	주거용 건축물		학교, 병원, 극장		유형문화재 및 지정문화재	
	담 또는 토제를 설치한 경우	왼쪽란에 정 하는 경우 외 의 경우	담 또는 토제를 설치한 경우	왼쪽란에 정 하는 경우 외 의 경우	담 또는 토제를 설치한 경우	왼쪽란에 정 하는 경우 외 의 경우
10배 이하	20m 이상	40m 이상	30m 이상	50m 이상	50m 이상	60m 이상
10배 초과 20배 이하	22m 이상	45m 이상	33m 이상	55m 이상	54m 이상	65m 이상
20배 초과 40배 이하	24m 이상	50m 이상	36m 이상	60m 이상	58m 이상	70m 이상
40배 초과 60배 이하	27m 이상	55m 이상	39m 이상	65m 이상	62m 이상	75m 이상
60배 초과 90배 이하	32m 이상	65m 이상	45m 이상	75m 이상	70m 이상	85m 이상
90배 초과 150배 이하	37m 이상	75m 이상	51m 이상	85m 이상	79m 이상	95m 이상
150배 초과 300배 이하	42m 이상	85m 이상	57m 이상	95m 이상	87m 이상	105m 이상
300배 초과	47m 이상	95m 이상	66m 이상	110m 이상	100m 이상	120m 이상

㉠ 담 또는 토제는 저장창고의 외벽으로부터 2m 이상 떨어진 장소에 설치할 것. 다만, 담 또는 토제와 당해 저장창고와의 간격은 당해 옥내저장소의 공지의 너비의 5분의 1을 초과할 수 없다.

㉡ 담 또는 토제의 높이는 저장창고의 처마높이 이상으로 할 것

㉢ 담은 두께 15cm 이상의 철근콘크리트조나 철골철근콘크리트조 또는 두께 20cm 이상의 보강콘크리트블록조로 할 것

㉣ 토제의 경사면의 경사도는 60도 미만으로 할 것

② 지정과산화물의 옥내저장소의 보유공지

저장 또는 취급하는 위험물의 최대수량	공지의 너비	
	담 또는 토제를 설치하는 경우	왼쪽란에 정하는 경우 외의 경우
5배 이하	3.0m 이상	10m 이상
5배 초과 10배 이하	5.0m 이상	15m 이상
10배 초과 20배 이하	6.5m 이상	20m 이상
20배 초과 40배 이하	8.0m 이상	25m 이상
40배 초과 60배 이하	10.0m 이상	30m 이상
60배 초과 90배 이하	11.5m 이상	35m 이상
90배 초과 150배 이하	13.0m 이상	40m 이상
150배 초과 300배 이하	15.0m 이상	45m 이상
300배 초과	16.5m 이상	50m 이상

㉠ 담 또는 토제는 저장창고의 외벽으로부터 2m 이상 떨어진 장소에 설치할 것. 다만, 담 또는 토제와 당해 저장창고와의 간격은 당해 옥내저장소의 공지의 너비의 5분의 1을 초과할 수 없다.

㉡ 담 또는 토제의 높이는 저장창고의 처마높이 이상으로 할 것

㉢ 담은 두께 15cm 이상의 철근콘크리트조나 철골철근콘크리트조 또는 두께 20cm 이상의 보강콘크리트블록조로 할 것

㉣ 토제의 경사면의 경사도는 60도 미만으로 할 것

③ 옥내저장소의 저장창고의 기준

㉠ 저장창고는 150m² 이내마다 격벽으로 완전하게 구획할 것. 이 경우 당해 격벽은 두께 30cm 이상의 철근콘크리트조 또는 철골철근콘크리트조로 하거나 두께 40cm 이상의 보강콘크리트블록조로 하고, 당해 저장창고의 양측의 외벽으로부터 1m 이상, 상부의 지붕으로부터 50cm 이상 돌출하게 하여야 한다.

㉡ 저장창고의 외벽은 두께 20cm 이상의 철근콘크리트조나 철골철근콘크리트조 또는 두께 30cm 이상의 보강콘크리트블록조로 할 것

㉢ 저장창고의 지붕은 다음 각 목의 1에 적합할 것

- 중도리 또는 서까래의 간격은 30cm 이하로 할 것
- 지붕의 아래쪽 면에는 한 변의 길이가 45cm 이하의 환강(丸鋼) · 경량형강(輕量形鋼) 등으로 된 강제(鋼製)의 격자를 설치할 것
- 지붕의 아래쪽 면에 철망을 쳐서 불연재료의 도리 · 보 또는 서까래에 단단히 결합할 것

• 두께 5cm 이상, 너비 30cm 이상의 목재로 만든 받침대를 설치할 것
　④ 저장창고의 출입구에는 60분＋방화문 또는 60분방화문을 설치할 것
　⑤ 저장창고의 창은 바닥면으로부터 2m 이상의 높이에 두되, 하나의 벽면에 두는 창의
　　면적의 합계를 당해 벽면의 면적의 80분의 1 이내로 하고, 하나의 창의 면적을 0.4m²
　　이내로 할 것

(3) 알킬알루미늄 등의 옥내저장소의 특례

옥내저장소에는 누설범위를 국한하기 위한 설비 및 누설한 알킬알루미늄 등을 안전한 장
소에 설치된 조(槽)로 끌어들일 수 있는 설비를 설치하여야 한다.

(4) 하이드록실아민 등의 옥내저장소의 특례

하이드록실아민 등의 온도의 상승에 의한 위험한 반응을 방지하기 위한 조치를 강구하는
것으로 한다.

 ## 3. 옥외탱크저장소의 기준

1) 안전거리

제조소와 동일

2) 보유공지

(1) 옥외탱크저장소의 보유공지(제6류 위험물 외의 위험물을 저장 또는 취급하는 경우)

저장 또는 취급하는 위험물의 최대수량	공지의 너비
지정수량의 500배 이하	3m 이상
지정수량의 500배 초과 1,000배 이하	5m 이상
지정수량의 1,000배 초과 2,000배 이하	9m 이상
지정수량의 2,000배 초과 3,000배 이하	12m 이상
지정수량의 3,000배 초과 4,000배 이하	15m 이상
지정수량의 4,000배 초과	당해 탱크의 수평단면의 최대지름(횡형인 경우에는 긴 변)과 높이 중 큰 것과 같은 거리 이상. 다만, 30m 초과의 경우에는 30m 이상으로 할 수 있고, 15m 미만의 경우에는 15m 이상으로 하여야 한다.

(2) 제6류 위험물 외의 위험물을 저장 또는 취급하는 옥외저장탱크(지정수량의 4,000배를 초과하여 저장 또는 취급하는 옥외저장탱크를 제외한다)를 동일한 방유제안에 2개 이상 인접하여 설치하는 경우 그 인접하는 방향의 보유공지는 (1)의 규정에 의한 보유공지의 3분의 1 이상의 너비로 할 수 있다. 이 경우 보유공지의 너비는 3m 이상이 되어야 한다.

(3) 제6류 위험물을 저장 또는 취급하는 옥외저장탱크는 (1)의 규정에 의한 보유공지의 3분의 1 이상의 너비로 할 수 있다. 이 경우 보유공지의 너비는 1.5m 이상이 되어야 한다.

(4) 제6류 위험물을 저장 또는 취급하는 옥외저장탱크를 동일구내에 2개 이상 인접하여 설치하는 경우 그 인접하는 방향의 보유공지는 (1)의 규정에 의한 산출된 너비의 9분의 1 이상의 너비로 할 수 있다. 이 경우 보유공지의 너비는 1.5m 이상이 되어야 한다.

(5) 보유공지를 $\frac{1}{2}$ 이상(최소 3m 이상)의 너비로 단축할 수 있는 경우

공지단축 옥외저장탱크의 화재 시 $1m^2$당 20kW 이상의 복사열에 노출되는 표면을 갖는 인접한 옥외저장탱크가 있으면 당해 표면에도 다음 각 목의 기준에 적합한 물분무설비로 방호조치를 함께하여야 한다.

① 탱크의 표면에 방사하는 물의 양은 탱크의 원주길이 1m에 대하여 분당 37L 이상으로 할 것

② 수원의 양은 ①의 규정에 의한 수량으로 20분 이상 방사할 수 있는 수량으로 할 것

3) 표지 및 게시판

옥외탱크저장소에는 보기 쉬운 곳에 "위험물 옥외탱크저장소"라는 표시를 한 표지를 설치

4) 특정옥외저장탱크와 준특정옥외저장탱크

(1) 특정옥외저장탱크

옥외탱크저장소 중 그 저장 또는 취급하는 액체위험물의 최대수량이 100만 L 이상의 것

(2) 준특정옥외저장탱크

옥외탱크저장소 중 그 저장 또는 취급하는 액체위험물의 최대수량이 50만 L 이상 100만 L 미만의 것

5) 옥외저장탱크의 구조 및 설비

(1) 탱크의 두께와 재질

옥외저장탱크는 두께 3.2mm 이상의 강철판(특정옥외저장탱크 및 준특정옥외저장탱크 제외)

(2) 탱크의 시험방법

① 압력탱크(최대상용압력이 대기압을 초과하는 탱크를 말한다)외의 탱크는 충수시험
② 압력탱크는 최대상용압력의 1.5배의 압력으로 10분간 실시하는 수압시험에서 각각 새거나 변형되지 아니하여야 한다.

(3) 옥외저장탱크의 밑판 외면의 부식을 방지하는 조치가 필요한 경우

① 특정옥외저장탱크에 애뉼러판(탱크 옆판의 직하에 설치하는 판)을 설치해야 하는 경우
　㉠ 옆판의 최하단 두께가 15mm를 초과하는 경우
　㉡ 내경이 30m를 초과하는 경우
　㉢ 옆판을 고장력강으로 사용하는 경우
② 지반면에 접하여 설치하는 경우에는 부식방지조치를 하여야 한다.

(4) 통기관(위험물의 출입 및 직사일광을 받을 때 생기는 내압의 변화를 안전하게 조정하기 위한 관)

① 통기관을 설치해야 하는 탱크의 조건
　㉠ 저장하는 유별 : 제4류 위험물
　㉡ 탱크의 종류 : 압력탱크 외의 탱크
② 통기관의 종류
　㉠ 밸브 없는 통기관
　　• 직경은 30mm 이상일 것
　　• 선단은 수평면보다 45도 이상 구부려 빗물 등의 침투를 막는 구조로 할 것
　　• 인화점이 38℃ 미만인 위험물만을 저장 또는 취급하는 탱크에 설치하는 통기관에는 화염방지장치를 설치하고, 그 외의 탱크에 설치하는 통기관에는 40메쉬(mesh) 이상의 구리망 또는 동등 이상의 성능을 가진 인화방지장치를 설치할 것. 다만, 인화점이 70℃ 이상인 위험물만을 해당 위험물의 인화점 미만의 온도로 저장 또는 취급하는 탱크에 설치하는 통기관에는 인화방지장치를 설치하지 않을 수 있다.
　　• 가연성의 증기를 회수하기 위한 밸브를 통기관에 설치하는 경우에 있어서는 당해 통기관의 밸브는 저장탱크에 위험물을 주입하는 경우를 제외하고는 항상 개방되어 있는 구조로 하는 한편, 폐쇄하였을 경우에 있어서는 10kPa 이하의 압력에서 개방되는 구조로 할 것. 이 경우 개방된 부분의 유효단면적은 777.15mm² 이상이어야 한다.
　㉡ 대기밸브 부착 통기관
　　• 5kPa 이하의 압력차이로 작동할 수 있을 것

- 인화점이 38℃ 미만인 위험물만을 저장 또는 취급하는 탱크에 설치하는 통기관에는 화염방지장치를 설치하고, 그 외의 탱크에 설치하는 통기관에는 40메쉬(mesh) 이상의 구리망 또는 동등 이상의 성능을 가진 인화방지장치를 설치할 것. 다만, 인화점이 70℃ 이상인 위험물만을 해당 위험물의 인화점 미만의 온도로 저장 또는 취급하는 탱크에 설치하는 통기관에는 인화방지장치를 설치하지 않을 수 있다.

6) 옥외저장탱크의 주입구에 설치하는 게시판의 기준

(1) 설치장소

화재예방상 지장이 없는 장소에 설치할 것

(2) 게시판의 내용 및 색상

① 게시판은 한 변이 0.3m 이상, 다른 한 변이 0.6m 이상인 직사각형으로 할 것
② 게시판에는 "옥외저장탱크 주입구"라고 표시하는 것 외에 취급하는 위험물의 유별, 품명 및 주의사항을 표시할 것

(3) 게시판은 백색바탕에 흑색문자(주의사항은 적색문자)로 할 것

7) 옥외저장탱크의 펌프설비

(1) 보유공지

펌프설비의 주위에는 너비 3m 이상의 공지를 보유할 것

(2) 보유공지를 설치하지 않을 수 있는 경우

① 방화상 유효한 격벽을 설치하는 경우
② 제6류 위험물을 저장하는 경우
③ 지정수량의 10배 이하의 위험물을 저장하는 경우

(3) 펌프설비로부터 옥외저장탱크까지 사이의 거리

펌프설비로부터 옥외저장탱크까지의 사이에는 당해 옥외저장탱크의 보유공지 너비의 3분의 1 이상의 거리를 유지할 것

(4) 펌프실 및 펌프실 외의 장소의 기준

① 펌프실의 바닥의 주위에는 0.2m 이상의 턱을 만들 것
② 펌프실 외의 장소에 설치하는 펌프설비에는 그 직하의 지반면의 주위에 높이 0.15m

이상의 턱을 만들고 당해 지반면은 콘크리트 등 위험물이 스며들지 아니하는 재료로 적당히 경사지게 하여 그 최저부에는 집유설비를 할 것. 이 경우 제4류 위험물(온도 20℃의 물 100g에 용해되는 양이 1g 미만인 것에 한한다)을 취급하는 펌프설비에 있어서는 당해 위험물이 직접 배수구에 유입하지 아니하도록 집유설비에 유분리장치를 설치하여야 한다.

8) 특정옥외저장탱크의 용접방법

(1) 용접부분과 용접방법

① 옆판의 용접은 다음에 의할 것
  ㉠ 세로이음 및 가로이음은 완전용입 맞대기용접으로 할 것
  ㉡ 옆판과 애뉼러판(애뉼러판이 없는 경우에는 밑판)과의 용접은 부분용입그룹용접
  ㉢ 애뉼러판과 애뉼러판은 뒷면에 재료를 댄 맞대기용접으로 할 것
  ㉣ 애뉼러판과 밑판 및 밑판과 밑판의 용접은 뒷면에 재료를 댄 맞대기용접 또는 겹치기용접으로 용접할 것
② 필렛용접의 사이즈(부등사이즈가 되는 경우에는 작은 쪽의 사이즈를 말한다)는 다음 식에 의하여 구한 값으로 할 것

$$t_1 \geq S \geq \sqrt{2t_2} \, (\text{단}, \, S \geq 4.5)$$

여기서, t_1 : 얇은 쪽의 강판의 두께(mm)
  t_2 : 두꺼운 쪽의 강판의 두께(mm)
  S : 사이즈(mm)
※ 필렛용접(직각으로 만나는 두 면을 접합하는 용접)의 사이즈

9) 방유제(저장탱크에 위험물이 누출되었을 때 확산되지 못하게 함으로써 주변의 건축물, 기계, 기구 등을 보호하기 위하여 저장탱크 주위에 설치한 지상 방벽 구조물)

(1) 인화성액체위험물(이황화탄소를 제외)의 옥외탱크저장소의 방유제

① 방유제의 용량은 방유제 안에 설치된 탱크가 하나인 때에는 그 탱크 용량의 110% 이상
② 2기 이상인 때에는 그 탱크 중 용량이 최대인 것의 용량의 110% 이상으로 할 것. 이 경우 방유제의 용량은 당해 방유제의 내용적에서 용량이 최대인 탱크 외의 탱크의 방유제 높이 이하 부분의 용적, 당해 방유제 내에 있는 모든 탱크의 지반면 이상 부분의 기초의 체적, 간막이 둑의 체적 및 당해 방유제 내에 있는 배관 등의 체적을 뺀 것으로 한다.

③ 방유제는 높이 0.5m 이상 3m 이하, 두께 0.2m 이상, 지하매설깊이 1m 이상으로 할 것

④ 방유제 내의 면적은 8만 m² 이하로 할 것

⑤ 방유제 내의 설치하는 옥외저장탱크의 수는 10(방유제 내에 설치하는 모든 옥외저장탱크의 용량이 20만 L 이하이고, 당해 옥외저장탱크에 저장 또는 취급하는 위험물의 인화점이 70℃ 이상 200℃ 미만인 경우에는 20) 이하로 할 것. 다만, 인화점이 200℃ 이상인 위험물을 저장 또는 취급하는 옥외저장탱크에 있어서는 그러하지 아니하다.

⑥ 방유제 외면의 2분의 1 이상은 자동차 등이 통행할 수 있는 3m 이상의 노면폭을 확보한 구내도로(옥외저장탱크가 있는 부지 내의 도로를 말한다. 이하 같다)에 직접 접하도록 할 것

⑦ 방유제는 옥외저장탱크의 지름에 따라 그 탱크의 옆판으로부터 다음에 정하는 거리를 유지할 것. 다만, 인화점이 200℃ 이상인 위험물을 저장 또는 취급하는 것에 있어서는 그러하지 아니하다.

　㉠ 지름이 15m 미만인 경우에는 탱크 높이의 3분의 1 이상

　㉡ 지름이 15m 이상인 경우에는 탱크 높이의 2분의 1 이상

⑧ 방유제는 철근콘크리트로 할 것

⑨ 용량이 1,000만 L 이상인 옥외저장탱크의 주위에 설치하는 방유제에는 다음의 규정에 따라 당해 탱크마다 간막이 둑을 설치할 것

　㉠ 간막이 둑의 높이는 0.3m(방유제 내에 설치되는 옥외저장탱크의 용량의 합계가 2억 L를 넘는 방유제에 있어서는 1m) 이상으로 하되, 방유제의 높이보다 0.2m 이상 낮게 할 것

　㉡ 간막이 둑은 흙 또는 철근콘크리트로 할 것

　㉢ 간막이 둑의 용량은 간막이 둑 안에 설치된 탱크의 용량의 10% 이상일 것

　㉣ 방유제 또는 간막이 둑에는 해당 방유제를 관통하는 배관을 설치하지 아니할 것. 다만, 위험물을 이송하는 배관의 경우에는 배관이 관통하는 지점의 좌우방향으로 각 1m 이상까지의 방유제 또는 간막이 둑의 외면에 두께 0.1m 이상, 지하매설깊이 0.1m 이상의 구조물을 설치하여 방유제 또는 간막이 둑을 이중구조로 하고, 그 사이에 토사를 채운 후, 관통하는 부분을 완충재 등으로 마감하는 방식으로 설치할 수 있다.

　㉤ 방유제에는 그 내부에 고인 물을 외부로 배출하기 위한 배수구를 설치하고 이를 개폐하는 밸브 등을 방유제의 외부에 설치할 것

　㉥ 높이가 1m를 넘는 방유제 및 간막이 둑의 안팎에는 방유제 내에 출입하기 위한 계단 또는 경사로를 약 50m마다 설치할 것

　㉦ 용량이 50만 L 이상인 옥외탱크저장소가 해안 또는 강변에 설치되어 방유제 외부

로 누출된 위험물이 바다 또는 강으로 유입될 우려가 있는 경우에는 해당 옥외탱크
저장소가 설치된 부지 내에 전용유조(專用油槽) 등 누출위험물 수용설비를 설치할 것

10) 고인화점 위험물의 옥외탱크저장소의 특례

(1) 저장가능한 위험물

인화점이 100℃ 이상인 제4류 위험물

(2) 고인화점 옥외탱크저장소의 안전거리

제조소와 동일

(3) 보유공지

저장 또는 취급하는 위험물의 최대수량	공지의 너비
지정수량의 2,000배 이하	3m 이상
지정수량의 2,000배 초과 4,000배 이하	5m 이상
지정수량의 4,000배 초과	당해 탱크의 수평단면의 최대지름(횡형인 경우에는 긴 변)과 높이 중 큰 것의 3분의 1과 같은 거리 이상. 다만, 5m 미만으로 하여서는 아니 된다.

(4) 펌프실의 기준

① 펌프설비의 주위에 1m 이상의 너비의 공지를 보유할 것. 다만, 내화구조로 된 방화상
유효한 격벽을 설치하는 경우 또는 지정수량의 10배 이하의 위험물을 저장하는 옥외저
장탱크의 펌프설비에 있어서는 그러하지 아니하다.

② 펌프실의 창 및 출입구에는 60분+방화문 또는 60분방화문 또는 30분방화문을 설치할
것. 다만, 연소의 우려가 없는 외벽에 설치하는 창 및 출입구에는 불연재료 또는 유리
로 만든 문을 달 수 있다.

11) 위험물의 성질에 따른 옥외탱크저장소의 특례

(1) 적용대상 위험물

알킬알루미늄 등, 아세트알데하이드 등 및 하이드록실아민 등

(2) 알킬알루미늄 등의 옥외탱크저장소의 특례

① 옥외저장탱크의 주위에는 누설범위를 국한하기 위한 설비 및 누설된 알킬알루미늄 등

을 안전한 장소에 설치된 조에 이끌어 들일 수 있는 설비를 설치할 것

② 옥외저장탱크에는 불활성의 기체를 봉입하는 장치를 설치할 것

(3) 아세트알데하이드 등의 옥외탱크저장소의 특례

① 옥외저장탱크의 설비는 동ㆍ마그네슘ㆍ은ㆍ수은 또는 이들을 성분으로 하는 합금으로 만들지 아니할 것

② 옥외저장탱크에는 냉각장치 또는 보냉장치, 그리고 연소성 혼합기체의 생성에 의한 폭발을 방지하기 위한 불활성의 기체를 봉입하는 장치를 설치할 것

(4) 하이드록실아민 등의 옥외탱크저장소의 특례

① 옥외탱크저장소에는 하이드록실아민 등의 온도의 상승에 의한 위험한 반응을 방지하기 위한 조치를 강구할 것

② 옥외탱크저장소에는 철이온 등의 혼입에 의한 위험한 반응을 방지하기 위한 조치를 강구할 것

4. 옥내탱크저장소의 기준

1) 안전거리 및 보유공지

모두 필요 없음

2) 옥내저장탱크로부터의 거리

(1) 옥내저장탱크와 탱크전용실의 벽과의 사이 및 옥내저장탱크의 상호 간에는 0.5m 이상의 간격을 유지할 것. 다만, 탱크의 점검 및 보수에 지장이 없는 경우에는 그러하지 아니하다.

(2) 옥내저장탱크의 용량(동일한 탱크전용실에 옥내저장탱크를 2 이상 설치하는 경우에는 각 탱크의 용량의 합계를 말한다)은 지정수량의 40배(제4석유류 및 동식물유류 외의 제4류 위험물에 있어서 당해 수량이 20,000L를 초과할 때에는 20,000L) 이하일 것 d

3) 표지 및 게시판

옥내탱크저장소에는 보기 쉬운 곳에 "위험물 옥내탱크저장소"라는 표시를 한 표지를 설치할 것

4) 옥내저장탱크의 용량

단층건물에 설치한 탱크전용실의 옥내저장 탱크(동일한 탱크전용실에 옥내저장탱크를 2개 이상 설치하는 경우 각 탱크의 용량의 합계를 말한다)

5) 통기관의 종류

(1) 밸브 없는 통기관

① 통기관의 끝부분은 건축물의 창·출입구 등의 개구부로부터 1m 이상 떨어진 옥외의 장소에 지면으로부터 4m 이상의 높이로 설치하되, 인화점이 40℃ 미만인 위험물의 탱크에 설치하는 통기관에 있어서는 부지경계선으로부터 1.5m 이상 거리를 둘 것. 다만, 고인화점 위험물만을 100℃ 미만의 온도로 저장 또는 취급하는 탱크에 설치하는 통기관은 그 끝부분을 탱크전용실 내에 설치할 수 있다.

② 통기관은 가스 등이 체류할 우려가 있는 굴곡이 없도록 할 것

③ 인화점이 38℃ 미만인 위험물만을 저장 또는 취급하는 탱크에 설치하는 통기관에는 화염방지장치를 설치하고, 그 외의 탱크에 설치하는 통기관에는 40메쉬(mesh) 이상의 구리망 또는 동등 이상의 성능을 가진 인화방지장치를 설치할 것. 다만, 인화점이 70℃ 이상인 위험물만을 해당 위험물의 인화점 미만의 온도로 저장 또는 취급하는 탱크에 설치하는 통기관에는 인화방지장치를 설치하지 않을 수 있다.

④ 가연성의 증기를 회수하기 위한 밸브를 통기관에 설치하는 경우에 있어서는 당해 통기관의 밸브는 저장탱크에 위험물을 주입하는 경우를 제외하고는 항상 개방되어 있는 구조로 하는 한편, 폐쇄하였을 경우에 있어서는 10kPa 이하의 압력에서 개방되는 구조로 할 것. 이 경우 개방된 부분의 유효단면적은 777.15mm^2 이상이어야 한다.

(2) 대기밸브 부착 통기관

① 5kPa 이하의 압력차이로 작동할 수 있을 것

② 가는 눈의 구리망 등으로 인화방지장치를 할 것. 다만, 인화점이 70℃ 이상의 위험물만을 해당 위험물의 인화점 미만의 탱크의 통기관에는 제외

6) 옥내저장탱크의 주입구

옥외저장탱크의 주입구의 기준을 준용할 것

7) 위험물의 성질에 따른 옥내탱크저장소의 특례

위험물의 성질에 따른 옥외탱크저장소의 특례를 준용한다.

5. 지하탱크저장소의 기준

1) 안전거리 및 보유공지

모두 필요 없음

2) 지하탱크의 설치기준

(1) 지하저장탱크를 탱크전용실에 설치하지 않을 수 있는 경우(제4류 위험물의 지하저장탱크가 다음 ①에서 ⑤의 기준에 적합한 때에는 그러하지 아니하다)

① 당해 탱크를 지하철 · 지하가 또는 지하터널로부터 수평거리 10m 이내의 장소 또는 지하건축물 내의 장소에 설치하지 아니할 것

② 당해 탱크를 그 수평투영의 세로 및 가로보다 각각 0.6m 이상 크고 두께가 0.3m 이상인 철근콘크리트조의 뚜껑으로 덮을 것

③ 뚜껑에 걸리는 중량이 직접 당해 탱크에 걸리지 아니하는 구조일 것

④ 당해 탱크를 견고한 기초 위에 고정할 것

⑤ 당해 탱크를 지하의 가장 가까운 벽 · 피트 · 가스관 등의 시설물 및 대지경계선으로부터 0.6m 이상 떨어진 곳에 매설할 것

(2) 탱크전용실에 설치한 지하저장탱크의 기준

① 탱크전용실은 지하의 가장 가까운 벽 · 피트 · 가스관 등의 시설물 및 대지경계선으로부터 0.1m 이상 떨어진 곳에 설치하고, 지하저장탱크와 탱크전용실의 안쪽과의 사이는 0.1m 이상의 간격을 유지하도록 하며, 당해 탱크의 주위에 마른 모래 또는 습기 등에 의하여 응고되지 아니하는 입자지름 5mm 이하의 마른 자갈분을 채워야 한다.

② 지하저장탱크의 윗부분은 지면으로부터 0.6m 이상 아래에 있어야 한다.

③ 지하저장탱크를 2 이상 인접해 설치하는 경우에는 그 상호 간에 1m(당해 2 이상의 지하저장탱크의 용량의 합계가 지정수량의 100배 이하인 때에는 0.5m) 이상의 간격을 유지하여야 한다. 다만, 그 사이에 탱크전용실의 벽이나 두께 20cm 이상의 콘크리트 구조물이 있는 경우에는 그러하지 아니하다.

3) 표지 및 게시판

지하탱크저장소에는 보기 쉬운 곳에 "위험물 지하탱크저장소"라는 표시를 한 표지와 방화에 관하여 필요한 사항을 게시한 게시판을 설치하여야 한다.

4) 지하저장탱크의 두께와 시험압력

(1) 지하저장탱크의 두께

용량이 1,000L 이하이면 3.2mm 이상의 강철판으로(용량이 189,000L를 초과하는 경우 10mm 이상)으로 완전용입용접 또는 양면겹침이음용접을 할 것

(2) 시험압력

압력탱크(최대상용압력이 46.7kPa 이상인 탱크를 말한다) 외의 탱크에 있어서는 70kPa 의 압력으로, 압력탱크에 있어서는 최대상용압력의 1.5배의 압력으로 각각 10분간 수압 시험을 실시하여 새거나 변형되지 아니하여야 한다. 이 경우 수압시험은 소방청장이 정하 여 고시하는 기밀시험과 비파괴시험을 동시에 실시하는 방법으로 대신할 수 있다.

5) 통기관

(1) 통기관을 설치해야 하는 탱크의 조건

① 저장하는 유별 : 제4류 위험물
② 탱크의 종류 : 압력탱크 외의 탱크

(2) 통기관의 종류

① 밸브 없는 통기관
  ㉠ 끝부분은 지면으로부터 4m 이상의 높이에 설치할 것
  ㉡ 직경은 30mm 이상으로 할 것
  ㉢ 선단은 수평보다 45도 이상 구부려 빗물 등의 침투를 막는 구조로 할 것
  ㉣ 인화점이 38℃ 미만인 위험물만을 저장 또는 취급하는 탱크에 설치하는 통기관에 는 화염방지장치를 설치하고, 그 외의 탱크에 설치하는 통기관에는 40메쉬(mesh) 이상의 구리망 또는 동등 이상의 성능을 가진 인화방지장치를 설치할 것. 다만, 인 화점이 70℃ 이상인 위험물만을 해당 위험물의 인화점 미만의 온도로 저장 또는 취급하는 탱크에 설치하는 통기관에는 인화방지장치를 설치하지 않을 수 있다.
  ㉤ 가연성의 증기를 회수하기 위한 밸브를 통기관에 설치하는 경우에 있어서는 당해 통기관의 밸브는 저장탱크에 위험물을 주입하는 경우를 제외하고는 항상 개방되어 있는 구조로 하는 한편, 폐쇄하였을 경우에 있어서는 10kPa 이하의 압력에서 개방 되는 구조로 할 것. 이 경우 개방된 부분의 유효단면적은 777.15mm^2 이상이어야 한다.
② 대기밸브 부착 통기관
  ㉠ 5kPa 이하의 압력차이로 작동할 수 있을 것

ⓛ 가는 눈의 구리망 등으로 인화방지장치를 할 것. 다만, 인화점이 70℃ 이상의 위험
물만을 해당 위험물의 인화점 미만의 탱크의 통기관에는 제외

6) 지하저장탱크의 주입구

옥외저장탱크의 주입구의 기준과 동일

7) 지하저장탱크에 설치하는 관의 기준

(1) 지하저장탱크의 배관

지하저장탱크의 배관은 당해 탱크의 윗부분에 설치하여야 한다. 다만, 제4류 위험물 중
제2석유류(인화점이 40℃ 이상인 것에 한한다), 제3석유류, 제4석유류 및 동식물유류의
탱크에 있어서 그 직근에 유효한 제어밸브를 설치한 경우에는 그러하지 아니하다.

(2) 액체위험물의 누설을 검사하기 위한 관

① 4개소 이상 적당한 위치에 설치하여야 한다.
② 이중관으로 할 것. 다만, 소공이 없는 상부는 단관으로 할 수 있다.
③ 재료는 금속관 또는 경질합성수지관으로 할 것
④ 관은 탱크전용실의 바닥 또는 탱크의 기초까지 닿게 할 것
⑤ 관의 밑부분으로부터 탱크의 중심 높이까지의 부분에는 소공이 뚫려 있을 것. 다만, 지
하수위가 높은 장소에 있어서는 지하수위 높이까지의 부분에 소공이 뚫려 있어야 한다.
⑥ 상부는 물이 침투하지 아니하는 구조로 하고, 뚜껑은 검사 시에 쉽게 열 수 있도록 할 것

8) 탱크전용실과 과충전 방지

(1) 탱크전용실의 벽·바닥 및 뚜껑의 두께

① 벽·바닥 및 뚜껑의 두께는 0.3m 이상일 것
② 벽·바닥 및 뚜껑의 내부에는 지름 9mm부터 13mm까지의 철근을 가로 및 세로로
5cm부터 20cm까지의 간격으로 배치할 것
③ 벽·바닥 및 뚜껑의 재료에 수밀콘크리트를 혼입하거나 벽·바닥 및 뚜껑의 중간에
아스팔트층을 만드는 방법으로 적정한 방수조치를 할 것

(2) 과충전방지 장치

① 탱크용량을 초과하는 위험물이 주입될 때 자동으로 그 주입구를 폐쇄하거나 위험물의
공급을 자동으로 차단하는 방법

② 탱크용량의 90%가 찰 때 경보음을 울리는 방법

9) 위험물의 성질에 따른 지하탱크저장소의 특례

(1) 적용대상 위험물

아세트알데하이드 등 및 하이드록실아민 등을 저장 또는 취급하는 지하탱크저장소

(2) 아세트알데하이드 등의 지하탱크저장소의 특례

① 지하탱크저장소의 설비는 은, 수은, 동, 마그네슘의 합금으로 만들지 아니할 것
② 지하탱크저장소에는 냉각장치 또는 보냉장치, 불활성기체를 봉입하는 장치를 설치할 것

(3) 하이드록실아민 등의 지하탱크저장소의 특례

① 지하탱크저장소에는 하이드록실아민 등의 온도의 상승에 의한 위험한 반응을 방지하기 위한 조치를 강구 할 것
② 지하탱크저장소에는 철이온 등의 혼입에 의한 위험한 반응을 방지하기 위한 조치를 강구 할 것

 ## 6. 간이탱크저장소의 기준

1) 안전거리

필요 없음

2) 보유공지

(1) 옥외에 설치하는 경우에는 1m 이상으로 한다.
(2) 전용실 안에 설치하는 경우에는 탱크와 전용실의 벽과의 사이에 0.5m 이상 간격을 유지한다.

3) 표지 및 게시판

간이탱크저장소에는 보기 쉬운 곳에 "위험물 간이탱크저장소"라는 표시를 한 표지와 방화에 관하여 필요한 사항을 게시한 게시판을 설치하여야 한다.

---

4) 간이탱크저장소의 설치기준 및 구조

(1) 간이저장탱크는 움직이거나 넘어지지 아니하도록 지면 또는 가설대에 고정시키되, 옥외에 설치하는 경우에는 그 탱크의 주위에 너비 1m 이상의 공지를 두고, 전용실 안에 설치하는 경우에는 탱크와 전용실의 벽과의 사이에 0.5m 이상의 간격을 유지하여야 한다.

(2) 하나의 간이탱크저장소에 설치하는 간이저장탱크는 그 수를 3 이하로 하고, 동일한 품질의 위험물의 간이저장탱크를 2 이상 설치하지 아니하여야 한다.

(3) 간이저장탱크의 용량은 600L 이하이어야 한다.

(4) 간이저장탱크는 두께 3.2mm 이상의 강판으로 흠이 없도록 제작하여야 하며, 70kPa의 압력으로 10분간의 수압시험을 실시하여 새거나 변형되지 아니하여야 한다.

5) 통기관

(1) 밸브 없는 통기관

① 통기관의 지름은 25mm 이상으로 할 것
② 통기관은 옥외에 설치하되, 그 선단의 높이는 지상 1.5m 이상으로 할 것
③ 통기관의 선단은 수평면에 대하여 아래로 45° 이상 구부려 빗물 등이 침투하지 아니하도록 할 것
④ 가는 눈의 구리망 등으로 인화방지장치를 할 것. 다만, 인화점 70℃ 이상의 위험물만을 해당 위험물의 인화점 미만의 온도로 저장 또는 취급하는 탱크에 설치하는 통기관에 있어서는 그러하지 아니하다.

(2) 대기밸브 부착 통기관

① 5kPa 이하의 압력차이로 작동할 수 있을 것
② 가는 눈의 구리망 등으로 인화방지장치를 할 것. 다만, 인화점이 70℃ 이상의 위험물만을 해당 위험물의 인화점 미만의 탱크의 통기관에는 제외

Section   7. 이동탱크저장소의 기준

1) 안전거리 및 보유공지

모두 필요 없음

2) 상치장소

(1) 옥외에 있는 상치장소

① 화기를 취급하는 장소 또는 인근의 건축물로부터 5m 이상(인근의 건축물이 1층인 경우에는 3m 이상)의 거리를 확보하여야 한다.

② 옥내에 있는 상치장소는 벽, 바닥, 보, 서까래 및 지붕이 내화구조 또는 불연재료로 된 건축물의 1층에 설치한다.

3) 이동저장탱크의 구조 및 설비

(1) 이동저장탱크의 구조

① 탱크(맨홀 및 주입관의 뚜껑을 포함한다)는 두께 3.2mm 이상의 강철판 또는 이와 동등 이상의 강도·내식성 및 내열성이 있다고 인정하여 소방청장이 정하여 고시하는 재료 및 구조로 위험물이 새지 아니하게 제작할 것

② 압력탱크(최대상용압력이 46.7kPa 이상인 탱크를 말한다) 외의 탱크는 70kPa의 압력으로, 압력탱크는 최대상용압력의 1.5배의 압력으로 각각 10분간의 수압시험을 실시하여 새거나 변형되지 아니할 것. 이 경우 수압시험은 용접부에 대한 비파괴시험과 기밀시험으로 대신할 수 있다.

③ 이동저장탱크는 그 내부에 4,000L 이하마다 3.2mm 이상의 강철판 또는 이와 동등 이상의 강도·내열성 및 내식성이 있는 금속성의 것으로 칸막이를 설치하여야 한다. 다만, 고체인 위험물을 저장하거나 고체인 위험물을 가열하여 액체 상태로 저장하는 경우에는 그러하지 아니하다.

④ 칸막이로 구획된 각 부분마다 맨홀과 다음 각 목의 기준에 의한 안전장치 및 방파판을 설치하여야 한다. 다만, 칸막이로 구획된 부분의 용량이 2,000L 미만인 부분에는 방파판을 설치하지 아니할 수 있다.

　㉠ 안전장치

　　상용압력이 20kPa 이하인 탱크에 있어서는 20kPa 이상 24kPa 이하의 압력에서, 상용압력이 20kPa을 초과하는 탱크에 있어서는 상용압력의 1.1배 이하의 압력에서 작동하는 것으로 할 것

　㉡ 방파판

　　• 두께 1.6mm 이상의 강철판 또는 이와 동등 이상의 강도·내열성 및 내식성이 있는 금속성의 것으로 할 것

　　• 하나의 구획부분에 2개 이상의 방파판을 이동탱크저장소의 진행방향과 평행으로 설치하되, 각 방파판은 그 높이 및 칸막이로부터의 거리를 다르게 할 것

- 하나의 구획부분에 설치하는 각 방파판의 면적의 합계는 당해 구획부분의 최대 수직단면적의 50% 이상으로 할 것. 다만, 수직단면이 원형이거나 짧은 지름이 1m 이하의 타원형일 경우에는 40% 이상으로 할 수 있다.

⑤ 측면틀

ㄱ. 탱크 뒷부분의 입면도에 있어서 측면틀의 최외측과 탱크의 최외측을 연결하는 직선의 수평면에 대한 내각이 75도 이상이 되도록 하고, 최대수량의 위험물을 저장한 상태에 있을 때의 당해 탱크중량의 중심점과 측면틀의 최외측을 연결하는 직선과 그 중심점을 지나는 직선 중 최외측선과 직각을 이루는 직선과의 내각이 35도 이상이 되도록 할 것

ㄴ. 외부로부터 하중에 견딜 수 있는 구조로 할 것

ㄷ. 탱크상부의 네 모퉁이에 당해 탱크의 전단 또는 후단으로부터 각각 1m 이내의 위치에 설치할 것

ㄹ. 측면틀에 걸리는 하중에 의하여 탱크가 손상되지 아니하도록 측면틀의 부착부분에 받침판을 설치할 것

⑥ 방호틀

ㄱ. 두께 2.3mm 이상의 강철판 또는 이와 동등 이상의 기계적 성질이 있는 재료로서 산모양의 형상으로 하거나 이와 동등 이상의 강도가 있는 형상으로 할 것

ㄴ. 정상부분은 부속장치보다 50mm 이상 높게 하거나 이와 동등 이상의 성능이 있는 것으로 할 것

(2) 배출밸브 및 폐쇄장치

① 이동저장탱크의 아랫부분에 배출구를 설치하는 경우에는 당해 탱크의 배출구에 밸브(이하 "배출밸브"라 한다)를 설치하고 비상시에 직접 당해 배출밸브를 폐쇄할 수 있는 수동폐쇄장치 또는 자동폐쇄장치를 설치하여야 한다.

② 수동폐쇄장치를 작동시킬 수 있는 레버 길이는 15cm 이상으로 할 것

③ 탱크의 배관 끝부분에는 개폐밸브를 설치할 것

(3) 결합금속구 등

이동탱크저장소에 주입설비(주입호스의 선단에 개폐밸브를 설치한 것을 말한다)를 설치하는 경우에는 다음 각 목의 기준에 의하여야 한다.

① 위험물이 샐 우려가 없고 화재예방상 안전한 구조로 할 것

② 주입설비의 길이는 50m 이내로 하고, 그 선단에 축적되는 정전기를 유효하게 제거할 수 있는 장치를 할 것

③ 분당 토출량은 200L 이하로 할 것

(4) 표지 및 상치장소 표시

① 표지

ㄱ 부착위치 : 이동탱크 저장소의 전면상단 및 후면상단

ㄴ 규격 : 60cm 이상 × 30cm 이상의 횡형 사각형

ㄷ 내용 : 위험물

ㄹ 색상 : 흑색바탕에 황색문자

② 이동탱크저장소의 탱크 외부에는 소방청장이 정하여 고시하는 바에 따라 도장 등을 하여 쉽게 식별할 수 있도록 하고, 보기 쉬운 곳에 상치장소의 위치를 표시하여야 한다.

(5) 펌프설비

① 이동탱크저장소에 설치하는 펌프설비는 당해 이동탱크저장소의 차량구동용 엔진(피견인식 이동탱크저장소의 견인부분에 설치된 것은 제외한다)의 동력원을 이용하여 위험물을 이송하여야 한다. 다만, 다음 각 목의 기준에 의하여 외부로부터 전원을 공급받는 방식의 모터펌프를 설치할 수 있다.

ㄱ 저장 또는 취급가능한 위험물은 인화점 40℃ 이상의 것 또는 비인화성의 것에 한할 것

ㄴ 화재예방상 지장이 없는 위치에 고정하여 설치할 것

② 이동탱크저장소에 설치하는 펌프설비는 당해 이동저장탱크로부터 위험물을 토출하는 용도에 한한다. 다만, 폐유의 회수 등의 용도에 사용되는 이동탱크저장소에는 다음의 각 목의 기준에 의하여 진공흡입방식의 펌프를 설치할 수 있다.

ㄱ 저장 또는 취급가능한 위험물은 인화점이 70℃ 이상인 폐유 또는 비인화성의 것에 한할 것

ㄴ 감압장치의 배관 및 배관의 이음은 금속제일 것. 다만, 완충용이음은 내압 및 내유성이 있는 고무제품을, 배기통의 최상부는 합성수지제품을 사용할 수 있다.

(6) 접지도선

제4류 위험물 중 특수인화물, 제1석유류 또는 제2석유류의 이동탱크저장소에는 접지도선을 설치해야 한다.

4) 이동탱크저장소의 특례

(1) 컨테이너식 이동탱크저장소의 특례

① 이동저장탱크 및 부속장치(맨홀·주입구 및 안전장치 등을 말한다)는 강재로 된 상자형태의 틀(이하 "상자틀"이라 한다)에 수납할 것

② 상자틀의 구조물 중 이동저장탱크의 이동방향과 평행한 것과 수직인 것은 당해 이동저장탱크 · 부속장치 및 상자틀의 자중과 저장하는 위험물의 무게를 합한 하중(이하 "이동저장탱크하중"이라 한다)의 2배 이상의 하중에, 그 외 이동저장탱크의 이동방향과 직각인 것은 이동저장탱크하중 이상의 하중에 각각 견딜 수 있는 강도가 있는 구조로 할 것

③ 이동저장탱크 · 맨홀 및 주입구의 뚜껑은 두께 6mm[당해 탱크의 지름 또는 장축(긴지름)이 1.8m 이하인 것은 5mm] 이상의 강판 또는 이와 동등 이상의 기계적 성질이 있는 재료로 할 것

④ 이동저장탱크에 칸막이를 설치하는 경우에는 당해 탱크의 내부를 완전히 구획하는 구조로 하고, 두께 3.2mm 이상의 강판 또는 이와 동등 이상의 기계적 성질이 있는 재료로 할 것

⑤ 이동저장탱크에는 맨홀 및 안전장치를 할 것

⑥ 부속장치는 상자틀의 최외측과 50mm 이상의 간격을 유지할 것

⑦ 이동저장탱크의 보기 쉬운 곳에 가로 0.4m 이상, 세로 0.15m 이상의 백색 바탕에 흑색 문자로 허가청의 명칭 및 완공검사번호를 표시하여야 한다.

(2) 주유탱크차의 특례

① 항공기주유취급소 기준

　㉠ 주유탱크차에는 엔진배기통의 선단부에 화염의 분출을 방지하는 장치를 설치할 것

　㉡ 주유탱크차에는 주유호스 등이 적정하게 격납되지 아니하면 발진되지 아니하는 장치를 설치할 것

　㉢ 주유설비는 다음의 기준에 적합한 구조로 할 것

　　• 배관은 금속제로서 최대상용압력의 1.5배 이상의 압력으로 10분간 수압시험을 실시하였을 때 누설 그 밖의 이상이 없는 것으로 할 것

　　• 주유호스의 선단에 설치하는 밸브는 위험물의 누설을 방지할 수 있는 구조로 할 것

　　• 외장은 난연성이 있는 재료로 할 것

　　• 주유호스는 최대상용압력의 2배 이상의 압력으로 수압시험을 실시하여 누설 그 밖의 이상이 없는 것으로 할 것

② 공항에서 시속 40km 이하로 운행하도록 된 주유탱크차 기준

　㉠ 이동저장탱크는 그 내부에 길이 1.5m 이하 또는 부피 4천 L 이하마다 3.2mm 이상의 강철판 또는 이와 같은 수준 이상의 강도 · 내열성 및 내식성이 있는 금속성의 것으로 칸막이를 설치할 것

　㉡ 칸막이에 구멍을 낼 수 있되, 그 지름이 40cm 이내일 것

(3) 위험물의 성질에 따른 이동탱크저장소의 특례

① 알킬알루미늄 등을 저장 또는 취급하는 이동탱크저장소

  ㉠ 이동저장탱크는 두께 10mm 이상의 강판 또는 이와 동등 이상의 기계적 성질이 있는 재료로 기밀하게 제작되고 1MPa 이상의 압력으로 10분간 실시하는 수압시험에서 새거나 변형하지 아니하는 것일 것

  ㉡ 이동저장탱크의 용량은 1,900L 미만일 것

  ㉢ 안전장치는 이동저장탱크의 수압시험의 압력의 3분의 2를 초과하고 5분의 4를 넘지 아니하는 범위의 압력으로 작동할 것

  ㉣ 이동저장탱크의 맨홀 및 주입구의 뚜껑은 두께 10mm 이상의 강판 또는 이와 동등 이상의 기계적 성질이 있는 재료로 할 것

  ㉤ 이동저장탱크의 배관 및 밸브 등은 당해 탱크의 윗부분에 설치할 것

  ㉥ 이동탱크저장소에는 이동저장탱크하중의 4배의 전단하중에 견딜 수 있는 걸고리체결금속구 및 모서리체결금속구를 설치할 것

  ㉦ 이동저장탱크는 불활성의 기체를 봉입할 수 있는 구조로 할 것

  ㉧ 이동저장탱크는 그 외면을 적색으로 도장하는 한편, 백색문자로서 동판(胴板)의 양측면 및 경판(동체의 양 끝부분에 부착하는 판)에 "물기엄금"이라는 주의사항을 표시할 것

② 아세트알데하이드 등을 저장 또는 취급하는 이동탱크저장소

  ㉠ 이동저장탱크는 불활성의 기체를 봉입할 수 있는 구조로 할 것

  ㉡ 이동저장탱크 및 그 설비는 은·수은·동·마그네슘 또는 이들을 성분으로 하는 합금으로 만들지 아니할 것

③ 하이드록실아민 등을 저장 또는 취급하는 이동탱크저장소는 하이드록실아민 등을 저장 또는 취급하는 옥외탱크저장소의 규정을 준용하여야 한다.

 ## 8. 옥외저장소의 기준

1) 안전거리

제조소와 동일하게 적용

2) 보유공지

(1) 제4류 위험물 중 제4석유류와 제6류 위험물 외의 위험물을 저장 또는 취급하는 경우

저장 또는 취급하는 위험물의 최대수량	공지의 너비
지정수량의 10배 이하	3m 이상
지정수량의 10배 초과 20배 이하	5m 이상
지정수량의 20배 초과 50배 이하	9m 이상
지정수량의 50배 초과 200배 이하	12m 이상
지정수량의 200배 초과	15m 이상

(2) 제4류 위험물 중 제4석유류와 제6류 위험물을 저장 또는 취급하는 옥외저장소의 보유공지는 위 표에 의한 공지의 너비의 3분의 1 이상의 너비로 할 수 있다.

(3) 표지 및 게시판

옥외저장소에는 보기 쉬운 곳에 "위험물 옥외저장소"라는 표시를 한 표지와 방화에 관하여 필요한 사항을 게시한 게시판을 설치하여야 한다.

4) 위험물과 설비의 설치기준

(1) 옥외저장소에 선반을 설치하는 기준

① 선반은 불연재료로 만들고 견고한 지반면에 고정할 것
② 선반은 당해 선반 및 그 부속설비의 자중·저장하는 위험물의 중량·풍하중·지진의 영향 등에 의하여 생기는 응력에 대하여 안전할 것
③ 선반의 높이는 6m를 초과하지 아니할 것
④ 선반에는 위험물을 수납한 용기가 쉽게 낙하하지 아니하는 조치를 강구할 것

(2) 과산화수소 또는 과염소산을 저장하는 경우

옥외저장소에는 불연성 또는 난연성의 천막 등을 설치하여 햇빛을 가릴 것

(3) 옥외저장소에 설치하는 캐노피 또는 지붕의 기준

눈·비 등을 피하거나 차광 등을 위하여 옥외저장소에 캐노피 또는 지붕을 설치하는 경우에는 환기 및 소화활동에 지장을 주지 아니하는 구조로 할 것. 이 경우 기둥은 내화구조로 하고, 캐노피 또는 지붕을 불연재료로 하며, 벽을 설치하지 아니하여야 한다.

5) 덩어리 상태의 황과 고인화점 위험물을 저장 또는 취급하는 기준

(1) 덩어리 상태의 황만을 지반면에 설치한 경계표시의 안쪽에서 저장 또는 취급하는 기준

① 하나의 경계표시의 내부의 면적은 100m² 이하일 것

② 2 이상의 경계표시를 설치하는 경우에 있어서는 각각의 경계표시 내부의 면적을 합산한 면적은 1,000m² 이하로 하고, 인접하는 경계표시와 경계표시와의 간격을 공지의 너비의 2분의 1 이상으로 할 것. 다만, 저장 또는 취급하는 위험물의 최대수량이 지정수량의 200배 이상인 경우에는 10m 이상으로 하여야 한다.

③ 경계표시는 불연재료로 만드는 동시에 황이 새지 아니하는 구조로 할 것

④ 경계표시의 높이는 1.5m 이하로 할 것

⑤ 경계표시에는 황이 넘치거나 비산하는 것을 방지하기 위한 천막 등을 고정하는 장치를 설치하되, 천막 등을 고정하는 장치는 경계표시의 길이 2m마다 한 개 이상 설치할 것

⑥ 황을 저장 또는 취급하는 장소의 주위에는 배수구와 분리장치를 설치할 것

(2) 고인화점 위험물만을 저장 또는 취급하는 옥외저장소의 특례

① 안전거리
특고압가공전선의 안전거리기준은 없고 나머지는 제조소와 동일

② 보유공지

저장 또는 취급하는 위험물의 최대수량	공지의 너비
지정수량의 50배 이하	3m 이상
지정수량의 50배 초과 200배 이하	6m 이상
지정수량의 200배 초과	10m 이상

6) 인화성고체, 제1석유류 또는 알코올류의 옥외저장소의 특례

(1) 대상

① 인화점이 21℃ 미만인 인화성 고체

② 제1석유류

③ 알코올류

(2) 설비의 설치

① 인화성고체, 제1석유류 또는 알코올류를 저장 또는 취급하는 장소에는 당해 위험물을 적당한 온도로 유지하기 위한 살수설비 등을 설치하여야 한다.

② 제1석유류 또는 알코올류를 저장 또는 취급하는 장소의 주위에는 배수구 및 집유설비

를 설치하여야 한다. 이 경우 제1석유류(온도 20℃의 물 100g에 용해되는 양이 1g 미만인 것에 한한다)를 저장 또는 취급하는 장소에 있어서는 집유설비에 유분리장치를 설치하여야 한다.

 9. 주유취급소의 기준

1) 안전거리

필요 없음

2) 보유공지(주유공지) 등

(1) 주유공지

① 너비 : 15m 이상
② 길이 : 6m 이상

(2) 공지의 바닥

공지의 바닥은 주위 지면보다 높게 하고, 그 표면을 적당하게 경사지게 하여 새어나온 기름 그 밖의 액체가 공지의 외부로 유출되지 아니하도록 배수구·집유설비 및 유분리장치를 하여야 한다.

3) 표지 및 게시판

주유취급소에는 보기 쉬운 곳에 "위험물 주유취급소"라는 표시를 한 표지, 방화에 관하여 필요한 사항을 게시한 게시판 및 황색바탕에 흑색문자로 "주유중엔진정지"라는 표시를 한 게시판을 설치하여야 한다.

4) 탱크 및 주유설비

(1) 주유취급소에 설치할 수 있는 탱크

① 자동차 등에 주유하기 위한 고정주유설비에 직접 접속하는 전용탱크로서 50,000L 이하의 것

② 고정급유설비에 직접 접속하는 전용탱크로서 50,000L 이하의 것

③ 보일러 등에 직접 접속하는 전용탱크로서 10,000L 이하의 것

④ 자동차 등을 점검·정비하는 작업장 등(주유취급소 안에 설치된 것에 한한다)에서 사용하는 폐유·윤활유 등의 위험물을 저장하는 탱크로서 용량(2 이상 설치하는 경우에는 각 용량의 합계를 말한다)이 2,000L 이하인 탱크(이하 "폐유탱크등"이라 한다)

⑤ 고정주유설비 또는 고정급유설비에 직접 접속하는 3기 이하의 간이탱크

⑥ ① 내지 ④의 규정에 의한 탱크(③ 및 ④의 규정에 의한 탱크는 용량이 1,000L를 초과하는 것에 한한다)는 옥외의 지하 또는 캐노피 아래의 지하(캐노피 기둥의 하부를 제외한다)에 매설하여야 한다.

(2) 고정주유설비 등

① 고정주유설비와 고정급유설비의 정의

　㉠ 고정주유설비 : 자동차의 연료탱크에 직접 주유하기 위한 설비

　㉡ 고정급유설비 : 펌프기기 및 호스기기로 되어 위험물을 용기에 옮겨 담거나 이동저장탱크에 주입하기 위한 설비

② 최대배출량

펌프기기는 주유관 끝부분에서의 최대배출량이 제1석유류의 경우에는 분당 50L 이하, 경유의 경우에는 분당 180L 이하, 등유의 경우에는 분당 80L 이하인 것으로 할 것. 다만, 이동저장탱크에 주입하기 위한 고정급유설비의 펌프기기는 최대배출량이 분당 300L 이하인 것으로 할수 있으며, 분당 배출량이 200L 이상인 것의 경우에는 주유설비에 관계된 모든 배관의 안지름을 40mm 이상으로 하여야 한다.

③ 고정주유설비 또는 고정급유설비의 주유관의 길이(끝부분의 개폐밸브를 포함한다)는 5m(현수식의 경우에는 지면 위 0.5m의 수평면에 수직으로 내려 만나는 점을 중심으로 반경 3m) 이내로 하고 그 선단에는 축적된 정전기를 유효하게 제거할 수 있는 장치를 설치하여야 한다.

④ 고정주유설비 또는 고정급유설비는 다음 각 목의 기준에 적합한 위치에 설치하여야 한다.

　㉠ 고정주유설비의 중심선을 기점으로 하여 도로경계선까지 4m 이상, 부지경계선·담 및 건축물의 벽까지 2m(개구부가 없는 벽까지는 1m) 이상의 거리를 유지하고, 고정급유설비의 중심선을 기점으로 하여 도로경계선까지 4m 이상, 부지경계선 및 담까지 1m 이상, 건축물의 벽까지 2m(개구부가 없는 벽까지는 1m) 이상의 거리를 유지할 것

　㉡ 고정주유설비와 고정급유설비의 사이에는 4m 이상의 거리를 유지할 것

5) 건축물

(1) 주유취급소에 설치할 수 있는 용도의 건축물

① 주유 또는 등유 · 경유를 옮겨 담기 위한 작업장

② 주유취급소의 업무를 행하기 위한 사무소

③ 자동차 등의 점검 및 간이정비를 위한 작업장

④ 자동차 등의 세정을 위한 작업장

⑤ 주유취급소에 출입하는 사람을 대상으로 한 점포 · 휴게음식점 또는 전시장

⑥ 주유취급소의 관계자가 거주하는 주거시설

⑦ 전기자동차용 충전설비(전기를 동력원으로 하는 자동차에 직접 전기를 공급하는 설비를 말한다. 이하 같다)

⑧ 주유취급소의 직원 외의 자가 출입하는 ②, ③ 및 ⑤의 용도로 제공하는 부분의 면적의 합은 1,000m²를 초과할 수 없다.

(2) 옥내주유취급소

① 건축물 안에 설치하는 주유취급소

② 캐노피 · 처마 · 차양 · 부연 · 발코니 및 루버의 수평투영면적이 주유취급소의 공지면적(주유취급소의 부지면적에서 건축물 중 벽 및 바닥으로 구획된 부분의 수평투영면적을 뺀 면적을 말한다)의 3분의 1을 초과하는 주유취급소

(3) 건축물 등의 기준

건축물, 창 및 출입구의 구조는 다음의 기준에 적합하게 할 것

① 건축물의 벽 · 기둥 · 바닥 · 보 및 지붕을 내화구조 또는 불연재료로 할 것

② 창 및 출입구에는 방화문 또는 불연재료로 된 문을 설치할 것. 이 경우 면적의 합이 500m²를 초과하는 주유취급소로서 하나의 구획실의 면적이 500m²를 초과하거나 2층 이상의 층에 설치하는 경우에는 해당 구획실 또는 해당 층의 2면 이상의 벽에 각각 출입구를 설치하여야 한다.

③ 사무실 등의 창 및 출입구에 유리를 사용하는 경우에는 망입유리 또는 강화유리로 할 것. 이 경우 강화유리의 두께는 창에는 8mm 이상, 출입구에는 12mm 이상으로 하여야 한다.

④ 건축물 중 사무실 그 밖의 화기를 사용하는 곳은 누설한 가연성의 증기가 그 내부에 유입되지 아니하도록 다음의 기준에 적합한 구조로 할 것

  ㉠ 출입구는 건축물의 안에서 밖으로 수시로 개방할 수 있는 자동폐쇄식의 것으로 할 것

  ㉡ 출입구 또는 사이통로의 문턱의 높이를 15cm 이상으로 할 것

  ㉢ 높이 1m 이하의 부분에 있는 창 등은 밀폐시킬 것

⑤ 자동차 등의 점검·정비를 행하는 설비는 다음의 기준에 적합하게 할 것
   고정주유설비로부터 4m 이상, 도로경계선으로부터 2m 이상 떨어지게 할 것
⑥ 자동차 등의 세정을 행하는 설비는 다음의 기준에 적합하게 할 것
   ㉠ 증기세차기를 설치하는 경우에는 그 주위의 불연재료로 된 높이 1m 이상의 담을
      설치하고 출입구가 고정주유설비에 면하지 아니하도록 할 것. 이 경우 담은 고정주
      유설비로부터 4m 이상 떨어지게 하여야 한다.
   ㉡ 증기세차기 외의 세차기를 설치하는 경우에는 고정주유설비로부터 4m 이상, 도로
      경계선으로부터 2m 이상 떨어지게 할 것
⑦ 주유원간이대기실은 다음의 기준에 적합할 것
   ㉠ 불연재료로 할 것
   ㉡ 바퀴가 부착되지 아니한 고정식일 것
   ㉢ 차량의 출입 및 주유작업에 장애를 주지 아니하는 위치에 설치할 것
   ㉣ 바닥면적이 2.5m² 이하일 것. 다만, 주유공지 및 급유공지 외의 장소에 설치하는
      것은 그러하지 아니하다.

(4) 담 또는 벽

① 주유취급소의 주위에는 자동차 등이 출입하는 쪽 외의 부분에 높이 2m 이상의 내화구
   조 또는 불연재료의 담 또는 벽을 설치하되, 주유취급소의 인근에 연소의 우려가 있는
   건축물이 있는 경우에는 소방청장이 정하여 고시하는 바에 따라 방화상 유효한 높이로
   하여야 한다.
② 다음의 기준에 모두 적합한 경우에는 담 또는 벽의 일부분에 방화상 유효한 구조의 유
   리를 부착할 수 있다.
   ㉠ 유리를 부착하는 위치는 주입구, 고정주유설비 및 고정급유설비로부터 4m 이상 거
      리를 둘 것
   ㉡ 유리를 부착하는 방법은 다음의 기준에 모두 적합할 것
      • 주유취급소 내의 지반면으로부터 70cm를 초과하는 부분에 한하여 유리를 부착
        할 것
      • 하나의 유리판의 가로의 길이는 2m 이내일 것
      • 유리판의 테두리를 금속제의 구조물에 견고하게 고정하고 해당 구조물을 담 또는
        벽에 견고하게 부착할 것
      • 유리의 구조는 접합유리로 하되, 「유리구획 부분의 내화시험방법(KS F 2845)」
        에 따라 시험하여 비차열 30분 이상의 방화성능이 인정될 것
   ㉢ 유리를 부착하는 범위는 전체의 담 또는 벽의 길이의 10분의 2를 초과하지 아니
      할 것

(5) 캐노피의 설치기준

① 배관이 캐노피 내부를 통과할 경우에는 1개 이상의 점검구를 설치할 것
② 캐노피 외부의 점검이 곤란한 장소에 배관을 설치하는 경우에는 용접이음으로 할 것
③ 캐노피 외부의 배관이 일광열의 영향을 받을 우려가 있는 경우에는 단열재로 피복할 것

(6) 펌프실 등의 구조

① 바닥은 위험물이 침투하지 아니하는 구조로 하고 적당한 경사를 두어 집유설비를 설치할 것
② 펌프실등에는 위험물을 취급하는 데 필요한 채광·조명 및 환기의 설비를 할 것
③ 가연성 증기가 체류할 우려가 있는 펌프실등에는 그 증기를 옥외에 배출하는 설비를 설치할 것
④ 고정주유설비 또는 고정급유설비 중 펌프기기를 호스기기와 분리하여 설치하는 경우에는 펌프실의 출입구를 주유공지 또는 급유공지에 접하도록 하고, 자동폐쇄식의 60분 +방화문 또는 60분방화문을 설치할 것
⑤ 출입구에는 바닥으로부터 0.1m 이상의 턱을 설치할 것

6) 주유취급소의 특례

(1) 고속국도주유취급소의 특례

고속국도의 도로변에 설치된 주유취급소에 있어서는 탱크의 용량을 60,000L까지 할 수 있다.

(2) 선박주유취급소의 특례

수상구조물에 설치하는 고정주유설비는 다음의 기준에 따라 설치할 것
① 주유호스의 선단부에 수동개폐장치를 부착한 주유노즐을 설치하고, 개방한 상태로 고정시키는 장치를 부착하지 않을 것
② 주유노즐은 선박의 연료탱크가 가득 찬 경우 자동적으로 정지시키는 구조일 것
③ 주유호스는 200kg중 이하의 하중에 의하여 파단(破斷) 또는 이탈되어야 하고, 파단 또는 이탈된 부분으로부터의 위험물 누출을 방지할 수 있는 구조일 것

(3) 고객이 직접 주유하는 주유취급소의 특례

① 셀프용고정주유설비의 기준은 다음의 각 목과 같다.
ㄱ 주유호스의 선단부에 수동개폐장치를 부착한 주유노즐을 설치할 것. 다만, 수동개폐장치를 개방한 상태로 고정시키는 장치가 부착된 경우에는 다음의 기준에 적합하여야 한다.

- 주유작업을 개시함에 있어서 주유노즐의 수동개폐장치가 개방상태에 있는 때에는 당해 수동개폐장치를 일단 폐쇄시켜야만 다시 주유를 개시할 수 있는 구조로 할 것
- 주유노즐이 자동차 등의 주유구로부터 이탈된 경우 주유를 자동적으로 정지시키는 구조일 것
  - ⓒ 주유노즐은 자동차 등의 연료탱크가 가득 찬 경우 자동적으로 정지시키는 구조일 것
  - ⓒ 주유호스는 200kg중 이하의 하중에 의하여 파단(破斷) 또는 이탈되어야 하고, 파단 또는 이탈된 부분으로부터의 위험물 누출을 방지할 수 있는 구조일 것
  - ⓔ 휘발유와 경유 상호 간의 오인에 의한 주유를 방지할 수 있는 구조일 것
  - ⓜ 1회의 연속주유량 및 주유시간의 상한을 미리 설정할 수 있는 구조일 것

구분		연속주유량	주유시간 상한
셀프용 고정주유설비	휘발유	100L 이하	4분 이하
	경유	600L 이하	12분 이하

② 셀프용고정급유설비의 기준은 다음 각 목과 같다.
  - ⊙ 급유호스의 선단부에 수동개폐장치를 부착한 급유노즐을 설치할 것
  - ⓒ 급유노즐은 용기가 가득찬 경우에 자동적으로 정지시키는 구조일 것
  - ⓒ 1회의 연속급유량 및 급유시간의 상한을 미리 설정할 수 있는 구조일 것

구분	연속급유량	급유시간 상한
셀프용 고정급유설비	100L 이하	6분 이하

Section 10. 판매취급소의 기준

1) 안전거리 및 보유공지

모두 필요 없음

2) 표지 및 게시판

① 제1종 판매취급소에는 보기 쉬운 곳에 "위험물 판매취급소(제1종)"라는 표시를 한 표지와 방화에 관하여 필요한 사항을 게시한 게시판을 설치하여야 한다.

② 제2종 판매취급소에는 보기 쉬운 곳에 "위험물 판매취급소(제2종)"라는 표시를 한 표지와 방화에 관하여 필요한 사항을 게시한 게시판을 설치하여야 한다.

3) 판매취급소의 건축물 기준

(1) 위험물을 배합하는 실의 기준

① 바닥면적은 6m² 이상 15m² 이하로 할 것
② 내화구조 또는 불연재료로 된 벽으로 구획할 것
③ 바닥은 위험물이 침투하지 아니하는 구조로 하여 적당한 경사를 두고 집유설비를 할 것
④ 출입구에는 수시로 열 수 있는 자동폐쇄식의 60분+방화문 또는 60분방화문을 설치할 것
⑤ 출입구 문턱의 높이는 바닥면으로부터 0.1m 이상으로 할 것
⑥ 내부에 체류한 가연성의 증기 또는 가연성의 미분을 지붕 위로 방출하는 설비를 할 것

 11. 이송취급소의 기준

1) 안전거리 및 보유공지

이송취급소의 종류에 따라 달리 정한다.

2) 이송취급소에서 제외되는 대상

① 송유관 안전관리법에 의한 송유관에 의하여 위험물을 이송하는 경우
② 제조소등에 관계된 시설 및 그 부지가 같은 사업소 안에 있고 당해 사업소 안에서만 위험물을 이송하는 경우

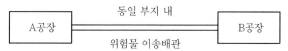

③ 사업소와 사업소의 사이에 폭 2m 이상의 도로만 있고, 사업소와 사업소 사이의 이송배관이 그 도로를 횡단하는 경우

④ 사업소와 사업소 사이의 이송배관이 제3자의 토지만을 통과하는 경우로 당해 배관길이가 100m 이하인 경우

⑤ 해상구조물에 설치된 배관으로서 해당 해상구조물이 설치된 배관의 길이가 30m 이하인 경우

3) 설치장소

(1) 설치가 불가능한 장소

① 철도 및 도로의 터널 안
② 고속국도 및 자동차전용도로의 차도 · 길어깨 및 중앙분리대
③ 호수 · 저수지 등으로서 수리의 수원이 되는 곳
④ 급경사지역으로서 붕괴의 위험이 있는 지역

(2) 설치할 수 있는 장소

① 지형상황 등 부득이한 사유가 있고 안전에 필요한 조치를 하는 경우
② 고속국도 및 자동차전용도로의 차도 · 길어깨 및 중앙분리대 또는 호수 · 저수지 등으로서 수리의 수원이 되는 곳의 장소에 횡단하여 설치하는 경우

(3) 배관설치의 기준

① 지하매설
배관을 지하에 매설하는 경우에는 다음 각 목의 기준에 의하여야 한다.
  ㉠ 안전거리
    • 건축물(지하가 내의 건축물을 제외한다) : 1.5m 이상
    • 지하가 및 터널 : 10m 이상
    • 「수도법」에 의한 수도시설 : 300m 이상

ⓛ 보유공지
　　　　• 배관은 그 외면으로부터 다른 공작물에 대하여 0.3m 이상의 거리를 보유할 것
　　　　• 배관의 외면과 지표면과의 거리는 산이나 들에 있어서는 0.9m 이상, 그 밖의 지
　　　　　역에 있어서는 1.2m 이상으로 할 것
　② 도로 밑 매설
　　　㉠ 배관은 원칙적으로 자동차하중의 영향이 적은 장소에 매설할 것
　　　㉡ 배관은 그 외면으로부터 도로의 경계에 대하여 1m 이상의 안전거리를 둘 것
　　　㉢ 시가지 도로의 밑에 매설하는 경우에는 배관의 외경보다 10cm 이상 넓은 견고하고
　　　　내구성이 있는 재질의 판(이하 "보호판"이라 한다)을 배관의 상부로부터 30cm 이
　　　　상 위에 설치할 것. 다만, 방호구조물 안에 설치하는 경우에는 그러하지 아니하다.
　　　㉣ 배관은 그 외면으로부터 다른 공작물에 대하여 0.3m 이상의 거리를 보유할 것. 다
　　　　만, 배관의 외면에서 다른 공작물에 대하여 0.3m 이상의 거리를 보유하기 곤란한
　　　　경우로서 당해 공작물의 보전을 위하여 필요한 조치를 하는 경우에는 그러하지 아
　　　　니하다.
　　　㉤ 시가지 도로의 노면 아래에 매설하는 경우에는 배관(방호구조물의 안에 설치된 것
　　　　을 제외한다)의 외면과 노면과의 거리는 1.5m 이상, 보호판 또는 방호구조물의 외
　　　　면과 노면과의 거리는 1.2m 이상으로 할 것
　　　㉥ 시가지 외의 도로의 노면 아래에 매설하는 경우에는 배관의 외면과 노면과의 거리
　　　　는 1.2m 이상으로 할 것
　　　㉦ 포장된 차도에 매설하는 경우에는 포장부분의 노반의 밑에 매설하고, 배관의 외면
　　　　과 노반의 최하부와의 거리는 0.5m 이상으로 할 것
　③ 해저설치
　　　㉠ 배관은 해저면 밑에 매설할 것. 다만, 선박의 닻 내림 등에 의하여 배관이 손상을
　　　　받을 우려가 없거나 그 밖에 부득이한 경우에는 그러하지 아니하다.
　　　㉡ 배관은 이미 설치된 배관과 교차하지 말 것. 다만, 교차가 불가피한 경우로서 배관
　　　　의 손상을 방지하기 위한 방호조치를 하는 경우에는 그러하지 아니하다.
　　　㉢ 배관은 원칙적으로 이미 설치된 배관에 대하여 30m 이상의 안전거리를 둘 것
　　　㉣ 2본 이상의 배관을 동시에 설치하는 경우에는 배관이 상호 접촉하지 아니하도록
　　　　필요한 조치를 할 것
　④ 해상설치
　　　㉠ 배관은 지진·풍압·파도 등에 대하여 안전한 구조의 지지물에 의하여 지지할 것
　　　㉡ 배관은 선박 등의 항행에 의하여 손상을 받지 아니하도록 해면과의 사이에 필요한
　　　　공간을 확보하여 설치할 것

ⓒ 선박의 충돌 등에 의해서 배관 또는 그 지지물이 손상을 받을 우려가 있는 경우에는 견고하고 내구력이 있는 보호설비를 설치할 것

ⓓ 배관은 다른 공작물(당해 배관의 지지물을 제외한다)에 대하여 배관의 유지관리상 필요한 간격을 보유할 것

4) 기타 설비 등

(1) 누설확산방지조치

배관을 시가지·하천·수로·터널·도로·철도 또는 투수성(透水性) 지반에 설치하는 경우에는 누설된 위험물의 확산을 방지할 수 있는 강철제의 관·철근콘크리트조의 방호구조물 등 견고하고 내구성이 있는 구조물의 안에 설치하여야 한다.

(2) 가연성 증기의 체류방지조치

배관을 설치하기 위하여 설치하는 터널(높이 1.5m 이상인 것에 한한다)에는 가연성 증기의 체류를 방지하는 조치를 하여야 한다.

(3) 부등침하 등의 우려가 있는 장소에 설치하는 배관

부등침하 등 지반의 변동이 발생할 우려가 있는 장소에 배관을 설치하는 경우에는 배관이 손상을 받지 아니하도록 필요한 조치를 하여야 한다.

(4) 굴착에 의하여 주위가 노출된 배관의 보호

굴착에 의하여 주위가 일시 노출되는 배관은 손상되지 아니하도록 적절한 보호조치를 하여야 한다.

(5) 비파괴시험

배관등의 용접부는 비파괴시험을 실시하여 합격할 것. 이 경우 이송기지 내의 지상에 설치된 배관등은 전체 용접부의 20% 이상을 발췌하여 시험할 수 있다.

(6) 내압시험

배관등은 최대상용압력의 1.25배 이상의 압력으로 4시간 이상 수압을 가하여 누설 그 밖의 이상이 없을 것

(7) 운전상태의 감시장치

① 배관계(배관등 및 위험물 이송에 사용되는 일체의 부속설비를 말한다. 이하 같다)에는 펌프 및 밸브의 작동상황 등 배관계의 운전상태를 감시하는 장치를 설치할 것

② 배관계에는 압력 또는 유량의 이상변동 등 이상한 상태가 발생하는 경우에 그 상황을 경보하는 장치를 설치할 것

(8) 압력안전장치

배관계에는 배관 내의 압력이 최대상용압력을 초과하거나 유격작용 등에 의하여 생긴 압력이 최대상용압력의 1.1배를 초과하지 아니하도록 제어하는 장치를 설치할 것

(9) 누설검지장치 등

① 배관계에는 다음의 기준에 적합한 누설검지장치를 설치할 것

    ㉠ 가연성 증기를 발생하는 위험물을 이송하는 배관계의 점검상자에는 가연성 증기를 검지하는 장치

    ㉡ 배관계 내의 위험물의 양을 측정하는 방법에 의하여 자동적으로 위험물의 누설을 검지하는 장치 또는 이와 동등 이상의 성능이 있는 장치

    ㉢ 배관계 내의 압력을 측정하는 방법에 의하여 위험물의 누설을 자동적으로 검지하는 장치 또는 이와 동등 이상의 성능이 있는 장치

    ㉣ 배관계 내의 압력을 일정하게 정지시키고 당해 압력을 측정하는 방법에 의하여 위험물의 누설을 검지하는 장치 또는 이와 동등 이상의 성능이 있는 장치

② 배관을 지하에 매설한 경우에는 안전상 필요한 장소(하천 등의 아래에 매설한 경우에는 금속관 또는 방호구조물의 안을 말한다)에 누설검지구를 설치할 것. 다만, 배관을 따라 일정한 간격으로 누설을 검지할 수 있는 장치를 설치하는 경우에는 그러하지 아니하다.

(10) 긴급차단밸브

배관에는 다음의 기준에 의하여 긴급차단밸브를 설치할 것

① 시가지에 설치하는 경우에는 약 4km의 간격

② 하천·호소 등을 횡단하여 설치하는 경우에는 횡단하는 부분의 양 끝

③ 해상 또는 해저를 통과하여 설치하는 경우에는 통과하는 부분의 양 끝

④ 산림지역에 설치하는 경우에는 약 10km의 간격

⑤ 도로 또는 철도를 횡단하여 설치하는 경우에는 횡단하는 부분의 양 끝

(11) 피그장치

① 피그장치는 배관의 강도와 동등 이상의 강도를 가질 것

② 피그장치는 당해 장치의 내부압력을 안전하게 방출할 수 있고 내부압력을 방출한 후가 아니면 피그를 삽입하거나 배출할 수 없는 구조로 할 것

③ 피그장치는 배관 내에 이상응력이 발생하지 아니하도록 설치할 것

④ 피그장치를 설치한 장소의 바닥은 위험물이 침투하지 아니하는 구조로 하고 누설한 위험물이 외부로 유출되지 아니하도록 배수구 및 집유설비를 설치할 것

⑤ 피그장치의 주변에는 너비 3m 이상의 공지를 보유할 것. 다만, 펌프실 내에 설치하는 경우에는 그러하지 아니하다.

12. 일반취급소의 기준

1) 안전거리 및 보유공지

충전하는 일반취급소의 경우만 동일하다.

2) 일반취급소의 종류와 기준

일반취급소의 종류	취급하는 위험물의 종류	위험물의 취급량
분무도장작업등의 일반취급소	제2류 위험물 또는 제4류 위험물(특수인화물을 제외)	지정수량의 30배 미만
열처리작업등의 일반취급소	인화점이 70℃ 이상인 제4류 위험물	지정수량의 30배 미만
절삭장치등을 설치하는 일반취급소	고인화점 위험물만을 100℃ 미만의 온도로 취급하는 것	지정수량의 30배 미만
열매체유 순환장치를 설치하는 일반취급소	고인화점 위험물	지정수량의 30배 미만
보일러등으로 위험물을 소비하는 일반취급소	인화점이 38℃ 이상인 제4류 위험물	지정수량의 30배 미만
충전하는 일반취급소	알킬알루미늄 등, 아세트알데하이드 등 및 하이드록실아민 등을 제외	제한 없음
화학실험의 일반취급소	제한없음	지정수량의 30배 미만
세정작업의 일반취급소	인화점이 40℃ 이상인 제4류 위험물	지정수량의 30배 미만
옮겨 담는 일반취급소	인화점이 38℃ 이상인 제4류 위험물	지정수량의 40배 미만
유압장치등을 설치하는 일반취급소	고인화점 위험물만을 100℃ 미만의 온도로 취급하는 것	지정수량의 50배 미만

제4장 소화설비, 경보설비 및 피난설비의 기준

Section 1. 소화설비

1) 소화난이도등급 Ⅰ의 제조소등 및 소화설비

(1) 소화난이등급 Ⅰ에 해당하는 제조소등

제조소 등의 구분	제조소등의 규모, 저장 또는 취급하는 위험물의 품명 및 최대수량 등
제조소 일반취급소	연면적 1,000m² 이상인 것
	지정수량의 100배 이상인 것(고인화점위험물만을 100℃ 미만의 온도에서 취급하는 것 및 화약류의 위험물을 취급하는 것은 제외)
	지반면으로부터 6m 이상의 높이에 위험물 취급설비가 있는 것(고인화점위험물만을 100℃ 미만의 온도에서 취급하는 것은 제외)
	일반취급소로 사용되는 부분 외의 부분을 갖는 건축물에 설치된 것(내화구조로 개구부 없이 구획 된 것, 고인화점위험물만을 100℃ 미만의 온도에서 취급하는 것 및 화학실험의 일반취급소는 제외)
주유취급소	주유취급소에서 주유취급소의 직원 외의 자가 출입하는 사무소·점검 및 간이정비를 위한 작업장 및 점포·휴게음식점 또는 전시장의 용도에 따른 면적의 합이 500m²를 초과하는 것
옥내 저장소	지정수량의 150배 이상인 것(고인화점위험물만을 저장하는 것 및 화약류의 위험물을 저장하는 것은 제외)
	연면적 150m²를 초과하는 것(150m² 이내마다 불연재료로 개구부 없이 구획된 것 및 인화성고체 외의 제2류 위험물 또는 인화점 70℃ 이상의 제4류 위험물만을 저장하는 것은 제외)
	처마높이가 6m 이상인 단층건물의 것
	옥내저장소로 사용되는 부분 외의 부분이 있는 건축물에 설치된 것(내화구조로 개구부 없이 구획된 것 및 인화성고체 외의 제2류 위험물 또는 인화점 70℃ 이상의 제4류 위험물만을 저장하는 것은 제외)

제조소 등의 구분	제조소등의 규모, 저장 또는 취급하는 위험물의 품명 및 최대수량 등
옥외 탱크 저장소	액표면적이 40m^2 이상인 것(제6류 위험물을 저장하는 것 및 고인화점위험물만을 100℃ 미만의 온도에서 저장하는 것은 제외)
	지반면으로부터 탱크 옆판의 상단까지 높이가 6m 이상인 것(제6류 위험물을 저장하는 것 및 고인화점위험물만을 100℃ 미만의 온도에서 저장하는 것은 제외)
	지중탱크 또는 해상탱크로서 지정수량의 100배 이상인 것(제6류 위험물을 저장하는 것 및 고인화점위험물만을 100℃ 미만의 온도에서 저장하는 것은 제외)
	고체위험물을 저장하는 것으로서 지정수량의 100배 이상인 것
옥내 탱크 저장소	액표면적이 40m^2 이상인 것(제6류 위험물을 저장하는 것 및 고인화점위험물만을 100℃ 미만의 온도에서 저장하는 것은 제외)
	바닥면으로부터 탱크 옆판의 상단까지 높이가 6m 이상인 것(제6류 위험물을 저장하는 것 및 고인화점위험물만을 100℃ 미만의 온도에서 저장하는 것은 제외)
	탱크전용실이 단층건물 외의 건축물에 있는 것으로서 인화점 38℃ 이상 70℃ 미만의 위험물을 지정수량의 5배 이상 저장하는 것(내화구조로 개구부 없이 구획된 것은 제외한다)
옥외 저장소	덩어리 상태의 황을 저장하는 것으로서 경계표시 내부의 면적(2 이상의 경계표시가 있는 경우에는 각 경계표시의 내부의 면적을 합한 면적)이 100m^2 이상인 것
	인화성 고체, 제1석유류 또는 알코올류의 위험물을 저장하는 것으로서 지정수량의 100배 이상인 것
암반 탱크 저장소	액표면적이 40m^2 이상인 것(제6류 위험물을 저장하는 것 및 고인화점위험물만을 100℃ 미만의 온도에서 저장하는 것은 제외)
	고체위험물만을 저장하는 것으로서 지정수량의 100배 이상인 것
이송 취급소	모든 대상

(2) 소화난이도등급 I 의 제조소 등에 설치하여야 하는 소화설비

제조소 등의 구분	소화설비
제조소 및 일반취급소	옥내소화전설비, 옥외소화전설비, 스프링클러설비 또는 물분무등소화설비(화재발생 시 연기가 충만할 우려가 있는 장소에는 스프링클러설비 또는 이동식 외의 물분무등소화설비에 한한다)

제조소 등의 구분			소화설비
주유취급소			스프링클러설비(건축물에 한정한다), 소형수동식소화기 등(능력단위의 수치가 건축물 그 밖의 공작물 및 위험물의 소요단위의 수치에 이르도록 설치할 것)
옥내저장소	처마높이가 6m 이상인 단층건물 또는 다른 용도의 부분이 있는 건축물에 설치한 옥내저장소		스프링클러설비 또는 이동식 외의 물분무등소화설비
	그 밖의 것		옥외소화전설비, 스프링클러설비, 이동식 외의 물분무등소화설비 또는 이동식 포소화설비(포소화전을 옥외에 설치하는 것에 한한다)
옥외탱크저장소	지중탱크 또는 해상탱크 외의 것	황만을 저장취급하는 것	물분무소화설비
		인화점 70℃ 이상의 제4류 위험물만을 저장취급하는 것	물분무소화설비 또는 고정식 포소화설비
		그 밖의 것	고정식 포소화설비(포소화설비가 적응성이 없는 경우에는 분말소화설비)
	지중탱크		고정식 포소화설비, 이동식 이외의 불활성가스소화설비 또는 이동식 이외의 할로겐화합물소화설비
	해상탱크		고정식 포소화설비, 물분무소화설비, 이동식 이외의 불활성가스소화설비 또는 이동식 이외의 할로겐화합물소화설비
옥내탱크저장소	황만을 저장취급하는 것		물분무소화설비
	인화점 70℃ 이상의 제4류 위험물만을 저장취급하는 것		물분무소화설비, 고정식 포소화설비, 이동식 이외의 불활성가스소화설비, 이동식 이외의 할로겐화합물소화설비 또는 이동식 이외의 분말소화설비
	그 밖의 것		고정식 포소화설비, 이동식 이외의 불활성가스소화설비, 이동식 이외의 할로겐화합물소화설비 또는 이동식 이외의 분말소화설비
옥외저장소 및 이송취급소			옥내소화전설비, 옥외소화전설비, 스프링클러설비 또는 물분무등소화설비(화재발생 시 연기가 충만할 우려가 있는 장소에는 스프링클러설비 또는 이동식 이외의 물분무등소화설비에 한한다)

제조소 등의 구분		소화설비
암반 탱크 저장소	황만을 저장취급하는 것	물분무소화설비
	인화점 70℃ 이상의 제4류 위험물만을 저장취급하는 것	물분무소화설비 또는 고정식 포소화설비
	그 밖의 것	고정식 포소화설비(포소화설비가 적응성이 없는 경우에는 분말소화설비)

[비고]
① 위 표 오른쪽란의 소화설비를 설치함에 있어서는 당해 소화설비의 방사범위가 당해 제조소, 일반취급소, 옥내저장소, 옥외탱크저장소, 옥내탱크저장소, 옥외저장소, 암반탱크저장소(암반탱크에 관계되는 부분을 제외한다) 또는 이송취급소(이송기지 내에 한한다)의 건축물, 그 밖의 공작물 및 위험물을 포함하도록 하여야 한다. 다만, 고인화점위험물만을 100℃ 미만의 온도에서 취급하는 제조소 또는 일반취급소의 경우에는 당해 제조소 또는 일반취급소의 건축물 및 그 밖의 공작물만 포함하도록 할 수 있다.
② 고인화점위험물만을 100℃ 미만의 온도에서 취급하는 제조소 또는 일반취급소의 위험물에 대해서는 대형수동식소화기 1개 이상과 당해 위험물의 소요단위에 해당하는 능력단위의 소형수동식소화기를 설치하여야 한다. 다만, 당해 제조소 또는 일반취급소에 옥내·외소화전설비, 스프링클러설비 또는 물분무등소화설비를 설치한 경우에는 당해 소화설비의 방사능력범위 내에는 대형수동식소화기를 설치하지 아니할 수 있다.
③ 가연성증기 또는 가연성미분이 체류할 우려가 있는 건축물 또는 실내에는 대형수동식소화기 1개 이상과 당해 건축물, 그 밖의 공작물 및 위험물의 소요단위에 해당하는 능력단위의 소형수동식소화기 등을 추가로 설치하여야 한다.
④ 제4류 위험물을 저장 또는 취급하는 옥외탱크저장소 또는 옥내탱크저장소에는 소형수동식소화기 등을 2개 이상 설치하여야 한다.
⑤ 제조소, 옥내탱크저장소, 이송취급소, 또는 일반취급소의 작업공정상 소화설비의 방사능력범위 내에 당해 제조소등에서 저장 또는 취급하는 위험물의 전부가 포함되지 아니하는 경우에는 당해 위험물에 대하여 대형수동식소화기 1개 이상과 당해 위험물의 소요단위에 해당하는 능력단위의 소형수동식소화기 등을 추가로 설치하여야 한다.

2) 소화난이도등급Ⅱ의 제조소등 및 소화설비

(1) 소화난이도등급Ⅱ에 해당하는 제조소등

제조소등의 구분	제조소등의 규모, 저장 또는 취급하는 위험물의 품명 및 최대수량 등
제조소 일반취급소	연면적 600m^2 이상인 것
	지정수량의 10배 이상인 것(고인화점위험물만을 100℃ 미만의 온도에서 취급하는 것 및 화약류의 위험물을 취급하는 것은 제외)

제조소등의 구분	제조소등의 규모, 저장 또는 취급하는 위험물의 품명 및 최대수량 등
제조소 일반취급소	분무도장작업 등의 일반취급소, 세정작업의 일반취급소, 열처리작업 등의 일반취급소, 보일러 등으로 위험물을 소비하는 일반취급소, 유압장치 등을 설치하는 일반취급소, 절삭장치 등을 설치하는 일반취급소 또는 열매체유 순환장치를 설치하는 일반취급소, 화학실험의 일반취급소로서 소화난이도등급 I 의 제조소등에 해당하지 아니하는 것(고인화점위험물만을 100℃ 미만의 온도에서 취급하는 것은 제외) ※ 소화난이도등급 II 의 일반취급소가 아닌 경우 　1) 충전하는 일반취급소 　2) 옮겨 담는 일반취급소
옥내저장소	단층건물 이외의 것
	다층건물의 옥내저장소 또는 지정수량 50배 이하인 소규모옥내저장소로서 처마의 높이가 6m 미만인 것의 옥내저장소
	지정수량의 10배 이상인 것(고인화점위험물만을 저장하는 것 및 화약류의 위험물을 저장하는 것은 제외)
	연면적 150m^2 초과인 것
	복합용도건축물의 옥내저장소로서 소화난이도등급 I 의 제조소등에 해당하지 아니하는 것
옥외탱크저장소 옥내탱크저장소	소화난이도등급 I 의 제조소등 외의 것(고인화점위험물만을 100℃ 미만의 온도로 저장하는 것 및 제6류 위험물만을 저장하는 것은 제외)
옥외저장소	덩어리 상태의 황을 저장하는 것으로서 경계표시 내부의 면적(2 이상의 경계표시가 있는 경우에는 각 경계표시의 내부의 면적을 합한 면적)이 5m^2 이상 100m^2 미만인 것
	인화성 고체, 제1석유류 또는 알코올류의 위험물을 저장하는 것으로서 지정수량의 10배 이상 100배 미만인 것
	지정수량의 100배 이상인 것(덩어리 상태의 황 또는 고인화점위험물을 저장하는 것은 제외)
주유취급소	옥내주유취급소로서 소화난이도등급 I 의 제조소등에 해당하지 아니하는 것
판매취급소	제2종 판매취급소

(2) 소화난이도등급 Ⅱ의 제조소등에 설치하여야 하는 소화설비

제조소등의 구분	소화설비
제조소 옥내저장소 옥외저장소 주유취급소 판매취급소 일반취급소	방사능력범위 내에 당해 건축물, 그 밖의 공작물 및 위험물이 포함되도록 대형수동식소화기를 설치하고, 당해 위험물의 소요단위의 1/5 이상에 해당되는 능력단위의 소형수동식소화기 등을 설치할 것
옥외탱크저장소 옥내탱크저장소	대형수동식소화기 및 소형수동식소화기 등을 각각 1개 이상 설치할 것

3) 소화난이도등급 Ⅲ의 제조소등 및 소화설비

(1) 소화난이도등급 Ⅲ에 해당하는 제조소등

제조소등의 구분	제조소등의 규모, 저장 또는 취급하는 위험물의 품명 및 최대수량 등
제조소 일반취급소	화약류의 위험물을 취급하는 것
	화약류의 위험물외의 것을 취급하는 것으로서 소화난이도등급 Ⅰ 또는 소화난이도등급 Ⅱ의 제조소등에 해당하지 아니하는 것
옥내저장소	화약류의 위험물을 취급하는 것
	화약류의 위험물외의 것을 취급하는 것으로서 소화난이도등급 Ⅰ 또는 소화난이도등급 Ⅱ의 제조소등에 해당하지 아니하는 것
지하탱크저장소 간이탱크저장소 이동탱크저장소	모든 대상
옥외저장소	덩어리 상태의 황을 저장하는 것으로서 경계표시 내부의 면적(2 이상의 경계표시가 있는 경우에는 각 경계표시의 내부의 면적을 합한 면적)이 $5m^2$ 미만인 것
	덩어리 상태의 황 외의 것을 저장하는 것으로서 소화난이도등급 Ⅰ 또는 소화난이도등급 Ⅱ의 제조소등에 해당하지 아니하는 것
주유취급소	옥내주유취급소 외의 것으로서 소화난이도등급 Ⅰ의 제조소등에 해당하지 아니하는 것
제1종 판매취급소	모든 대상

(2) 소화난이도등급Ⅲ의 제조소등에 설치하여야 하는 소화설비

제조소등의 구분	소화설비	설치기준	
지하탱크 저장소	소형수동식소화기등	능력단위의 수치가 3 이상	2개 이상
이동탱크 저장소	자동차용소화기	무상의 강화액 8L 이상	2개 이상
		이산화탄소 3.2킬로그램 이상	
		일브로민화일염화이플루오린화메탄 (CF$_2$ClBr) 2L 이상	
		일브로민화삼플루오린화메탄(CF$_3$Br) 2L 이상	
		이브로민화사플루오린화에탄 (C$_2$F$_4$Br$_2$) 1L 이상	
		소화분말 3.3킬로그램 이상	
	마른 모래 및 팽창질석 또는 팽창진주암	마른 모래 150L 이상	
		팽창질석 또는 팽창진주암 640L 이상	
그 밖의 제조소등	소형수동식소화기 등	능력단위의 수치가 건축물 그 밖의 공작물 및 위험물의 소요단위의 수치에 이르도록 설치할 것. 다만, 옥내소화전설비, 옥외소화전설비, 스프링클러설비, 물분무등소화설비 또는 대형수동식소화기를 설치한 경우에는 당해 소화설비의 방사능력범위 내의 부분에 대하여는 수동식소화기 등을 그 능력단위의 수치가 당해 소요단위의 수치의 1/5 이상이 되도록 하는 것으로 족하다.	

[비고] 알킬알루미늄 등을 저장 또는 취급하는 이동탱크저장소에 있어서는 자동차용소화기를 설치하는 외에 마른 모래나 팽창질석 또는 팽창진주암을 추가로 설치하여야 한다.

4) 소화설비의 적응성

소화설비의 구분			건축물·그 밖의 공작물	전기설비	제1류 위험물		제2류 위험물			제3류 위험물		제4류 위험물	제5류 위험물	제6류 위험물
					알칼리금속과산화물 등	그 밖의 것	철분·금속분·마그네슘 등	인화성고체	그 밖의 것	금수성물품	그 밖의 것			
옥내소화전 또는 옥외소화전설비			○			○		○	○		○		○	○
스프링클러설비			○			○		○	○		○	△	○	○
물분무등소화설비	물분무소화설비		○	○		○		○	○		○	○	○	○
	포소화설비		○			○		○	○		○	○	○	○
	불활성가스소화설비			○				○				○		
	할로젠화합물소화설비			○				○				○		
	분말소화설비	인산염류 등	○	○		○		○	○			○		○
		탄산수소염류 등		○	○		○	○		○		○		
		그 밖의 것			○		○			○				
대형·소형수동식소화기	봉상수(棒狀水)소화기		○			○		○	○		○		○	○
	무상수(霧狀水)소화기		○	○		○		○	○		○		○	○
	봉상강화액소화기		○			○		○	○		○		○	○
	무상강화액소화기		○	○		○		○	○		○	○	○	○
	포소화기		○			○		○	○		○	○	○	○
	이산화탄소소화기			○				○				○		△
	할로젠화합물소화기			○				○				○		
	분말소화기	인산염류소화기	○	○		○		○	○			○		○
		탄산수소염류소화기		○	○		○	○		○		○		
		그 밖의 것			○		○			○				
기타	물통 또는 수조		○			○		○	○		○		○	○
	건조사				○	○	○	○	○	○	○	○	○	○
	팽창질석 또는 팽창진주암				○	○	○	○	○	○	○	○	○	○

[비고]

① "○"표시는 당해 소방대상물 및 위험물에 대하여 소화설비가 적응성이 있음을 표시하고, "△"표시는 제4류 위험물을 저장 또는 취급하는 장소의 살수기준면적에 따라 스프링클러설비의 살수밀도가 다음 표에 정하는 기준 이상인 경우에는 당해 스프링클러설비가 제4류 위험물에 대하여 적응성이 있음을, 제6류 위험물을 저장 또는

취급하는 장소로서 폭발의 위험이 없는 장소에 한하여 이산화탄소소화기가 제6류 위험물에 대하여 적응성이 있음을 각각 표시한다.

살수기준면적(m²)	방사밀도(L/m²분)		비고
	인화점 38℃ 미만	인화점 38℃ 이상	
279 미만 279 이상 372 미만 372 이상 465 미만 465 이상	16.3 이상 15.5 이상 13.9 이상 12.2 이상	12.2 이상 11.8 이상 9.8 이상 8.1 이상	살수기준면적은 내화구조의 벽 및 바닥으로 구획된 하나의 실의 바닥면적을 말하고, 하나의 실의 바닥면적이 465m² 이상인 경우의 살수기준면적은 465m²로 한다. 다만, 위험물의 취급을 주된 작업 내용으로 하지 아니하고 소량의 위험물을 취급하는 설비 또는 부분이 넓게 분산되어 있는 경우에는 방사밀도는 8.2L/m²분 이상, 살수기준 면적은 279m² 이상으로 할 수 있다.

② 인산염류 등은 인산염류, 황산염류 그 밖에 방염성이 있는 약제를 말한다.

③ 탄산수소염류 등은 탄산수소염류 및 탄산수소염류와 요소의 반응생성물을 말한다.

④ 알칼리금속과산화물 등은 알칼리금속의 과산화물 및 알칼리금속의 과산화물을 함유한 것을 말한다.

⑤ 철분·금속분·마그네슘 등은 철분·금속분·마그네슘과 철분·금속분 또는 마그네슘을 함유한 것을 말한다.

2. 경보설비

1) 제조소등별로 설치하여야 하는 경보설비의 종류

제조소등의 구분	제조소등의 규모, 저장 또는 취급하는 위험물의 종류 및 최대수량 등	경보설비
1. 제조소 및 일반취급소	• 연면적 500m² 이상인 것 • 옥내에서 지정수량의 100배 이상을 취급하는 것(고인화점 위험물만을 100℃ 미만의 온도에서 취급하는 것을 제외한다) • 일반취급소로 사용되는 부분 외의 부분이 있는 건축물에 설치된 일반취급소(일반취급소와 일반취급소 외의 부분이 내화구조의 바닥 또는 벽으로 개구부 없이 구획된 것을 제외한다)	자동화재탐지 설비

제조소등의 구분	제조소등의 규모, 저장 또는 취급하는 위험물의 종류 및 최대수량 등	경보설비
2. 옥내저장소	• 지정수량의 100배 이상을 저장 또는 취급하는 것(고인화점위험물만을 저장 또는 취급하는 것을 제외한다) • 저장창고의 연면적이 150m²를 초과하는 것[당해 저장창고가 연면적 150m² 이내마다 불연재료의 격벽으로 개구부 없이 완전히 구획된 것과 제2류 또는 제4류의 위험물(인화성고체 및 인화점이 70℃ 미만인 제4류 위험물을 제외한다)만을 저장 또는 취급하는 것에 있어서는 저장창고의 연면적이 500m² 이상의 것에 한한다] • 처마높이가 6m 이상인 단층건물의 것 • 옥내저장소로 사용되는 부분 외의 부분이 있는 건축물에 설치된 옥내저장소[옥내저장소와 옥내저장소 외의 부분이 내화구조의 바닥 또는 벽으로 개구부 없이 구획된 것과 제2류 또는 제4류의 위험물(인화성고체 및 인화점이 70℃ 미만인 제4류 위험물을 제외한다)만을 저장 또는 취급하는 것을 제외한다]	자동화재탐지설비
3. 옥내탱크저장소	단층건물 외의 건축물에 설치된 옥내탱크저장소로서 소화난이도등급 I 에 해당하는 것	
4. 주유취급소	옥내주유취급소	
5. 자동화재탐지설비 설치 대상에 해당하지 아니하는 제조소등	지정수량의 10배 이상을 저장 또는 취급하는 것	자동화재탐지설비, 비상경보설비, 확성장치 또는 비상방송설비 중 1종 이상

[비고] 이송취급소의 경보설비는 별표 15 Ⅳ제14호의 규정에 의한다.

2) 자동화재탐지설비의 설치기준

(1) 자동화재탐지설비의 경계구역(화재가 발생한 구역을 다른 구역과 구분하여 식별할 수 있는 최소단위의 구역을 말한다. 이하 (1) 및 (2)에서 같다)은 건축물 그 밖의 공작물의 2 이상의 층에 걸치지 아니하도록 할 것. 다만, 하나의 경계구역의 면적이 500m² 이하이면서 당해 경계구역이 두개의 층에 걸치는 경우이거나 계단·경사로·승강기의 승강로 그 밖에 이와 유사한 장소에 연기감지기를 설치하는 경우에는 그러하지 아니하다.

(2) 하나의 경계구역의 면적은 600m² 이하로 하고 그 한 변의 길이는 50m(광전식분리형 감지기를 설치할 경우에는 100m) 이하로 할 것. 다만, 당해 건축물 그 밖의 공작물의 주요한 출입구에서 그 내부의 전체를 볼 수 있는 경우에 있어서는 그 면적을 1,000m² 이하로 할 수 있다.

(3) 자동화재탐지설비의 감지기는 지붕(상층이 있는 경우에는 상층의 바닥) 또는 벽의 옥내에 면한 부분(천장이 있는 경우에는 천장 또는 벽의 옥내에 면한 부분 및 천장의 뒷부분)에 유효하게 화재의 발생을 감지할 수 있도록 설치할 것

(4) 자동화재탐지설비에는 비상전원을 설치할 것

 ## 3. 피난설비

1) 주유취급소 중 건축물의 2층 이상의 부분을 점포 · 휴게음식점 또는 전시장의 용도로 사용하는 것

당해 건축물의 2층 이상으로부터 주유취급소의 부지 밖으로 통하는 출입구와 당해 출입구로 통하는 통로 · 계단 및 출입구에 유도등을 설치하여야 한다.

2) 옥내주유취급소

당해 사무소 등의 출입구 및 피난구와 당해 피난구로 통하는 통로 · 계단 및 출입구에 유도등을 설치하여야 한다.

3) 유도등

비상전원을 설치하여야 한다.

제5장 제조소등에서의 위험물의 저장 및 취급에 관한 기준

1. 저장 · 취급의 공통기준

1) 제조소등에서 허가 및 신고와 관련되는 품명 외의 위험물 또는 이러한 허가 및 신고와 관련되는 수량 또는 지정수량의 배수를 초과하는 위험물을 저장 또는 취급하지 아니하여야 한다.
2) 위험물을 저장 또는 취급하는 건축물 그 밖의 공작물 또는 설비는 당해 위험물의 성질에 따라 차광 또는 환기를 실시하여야 한다.
3) 위험물은 온도계, 습도계, 압력계 그 밖의 계기를 감시하여 당해 위험물의 성질에 맞는 적정한 온도, 습도 또는 압력을 유지하도록 저장 또는 취급하여야 한다.
4) 위험물을 저장 또는 취급하는 경우에는 위험물의 변질, 이물의 혼입 등에 의하여 당해 위험물의 위험성이 증대되지 아니하도록 필요한 조치를 강구하여야 한다.
5) 위험물이 남아 있거나 남아 있을 우려가 있는 설비, 기계 · 기구, 용기 등을 수리하는 경우에는 안전한 장소에서 위험물을 완전하게 제거한 후에 실시하여야 한다.
6) 위험물을 용기에 수납하여 저장 또는 취급할 때에는 그 용기는 당해 위험물의 성질에 적응하고 파손 · 부식 · 균열 등이 없는 것으로 하여야 한다.
7) 가연성의 액체 · 증기 또는 가스가 새거나 체류할 우려가 있는 장소 또는 가연성의 미분이 현저하게 부유할 우려가 있는 장소에서는 전선과 전기기구를 완전히 접속하고 불꽃을 발하는 기계 · 기구 · 공구 · 신발 등을 사용하지 아니하여야 한다.
8) 위험물을 보호액 중에 보존하는 경우에는 당해 위험물이 보호액으로부터 노출되지 아니하도록 하여야 한다.

2. 위험물의 유별 저장 · 취급의 공통기준

1) 제1류 위험물

가연물과의 접촉 · 혼합이나 분해를 촉진하는 물품과의 접근 또는 과열 · 충격 · 마찰 등을 피하는 한편, 알카리금속의 과산화물 및 이를 함유한 것에 있어서는 물과의 접촉을 피하여야 한다.

2) 제2류 위험물

산화제와의 접촉 · 혼합이나 불티 · 불꽃 · 고온체와의 접근 또는 과열을 피하는 한편, 철분 · 금속분 · 마그네슘 및 이를 함유한 것에 있어서는 물이나 산과의 접촉을 피하고 인화성 고체에 있어서는 함부로 증기를 발생시키지 아니하여야 한다.

3) 제3류 위험물

제3류 위험물 중 자연발화성 물질에 있어서는 불티 · 불꽃 또는 고온체와의 접근 · 과열 또는 공기와의 접촉을 피하고, 금수성물질에 있어서는 물과의 접촉을 피하여야 한다.

4) 제4류 위험물

불티 · 불꽃 · 고온체와의 접근 또는 과열을 피하고, 함부로 증기를 발생시키지 아니하여야 한다.

5) 제5류 위험물

불티 · 불꽃 · 고온체와의 접근이나 과열 · 충격 또는 마찰을 피하여야 한다.

6) 제6류 위험물

가연물과의 접촉 · 혼합이나 분해를 촉진하는 물품과의 접근 또는 과열을 피하여야 한다.

3. 저장의 기준

1) 유별을 달리하는 위험물은 동일한 저장소(내화구조의 격벽으로 완전히 구획된 실이 2 이상 있는 저장소에 있어서는 동일한 실)에 저장하지 아니하여야 한다. 다만, 옥내저장소 또는 옥외저장소에 있어서 다음의 각 목의 규정에 의한 위험물을 저장하는 경우로서 위험물을 유별로 정리하여 저장하는 한편, 서로 1m 이상의 간격을 두는 경우에는 그러하지 아니하다.

   (1) 제1류 위험물(알칼리금속의 과산화물 또는 이를 함유한 것을 제외한다)과 제5류 위험물을 저장하는 경우

   (2) 제1류 위험물과 제6류 위험물을 저장하는 경우

   (3) 제1류 위험물과 제3류 위험물 중 자연발화성 물질(황린 또는 이를 함유한 것에 한한다)을 저장하는 경우

   (4) 제2류 위험물 중 인화성 고체와 제4류 위험물을 저장하는 경우

   (5) 제3류 위험물 중 알킬알루미늄 등과 제4류 위험물(알킬알루미늄 또는 알킬리튬을 함유한 것에 한한다)을 저장하는 경우

   (6) 제4류 위험물 중 유기과산화물 또는 이를 함유하는 것과 제5류 위험물 중 유기과산화물 또는 이를 함유한 것을 저장하는 경우

2) 제3류 위험물 중 황린 그 밖에 물속에 저장하는 물품과 금수성물질은 동일한 저장소에서 저장하지 아니하여야 한다.

3) 옥내저장소에 있어서 위험물은 용기에 수납하여 저장하여야 한다. 다만, 덩어리상태의 황과 화약류에 의한 위험물에 있어서는 그러하지 아니하다.

4) 옥내저장소에서 동일 품명의 위험물이더라도 자연발화할 우려가 있는 위험물 또는 재해가 현저하게 증대할 우려가 있는 위험물을 다량 저장하는 경우에는 지정수량의 10배 이하마다 구분하여 상호 간 0.3m 이상의 간격을 두어 저장하여야 한다.

5) 옥내저장소에서 위험물을 저장하는 경우에는 다음 각 목의 규정에 의한 높이를 초과하여 용기를 겹쳐 쌓지 아니하여야 한다.

   (1) 기계에 의하여 하역하는 구조로 된 용기만을 겹쳐 쌓는 경우에 있어서는 6m

   (2) 제4류 위험물 중 제3석유류, 제4석유류 및 동식물유류를 수납하는 용기만을 겹쳐 쌓는 경우에 있어서는 4m

   (3) 그 밖의 경우에 있어서는 3m

6) 옥내저장소에서는 용기에 수납하여 저장하는 위험물의 온도가 55℃를 넘지 아니하도록 필요한 조치를 강구하여야 한다.

7) 옥외저장탱크 · 옥내저장탱크 또는 지하저장탱크의 주된 밸브(액체의 위험물을 이송하기 위한 배관에 설치된 밸브 중 탱크의 바로 옆에 있는 것을 말한다) 및 주입구의 밸브 또는 뚜껑은 위험물을 넣거나 뺄낼 때 외에는 폐쇄하여야 한다.

8) 옥외저장탱크의 주위에 방유제가 있는 경우에는 그 배수구를 평상시 폐쇄하여 두고, 당해 방유제의 내부에 유류 또는 물이 괴었을 때에는 지체 없이 이를 배출하여야 한다.

9) 이동저장탱크에는 당해 탱크에 저장 또는 취급하는 위험물의 위험성을 알리는 표지를 부착하고 잘 보일 수 있도록 관리하여야 한다.

10) 이동저장탱크 및 그 안전장치와 그 밖의 부속배관은 균열, 결합불량, 극단적인 변형, 주입호스의 손상 등에 의한 위험물의 누설이 일어나지 아니하도록 하고, 당해 탱크의 배출밸브는 사용 시 외에는 완전하게 폐쇄하여야 한다.

11) 피견인자동차에 고정된 이동저장탱크에 위험물을 저장할 때에는 당해 피견인자동차에 견인자동차를 결합한 상태로 두어야 한다. 다만, 다음 각 목의 기준에 따라 피견인자동차를 철도 · 궤도상의 차량(이하 이 호에서 "차량"이라 한다)에 싣거나 차량으로부터 내리는 경우에는 그러하지 아니하다.

   (1) 피견인자동차를 싣는 작업은 화재예방상 안전한 장소에서 실시하고, 화재가 발생하였을 경우에 그 피해의 확대를 방지할 수 있도록 필요한 조치를 강구할 것

   (2) 피견인자동차를 실을 때에는 이동저장탱크에 변형 또는 손상을 주지 아니하도록 필요한 조치를 강구할 것

   (3) 피견인자동차를 차량에 싣는 것은 견인자동차를 분리한 즉시 실시하고, 피견인자동차를 차량으로부터 내렸을 때에는 즉시 당해 피견인자동차를 견인자동차에 결합할 것

12) 컨테이너식 이동탱크저장소 외의 이동탱크저장소에 있어서는 위험물을 저장한 상태로 이동저장탱크를 옮겨 싣지 아니하여야 한다.

13) 이동탱크저장소에는 당해 이동탱크저장소의 완공검사필증 및 정기점검기록을 비치하여야 한다.

14) 알킬알루미늄 등을 저장 또는 취급하는 이동탱크저장소에는 긴급 시의 연락처, 응급조치에 관하여 필요한 사항을 기재한 서류, 방호복, 고무장갑, 밸브 등을 죄는 결합공구 및 휴대용 확성기를 비치하여야 한다.

15) 옥외저장소에서 위험물을 저장하는 경우에 있어서는 옥내저장소에서 위험물을 저장하는 경우에 의한 높이를 초과하여 용기를 겹쳐 쌓지 아니하여야 한다.

16) 옥외저장소에서 위험물을 수납한 용기를 선반에 저장하는 경우에는 6m를 초과하여 저장하지 아니하여야 한다.

17) 황을 용기에 수납하지 아니하고 저장하는 옥외저장소에서는 황을 경계표시의 높이 이하로 저장하고, 황이 넘치거나 비산하는 것을 방지할 수 있도록 경계표시 내부의 전체를 난연성 또는

불연성의 천막 등으로 덮고 당해 천막 등을 경계표시에 고정하여야 한다.

18) 알킬알루미늄 등, 아세트알데하이드 등 및 다이에틸에터 등의 저장기준은 다음 각 목과 같다.

  (1) 옥외저장탱크 또는 옥내저장탱크 중 압력탱크(최대상용압력이 대기압을 초과하는 탱크를 말한다. 이하 이 호에서 같다)에 있어서는 알킬알루미늄 등의 취출에 의하여 당해 탱크 내의 압력이 상용압력 이하로 저하하지 아니하도록, 압력탱크 외의 탱크에 있어서는 알킬알루미늄 등의 취출이나 온도의 저하에 의한 공기의 혼입을 방지할 수 있도록 불활성의 기체를 봉입할 것

  (2) 옥외저장탱크ㆍ옥내저장탱크 또는 이동저장탱크에 새롭게 알킬알루미늄 등을 주입하는 때에는 미리 당해 탱크 안의 공기를 불활성기체와 치환하여 둘 것

  (3) 이동저장탱크에 알킬알루미늄 등을 저장하는 경우에는 20kPa 이하의 압력으로 불활성의 기체를 봉입하여 둘 것

  (4) 옥외저장탱크ㆍ옥내저장탱크 또는 지하저장탱크 중 압력탱크에 있어서는 아세트알데하이드 등의 취출에 의하여 당해 탱크 내의 압력이 상용압력 이하로 저하하지 아니하도록, 압력탱크 외의 탱크에 있어서는 아세트알데하이드 등의 취출이나 온도의 저하에 의한 공기의 혼입을 방지할 수 있도록 불활성 기체를 봉입할 것

  (5) 옥외저장탱크ㆍ옥내저장탱크ㆍ지하저장탱크 또는 이동저장탱크에 새롭게 아세트알데하이드 등을 주입하는 때에는 미리 당해 탱크안의 공기를 불활성 기체와 치환하여 둘 것

  (6) 이동저장탱크에 아세트알데하이드 등을 저장하는 경우에는 항상 불활성의 기체를 봉입하여 둘 것

  (7) 옥외저장탱크ㆍ옥내저장탱크 또는 지하저장탱크 중 압력탱크 외의 탱크에 저장하는 다이에틸에터 등 또는 아세트알데하이드 등의 온도는 산화프로필렌과 이를 함유한 것 또는 다이에틸에터 등에 있어서는 30℃ 이하로, 아세트알데하이드 또는 이를 함유한 것에 있어서는 15℃ 이하로 각각 유지할 것

  (8) 옥외저장탱크ㆍ옥내저장탱크 또는 지하저장탱크 중 압력탱크에 저장하는 아세트알데하이드 등 또는 다이에틸에터 등의 온도는 40℃ 이하로 유지할 것

  (9) 보냉장치가 있는 이동저장탱크에 저장하는 아세트알데하이드 등 또는 다이에틸에터 등의 온도는 당해 위험물의 비점 이하로 유지할 것

  (10) 보냉장치가 없는 이동저장탱크에 저장하는 아세트알데하이드 등 또는 다이에틸에터 등의 온도는 40℃ 이하로 유지할 것

Section 4. 취급의 기준

1) 위험물의 취급 중 제조에 관한 기준

(1) 증류공정에 있어서는 위험물을 취급하는 설비의 내부압력의 변동 등에 의하여 액체 또는 증기가 새지 아니하도록 할 것

(2) 추출공정에 있어서는 추출관의 내부압력이 비정상으로 상승하지 아니하도록 할 것

(3) 건조공정에 있어서는 위험물의 온도가 국부적으로 상승하지 아니하는 방법으로 가열 또는 건조할 것

(4) 분쇄공정에 있어서는 위험물의 분말이 현저하게 부유하고 있거나 위험물의 분말이 현저하게 기계·기구 등에 부착하고 있는 상태로 그 기계·기구를 취급하지 아니할 것

2) 위험물의 취급 중 소비에 관한 기준

(1) 분사도장작업은 방화상 유효한 격벽 등으로 구획된 안전한 장소에서 실시할 것

(2) 담금질 또는 열처리작업은 위험물이 위험한 온도에 이르지 아니하도록 하여 실시할 것

(3) 버너를 사용하는 경우에는 버너의 역화를 방지하고 위험물이 넘치지 아니하도록 할 것

3) 주유취급소·판매취급소·이송취급소 또는 이동탱크저장소에서의 위험물의 취급 기준

(1) 주유취급소(항공기주유취급소·선박주유취급소 및 철도주유취급소를 제외한다)에서의 취급기준

① 자동차 등에 주유할 때에는 고정주유설비를 사용하여 직접 주유할 것

② 자동차 등에 인화점 40℃ 미만의 위험물을 주유할 때에는 자동차 등의 원동기를 정지시킬 것. 다만, 연료탱크에 위험물을 주유하는 동안 방출되는 가연성 증기를 회수하는 설비가 부착된 고정주유설비에 의하여 주유하는 경우에는 그러하지 아니하다.

③ 이동저장탱크에 급유할 때에는 고정급유설비를 사용하여 직접 급유할 것

④ 고정주유설비 또는 고정급유설비에 접속하는 탱크에 위험물을 주입할 때에는 당해 탱크에 접속된 고정주유설비 또는 고정급유설비의 사용을 중지하고, 자동차 등을 당해 탱크의 주입구에 접근시키지 아니할 것

⑤ 고정주유설비 또는 고정급유설비에는 해당 설비에 접속한 전용탱크 또는 간이탱크의 배관외의 것을 통하여서는 위험물을 공급하지 아니할 것

⑥ 자동차 등에 주유할 때에는 고정주유설비 또는 고정주유설비에 접속된 탱크의 주입구로부터 4m 이내의 부분에, 이동저장탱크로부터 전용탱크에 위험물을 주입할 때에는 전용탱크의 주입구로부터 3m 이내의 부분 및 전용탱크 통기관의 끝부분으로부터 수평거리 1.5m 이내의 부분에 있어서는 다른 자동차 등의 주차를 금지하고 자동차 등의 점검·정비 또는 세정을 하지 아니할 것

⑦ 주유원간이대기실 내에서는 화기를 사용하지 아니할 것

⑧ 전기자동차 충전설비를 사용하는 때에는 다음의 기준을 준수할 것

　　㉠ 충전기기와 전기자동차를 연결할 때에는 연장코드를 사용하지 아니할 것

　　㉡ 전기자동차의 전지·인터페이스 등이 충전기기의 규격에 적합한지 확인한 후 충전을 시작할 것

　　㉢ 충전 중에는 자동차 등을 작동시키지 아니할 것

(2) 항공기주유취급소에서의 취급기준

① 항공기에 주유하는 때에는 고정주유설비, 주유배관의 끝부분에 접속한 호스기기, 주유호스차 또는 주유탱크차를 사용하여 직접 주유할 것

② 고정주유설비에는 당해 주유설비에 접속한 전용탱크 또는 위험물을 저장 또는 취급하는 탱크의 배관 외의 것을 통하여서는 위험물을 주입하지 아니할 것

③ 주유호스차 또는 주유탱크차에 의하여 주유하는 때에는 주유호스의 끝부분을 항공기의 연료탱크의 급유구에 긴밀히 결합할 것. 다만, 주유탱크차에서 주유호스 끝부분에 수동개폐장치를 설치한 주유노즐에 의하여 주유하는 때에는 그러하지 아니하다.

④ 주유호스차 또는 주유탱크차에서 주유하는 때에는 주유호스차의 호스기기 또는 주유탱크차의 주유설비를 접지하고 항공기와 전기적인 접속을 할 것

(3) 철도주유취급소에서의 취급기준

① 철도 또는 궤도에 의하여 운행하는 차량에 주유하는 때에는 고정주유설비 또는 주유배관의 끝부분에 접속한 호스기기를 사용하여 직접 주유할 것

② 철도 또는 궤도에 의하여 운행하는 차량에 주유하는 때에는 콘크리트 등으로 포장된 부분에서 주유할 것

(4) 선박주유취급소에서의 취급기준

① 선박에 주유하는 때에는 고정주유설비 또는 주유배관의 끝부분에 접속한 호스기기를 사용하여 직접 주유할 것

② 선박에 주유하는 때에는 선박이 이동하지 아니하도록 계류시킬 것

③ 수상구조물에 설치하는 고정주유설비를 이용하여 주유작업을 할 때에는 5m 이내에 다

른 선박의 정박 또는 계류를 금지할 것

④ 수상구조물에 설치하는 고정주유설비의 주위에 설치하는 집유설비 내에 고인 빗물 또는 위험물은 넘치지 않도록 수시로 수거하고, 수거물은 유분리장치를 이용하거나 폐기물 처리 방법에 따라 처리할 것

⑤ 수상구조물에 설치하는 고정주유설비를 이용한 주유작업은 위험물을 공급하는 배관·펌프 및 그 부속 설비의 안전을 확인한 후에 시작할 것

⑥ 수상구조물에 설치하는 고정주유설비를 이용한 주유작업이 종료된 후에는 차단밸브를 모두 잠글 것

⑦ 수상구조물에 설치하는 고정주유설비를 이용한 주유작업은 총 톤수가 300 미만인 선박에 대해서만 실시할 것

(5) 고객이 직접 주유하는 주유취급소에서의 기준

① 셀프용고정주유설비 및 셀프용고정급유설비 외의 고정주유설비 또는 고정급유설비를 사용하여 고객에 의한 주유 또는 용기에 옮겨 담는 작업을 행하지 아니할 것

② 감시대에서 고객이 주유하거나 용기에 옮겨 담는 작업을 직시하는 등 적절한 감시를 할 것

③ 고객에 의한 주유 또는 용기에 옮겨 담는 작업을 개시할 때에는 안전상 지장이 없음을 확인한 후 제어장치에 의하여 호스기기에 대한 위험물의 공급을 개시할 것

④ 고객에 의한 주유 또는 용기에 옮겨 담는 작업을 종료한 때에는 제어장치에 의하여 호스기기에 대한 위험물의 공급을 정지할 것

⑤ 비상시 그 밖에 안전상 지장이 발생한 경우에는 제어장치에 의하여 호스기기에 위험물의 공급을 일제히 정지하고, 주유취급소 내의 모든 고정주유설비 및 고정급유설비에 의한 위험물 취급을 중단할 것

⑥ 감시대의 방송설비를 이용하여 고객에 의한 주유 또는 용기에 옮겨 담는 작업에 대한 필요한 지시를 할 것

⑦ 감시대에서 근무하는 감시원은 안전관리자 또는 위험물안전관리에 관한 전문지식이 있는 자일 것

(6) 판매취급소에서의 취급기준

① 판매취급소에서는 도료류, 제1류 위험물 중 염소산염류 및 염소산염류만을 함유한 것, 황 또는 인화점이 38℃ 이상인 제4류 위험물을 배합실에서 배합하는 경우 외에는 위험물을 배합하거나 옮겨 담는 작업을 하지 아니할 것

② 위험물은 운반용기에 수납한 채로 판매할 것

③ 판매취급소에서 위험물을 판매할 때에는 위험물이 넘치거나 비산하는 계량기(액용되를

포함한다)를 사용하지 아니할 것

(7) 이송취급소에서의 취급기준

① 위험물의 이송은 위험물을 이송하기 위한 배관·펌프 및 그에 부속한 설비(위험물을 운반하는 선박으로부터 육상으로 위험물의 이송취급을 하는 이송취급소에 있어서는 위험물을 이송하기 위한 배관 및 그에 부속된 설비를 말한다)의 안전을 확인한 후에 개시할 것

② 위험물을 이송하기 위한 배관·펌프 및 이에 부속한 설비의 안전을 확인하기 위한 순찰을 행하고, 위험물을 이송하는 중에는 이송하는 위험물의 압력 및 유량을 항상 감시할 것

③ 이송취급소를 설치한 지역의 지진을 감지하거나 지진의 정보를 얻은 경우에는 소방청장이 정하여 고시하는 바에 따라 재해의 발생 또는 확대를 방지하기 위한 조치를 강구할 것

(8) 이동탱크저장소(컨테이너식 이동탱크저장소를 제외한다)에서의 취급기준

① 이동저장탱크로부터 위험물을 저장 또는 취급하는 탱크에 액체의 위험물을 주입할 경우에는 그 탱크의 주입구에 이동저장탱크의 주입호스를 견고하게 결합할 것. 다만, 주입호스의 끝부분에 수동개폐장치를 한 주입노즐(수동개폐장치를 개방상태로 고정하는 장치를 한 것을 제외한다)을 사용하여 지정수량 미만의 양의 위험물을 저장 또는 취급하는 탱크에 인화점이 40℃ 이상인 위험물을 주입하는 경우에는 그러하지 아니하다.

② 이동저장탱크로부터 액체위험물을 용기에 옮겨 담지 아니할 것. 다만, 주입호스의 끝부분에 수동개폐장치를 한 주입노즐을 사용하여 기준에 적합한 운반용기에 인화점 40℃ 이상의 제4류 위험물을 옮겨 담는 경우에는 그러하지 아니하다.

③ 이동저장탱크로부터 위험물을 저장 또는 취급하는 탱크에 인화점이 40℃ 미만인 위험물을 주입할 때에는 이동탱크저장소의 원동기를 정지시킬 것

④ 휘발유·벤젠 그 밖에 정전기에 의한 재해발생의 우려가 있는 액체의 위험물을 이동저장탱크에 주입하거나 이동저장탱크로부터 배출하는 때에는 도선으로 이동저장탱크와 접지전극 등과의 사이를 긴밀히 연결하여 당해 이동저장탱크를 접지할 것

⑤ 휘발유·벤젠·그 밖에 정전기에 의한 재해발생의 우려가 있는 액체의 위험물을 이동저장탱크의 상부로 주입하는 때에는 주입관을 사용하되, 당해 주입관의 끝부분을 이동저장탱크의 밑바닥에 밀착할 것

⑥ 휘발유를 저장하던 이동저장탱크에 등유나 경유를 주입할 때 또는 등유나 경유를 저장하던 이동저장탱크에 휘발유를 주입할 때에는 다음의 기준에 따라 정전기등에 의한 재해를 방지하기 위한 조치를 할 것

⊙ 이동저장탱크의 상부로부터 위험물을 주입할 때에는 위험물의 액표면이 주입관의 끝부분을 넘는 높이가 될 때까지 그 주입관 내의 유속을 초당 1m 이하로 할 것

    ⓒ 이동저장탱크의 밑부분으로부터 위험물을 주입할 때에는 위험물의 액표면이 주입관의 정상부분을 넘는 높이가 될 때까지 그 주입배관 내의 유속을 초당 1m 이하로 할 것

    ⓒ 그 밖의 방법에 의한 위험물의 주입은 이동저장탱크에 가연성 증기가 잔류하지 아니하도록 조치하고 안전한 상태로 있음을 확인한 후에 할 것

⑦ 이동탱크저장소는 상치장소에 주차할 것

⑧ 이동저장탱크로부터 직접 위험물을 선박의 연료탱크에 주입하는 경우에는 다음의 기준에 따를 것

    ⊙ 선박이 이동하지 아니하도록 계류(繫留)시킬 것

    ⓒ 이동탱크저장소가 움직이지 않도록 조치를 강구할 것

    ⓒ 이동탱크저장소의 주입호스의 선단을 선박의 연료탱크의 급유구에 긴밀히 결합할 것. 다만, 주입호스 선단부에 수동개폐장치를 설치한 주유노즐로 주입하는 때에는 그러하지 아니하다.

    ⓔ 이동탱크저장소의 주입설비를 접지할 것. 다만, 인화점 40℃ 이상의 위험물을 주입하는 경우에는 그러하지 아니하다.

4) 알킬알루미늄 등 및 아세트알데하이드 등의 취급기준

(1) 알킬알루미늄 등의 제조소 또는 일반취급소에 있어서 알킬알루미늄 등을 취급하는 설비에는 불활성의 기체를 봉입할 것

(2) 알킬알루미늄 등의 이동탱크저장소에 있어서 이동저장탱크로부터 알킬알루미늄 등을 꺼낼 때에는 동시에 200kPa 이하의 압력으로 불활성의 기체를 봉입할 것

(3) 아세트알데하이드 등의 제조소 또는 일반취급소에 있어서 아세트알데하이드 등을 취급하는 설비에는 연소성 혼합기체의 생성에 의한 폭발의 위험이 생겼을 경우에 불활성의 기체 또는 수증기[아세트알데하이드 등을 취급하는 탱크(옥외에 있는 탱크 또는 옥내에 있는 탱크로서 그 용량이 지정수량의 5분의 1 미만의 것을 제외한다)에 있어서는 불활성의 기체]를 봉입할 것

(4) 아세트알데하이드 등의 이동탱크저장소에 있어서 이동저장탱크로부터 아세트알데하이드 등을 꺼낼 때에는 동시에 100kPa 이하의 압력으로 불활성의 기체를 봉입할 것

제6장
위험물의 운반에 관한 기준

 Section **1. 운반용기**

1) 운반용기의 재질은 강판 · 알루미늄판 · 양철판 · 유리 · 금속판 · 종이 · 플라스틱 · 섬유판 · 고무류 · 합성섬유 · 삼 · 짚 또는 나무로 한다.
2) 운반용기는 견고하여 쉽게 파손될 우려가 없고, 그 입구로부터 수납된 위험물이 샐 우려가 없도록 하여야 한다.
3) 운반용기는 다음 규정에 의한 용기의 구분에 따라 다음에 정하는 성능이 있어야 한다.
   (1) 기계에 의하여 하역하는 구조 외의 용기
      소방청장이 정하여 고시하는 낙하시험, 기밀시험, 내압시험 및 겹쳐쌓기시험에서 소방청장이 정하여 고시하는 기준에 적합할 것. 다만, 수납하는 위험물의 품명, 수량, 성질과 상태 등에 따라 소방청장이 정하여 고시하는 용기에 있어서는 그러하지 아니하다.
   (2) 기계에 의하여 하역하는 구조로 된 용기
      소방청장이 정하여 고시하는 낙하시험, 기밀시험, 내압시험, 겹쳐쌓기시험, 아랫부분 인상시험, 윗부분 인상시험, 파열전파시험, 넘어뜨리기시험 및 일으키기시험에서 소방청장이 정하여 고시하는 기준에 적합할 것. 다만, 수납하는 위험물의 품명, 수량, 성질과 상태 등에 따라 소방청장이 정하여 고시하는 용기에 있어서는 그러하지 아니하다.

 Section **2. 적재방법**

1) 위험물은 운반용기의 규정에 의한 운반용기에 다음의 기준에 따라 수납하여 적재하여야 한다. 다만, 덩어리 상태의 황을 운반하기 위하여 적재하는 경우 또는 위험물을 동일구내에 있는 제조

소등의 상호 간에 운반하기 위하여 적재하는 경우에는 그러하지 아니하다.

(1) 위험물이 온도변화 등에 의하여 누설되지 아니하도록 운반용기를 밀봉하여 수납할 것. 다만, 온도변화 등에 의한 위험물로부터의 가스의 발생으로 운반용기 안의 압력이 상승할 우려가 있는 경우(발생한 가스가 독성 또는 인화성을 갖는 등 위험성이 있는 경우를 제외한다)에는 가스의 배출구(위험물의 누설 및 다른 물질의 침투를 방지하는 구조로 된 것에 한한다)를 설치한 운반용기에 수납할 수 있다.

(2) 수납하는 위험물과 위험한 반응을 일으키지 아니하는 등 당해 위험물의 성질에 적합한 재질의 운반용기에 수납할 것

(3) 고체위험물은 운반용기 내용적의 95% 이하의 수납률로 수납할 것

(4) 액체위험물은 운반용기 내용적의 98% 이하의 수납률로 수납하되, 55도의 온도에서 누설되지 아니하도록 충분한 공간용적을 유지하도록 할 것

(5) 하나의 외장용기에는 다른 종류의 위험물을 수납하지 아니할 것

(6) 제3류 위험물은 다음의 기준에 따라 운반용기에 수납할 것

① 자연발화성 물질에 있어서는 불활성 기체를 봉입하여 밀봉하는 등 공기와 접하지 아니하도록 할 것

② 자연발화성 물질 외의 물품에 있어서는 파라핀·경유·등유 등의 보호액으로 채워 밀봉하거나 불활성 기체를 봉입하여 밀봉하는 등 수분과 접하지 아니하도록 할 것

③ (4)의 규정에 불구하고 자연발화성 물질 중 알킬알루미늄 등은 운반용기의 내용적의 90% 이하의 수납률로 수납하되, 50℃의 온도에서 5% 이상의 공간용적을 유지하도록 할 것

2) 기계에 의하여 하역하는 구조로 된 운반용기에 대한 수납

(1) 다음의 규정에 의한 요건에 적합한 운반용기에 수납할 것

① 부식, 손상 등 이상이 없을 것

② 금속제의 운반용기, 경질플라스틱제의 운반용기 또는 플라스틱내용기 부착의 운반용기에 있어서는 다음에 정하는 시험 및 점검에서 누설 등 이상이 없을 것

㉠ 2년 6개월 이내에 실시한 기밀시험(액체의 위험물 또는 10kPa 이상의 압력을 가하여 수납 또는 배출하는 고체의 위험물을 수납하는 운반용기에 한한다)

㉡ 2년 6개월 이내에 실시한 운반용기의 외부의 점검·부속설비의 기능점검 및 5년 이내의 사이에 실시한 운반용기의 내부의 점검

(2) 복수의 폐쇄장치가 연속하여 설치되어 있는 운반용기에 위험물을 수납하는 경우에는 용기 본체에 가까운 폐쇄장치를 먼저 폐쇄할 것

(3) 휘발유, 벤젠 그 밖의 정전기에 의한 재해가 발생할 우려가 있는 액체의 위험물을 운반용기에 수납 또는 배출할 때에는 당해 재해의 발생을 방지하기 위한 조치를 강구할 것

(4) 온도변화 등에 의하여 액상이 되는 고체의 위험물은 액상으로 되었을 때 당해 위험물이 새지 아니하는 운반용기에 수납할 것

    (5) 액체위험물을 수납하는 경우에는 55℃의 온도에서의 증기압이 130kPa 이하가 되도록 수납할 것

    (6) 경질플라스틱제의 운반용기 또는 플라스틱내용기 부착의 운반용기에 액체위험물을 수납하는 경우에는 당해 운반용기는 제조된 때로부터 5년 이내의 것으로 할 것

3) 위험물은 당해 위험물이 전락(轉落)하거나 위험물을 수납한 운반용기가 전도 · 낙하 또는 파손되지 아니하도록 적재하여야 한다.

4) 운반용기는 수납구를 위로 향하게 하여 적재하여야 한다.

5) 적재하는 위험물의 성질에 따라 일광의 직사 또는 빗물의 침투를 방지하기 위하여 유효하게 피복하는 등 다음에 정하는 기준에 따른 조치를 하여야 한다.

    (1) 제1류 위험물, 제3류 위험물 중 자연발화성 물질, 제4류 위험물 중 특수인화물, 제5류 위험물 또는 제6류 위험물은 차광성이 있는 피복으로 가릴 것

    (2) 제1류 위험물 중 알칼리금속의 과산화물 또는 이를 함유한 것, 제2류 위험물 중 철분 · 금속분 · 마그네슘 또는 이들 중 어느 하나 이상을 함유한 것 또는 제3류 위험물 중 금수성물질은 방수성이 있는 피복으로 덮을 것

    (3) 제5류 위험물 중 55℃ 이하의 온도에서 분해될 우려가 있는 것은 보냉 컨테이너에 수납하는 등 적정한 온도관리를 할 것

    (4) 액체위험물 또는 위험등급Ⅱ의 고체위험물을 기계에 의하여 하역하는 구조로 된 운반용기에 수납하여 적재하는 경우에는 당해 용기에 대한 충격 등을 방지하기 위한 조치를 강구할 것. 다만, 위험등급Ⅱ의 고체위험물을 플렉서블(flexible)의 운반용기, 파이버판제의 운반용기 및 목제의 운반용기 외의 운반용기에 수납하여 적재하는 경우에는 그러하지 아니하다.

6) 위험물은 다음의 규정에 의한 바에 따라 종류를 달리하는 그 밖의 위험물 또는 재해를 발생시킬 우려가 있는 물품과 함께 적재하지 아니하여야 한다.

    (1) 부표 2의 규정에서 혼재가 금지되고 있는 위험물

    (2) 「고압가스 안전관리법」에 의한 고압가스(소방청장이 정하여 고시하는 것을 제외한다)

7) 위험물을 수납한 운반용기를 겹쳐 쌓는 경우에는 그 높이를 3m 이하로 하고, 용기의 상부에 걸리는 하중은 당해 용기 위에 당해 용기와 동종의 용기를 겹쳐 쌓아 3m의 높이로 하였을 때에 걸리는 하중 이하로 하여야 한다.

8) 위험물은 그 운반용기의 외부에 다음 각 목에 정하는 바에 따라 위험물의 품명, 수량 등을 표시하여 적재하여야 한다. 다만, UN의 위험물 운송에 관한 권고(RTDG, Recommendations on

the Transport of Dangerous Goods)에서 정한 기준 또는 소방청장이 정하여 고시하는 기준에 적합한 표시를 한 경우에는 그러하지 아니하다.

 (1) 위험물의 품명·위험등급·화학명 및 수용성("수용성" 표시는 제4류 위험물로서 수용성인 것에 한한다)

 (2) 위험물의 수량

(3) 수납하는 위험물에 따라 다음의 규정에 의한 주의사항

   ① 제1류 위험물 중 알칼리금속의 과산화물 또는 이를 함유한 것에 있어서는 "화기·충격주의", "물기엄금" 및 "가연물접촉주의", 그 밖의 것에 있어서는 "화기·충격주의" 및 "가연물접촉주의"

   ② 제2류 위험물 중 철분·금속분·마그네슘 또는 이들 중 어느 하나 이상을 함유한 것에 있어서는 "화기주의" 및 "물기엄금", 인화성 고체에 있어서는 "화기엄금", 그 밖의 것에 있어서는 "화기주의"

   ③ 제3류 위험물 중 자연발화성 물질에 있어서는 "화기엄금" 및 "공기접촉엄금", 금수성 물질에 있어서는 "물기엄금"

   ④ 제4류 위험물에 있어서는 "화기엄금"

   ⑤ 제5류 위험물에 있어서는 "화기엄금" 및 "충격주의"

   ⑥ 제6류 위험물에 있어서는 "가연물접촉주의"

3. 운반방법

1) 위험물 또는 위험물을 수납한 운반용기가 현저하게 마찰 또는 동요를 일으키지 아니하도록 운반하여야 한다.

2) 지정수량 이상의 위험물을 차량으로 운반하는 경우에는 해당 차량에 소방청장이 정하여 고시하는 바에 따라 운반하는 위험물의 위험성을 알리는 표지를 설치하여야 한다.

3) 지정수량 이상의 위험물을 차량으로 운반하는 경우에 있어서 다른 차량에 바꾸어 싣거나 휴식·고장 등으로 차량을 일시 정차시킬 때에는 안전한 장소를 택하고 운반하는 위험물의 안전확보에 주의하여야 한다.

4) 지정수량 이상의 위험물을 차량으로 운반하는 경우에는 당해 위험물에 적응성이 있는 소형수동식소화기를 당해 위험물의 소요단위에 상응하는 능력단위 이상 갖추어야 한다.

5) 위험물의 운반도중 위험물이 현저하게 새는 등 재난발생의 우려가 있는 경우에는 응급조치를 강구하는 동시에 가까운 소방관서 그 밖의 관계기관에 통보하여야 한다.

 4. 위험물의 위험등급

1) 위험등급 I 의 위험물

    (1) 제1류 위험물 중 아염소산염류, 염소산염류, 과염소산염류, 무기과산화물 그 밖에 지정수량이 50kg인 위험물

    (2) 제3류 위험물 중 칼륨, 나트륨, 알킬알루미늄, 알킬리튬, 황린 그 밖에 지정수량이 10kg 또는 20kg인 위험물

    (3) 제4류 위험물 중 특수인화물

    (4) 제5류 위험물 중 유기과산화물, 질산에스터류 그 밖에 지정수량이 10kg인 위험물

    (5) 제6류 위험물

2) 위험등급 II 의 위험물

    (1) 제1류 위험물 중 브로민산염류, 질산염류, 아이오딘산염류 그 밖에 지정수량이 300kg인 위험물

    (2) 제2류 위험물 중 황화인, 적린, 황 그 밖에 지정수량이 100kg인 위험물

    (3) 제3류 위험물 중 알칼리금속(칼륨 및 나트륨을 제외한다) 및 알칼리토금속, 유기금속화합물(알킬알루미늄 및 알킬리튬을 제외한다) 그 밖에 지정수량이 50kg인 위험물

    (4) 제4류 위험물 중 제1석유류 및 알코올류

    (5) 제5류 위험물 중 1) (4)에 정하는 위험물 외의 것

3) 위험등급 III 의 위험물

    1) 및 2)에 정하지 아니한 위험물

제7장 위험물 운송책임자의 감독 또는 운송 · 운반기준 파악

Hazardous material Industrial Engineer

 Section

1. 운송책임자의 감독 또는 지원의 방법

1) 운송책임자가 이동탱크저장소에 동승하여 운송 중인 위험물의 안전확보에 관하여 운전자에게 필요한 감독 또는 지원을 하는 방법. 다만, 운전자가 운송책임자의 자격이 있는 경우에는 운송 책임자의 자격이 없는 자가 동승할 수 있다.

2) 운송의 감독 또는 지원을 위하여 마련한 별도의 사무실에 운송책임자가 대기하면서 다음의 사항을 이행하는 방법

   (1) 운송경로를 미리 파악하고 관할소방관서 또는 관련업체(비상대응에 관한 협력을 얻을 수 있는 업체를 말한다)에 대한 연락체계를 갖추는 것

   (2) 이동탱크저장소의 운전자에 대하여 수시로 안전확보 상황을 확인하는 것

   (3) 비상시의 응급처치에 관하여 조언을 하는 것

   (4) 그 밖에 위험물의 운송 중 안전확보에 관하여 필요한 정보를 제공하고 감독 또는 지원하는 것

 Section

2. 이동탱크저장소에 의한 위험물의 운송 시 준수기준

1) 위험물운송자는 운송의 개시 전에 이동저장탱크의 배출밸브 등의 밸브와 폐쇄장치, 맨홀 및 주입구의 뚜껑, 소화기 등의 점검을 충분히 실시할 것

2) 위험물운송자는 장거리(고속국도에 있어서는 340km 이상, 그 밖의 도로에 있어서는 200 km 이상을 말한다)에 걸치는 운송을 하는 때에는 2명 이상의 운전자로 할 것. 다만, 다음의 1에 해당하는 경우에는 그러하지 아니하다.

(1) 운송책임자를 동승시킨 경우

    (2) 운송하는 위험물이 제2류 위험물 · 제3류 위험물(칼슘 또는 알루미늄의 탄화물과 이것만을 함유한 것에 한한다) 또는 제4류 위험물(특수인화물을 제외한다)인 경우

    (3) 운송도중에 2시간 이내마다 20분 이상씩 휴식하는 경우

3) 위험물운송자는 이동탱크저장소를 휴식 · 고장 등으로 일시 정차시킬 때에는 안전한 장소를 택하고 당해 이동탱크저장소의 안전을 위한 감시를 할 수 있는 위치에 있는 등 운송하는 위험물의 안전확보에 주의할 것

4) 위험물운송자는 이동저장탱크로부터 위험물이 현저하게 새는 등 재해발생의 우려가 있는 경우에는 재난을 방지하기 위한 응급조치를 강구하는 동시에 소방관서 그 밖의 관계기관에 통보할 것

5) 위험물(제4류 위험물에 있어서는 특수인화물 및 제1석유류에 한한다)을 운송하게 하는 자는 위험물안전카드를 위험물운송자로 하여금 휴대하게 할 것

6) 위험물운송자는 위험물안전카드를 휴대하고 당해 카드에 기재된 내용에 따를 것. 다만, 재난 그 밖의 불가피한 이유가 있는 경우에는 당해 기재된 내용에 따르지 아니할 수 있다.

제8장
안전관리대행기관의 지정기준

안전관리대행기관의 지정기준은 다음과 같다.

기술인력	1. 위험물기능장 또는 위험물산업기사 1인 이상 2. 위험물산업기사 또는 위험물기능사 2인 이상 3. 기계분야 및 전기분야의 소방설비기사 1인 이상
시설	전용사무실을 갖출 것
장비	1. 절연저항계(절연저항측정기) 2. 접지저항측정기(최소눈금 0.1Ω 이하) 3. 가스농도측정기(탄화수소계 가스의 농도측정이 가능할 것) 4. 정전기 전위측정기 5. 토크렌치(Torque Wrench : 볼트와 너트를 규정된 회전력에 맞춰 조이는 데 사용하는 기구) 6. 진동시험기 7. 삭제 8. 표면온도계(−10℃ ~ 300℃) 9. 두께측정기(1.5mm ~ 99.9mm) 10. 안전용구(안전모, 안전화, 손전등, 안전로프 등) 11. 소화설비점검기구(소화전밸브압력계, 방수압력측정계, 포콜렉터, 헤드렌치, 포콘테이너

[비고] 기술인력란의 각 호에 정한 2 이상의 기술인력을 동일 인이 겸할 수 없다.

제9장 화학소방자동차에 갖추어야 하는 소화능력 및 설비의 기준

화학소방자동차에 갖추어야 하는 소화능력 및 설비의 기준은 다음과 같다.

화학소방자동차의 구분	소화능력 및 설비의 기준
포수용액 방사차	포수용액의 방사능력이 매분 2,000L 이상일 것
	소화약액탱크 및 소화약액혼합장치를 비치할 것
	10만 L 이상의 포수용액을 방사할 수 있는 양의 소화약제를 비치할 것
분말 방사차	분말의 방사능력이 매초 35kg 이상일 것
	분말탱크 및 가압용가스설비를 비치할 것
	1,400kg 이상의 분말을 비치할 것
할로젠화합물 방사차	할로젠화합물의 방사능력이 매초 40kg 이상일 것
	할로젠화합물탱크 및 가압용가스설비를 비치할 것
	1,000kg 이상의 할로젠화합물을 비치할 것
이산화탄소 방사차	이산화탄소의 방사능력이 매초 40kg 이상일 것
	이산화탄소저장용기를 비치할 것
	3,000kg 이상의 이산화탄소를 비치할 것
제독차	가성소다 및 규조토를 각각 50kg 이상 비치할 것

제10장 안전교육의 과정·기간과 그 밖의 교육의 실시에 관한 사항

 Section **1. 교육과정·교육대상자·교육시간·교육시기 및 교육기관**

교육과정	교육대상자	교육시간	교육시기	교육기관
강습교육	안전관리자가 되려는 사람	24시간	최초 선임되기 전	안전원
	위험물운반자가 되려는 사람	8시간	최초 종사하기 전	안전원
	위험물운송자가 되려는 사람	16시간	최초 종사하기 전	안전원
실무교육	안전관리자	8시간 이내	가. 제조소등의 안전관리자로 선임된 날부터 6개월 이내 나. 가목에 따른 교육을 받은 후 2년마다 1회	안전원
	위험물운반자	4시간	가. 위험물운반자로 종사한 날부터 6개월 이내 나. 가목에 따른 교육을 받은 후 3년마다 1회	안전원
	위험물운송자	8시간 이내	가. 이동탱크저장소의 위험물운송자로 종사한 날부터 6개월 이내 나. 가목에 따른 교육을 받은 후 3년마다 1회	안전원
	탱크시험자의 기술인력	8시간 이내	가. 탱크시험자의 기술인력으로 등록한 날부터 6개월 이내 나. 가목에 따른 교육을 받은 후 2년마다 1회	기술원

[비고]

① 안전관리자, 위험물운반자 및 위험물운송자 강습교육의 공통과목에 대하여 어느 하나의 강습교육 과정에서 교육을 받은 경우에는 나머지 강습교육 과정에서도 교육을 받은 것으로 본다.

② 안전관리자, 위험물운반자 및 위험물운송자 실무교육의 공통과목에 대하여 어느 하나의 실무교육 과정에서 교육을 받은 경우에는 나머지 실무교육 과정에서도 교육을 받은 것으로 본다.

③ 안전관리자 및 위험물운송자의 실무교육 시간 중 일부(4시간 이내)를 사이버교육의 방법으로 실시할 수 있다. 다만, 교육대상자가 사이버교육의 방법으로 수강하는 것에 동의하는 경우에 한정한다.

 2. 교육계획의 공고 등

1) 안전원의 원장은 강습교육을 하고자 하는 때에는 매년 1월 5일까지 일시, 장소, 그 밖에 강습의 실시에 관한 사항을 공고할 것

2) 기술원 또는 안전원은 실무교육을 하고자 하는 때에는 교육실시 10일 전까지 교육대상자에게 그 내용을 통보할 것

 3. 교육신청

1) 강습교육을 받고자 하는 자는 안전원이 지정하는 교육일정 전에 교육수강을 신청할 것

2) 실무교육 대상자는 교육일정 전까지 교육수강을 신청할 것

 4. 교육일시 통보

기술원 또는 안전원은 교육신청이 있는 때에는 교육실시 전까지 교육대상자에게 교육장소와 교육일시를 통보하여야 한다.

5. 기타

기술원 또는 안전원은 교육대상자별 교육의 과목·시간·실습 및 평가, 강사의 자격, 교육의 신청, 교육수료증의 교부·재교부, 교육수료증의 기재사항, 교육수료자명부의 작성·보관 등 교육의 실시에 관하여 필요한 세부사항을 정하여 소방청장의 승인을 받아야 한다. 이 경우 안전관리자, 위험물운반자 및 위험물운송자 강습교육의 과목에는 각 강습교육별로 다음 표에 정한 사항을 포함하여야 한다.

교육과정	교육내용	
안전관리자 강습교육	제4류 위험물의 품명별 일반성질, 화재 예방 및 소화의 방법	• 연소 및 소화에 관한 기초이론 • 모든 위험물의 유별 공통성질과 화재예 방 및 소화의 방법 • 위험물안전관리법령 및 위험물의 안전 관리에 관계된 법령
위험물운반자 강습교육	위험물운반에 관한 안전기준	
위험물운송자 강습교육	• 이동탱크저장소의 구조 및 설비작동법 • 위험물운송에 관한 안전기준	

제11장
위험물시설의 안전관리 등

 1. 제조소등의 용도폐지신고 및 완공검사 신청시기

1) 제조소등의 용도폐지 신고

폐지한 날로부터 14일 이내에 시·도지사에게 신고

2) 제조소등의 완공검사 신청시기

(1) 지하탱크가 있는 제조소등의 경우 : 해당 지하탱크를 매설하기 전
(2) 이동탱크저장소의 경우 : 이동저장탱크를 완공하고 상치장소를 확보한 후
(3) 이송취급소의 경우 : 이송배관 공사의 전체 또는 일부를 완료한 후
(4) 전체공사가 완료된 후에는 완공검사를 실시하기 곤란한 경우
　① 위험물설비 또는 배관의 설치가 완료되어 기밀시험 또는 내압시험을 실시하는 시기
　② 배관을 지하에 설치하는 경우에는 시·도지사, 소방서장 또는 기술원이 지정하는 부분을 매몰하기 직전
　③ 기술원이 지정하는 부분의 비파괴시험을 실시하는 시기

 2. 안전관리자 등

1) 위험물안전관리자

(1) 선임권자 : 제조소 등의 관계인
(2) 선임신고 : 소방본부장 또는 소방서장

(3) 해임 또는 퇴직서 : 30일 내 재선임

(4) 선임신고 : 14일 이내

(5) 미선임 시 : 500만 원 이하의 벌금

(6) 선임신고 태만 : 200만 원 이하의 과태료

(7) 선임할 수 있는 자격자 : 위험물기능장, 산업기사, 기능사, 안전관리교육이수자, 소방공무원경력자(3년 이상 경력)

(8) 1인의 안전관리자를 중복하여 선임할 수 있는 경우

① 보일러·버너 또는 이와 비슷한 것으로서 위험물을 소비하는 장치로 이루어진 7개 이하의 일반취급소와 그 일반취급소에 공급하기 위한 위험물을 저장하는 저장소를 동일인이 설치한 경우

② 위험물을 차량에 고정된 탱크 또는 운반용기에 옮겨 담기 위한 5개 이하의 일반취급소와 그 일반취급소에 공급하기 위한 위험물을 저장하는 저장소를 동일인이 설치한 경우

③ 동일구내에 있거나 상호 100m 이내에 보행거리에 있는 다음의 저장소

  ㉠ 10개 이하의 옥내저장소, 옥외저장소, 암반탱크저장소

  ㉡ 30개 이하의 옥외탱크저장소

  ㉢ 옥내탱크저장소, 지하탱크저장소, 간이탱크저장소

④ 다음의 기준에 모두 적합한 5개 이하의 제조소등을 동일인이 설치한 경우

  ㉠ 각 제조소등이 동일구내에 위치하거나 상호 100m 이내의 거리에 있을 것

  ㉡ 각 제조소등에서 저장 또는 취급하는 위험물의 최대수량이 지정수량의 3,000배 미만일 것

⑤ 1인의 기술인력을 안전관리자로 중복 선임 가능한 최대 제조소등의 수

  안전관리대행기관은 기술인력을 안전관리자로 지정함에 있어서 1인의 기술인력을 다수의 제조소등의 안전관리자로 중복하여 지정하는 경우에는 규정에 적합하게 지정하거나 안전관리자 업무를 성실히 대행할 수 있는 범위 내에서 관리하는 제조소등의 수가 25를 초과하지 아니하도록 지정하여야 한다. 이 경우 각 제조소등(지정수량의 20배 이하를 저장하는 저장소는 제외한다)의 관계인은 당해 제조소등마다 위험물의 취급에 관한 국가기술자격자 또는 안전교육을 받은 자를 안전관리원으로 지정하여 대행기관이 지정한 안전관리자의 업무를 보조하게 하여야 한다.

2) 안전관리보조자 선임대상(안전관리자를 중복 선임할 경우)

(1) 제조소

(2) 이송취급소

(3) 일반취급소. 다만, 인화점이 38도 이상인 제4류 위험물만을 지정수량의 30배 이하로 취급

하는 일반취급소로서 다음 각 목의 1에 해당하는 일반취급소를 제외한다.

① 보일러·버너 또는 이와 비슷한 것으로서 위험물을 소비하는 장치로 이루어진 일반취급소

② 위험물을 용기에 옮겨 담거나 차량에 고정된 탱크에 주입하는 일반취급소

3) 위험물안전관리자의 책무

(1) 해당 작업자에 대하여 지시 및 감독하는 업무

(2) 화재 및 재난이 발생한 경우 응급조치 및 소방관서 연락업무

(3) 다음 규정에 의한 업무

① 점검과 점검상황의 기록·보존

② 설비 이상을 발견한 경우 관계자에게 연락 및 응급조치

③ 화재발생, 위험성이 현저한 경우 소방관서 등에 연락 및 응급조치

④ 계측장치·제어장치·안전장치 등의 적정한 유지·관리

⑤ 구조 및 설비의 안전에 관한 사무의 관리

(4) 화재 등의 재해 방지와 응급조치에 관하여 관계자와 협조체제 유지

(5) 위험물 취급에 관한 일지의 작성·기록

(6) 안전에 관하여 필요한 감독의 수행

4) 안전교육 대상자

(1) 실시권자 : 소방청장(위탁 : 한국소방안전협회장)

(2) 안전교육 대상자

① 안전관리자로 선임된 자 또는 선임되려는 자

② 탱크시험자의 기술인력으로 종사하는 자

③ 위험물운송자로 종사하는 자 또는 종사하려는 자

④ 위험물운반자로 종사하는 자 또는 종사하려는 자

 Section 3. 예방규정

1) 예방규정을 정하여야 하는 대상

(1) 지정수량의 10배 이상의 위험물을 취급하는 제조소, 일반취급소

(2) 지정수량의 100배 이상의 위험물을 저장하는 옥외저장소

(3) 지정수량의 150배 이상의 위험물을 저장하는 옥내저장소

(4) 지정수량의 200배 이상의 위험물을 저장하는 옥외탱크저장소

(5) 암반탱크저장소

(6) 이송취급소

2) 예방규정 작성내용

(1) 위험물의 안전에 관계된 작업에 종사하는 자에 대한 안전교육 및 훈련

(2) 위험물 시설 및 작업장에 대한 안전 순찰에 관한 사항

(3) 위험물 시설·소방시설 그 밖의 시설에 대한 점검 및 정비에 관한 사항

(4) 위험물 시설의 운전 또는 조작에 관한 사항

(5) 위험물 취급작업의 기준에 관한 사항

 # 4. 탱크안전성능검사 등

1) 탱크안전성능검사대상이 되는 탱크

(1) 기초·지반검사 : 옥외탱크저장소 액체위험물 중 용량이 100만 L 이상 탱크

(2) 충수·수압검사 : 액체위험물을 저장 또는 취급하는 탱크

(3) 용접부검사 : 옥외탱크저장소 액체위험물 중 용량이 100만 L 이상 탱크

(4) 암반탱크검사 : 액체위험물을 저장 또는 취급하는 암반 내 공간을 이용한 탱크

2) 탱크안전성능검사 신청시기

(1) 기초·지반검사 : 위험물탱크의 기초 및 지반에 관한 공사의 개시 전

(2) 충수·수압검사 : 위험물을 저장 또는 취급하는 탱크에 배관 그 밖의 부속설비를 부착하기 전

(3) 용접부검사 : 탱크의 본체에 관한 공사의 개시 전

(4) 암반탱크검사 : 암반탱크의 본체에 관한 공사의 개시 전

3) 탱크시험 제외대상

(1) 제조소 또는 일반취급소에 설치된 탱크로서 용량이 지정수량 미만

(2) 고압가스안전관리법에 의한 특정설비에 관한 검사에 합격한 탱크

(3) 산업안전보건법에 의한 성능검사에 합격한 탱크

4) 탱크시험자의 등록 결격사유

(1) 피성년후견인 또는 피한정후견인

(2) 위험물안전관리법, 소방기본법, 화재예방, 소방시설 설치·유지 및 안전관리에 관한 법률 또는 소방시설공사업법에 의하여 금고 이상의 형의 집행유예 선고를 받고 그 유예기간 중에 있는 자

(3) 탱크시험자의 등록이 취소된 날로부터 2년이 지나지 아니한 자

5) 탱크시험자의 등록 취소사유

(1) 허위 그 밖의 부정한 방법으로 등록한 경우

(2) 등록의 결격사유에 해당하게 된 경우

(3) 등록증을 다른 자에게 빌려준 경우

6) 탱크시험자의 장비

(1) 필수장비 : 자기탐상시험기, 초음파두께측정기(아래 중 하나)
   ① 영상초음파탐상시험기
   ② 방사선투과시험기 또는 초음파탐상시험기

(2) 필요한 경우에 두는 장비
   ① 진공능력 53kPa 이상의 진공누설시험기
   ② 기밀시험장치
      ㉠ 가압 : 200kPa 이상
      ㉡ 감압 : 10kPa 이상
      ㉢ 감도 : 10Pa 이하
   ③ 수직·수평도 측정기

5. 자체소방대

1) 자체소방대(지정수량 3,000배 이상 제4류 위험물 취급)

제조소 및 일반취급소의 구분	화학소방자동차	자체소방대원 수
제조소 또는 일반 취급소 제4류 위험물 최대 수량 합이 지정수량의 12만 배 미만인 사업소	1대	5명
12만 배 이상 24만 배 미만	2대	10명
24만 배 이상 48만 배 미만	3대	15명
48만 배 이상	4대	20명

2) 자체소방대 설치 제외대상 일반취급소

(1) 보일러, 버너 그 밖의 이와 유사한 장치로 위험물을 소비하는 일반취급소
(2) 이동저장탱크 그 밖의 이와 유사한 것에 위험물을 주입하는 일반취급소
(3) 용기에 위험물을 옮겨 담는 일반취급소
(4) 유압장치, 윤활유순환장치 그 밖에 이와 유사한 장치로 위험물을 취급하는 일반취급소
(5) 「광산안전법」 적용을 받는 일반취급소

 ## 6. 제조소등에 대한 행정처분, 변경허가

1) 제조소등에 대한 행정처분

위반사항	기준		
	1차 (사용정지)	2차 (사용정지)	3차
대리자를 지정하지 아니한 때, 정기점검 하지 아니한 때	10일	30일	허가취소
위치·구조 또는 설비 변경, 위험물안전관리자를 선임하지 아니한 때	15일	60일	

2) 제조소등의 변경허가를 받아야 하는 경우

(1) 간이탱크저장소

① 간이저장탱크의 위치를 이전하는 경우

② 건축물의 벽·기둥·바닥·보 또는 지붕을 증설 또는 철거하는 경우

③ 간이저장탱크를 신설·교체 또는 철거하는 경우

④ 간이저장탱크를 보수하는 경우(탱크본체를 절개하는 경우에 한한다)

⑤ 간이저장탱크의 노즐 또는 맨홀을 신설하는 경우(노즐 또는 맨홀의 지름이 250mm를 초과하는 경우에 한한다)

(2) 이동탱크저장소

① 상치장소의 위치를 이전하는 경우

② 이동저장탱크를 보수하는 경우(탱크본체를 절개하는 경우에 한한다)

③ 이동저장탱크의 노즐 또는 맨홀을 신설하는 경우

④ 이동저장탱크의 내용적을 변경하기 위하여 구조를 변경하는 경우

⑤ 주입설비를 설치 또는 철거하는 경우

⑥ 펌프설비를 신설하는 경우

(3) 암반탱크저장소

① 암반탱크저장소의 내용적을 변경하는 경우

② 암반탱크의 내벽을 정비하는 경우

③ 배수시설·압력계 또는 안전장치를 신설하는 경우

④ 주입구의 위치를 이전하거나 신설하는 경우

⑤ 300m를 초과하는 위험물배관을 신설·교체·철거 또는 보수하는 경우

⑥ 물분무등소화설비를 신설·교체 또는 철거하는 경우

⑦ 자동화재탐지설비를 신설 또는 철거하는 경우

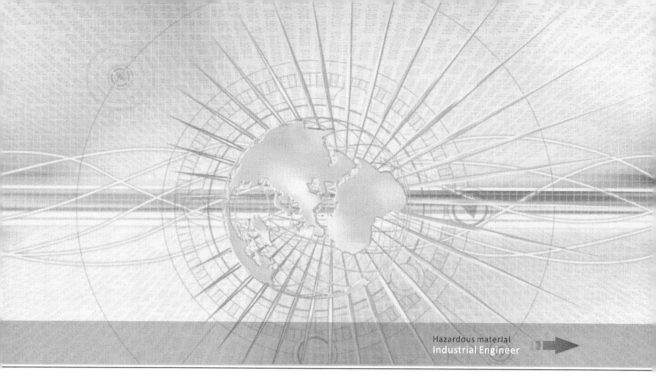

Hazardous material
Industrial Engineer

부록
과년도 기출문제

Contents

1 TNT를 제조하는 과정에 대한 화학 반응식을 쓰시오.

> **정답** 톨루엔에 질산, 황산을 반응시켜 생성되는 물질은 폭약인 트라이나이트로톨루엔이 된다.
>
> $$C_6H_5CH_3 + 3HNO_3 \xrightarrow{H_2SO_4} C_6H_2CH_3(NO_2)_3 + 3H_2O$$
>
> **참고**
>
> $$\text{CH}_3\text{-}C_6H_5 + 3HNO_3 \xrightarrow{C-H_2SO_4} \text{TNT} + 3H_2O$$

2 다음 보기의 위험물을 인화점이 낮은 것부터 순서대로 쓰시오.

> 보기 : 아세톤, 다이에틸에터, 이황화탄소, 산화프로필렌

> **정답** 다이에틸에터 < 산화프로필렌 < 이황화탄소 < 아세톤
>
> **참고** ① 다이에틸에터 : $-45\,°\!C$
>
> ② 산화프로필렌 : $-37\,°\!C$
>
> ③ 이황화탄소 : $-30\,°\!C$
>
> ④ 아세톤 : $-18\,°\!C$

3 알칼리금속의 과산화물의 수납하는 위험물에 따른 주의사항을 쓰시오.

> **정답** "화기 · 충격주의", "물기엄금" 및 "가연물접촉주의"
>
> **참고** 수납하는 위험물에 따라 다음의 규정에 의한 주의사항
>
> ① 제1류 위험물 중 알칼리금속의 과산화물 또는 이를 함유한 것에 있어서는 "화기 · 충격주의", "물기엄금" 및 "가연물접촉주의", 그 밖의 것에 있어서는 "화기 · 충격주의" 및 "가연물접촉주의"
>
> ② 제2류 위험물 중 철분 · 금속분 · 마그네슘 또는 이들 중 어느 하나 이상을 함유한 것에 있어서는 "화기주의" 및 "물기엄금", 인화성 고체에 있어서는 "화기엄금", 그 밖의 것에 있어서는 "화기주의"
>
> ③ 제3류 위험물 중 자연발화성 물질에 있어서는 "화기엄금" 및 "공기접촉엄금", 금수성 물질에 있어서는 "물기엄금"
>
> ④ 제4류 위험물에 있어서는 "화기엄금"
>
> ⑤ 제5류 위험물에 있어서는 "화기엄금" 및 "충격주의"
>
> ⑥ 제6류 위험물에 있어서는 "가연물접촉주의"

4 마그네슘의 화재 시 주수소화했을 때의 화학반응식과 주수소화하면 안 되는 이유를 설명하시오.

> **정답** 1) 물과 반응식 : $Mg + 2H_2O \rightarrow Mg(OH)_2 + H_2\uparrow$
> 2) 격렬하게 수소를 발생하며 위험이 증대된다.
>
> **참고** 상온에서는 물을 분해하지 못해 안정하고, 뜨거운 물이나 과열 수증기와 접촉하면 격렬하게 수소를 발생하며 연소 시 주수하면 위험성이 증대된다.

5 주유 중 엔진정지의 주의사항 게시판의 바탕색과 문자색을 쓰시오.

> **정답** 1) 바탕색 : 황색
> 2) 문자색 : 흑색
>
> **참고** 황색 바탕에 흑색 문자로 표시한다.

0.6m 이상

주유 중 엔진정지

0.3m 이상

6 과산화나트륨에 대한 설명이다. 다음 물음에 답하시오.

1) 물과의 반응식을 쓰시오.
2) 과산화나트륨 1kg이 반응할 때 생성된 기체는 350℃, 1기압에서 체적은 얼마인가(l)?

> **정답** 1) $2Na_2O_2 + 2H_2O \rightarrow 4NaOH + O_2\uparrow$
> 2) $2Na_2O_2 + 2H_2O \rightarrow 4NaOH + O_2$
>
> | 1kg | : | $x\,m^3$ |
> | 2×78kg | : | 22.4m³ |
>
> $x \times 2 \times 78 = 1 \times 22.4$ 　　　　$x = 0.1436m^3$
>
> 보일–샤를의 법칙을 이용하여 온도와 압력을 보정하면
>
> $$\frac{P_1 V_1}{T_1} = \frac{P_2 V_2}{T_2}$$
>
> $$\frac{1 \times 0.1436}{(273+0)} = \frac{1 \times y}{(273+350)}$$
>
> $y = 0.3227m^3 = 327.7 l$

7 위험물의 용어정의에서 고인화점의 정의를 쓰시오.

➡정답 인화점이 100℃ 이상인 제4류 위험물

➡참고 고인화점 위험물의 제조소특례에서 고인화점 위험물이란 인화점이 100℃ 이상인 제4류 위험물을 말한다.

8 준특정옥외저장탱크 본체의 강철판의 두께를 쓰시오.

➡정답 3.2mm 이상

➡참고 옥외저장탱크는 특정옥외저장탱크 및 준특정옥외저장탱크 외에는 두께 3.2mm 이상의 강철판 또는 국민안전처장관이 정하여 고시하는 규격에 적합한 재료로, 특정옥외저장탱크 및 준특정옥외저장탱크는 국민안전처장관이 정하여 고시하는 규격에 적합한 강철판 또는 이와 동등 이상의 기계적 성질 및 용접성이 있는 재료로 틈이 없도록 제작하여야 하고, 압력탱크 외의 탱크는 충수시험, 압력탱크는 최대상용압력의 1.5배의 압력으로 10분간 실시하는 수압시험에서 각각 새거나 변형되지 아니하여야 한다.

9 피크린산의 구조식을 쓰시오.

➡정답

$$\begin{array}{c} OH \\ NO_2 \quad \bigcirc \quad NO_2 \\ NO_2 \end{array}$$

➡참고 트라이나이트로페놀[$C_6H_2(OH)(NO_2)_3$]을 피크르산 또는 피크린산이라고도 한다.

10 강제강화플라스틱제 이중벽탱크의 성능시험방법 종류 3가지를 쓰시오.

➡정답 수압시험, 기밀시험, 비파괴시험

➡참고 강제강화플라스틱제 이중벽탱크의 성능시험
① 탱크본체에 대하여 수압시험을 실시하거나 비파괴시험 및 기밀시험을 실시하여 새거나 변형되지 아니할 것. 이 경우 수압시험은 감지관을 설치한 후에 실시하여야 한다.
② 감지층에 20kPa의 공기압을 가하여 10분 동안 유지하였을 때 압력강하가 없을 것
③ 제101조의 규정에 의한 이중벽탱크의 구조에 적합할 것

11 표준상태에서 톨루엔의 증기밀도를 구하시오.

정답 증기밀도$= \dfrac{\text{성분기체의 분자량}}{22.4} = \dfrac{92}{22.4} = 4.11$

참고 톨루엔의 화학식은 $C_6H_5CH_3 = (12 \times 7) + 8 = 92g$이다.

12 다음 보기 위험물의 지정수량배수를 구하시오.

> 보기 : 아세톤 20L×100개, 경유 200L×5개

정답 지정수량의 배수$= \dfrac{20L \times 100}{400L} + \dfrac{200L \times 5}{1000L} = 6$배

참고 지정수량의 배수$= \dfrac{\text{저장수량}}{\text{지정수량}}$의 합

13 다음 위험물의 유별과 지정수량을 쓰시오.

> 1) 칼륨   2) 질산염류   3) 제5류(1종)   4) 질산

정답 1) 칼륨 : 제3류 위험물, 10kg
2) 질산염류 : 제1류 위험물, 300kg
3) 제5류(1종) : 10kg
4) 질산 : 제6류 위험물, 300kg

14 다음 물음에 답하시오.

1) 카바이트와 물의 화학반응식을 쓰시오.
2) 이때 발생되는 기체의 연소반응식을 쓰시오.

정답 1) 카바이트와 물의 화학반응식 : $CaC_2 + 2H_2O \rightarrow Ca(OH)_2 + C_2H_2 \uparrow$
2) 아세틸렌의 연소반응식 : $2C_2H_2 + 5O_2 \rightarrow 4CO_2 + 2H_2O$

참고 물과 반응하여 수산화칼슘(소석회)과 아세틸렌가스가 생성된다.

15 중유라고 씌어진 용기를 저장하고 있는 옥외저장소가 있다. 기계에 의해 적재할 경우 선반의 최대높이와 겹쳐 쌓을 때의 높이는 몇 m인가?

▶정답 1) 선반의 최대높이 : 6m

　　　 2) 겹쳐 쌓을 때의 높이 : 4m

▶참고 옥외저장소에 선반을 설치하는 경우의 기준

　　　 ① 선반은 불연재료로 만들고 견고한 지반면에 고정할 것

　　　 ② 선반은 당해 선반 및 그 부속설비의 자중·저장하는 위험물의 중량·풍하중·지진의 영향 등에 의하여 생기는 응력에 대하여 안전할 것

　　　 ③ 선반의 높이는 6m를 초과하지 아니할 것

　　　 ④ 선반에는 위험물을 수납한 용기가 쉽게 낙하하지 아니하는 조치를 강구할 것

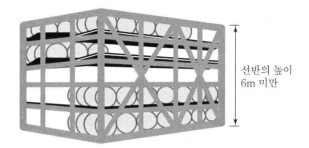

선반의 높이
6m 미만

16 실험자가 에테르를 조그마한 시험관에 담는다. 비커에서 KI 용액을 스포이드로 채취하여 에테르가 있는 시험관에 넣고, 실험관을 흔든 후에 살펴보니 색깔이 변하였다. 다음 물음에 답하시오.

1) 품명은?

2) KI 용액을 넣은 이유는?

▶정답 1) 특수인화물

　　　 2) 과산화물의 존재 여부를 확인하기 위하여

▶참고 에테르는 인화성이며 과산화물이 생성되면 제5류 위험물과 같은 위험성을 갖는다.

　　　 가. 과산화물 검출시약 : 옥화칼륨(KI) 10% 수용액을 가하면 황색으로 변한다.

　　　 나. 과산화물 제거시약 : 황산제일철, 환원철

17 황이 담긴 비커가 놓여 있고 시약병에 담긴 A액체와 B액체를 넣으니 A액체에는 녹지 않으며 B액체에는 녹았다. 다음 물음에 답하시오.

1) 물은 어느 것인가?
2) 황이 연소하여 발생하는 가스는 무엇인가?

▶**정답** 1) A
　　　 2) SO_2(아황산가스), 이산화황이라고도 한다.

▶**참고** 황은 물에 녹지 않고 공기 중에서 연소하면 푸른빛을 내며 아황산가스(SO_2)를 발생한다.
　　　 $S + O_2 \rightarrow SO_2$

18 1대의 소방사다리차와 3대의 화학소방차가 있다. 다음 물음에 답하시오.

1) 사다리차를 제외한 관리 소방관의 수는 몇 명인가?
2) 제조소 및 일반취급소의 구분에서 지정수량의 몇 배인가?

▶**정답** 15명, 지정수량의 24만 배 이상 48만 배 미만

▶**참고**

제조소 및 일반취급소의 구분	화학소방자동차	조작인원
지정수량의 12만 배 미만을 저장·취급하는 것	1대	5인
지정수량의 12만 배 이상 24만 배 미만을 저장·취급하는 것	2대	10인
지정수량의 24만 배 이상 48만 배 미만을 저장·취급하는 것	3대	15인
지정수량의 48만 배 이상을 저장·취급하는 것	4대	20인

19 탱크 용량이 16,000L인 이동탱크저장소에 대해 다음 물음에 답하시오.

1) 4,000L 이하마다 안전칸막이를 설치할 때 안전칸막이의 개수는?
2) 안전칸막이로 분리된 실 한 개에는 방파판을 몇 개 이상 설치하는가?

▶**정답** 1) 3개
　　　 2) 2개

▶**참고** 가. 한 개의 안전칸막이의 용량은 4,000L이므로 $\frac{16,000}{4,000} - 1 = 3$개

　　　 나. 칸막이로 구획된 각 부분마다 맨홀과 기준에 의한 안전장치 및 방파판을 설치하여야 한다.
　　　　　 다만, 칸막이로 구획된 부분의 용량이 2,000L 미만인 부분에는 방파판을 설치하지 아니할 수 있다.

20 옥외저장소에 덩어리 황을 저장하고 있다. 다음 물음에 답하시오.

1) 하나의 경계표시 내부의 면적은?
2) 경계표시의 높이는 몇 m 이하로 해야 하는가?

▶**정답** 1) 100m² 이하
   2) 1.5m 이하

▶**참고** 옥외저장소 중 덩어리 상태의 황만을 지반면에 설치한 경계표시의 안쪽에서 저장 또는 취급하는 것(제1호에 정하는 것을 제외한다)의 위치 · 구조 및 설비의 기술기준은 제1호 각 목의 기준 및 다음 각 목과 같다.

   가. 하나의 경계표시의 내부의 면적은 100m² 이하일 것
   나. 2 이상의 경계표시를 설치하는 경우에 있어서는 각각의 경계표시 내부의 면적을 합산한 면적은 1,000m² 이하로 하고, 인접하는 경계표시와 경계표시와의 간격을 제1호 라목의 규정에 의한 공지의 너비의 2분의 1 이상으로 할 것. 다만, 저장 또는 취급하는 위험물의 최대수량이 지정수량의 200배 이상인 경우에는 10m 이상으로 하여야 한다.
   다. 경계표시는 불연재료로 만드는 동시에 황이 새지 아니하는 구조로 할 것
   라. 경계표시의 높이는 1.5m 이하로 할 것
   마. 경계표시에는 황이 넘치거나 비산하는 것을 방지하기 위한 천막 등을 고정하는 장치를 설치하되, 천막 등을 고정하는 장치는 경계표시의 길이 2m마다 한 개 이상 설치할 것
   바. 황을 저장 또는 취급하는 장소의 주위에는 배수구와 분리장치를 설치할 것

21 실험실의 실험대 위에서 비커에 담겨있는 염소산칼륨에 묽은 황산을 혼합한다. 이때의 반응식과 생성되는 가스의 명칭을 쓰시오.

▶**정답** $6KClO_3 + 3H_2SO_4 \rightarrow 3K_2SO_4 + 2HClO_4 + 4ClO_2 + 2H_2O$, 이산화염소
▶**참고** 산과 반응하여 ClO_2를 발생하고 폭발위험이 있다.

22 컨테이너식 이동탱크저장소를 견인차와 피견인차를 분리시켜 상치시는 내용이다. 다음 물음에 답하시오.

> 분리시켜 상치시킨 컨테이너식 이동탱크저장소 (가)의 규칙에 의해 대지 등에 설치되었을 경우 (나)의 기준에 따른다.

▶**정답** 가. 소방기술기준
   나. 옥외탱크저장소

23 구리, 아연, 마그네슘이 있다. 원자번호가 가장 큰 금속과 염산의 화학 반응식을 쓰고 이때 발생하는 가스의 명칭을 쓰시오.

> **정답** 아연(Zn), $Zn + 2HCl \rightarrow ZnCl_2 + H_2$
> **참고** 가. 마그네슘의 원자번호 : 12, 구리의 원자번호 : 29, 아연의 원자번호 : 30
> 나. 아연은 산 또는 알칼리와 반응하여 수소를 발생시킨다.
> $Zn + 2HCl \rightarrow ZnCl_2 + H_2$
> $Zn + H_2SO_4 \rightarrow ZnSO_4 + H_2$

24 벤젠과 아세톤의 화재에 주수소화를 하고 있다. 주수소화 시 소화효과가 없는 것은?

> **정답** 벤젠
> **참고** 벤젠의 비중이 물보다 작으므로 주수소화 시 화재면을 확대시킨다.

필답형 2012년 7월 7일 산업기사 실기시험

1 트라이에틸알루미늄의 공기 중 연소반응식을 쓰시오.

▶**정답** $2(C_2H_5)_3Al + 21O_2 \rightarrow Al_2O_3 + 12CO_2 + 15H_2O$
▶**참고** 공기와 접촉하면 자연발화를 일으키고, 금수성이다.

2 표준상태에서 인화알루미늄 580g이 물과 반응할 때 생성되는 기체의 부피는 얼마인가?

▶**정답** $AlP + 3H_2O \rightarrow Al(OH)_3 + PH_3$
　　580g　　　　　:　　　　　xl
　　58g　　　　　:　　　　　22.4l
　　$58 \times x = 580 \times 22.4$　　　$x = 22.4l$
▶**참고** Al의 원자량 : 27g, P의 원자량 : 31g
담배 및 곡물의 저장창고의 훈증제로 사용되는 약제로, 화합물 분자는 AlP로서 짙은 회색 또는 황색 결정체이며 녹는점은 1,000℃ 이상이다. 건조 상태에서는 안정하나 습기가 있으면 격렬하게 가수반응(加水反應)을 일으켜 포스핀(PH₃)을 생성하여 강한 독성물질로 변한다. 따라서 일단 개봉하면 보관이 불가능하므로 전부 사용하여야 한다. 또한 이 약제는 고독성 농약이므로 사용 및 보관에 특히 주의하여야 한다.

3 톨루엔과 질산, 황산을 혼합했다. 다음 물음에 답하시오.

1) 생성되는 물질의 화학반응식을 쓰시오.
2) 반응의 명칭을 쓰시오.

▶**정답** 1) $C_6H_2CH_3(NO_2)_3$
　　　2) 나이트로화반응
▶**참고** 톨루엔에 질산, 황산을 반응시켜 생성되는 물질은 폭약인 트라이나이트로톨루엔이 된다.

$$C_6H_5CH_3 + 3HNO_3 \xrightarrow{H_2SO_4} C_6H_2CH_3(NO_2) + 3H_2O$$

4 탱크 바닥의 반지름이 60cm, 높이가 150cm인 탱크의 내용적은 몇 m³인가?

정답 V(내용적)$= \pi r^2 h = \pi \times 0.6^2 \times 1.5 = 1.7\,\text{m}^3$

5 이산화탄소 소화설비에 적응성이 있는 위험물을 적으시오.

정답 제2류 위험물, 제4류 위험물

참고 CO_2 소화설비 설치 금지 장소
① 금속 수소 화합물을 저장하는 곳
② Na, K, Mg, Ti을 저장하는 곳
③ 수용인원이 많고 2분 이내에 대피가 곤란한 곳
④ 물질 자체에 산소공급원을 다량 함유하고 있고 자기 연소성 물질(제5류 위험물)을 저장·취급하는 곳

6 표준상태에서 78g의 과산화나트륨과 물이 반응할 때 생성되는 산소 몰수는 몇 몰인가?

정답 $Na_2O_2 + H_2O \rightarrow 2NaOH + \dfrac{1}{2}O_2 \uparrow$

Na_2O_2의 분자량 $= (23g \times 2) + (16 \times 2) = 78g$

과산화수소 78g이 물과 반응하면 산소가 $\dfrac{1}{2}$몰이 생성된다.

참고 상온에서 물과 격렬하게 반응하며 열을 발생하고 산소를 방출시킨다.

7 철분의 정의에 대한 설명이다. 다음 물음에 답하시오.

> "철분"이라 함은 철의 분말로서 (가)μm의 표준체를 통과하는 것이 (나)(중량)% 미만인 것은 제외한다.

정답 가. 53
나. 50

8 알킬알루미늄, 아세트알데하이드 및 다이에틸에터 등의 저장기준에 대한 설명이다. 다음 위험물을 저장할 때 적합한 저장온도를 쓰시오.

1) 다이에틸에터
2) 아세트알데하이드
3) 산화프로필렌

▶**정답** 1) 다이에틸에터 : 30℃ 이하
　　　2) 아세트알데하이드 : 15℃ 이하
　　　3) 산화프로필렌 : 30℃ 이하

➡**참고** 가. 옥외저장탱크·옥내저장탱크 또는 지하저장탱크 중 압력탱크 외의 탱크에 저장하는 다이에틸에터 등 또는 아세트알데하이드 등의 온도는 산화프로필렌과 이를 함유한 것 또는 다이에틸에터 등에 있어서는 30℃ 이하로, 아세트알데하이드 또는 이를 함유한 것에 있어서는 15℃ 이하로 각각 유지할 것
　　　나. 옥외저장탱크, 옥내저장탱크 또는 지하저장탱크 중 압력탱크에 저장하는 아세트알데하이드 등 또는 다이에틸에터 등의 온도는 40℃ 이하로 유지할 것

9 옥내소화전설비의 개폐밸브 및 호스접속구는 바닥면으로부터 몇 m 이하의 높이에 설치하여야 하는가?

▶**정답** 1.5m 이하

➡**참고** 옥내소화전설비의 설치기준
① 옥내소화전함에는 그 표면에 "소화전"이라고 표시하여야 한다.
② 옥내소화전함의 상부의 벽면에 적색의 표시등을 설치하여야 한다.
③ 표시등 불빛은 부착면으로부터 15도 범위 안에서 10m 이내에서 쉽게 식별할 수 있어야 한다.
④ 호스접속구는 바닥면으로부터 1.5m 이하의 높이에 설치하여야 한다.
⑤ 옥내소화전설비의 비상전원은 30분 이상 작동할 수 있어야 한다.(단, 옥내소화전설비의 기준에서 위험물제조소의 옥내소화전설비 비상전원의 용량은 옥내소화전설비를 유효하게 45분 이상 작동시킬 수 있어야 한다.)
⑥ 호스 접속구(방수구)는 각 층마다 설치하고 각 부분으로부터 수평거리 25m 이하가 되도록 설치할 것

10 건축물의 기둥, 바닥, 외벽이 내화구조로 된 위험물 제조소의 바닥면적이 450m²일 경우 소요단위는 몇 단위인가?

▶**정답** 소요단위 $= \dfrac{450\text{m}^2}{100\text{m}^2} = 4.5$단위

➡**참고** 소요단위의 계산방법
건축물 그 밖의 공작물 또는 위험물의 소요단위의 계산방법은 다음의 기준에 의할 것

① 제조소 또는 취급소의 건축물은 외벽이 내화구조인 것은 연면적 100m²를 1소요단위로 하며, 외벽이 내화구조가 아닌 것은 연면적 50m²를 1소요단위로 할 것

② 저장소의 건축물은 외벽이 내화구조인 것은 연면적 150m²를 1소요단위로 하고, 외벽이 내화구조가 아닌 것은 연면적 75m²를 1소요단위로 할 것

③ 제조소 등의 옥외에 설치된 공작물은 외벽이 내화구조인 것으로 간주하고 공작물의 최대수평투영면적을 연면적으로 간주하여 ① 및 ②의 규정에 의하여 소요단위를 산정할 것

④ 위험물은 지정수량의 10배를 1소요단위로 할 것

11 지정과산화물 옥내저장소의 기준에 대한 설명이다. 다음 물음에 답하시오.

1) 저장소 하나의 바닥면적은?

2) 철근콘크리트조 또는 철골철근콘크리트조의 격벽의 두께는?

3) 보강콘크리트블록조의 두께는?

4) "당해 저장창고의 양측의 외벽으로부터 (가)m 이상, 상부의 지붕으로부터 (나)cm 이상 돌출하게 하여야 한다."에서 ( ) 안에 알맞은 말은?

정답 1) 1,000m² 이하

2) 30cm 이상

3) 40cm 이상

4) 가 : 1, 나 : 50

참고 옥내저장소의 저장창고 기준

① 저장창고는 150m² 이내마다 격벽으로 완전하게 구획할 것. 이 경우 당해 격벽은 두께 30cm 이상의 철근콘크리트조 또는 철골철근콘크리트조로 하거나 두께 40cm 이상의 보강콘크리트블록조로 하고, 당해 저장창고 양측의 외벽으로부터 1m 이상, 상부의 지붕으로부터 50cm 이상 돌출하게 하여야 한다.

② 저장창고의 외벽은 두께 20cm 이상의 철근콘크리트조나 철골철근콘크리트조 또는 두께 30cm 이상의 보강콘크리트블록조로 할 것

③ 저장소 하나의 바닥면적은 1,000m² 이하로 할 것

12 제3류 위험물 중 위험등급 I에 해당되는 품명 5가지를 쓰시오.

정답 칼륨, 나트륨, 알킬알루미늄, 알킬리튬, 황린

참고 위험등급 I의 위험물

① 제1류 위험물 중 아염소산염류, 염소산염류, 과염소산염류, 무기과산화물 그 밖에 지정수량이 50kg인 위험물

② 제3류 위험물 중 칼륨, 나트륨, 알킬알루미늄, 알킬리튬, 황린 그 밖에 지정수량이 10kg 또는 20kg인 위험물

③ 제4류 위험물 중 특수인화물

④ 제5류 위험물 중 유기과산화물, 질산에스터류 그 밖에 지정수량이 10kg인 위험물

⑤ 제6류 위험물

13 황린의 연소반응식을 쓰시오.

정답 $P_4 + 5O_2 \rightarrow 2P_2O_5$

참고 공기 중에서 격렬하게 연소하며 유독성 가스도 발생한다.

14 수납하는 위험물에 따른 외부포장 표시방법을 쓰시오.

1) 제2류 위험물 중 인화성 고체
2) 제3류 위험물 중 금수성물질
3) 제4류 위험물
4) 제6류 위험물

정답 1) 화기엄금
2) 물기엄금
3) 화기엄금
4) 가연물접촉주의

참고 수납하는 위험물에 따른 규정에 의한 주의사항
① 제1류 위험물 중 알칼리금속의 과산화물 또는 이를 함유한 것에 있어서는 "화기·충격주의", "물기엄금" 및 "가연물접촉주의", 그 밖의 것에 있어서는 "화기·충격주의" 및 "가연물접촉주의"
② 제2류 위험물 중 철분·금속분·마그네슘 또는 이들 중 어느 하나 이상을 함유한 것에 있어서는 "화기주의" 및 "물기엄금", 인화성 고체에 있어서는 "화기엄금", 그 밖의 것에 있어서는 "화기주의"
③ 제3류 위험물 중 자연발화성 물질에 있어서는 "화기엄금" 및 "공기접촉엄금", 금수성 물질에 있어서는 "물기엄금"
④ 제4류 위험물에 있어서는 "화기엄금"
⑤ 제5류 위험물에 있어서는 "화기엄금" 및 "충격주의"
⑥ 제6류 위험물에 있어서는 "가연물접촉주의"

15 금속나트륨과 물을 서로 혼합하고 있다. 다음 물음에 답하시오.

1) 나트륨과 물의 반응식은?
2) 나트륨 230g일 때 물과 반응하여 발생하는 수소기체의 부피는 몇 L인가?

정답 1) $2Na + 2H_2O \rightarrow 2NaOH + H_2$
2) $2Na + 2H_2O \rightarrow 2NaOH + H_2$
$$230g \qquad : \qquad x$$
$$2 \times 23g \qquad : \qquad 22.4l$$
$$2 \times 23 \times x = 230 \times 22.4 \qquad x = 112$$

➡참고 나트륨은 공기 중의 수분이나 알코올과 반응하여 수소를 발생하며 자연발화를 일으키기 쉬우므로 석유, 유동파라핀 속에 저장한다.

$2Na + 2H_2O \rightarrow 2NaOH + H_2$

$2Na + 2C_2H_5OH \rightarrow 2C_2H_5ONa + H_2$

16 과망가니즈산칼륨, 묽은 황산, 삼산화크로뮴(CrO_3)에 대해 다음 물음에 답하시오.

1) 과망가니즈산칼륨과 묽은 황산이 반응할 때 생성물질 3가지를 쓰시오.
2) 삼산화크로뮴의 열분해반응식을 쓰시오.

➡정답 1) 황산칼륨, 황산망가니즈, 물, 산소

2) $4CrO_3 \rightarrow 2Cr_2O_3 + 3O_2$

➡참고 가. 묽은 황산과 반응하여 산소를 방출시킨다.

$4KMnO_4 + 6H_2SO_4 \rightarrow 2K_2SO_4 + 4MnSO_4 + 6H_2O + 5O_2\uparrow$

나. 삼산화크로뮴이 분해하면 산소를 방출한다.

$4CrO_3 \rightarrow 2Cr_2O_3 + 3O_2$

17 방유제가 설치된 옥외탱크저장소(탱크의 지름은 5m, 탱크의 높이는 15m)가 있다. 다음 물음에 답하시오.

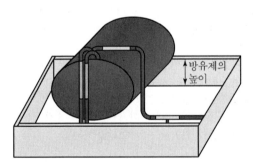

1) 방유제의 최소 높이는 얼마로 해야 하는가?
2) 탱크와 방유제 상호 간의 거리는 몇 m인가?

➡정답 1) 0.5m

2) $15m \times \dfrac{1}{3} = 5m$ 이상

➡참고 방유제는 옥외저장탱크의 지름에 따라 그 탱크의 옆판으로부터 다음에 정하는 거리를 유지할 것. 다만, 인화점이 200℃ 이상인 위험물을 저장 또는 취급하는 것에 있어서는 그러하지 아니하다.

가. 지름이 15m 미만인 경우에는 탱크 높이의 3분의 1 이상
나. 지름이 15m 이상인 경우에는 탱크 높이의 2분의 1 이상
다. 방유제의 높이는 0.5m 이상 3m 이하로 할 것

18 위험물을 취급하는 제조소의 보유공지 규정에 대하여 쓰시오.

1) 지정수량 10배 이하인 경우
2) 지정수량 10배 초과인 경우

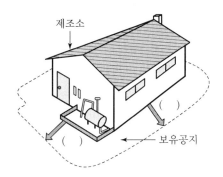

제조소

( )

( ) ← 보유공지

▶정답 1) 3m 이상
2) 5m 이상

▶참고

취급하는 위험물의 최대수량	공지의 너비
지정수량의 10배 이하	3m 이상
지정수량의 10배 초과	5m 이상

19 염소산나트륨을 저장하는 옥내저장소에 대해 다음 물음에 답하시오.

1) 산과 반응하면 생성되는 유독가스의 명칭을 쓰시오.
2) 옥내저장소의 바닥면적은 몇 m²인가?

▶정답 1) 이산화염소(ClO_2)
2) 1,000m²

▶참고 가. 산과 반응하여 유독한 이산화염소(ClO_2)를 발생하고 폭발위험이 있다.
$6NaClO_3 + 3H_2SO_4 \rightarrow 3Na_2SO_4 + 2HClO_4 + 4ClO_2 + 2H_2O$
나. 다음의 위험물을 저장하는 창고 : 1,000m²
1) 제1류 위험물 중 아염소산염류, 염소산염류, 과염소산염류, 무기과산화물, 그 밖에 지정수량이 50kg인 위험물
2) 제3류 위험물 중 칼륨, 나트륨, 알킬알루미늄, 알킬리튬, 그 밖에 지정수량이 10kg인 위험물 및 황린
3) 제4류 위험물 중 특수인화물, 제1석유류 및 알코올류
4) 제5류 위험물 중 유기과산화물, 질산에스터류, 그 밖에 지정수량이 10kg인 위험물
5) 제6류 위험물

20 실험실의 실험대 위에 과산화벤조일[(C₆H₅CO)₂O₂]이라는 위험물 있다. 그리고 A접시와 B접시에 어떤 액체가 들어 있다. A접시에서는 과산화벤조일이 녹고 B접시에서는 녹지 않는다. 다음 물음에 답하시오.

1) 위험물의 류별을 쓰시오.
2) 물이 들어 있는 접시는 어느 것인가?

▶정답 1) 제5류 위험물
2) B
▶참고 과산화벤조일(벤조일퍼옥사이드)[(C₆H₅CO)₂O₂]의 성질
① 무색·무미의 결정고체로 비수용성이며, 알코올에 약간 녹는다.
② 발화점 125℃, 융점 103~105℃, 비중 1.33(25℃)
③ 상온에서 안정된 물질로 강한 산화작용이 있다.

21 PMCC라고 적혀진 인화점 시험기의 명칭을 쓰시오.

▶정답 펜스키 마르텐스(Pensky Martenes Type) 밀폐식 인화점 시험기

22 다이에틸에터를 담은 비커가 놓여 있다. 표준상태에서 증기의 비중을 구하시오.(단, 공기의 평균 분자량은 29이다.)

▶정답 $증기비중 = \dfrac{성분 기체의 분자량}{공기의 평균분자량} = \dfrac{74}{29} = 2.55$
▶참고 $C_2H_5OC_2H_5$ 분자량 $= (12 \times 4) + (1 \times 10) + 16 = 74g$

23 옥외탱크 저장소 주입구에 대해 다음 물음에 답하시오.

1) 규격
2) 바탕색
3) 글자색

정답 1) 게시판은 한 변이 0.3m 이상, 다른 한 변이 0.6m 이상인 직사각형으로 할 것
　　 2) 백색
　　 3) 흑색

참고 ① 게시판은 한 변이 0.3m 이상, 다른 한 변이 0.6m 이상인 직사각형으로 할 것
　　 ② 게시판에는 "옥외저장탱크 주입구"라고 표시하는 것 외에 취급하는 위험물의 유별, 품명 등 주의사항을 표시할 것
　　 ③ 게시판은 백색 바탕에 흑색 문자로 할 것

24 황린 7,500kg을 저장하고 있는 내화구조로 된 옥내저장소의 지정수량의 배수와 보유공지를 쓰시오.

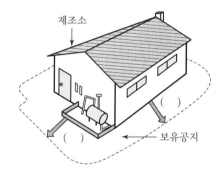

정답 지정수량배수 $= \dfrac{\text{저장수량}}{\text{지정수량}} = \dfrac{7,500\text{kg}}{20\text{kg}} = 375$배, 　　 보유공지 : 10m

참고 옥내저장소의 보유공지

저장 또는 취급하는 위험물의 최대수량	공지의 너비	
	벽·기둥 및 바닥이 내화 구조로 된 건축물	그 밖의 건축물
지정수량의 5배 이하		0.5m 이상
지정수량의 5배 초과 10배 이하	1m 이상	1.5m 이상
지정수량의 10배 초과 20배 이하	2m 이상	3m 이상
지정수량의 20배 초과 50배 이하	3m 이상	5m 이상
지정수량의 50배 초과 200배 이하	5m 이상	10m 이상
지정수량의 200배 초과	10m 이상	15m 이상

1 제1류 위험물에 대한 성질로 옳은 것을 보기에서 골라 번호를 쓰시오.

> 보기 : ㉮ 무기화합물　　　㉯ 유기화합물　　　㉰ 산화제
> ㉱ 인화점이 0℃ 이하　　㉲ 인화점이 0℃ 이상　　㉳ 고체

정답 ㉮, ㉰, ㉳

참고 제1류 위험물의 일반적 성질
① 대부분 무색 결정 또는 백색 분말의 고체 상태이고 비중이 1보다 크며 물에 잘 녹는다.
② 반응성이 커서 분해하면 산소를 발생하고, 대표적 성질은 산화성 고체로 모든 품목이 산소를 함유한 강력한 산화제이다.
③ 자신은 불연성 물질로서 환원성 또는 가연성 물질에 대하여 강한 산화성을 가지고 모두 무기화합물이다. 즉, 다른 가연물의 연소를 돕는 지연성 물질(조연성 물질)이다.
④ 기체상태의 산소분자의 체적에 비교하면 약 1/1,000의 체적이지만 분해하게 되면 산소의 체적이 크게 증가한다.
⑤ 방출된 산소원자는 분해 직후의 산화력이 특히 강하다.
⑥ 유기물의 혼합 등에 의해서 폭발의 위험성이 있고, 가열, 충격, 마찰, 타격 등 약간의 충격에 의해 분해반응이 개시되며 그 반응은 연쇄적으로 진행되는가 하면, 다른 화학물질(정촉매)과의 접촉에 의해서도 분해가 촉진된다.

2 제2종 분말약제의 1차 열분해 반응식을 쓰시오.

정답 $2KHCO_3 \rightarrow K_2CO_3 + CO_2 + H_2O$

참고

종류	주성분	착색	적응화재	열분해 반응식
제1종 분말	NaHCO₃ (탄산수소나트륨)	백색	B, C	$2NaHCO_3$ $\rightarrow Na_2CO_3 + CO_2 + H_2O$
제2종 분말	KHCO₃ (탄산수소칼륨)	보라색	B, C	$2KHCO_3$ $\rightarrow K_2CO_3 + CO_2 + H_2O$
제3종 분말	NH₄H₂PO₄ (제1인산암모늄)	담홍색	A, B, C	$NH_4H_2PO_4$ $\rightarrow HPO_3 + NH_3 + H_2O$
제4종 분말	KHCO₃+(NH₂)₂CO (탄산수소칼륨+요소)	회백색	B, C	$2KHCO_3 + (NH_2)_2CO$ $\rightarrow K_2CO_3 + 2NH_3 + 2CO_2$

3 다음 위험물의 위험등급 Ⅱ품명을 2가지 쓰시오.

1) 제1류 위험물
2) 제2류 위험물
3) 제4류 위험물

▶**정답** 1) 브로민산염류, 질산염류   2) 황화인, 적린   3) 제1석유류, 알코올류
▶**참고** 위험등급 Ⅱ의 위험물
　① 제1류 위험물 중 브로민산염류, 질산염류, 아이오딘산염류, 그 밖에 지정수량이 300kg인 위험물
　② 제2류 위험물 중 황화인, 적린, 황, 그 밖에 지정수량이 100kg인 위험물
　③ 제3류 위험물 중 알칼리금속(칼륨 및 나트륨을 제외한다) 및 알칼리토금속, 유기금속화합물(알킬알루미늄 및 알킬리튬을 제외한다), 그 밖에 지정수량이 50kg인 위험물
　④ 제4류 위험물 중 제1석유류 및 알코올류
　⑤ 제5류 위험물 중 제1호 라목에 정하는 위험물 외의 것

4 보기의 연소방식을 분류하시오.

> 보기 : 나트륨, TNT, 에틸알코올, 금속분, 다이에틸에터, 피크르산

1) 보기에서 표면연소를 일으키는 물질은 무엇인가?
2) 보기에서 증발연소를 일으키는 물질은 무엇인가?
3) 보기에서 자기연소를 일으키는 물질은 무엇인가?

▶**정답** 1) 나트륨, 금속분
　　2) 에틸알코올, 다이에틸에터
　　3) TNT, 피크르산
▶**참고** 연소의 형태
　① 표면연소
　　목탄(숯), 코코스, 금속분 등이 열분해하여 고체 표면이 고온을 유지하면서 가연성 가스를 발생하지 않고 그 물질 자체가 표면이 빨갛게 변하면서 연소하는 형태
　② 분해연소
　　석탄, 종이, 목재, 플라스틱의 고체 물질과 중유와 같은 점도가 높은 액체 연료에서 찾아볼 수 있는 형태로 열분해에 의해서 생성된 분해생성물과 산소와 혼합하여 연소하는 형태
　③ 증발연소
　　나프탈렌, 장뇌, 황, 왁스, 양초(파라핀)와 같이 고체가 가열되어 가연성 가스를 발생시켜 연소하는 형태
　④ 자기연소
　　화약, 폭약의 원료인 제5류 위험물 나이트로글리세린, 나이트로셀룰로오스, 질산에스터류에서 볼 수 있는 연소의 형태로서 공기 중의 산소를 필요로 하지 않고 그 물질 자체에 함유되어 있는 산소로부터 내부 연소하는 형태

5 제조소의 보유공지를 설치 아니할 수 있는 격벽 설치기준이다. 다음 빈칸을 채우시오.

1) 방화벽은 내화구조로 할 것. 다만, 제(　　)류 위험물인 경우 불연재료로 할 것
2) 출입구 및 창에는 자동 폐쇄식의 (　　)을 설치할 것

>**정답** 1) 6
2) 60분+방화문 또는 60분방화문

>**참고** 격벽의 설치기준
① 방화벽은 내화구조로 할 것, 다만 취급하는 위험물이 제6류 위험물인 경우에는 불연재료로 할 수 있다.
② 방화벽에 설치하는 출입구 및 창 등의 개구부는 가능한 한 최소로 하고, 출입구 및 창에는 자동폐쇄식의 60분+방화문 또는 60분방화문을 설치할 것
③ 방화벽의 양단 및 상단이 외벽 또는 지붕으로부터 50cm 이상 돌출하도록 할 것

6 트라이에틸알루미늄과 물의 화학반응식을 쓰고, 트라이에틸알루미늄 228g이 반응했을 때 생성되는 가스는 표준상태에서 몇 l 인지 쓰시오.(단 트라이에틸알루미늄의 분자량 : 114)

>**정답** 1) $(C_2H_5)_3Al + 3H_2O \rightarrow Al(OH)_3 + 3C_2H_6$
2) $(C_2H_5)Al + 3H_2O \rightarrow Al(OH)_3 + 3C_2H_6$
228g　　　　　　　　　　：　　　　　　　　　　　xl
114g　　　　　　　　　　：　　　　　　　　　$3 \times 22.4l$
$114 \times x = 228 \times 3 \times 22.4$　：　　　$x = 134.4l$

7 인화알루미늄과 물의 반응식을 쓰시오.

>**정답** $AlP + 3H_2O \rightarrow Al(OH)_3 + PH_3$

>**참고** 건조 상태에서는 안정하나 습기가 있으면 격렬하게 가수반응(加水反應)을 일으켜 포스핀(PH_3)을 생성하여 강한 독성물질로 변한다. 따라서 일단 개봉하면 보관이 불가능하므로 전부 사용하여야 한다. 또한 이 약제는 고독성 농약이므로 사용 및 보관에 특히 주의하여야 한다.

8 제1종 판매취급소의 시설기준에 관한 취급기준이다. 다음 빈칸을 채우시오.

1) 위험물을 배합하는 실은 바닥면적을 (　　)m² 이상 (　　)m² 이하로 한다.
2) (　　)또는 (　　)의 벽으로 한다.
3) 바닥은 위험물이 침투하지 아니하는 구조로 하여 적당한 경사를 두고 (　　)을(를) 설치해야 한다.
4) 출입구 문턱의 높이는 바닥으로부터 몇 (　　)m 이상으로 하여야 한다.

→정답 1) 6, 15

2) 내화구조, 불연재료

3) 집유설비

4) 0.1m

→참고 위험물을 배합하는 실의 기준

① 바닥면적은 6m² 이상 15m² 이하로 할 것

② 내화구조 또는 불연재료로 된 벽으로 구획할 것

③ 바닥은 위험물이 침투하지 아니하는 구조로 하여 적당한 경사를 두고 집유설비를 할 것

④ 출입구에는 수시로 열 수 있는 자동폐쇄식의 60분+방화문 또는 60분방화문을 설치할 것

⑤ 출입구 문턱의 높이는 바닥면으로부터 0.1m 이상으로 할 것

⑥ 내부에 체류한 가연성의 증기 또는 가연성의 미분을 지붕 위로 방출하는 설비를 할 것

9 다이에틸에터 2,000 l 가 있다. 소요단위는 얼마인가?

→정답 소요단위 $= \dfrac{2,000}{50 \times 10배} = 4배$

→참고 위험물의 1소요단위는 지정수량의 10배이다.

10 나트륨에 관한 다음 물음에 답하시오.

1) 나트륨의 연소반응식을 쓰시오.

2) 나트륨이 완전 분해 시 색상을 쓰시오.

→정답 1) $4Na + O_2 \rightarrow 2Na_2O$

2) 노란색

→참고

Li	Na	K	Cu	Ba	Ca	Rb	Cs
적색	노란색	보라색	청록색	황록색	주황색	심청색	청자색

11 다음은 위험물의 운반기준이다. 다음 빈칸을 채우시오.

1) 고체위험물은 운반용기 내용적의 (   )% 이하의 수납률로 수납할 것

2) 액체위험물은 운반용기 내용적의 (   )% 이하의 수납률로 수납하되, (   )도의 온도에서 누설되지 아니하도록 충분한 공간용적을 유지하도록 할 것

→정답 1) 95

2) 98, 55

12 이산화탄소 소화설비에 관한 내용이다. (   ) 안에 알맞은 말을 쓰시오.

1) 저압식 저장용기에는 액면계 및 압력계와 (   )MPa 이상 (   )MPa 이하의 압력에서 작동하는 압력경보장치를 설치할 것
2) 저압식 저장용기에는 용기 내부의 온도를 영하 (   )℃ 이상, 영하 (   )℃ 이하로 유지할 수 있는 자동냉동장치를 설치할 것

▶정답 1) 2.3, 1.9
　　　 2) 20, 18

13 A : 메탄올, B : 에탄올, C : 아세톤, D : 다이에틸에터, E : 가솔린이라고 쓰인 라벨이 붙어 있는 비커 5개가 있다. 다음 물음에 답하시오.

1) 연소범위가 가장 넓은 것을 고르시오.
2) 제1석유류를 고르시오.
3) 증기비중이 가장 가벼운 것을 고르시오.

▶정답 1) (D)
　　　 2) (C), (E)
　　　 3) (A)

▶참고

구분	메틸알코올	에틸알코올	아세톤	다이에틸에터
화학식	CH_3OH	C_2H_5OH	CH_3COCH_3	$C_2H_5OC_2H_5$
연소범위	7.3~36%	4.3~19%	2.6~12.8%	1.9~48%
류별	알코올류	알코올류	제1석유류	특수인화물
증기비중	1.1	1.6	2.0	2.6

14 다음 물질의 화학식을 쓰시오.

1) 제1종 분말
2) 제2종 분말
3) 제3종 분말

▶정답 1) $NaHCO_3$
　　　 2) $KHCO_3$
　　　 3) $NH_4H_2PO_4$

▶참고

종류	주성분	착색	적응화재	열분해 반응식
제1종 분말	$NaHCO_3$ (탄산수소나트륨)	백색	B, C	$2NaHCO_3$ $\rightarrow Na_2CO_3 + CO_2 + H_2O$
제2종 분말	$KHCO_3$ (탄산수소칼륨)	보라색	B, C	$2KHCO_3$ $\rightarrow K_2CO_3 + CO_2 + H_2O$
제3종 분말	$NH_4H_2PO_4$ (제1인산암모늄)	담홍색	A, B, C	$NH_4H_2PO_4$ $\rightarrow HPO_3 + NH_3 + H_2O$
제4종 분말	$KHCO_3 + (NH_2)_2CO$ (탄산수소칼륨+요소)	회백색	B, C	$2KHCO_3 + (NH_2)_2CO$ $\rightarrow K_2CO_3 + 2NH_3 + 2CO_2$

15 부틸리튬[C_4H_9Li], 메틸리튬[CH_3Li]을 물이 담겨있는 병에서 시료를 조금씩 채취하면서 이 병에 고무풍선을 꽂으면 고무풍선이 부풀어 오른다. 다음 물음에 답하시오.

1) 이 물질의 공통적인 품명을 쓰시오.
2) 이 물질의 지정수량을 쓰시오.

▶정답 1) 알킬리튬
　　　2) 10kg

16 제조소에 대해 다음 각 물음에 답하시오.

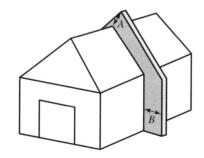

1) 격벽 A는 몇 cm 이상인가?
2) 격벽 B는 몇 cm 이상인가?

▶정답 1) 50cm
　　　2) 50cm

▶참고 방화상 유효한 격벽의 설치기준

① 방화벽은 내화구조로 할 것, 다만 취급하는 위험물이 제6류 위험물인 경우에는 불연재료로 할 수 있다.

② 방화벽에 설치하는 출입구 및 창 등의 개구부는 가능한 한 최소로 하고, 출입구 및 창에는 자동폐쇄식의 60분+방화문 또는 60분방화문을 설치할 것

③ 방화벽의 양단 및 상단이 외벽 또는 지붕으로부터 50cm 이상 돌출하도록 할 것

17 Al, Fe, Cu에 대해 다음 물음에 답하시오.

1) 입자의 크기가 53μm 표준체를 통과하는 것이 50중량% 이상일 때 위험물에서 제외되는 것은?
2) 굵기나 모양과는 상관없이 위험물에 포함되지 않는 것은?(없으면 없음이라고 쓰시오.)

▶**정답** 1) 철
      2) 구리

18 단층 옥내저장소와 주변의 담과 토제에 대해 다음 각 물음에 답하시오.

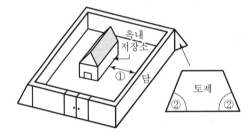

1) 담 또는 토제는 저장창고의 외벽으로부터 몇 m 이상 떨어진 장소에 설치해야 하는가?
   (다만, 담 또는 토제와 당해 저장창고와의 간격은 당해 옥내저장소의 공지 넓이의 $\frac{1}{5}$을 초과할 수 없다.)
2) 토제의 경사면의 경사도는 몇 도 미만으로 하여야 하는가?

▶**정답** 1) 2
      2) 60

19 단층 옥내저장소 안에 드럼통 3개가 있다. 다음 각 물음에 답하시오.

1) 저장창고의 지붕을 내화구조로 할 수 있는 경우를 쓰시오.
2) 난연재료 또는 불연재료로 된 천장을 설치할 수 있는 경우를 쓰시오.

▶**정답** 1) 제2류 위험물과 제6류 위험물만의 저장창고
      2) 제5류 위험물만의 저장창고

➡참고 저장창고는 지붕을 폭발력이 위로 방출될 정도의 가벼운 불연재료로 하고, 천장을 만들지 아니하여야 한다. 다만, 제2류 위험물(분상의 것과 인화성 고체를 제외한다)과 제6류 위험물만의 저장창고에 있어서는 지붕을 내화구조로 할 수 있고, 제5류 위험물만의 저장창고에 있어서는 당해 저장창고 내의 온도를 저온으로 유지하기 위하여 난연재료 또는 불연재료로 된 천장을 설치할 수 있다.

20 과염소산($HClO_4$)을 가열하면 폭발한다. 다음 각 물음에 답하시오.

1) 폭발반응 시 발생기체 중 독성이 있는 기체를 쓰시오.
2) 폭발하는 위험물의 증기비중을 구하시오.

➡정답 1) HCl

2) 증기비중 $= \dfrac{\text{과염소산의 분자량}}{\text{공기의 평균 분자량}} = \dfrac{100.5}{29} = 3.47$

➡참고 과염소산의 폭발 반응식 : $HClO_4 \rightarrow HCl + 2O_2$
$HClO_4 = 1 + 35.5 + (16 \times 4) = 100.5$

21 2층 건물, 내화 구조의 벽, 60분 + 방화문 또는 60분방화문을 설치한 옥내저장소가 있다. 제2류 위험물의 저장창고에 대한 다음 각 물음에 답하시오.

1) 하나의 저장창고의 바닥면적의 합계는 몇 m^2 이하로 하여야 하는가?
2) 바닥면으로부터 상층의 바닥까지의 높이는 몇 m 미만으로 하여야 하는가?

➡정답 1) 1,000

2) 6

➡참고 다층건물의 옥내저장소의 기준
① 저장창고는 각 층의 바닥을 지면보다 높게 하고, 바닥면으로부터 상층의 바닥(상층이 없는 경우에는 처마)까지의 높이(이하 "층고"라 한다)를 6m 미만으로 하여야 한다.
② 하나의 저장창고의 바닥면적 합계는 1,000m^2 이하로 하여야 한다.

22 염소산칼륨($KClO_3$)을 비커에 계속 가열하여 발생된 기체를 플라스크에 포집한 후 불이 붙어 있는 쇠막대를 포집된 플라스크 안쪽에 넣으니 불꽃이 더 커진다. 염소산칼륨($KClO_3$)을 계속 가열하여 온도가 상승하는 중 작업자가 다른 작업을 하다가 온도계를 미처 확인하지 못하여 폭발한다. 이때 열분해 반응식을 쓰시오.

➡정답 $2KClO_3 \rightarrow 2KCl + 3O_2$

➡참고 촉매 없이 400℃ 부근에서 분해
가. $2KClO_3 \rightarrow KCl + KClO_4 + O_2 \uparrow$
나. $2KClO_3 \rightarrow 2KCl + 3O_2$(540~560℃에서 분해되는 반응식)

1 탄화알루미늄과 물의 분해 반응식을 쓰시오.

➡️**정답** $Al_4C_3 + 12H_2O \rightarrow 4Al(OH)_3 + 3CH_4\uparrow$

➡️**참고** 황색(순수한 것은 백색)의 단단한 결정 또는 분말로서 1,400℃ 이상 가열 시 분해한다. 위험성으로서 물과 반응하여 가연성 메탄가스를 발생하므로 인화 위험이 있다.

2 제1류 위험물 중 위험도 I등급 위험물 2가지의 품명을 쓰시오.

➡️**정답** 아염소산염류, 염소산염류, 과염소산염류, 무기과산화물 중 2가지

➡️**참고** 위험등급 I의 위험물
　① 제1류 위험물 중 아염소산염류, 염소산염류, 과염소산염류, 무기과산화물, 그 밖에 지정수량이 50kg인 위험물
　② 제3류 위험물 중 칼륨, 나트륨, 알킬알루미늄, 알킬리튬, 황린, 그 밖에 지정수량이 10kg 또는 20kg인 위험물
　③ 제4류 위험물 중 특수인화물
　④ 제5류 위험물 중 유기과산화물, 질산에스터류, 그 밖에 지정수량이 10kg인 위험물
　⑤ 제6류 위험물

3 벤젠, 경유, 등유 각각 1,000l 보관 시 지정수량의 배수를 쓰시오.

➡️**정답** 지정수량의 배수 $= \dfrac{\text{저장수량}}{\text{지정수량}}$ 의 합 $= \dfrac{1,000}{200} + \dfrac{1,000}{1,000} + \dfrac{1,000}{1,000} = 7$배

4 흑색 화약을 만드는 원료 중에서 위험물에 해당되는 물질이 있다. 다음 물음에 답하시오.

　1) 해당되는 위험물 2가지를 쓰시오.
　2) 해당되는 위험물의 지정수량을 쓰시오.

➡️**정답** 1) KNO_3(질산칼륨), 황
　　　 2) 질산칼륨(300kg), 황(100kg)

➡️**참고** 질산칼륨에 숯가루, 황가루, 황린을 혼합하면 흑색 화약이 되며 가열, 충격, 마찰에 주의한다.

5 다음 물음에 답하시오.

1) 금속칼륨 화재 시 이산화탄소 소화기를 사용할 경우 반응식을 쓰시오.
2) 적응소화약제 한 가지를 쓰시오.

▶정답 1) $4K + 3CO_2 \rightarrow 2K_2CO_3 + C$

2) 마른 모래, 팽창질석, 팽창진주암 중 1개

▶참고 금속칼륨은 CO_2와 CCl_4와 접촉하면 폭발적으로 반응한다.

$4K + 3CO_2 \rightarrow 2K_2CO_3 + C$

$4K + CCl_4 \rightarrow 4KCl + C$

6 2층으로 된 위험물 제조소의 각 층에 옥내소화전이 각각 3개씩 설치되어 있다. 수원의 수량은 몇 m^3 이상이 되어야 하는가?

▶정답 $23.4m^3$

▶참고 위험물 제조소 옥내소화전의 수원량은 소화전 개수(최대 설치개수 5개) × $7.8m^3$

$3 \times 7.8 = 23.4m^3$

7 다음 ( ) 안에 알맞은 답을 쓰시오.

이황화탄소의 옥외저장탱크는 벽 및 바닥의 두께가 (가) 이상이고, 누수가 되지 않는 철근콘크리트의 (나) 속에 설치하여야 한다.

▶정답 가. 0.2m

나. 수조

8 다음 물음에 답하시오.

1) 산화프로필렌의 불활성 기체 봉입 압력은 몇 kPa인가?
2) 아세트알데하이드의 불활성 기체 봉입 압력은 몇 kPa인가?

▶정답 1) 100kPa

2) 100kPa

9 황화인 중 조해성이 없는 위험물의 완전연소 시 발생하는 물질은 무엇인가?

>**정답** P_2O_5, SO_2
>**참고** 공기 중에서 연소하여 발생되는 연소 생성물은 모두 유독하다.
> $P_4S_3 + 8O_2 \rightarrow 2P_2O_5\uparrow + 3SO_2\uparrow$

10 옥외탱크 저장소에 1만l 탱크 3개가 있을 때 방유제의 용량, 방유제의 넓이, 방유제의 높이는?

>**정답** 1) 방유제의 용량 : 동일 크기가 있을 때에는 가장 큰 것의 110%이므로 11,000l 이상
> 2) 방유제의 넓이 : 방유제의 최대 용량 80,000m^2 이하
> 3) 방유제의 높이 : 0.5m 이상 3m 이하

11 다음 물음에 답하시오.

1) 과산화수소가 위험물에 해당되는 기준을 쓰시오.
2) 하이드라진의 분해 반응식을 쓰시오.

>**정답** 1) 과산화수소는 그 농도가 36중량% 이상인 것
> 2) $N_2H_4 \rightarrow N_2 + 2H_2$

12 제4류 위험물의 인화점에 대한 설명이다. (   )를 채우시오.

1) 제1석유류 인화점 : (   ) 미만
2) 제2석유류 인화점 : (   ) 이상 (   ) 미만
3) 제3석유류 인화점 : (   ) 이상 (   ) 미만
4) 제4석유류 인화점 : (   ) 이상 (   ) 미만

>**정답** 1) 21℃ 미만
> 2) 21℃ 이상 70℃ 미만
> 3) 70℃ 이상 200℃ 미만
> 4) 200℃ 이상 250℃ 미만

13 셀프주유소의 1회 주유량의 법적 기준을 설명한 것이다. 다음 (   ) 안을 채우시오.

> 1회의 연속주유량 및 주유시간의 상한을 미리 설정할 수 있는 구조일 것. 이 경우 주유량의 상한은 휘발유는 (   )L 이하, 경유는 (   )L 이하로 하며, 주유시간의 상한은 (   )분 이하로 한다.

정답 100, 200, 4

참고 1회의 연속주유량 및 주유시간의 상한을 미리 설정할 수 있는 구조일 것. 이 경우 주유량의 상한은 휘발유는 100L 이하, 경유는 200L 이하로 하며, 주유시간의 상한은 4분 이하로 한다.

14 흑자색 과망가니즈산칼륨을 비커에 있는 어떤 용액에 넣으니 보라색으로 변하였다. 이후 드라이어를 비커 옆에 두고 열을 가하자 폭발한다. 과망가니즈산칼륨의 지정수량을 쓰시오. 또한 240℃에서 과망가니즈산칼륨의 열분해 반응식을 쓰시오.

정답 1) 1,000kg
  2) $2KMnO_4 \rightarrow K_2MnO_4 + MnO_2 + O_2\uparrow$

참고 과망가니즈산칼륨을 가열하면 240℃에서 분해하여 산소를 방출시키고 아세톤, 메틸알코올, 빙초산에 잘 녹는다.

15 옥외저장탱크가 여러 개 있는 방유제에 대해 다음 물음에 답하시오.

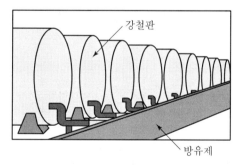

강철판

방유제

1) 방유제의 설치목적은?
2) 방유제의 높이는?

정답 1) 탱크에서 누설이 생길 경우, 위험물의 유출, 확산을 방지하기 위해
  2) 0.5m 이상, 3m 이하

16 통기관에 대해 다음 물음에 답하시오.

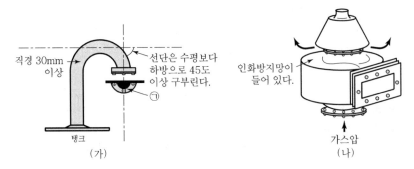

직경 30mm 이상

선단은 수평보다 하방으로 45도 이상 구부린다.

ㄱ

탱크

(가)

인화방지망이 들어 있다.

가스압

(나)

1) (가), (나)의 종류를 쓰시오.

2) ㉠의 명칭을 쓰시오.

3) 이 통기관은 몇 류 위험물의 어떠한 탱크에 적용되는가?

➡정답 1) (가) : 밸브 없는 통기관

　　　　(나) : 대기 밸브 부착 통기관

　　　2) 인화방지망

　　　3) 제4류 위험물의 옥외저장탱크

17 다음 물음에 답하시오.

1) 바닥면적이 450m²일 경우 환기설비의 설치기준에 따른 급기구의 최소 설치개수는 몇 개인가?

2) 저장창고에는 인화점이 몇 ℃ 미만인 위험물의 저장창고에 있어서 내부에 체류한 가연성의 증기를 지붕 위로 배출하는 설비를 갖추어야 하는가?

➡정답 1) $\dfrac{450}{150} = 3$개 이상

　　　2) 70℃

➡참고 ① 급기구는 당해 급기구가 설치된 실의 바닥면적 150m²마다 1개 이상으로 하되, 급기구의 크기는 800cm² 이상으로 할 것. 다만 바닥면적이 150m² 미만인 경우에는 다음의 크기로 하여야 한다.

② 저장창고에는 채광·조명 및 환기의 설비를 갖추어야 하고, 인화점이 70℃ 미만인 위험물의 저장창고에 있어서는 내부에 체류한 가연성의 증기를 지붕 위로 배출하는 설비를 갖추어야 한다.

18 옥외저장소에 제3석유류 저장용기가 겹쳐 쌓여있다. 다음 물음에 답하시오.

1) 드럼용기만을 겹쳐 쌓는 경우 몇 m를 초과할 수 없는가?
2) 공지의 너비는?(단, 지정수량의 10배)

➡정답 1) 4m
2) 3m 이상

➡참고

저장 또는 취급하는 위험물의 최대수량	공지의 너비
지정수량의 10배 이하	3m 이상
지정수량의 10배 초과 20배 이하	5m 이상
지정수량의 20배 초과 50배 이하	9m 이상
지정수량의 50배 초과 200배 이하	12m 이상
지정수량의 200배 초과	15m 이상

19 금속칼륨을 염산이 들어 있는 비커에 넣으니 기체가 발생한다. 다음 물음에 답하시오.

1) 철분과 염산의 반응식을 쓰시오.
2) 이 반응에서 생성되는 기체는?

➡정답 1) $Fe + 2HCl \rightarrow FeCl_2 + H_2$
2) 수소

20 분말소화기에 대해 다음 물음에 답하시오.

1) ABC라고 적혀 있는 소화기는 제 몇 종 분말소화기인가?
2) 이 소화기의 주성분을 화학식으로 답하시오.

정답 1) 제3종 분말소화기
2) NH₄H₂PO₄

종류	주성분	착색	적응화재	열분해 반응식
제1종 분말	NaHCO₃ (탄산수소나트륨)	백색	B, C	$2NaHCO_3$ $\rightarrow Na_2CO_3 + CO_2 + H_2O$
제2종 분말	KHCO₃ (탄산수소칼륨)	보라색	B, C	$2KHCO_3$ $\rightarrow K_2CO_3 + CO_2 + H_2O$
제3종 분말	NH₄H₂PO₄ (제1인산암모늄)	담홍색	A, B, C	$NH_4H_2PO_4$ $\rightarrow HPO_3 + NH_3 + H_2O$
제4종 분말	KHCO₃+(NH₂)₂CO (탄산수소칼륨+요소)	회백색	B, C	$2KHCO_3 + (NH_2)_2CO$ $\rightarrow K_2CO_3 + 2NH_3 + 2CO_2$

21 제조소와 사용전압이 50,000V를 초과하는 특고압가공전선, 고압가스시설, 그리고 주거용 주택과의 안전거리 합계는?

정답 5m+20m+10m=35m

참고 1. 건축물, 그 밖의 공작물로서 주거용으로 사용되는 것은 10m 이상
2. 학교, 병원, 극장, 그 밖에 다수인을 수용하는 시설로서 다음의 1에 해당하는 것에 있어서는 30m 이상
   가. 공연법, 영화진흥법, 그 밖에 이와 유사한 시설로서 3백 명 이상의 인원을 수용할 수 있는 것
   나. 아동복지법, 노인복지법, 장애인 복지법, 그 밖에 이와 유사한 시설로서 20명 이상의 인원을 수용할 수 있는 것
3. 문화재보호법의 규정에 의한 유형문화재와 기념물 중 지정문화재에 있어서는 50m 이상
4. 고압가스, 액화석유가스 또는 도시가스를 저장 또는 취급하는 시설에 있어서는 20m 이상
5. 사용전압이 7,000V 초과 35,000V 이하의 특고압가공전선에 있어서는 3m 이상
6. 사용전압이 35,000V를 초과하는 특고압가공전선에 있어서는 5m 이상

22 옥내저장창고의 내부에 위험물의 선반이 놓여 있다. 다음 물음에 답하시오.

1) 저장창고 내 제4류 위험물을 보관 시 높이는?
2) 지붕의 재질은?

정답 1) 6m 미만
2) 가벼운 불연재료

참고 ① 저장창고는 지면에서 처마까지의 높이(이하 "처마높이"라 한다)가 6m 미만인 단층건물로 하고 그 바닥을 지반면보다 높게 하여야 한다.
② 저장창고는 지붕을 폭발력이 위로 방출될 정도의 가벼운 불연재료로 하고, 천장을 만들지 아니하여야 한다.

23 제4류 위험물인 휘발유의 저장창고에 대해 다음 물음에 답하시오.

1) 게시판에 위험등급 Ⅲ등급이라 적혀 있다. 위험등급을 정확하게 고쳐 쓰시오.

2) 게시판의 주의사항을 적으시오.

정답 1) 위험등급 Ⅱ급

2) 화기엄금

1 황린에 대하여 다음 물음에 답하시오.

1) 화학식을 쓰시오.
2) 연소 시 생성되는 유독성인 흰색 연기의 화학식을 쓰시오.
3) 보호액을 무엇인가?

━━━━━━━━━━━━━━━━━━━━━━━━━━━━━━━━━━━━━━

➡정답 1) P_4
2) P_2O_5
3) pH 9 정도의 물

➡참고 가. 공기 중에서 격렬하게 연소하며 유독성 가스도 발생한다.
$$P_4 + 5O_2 \rightarrow 2P_2O_5$$
나. 강알칼리 용액과 반응하여 pH=9 이상이 되면 가연성·유독성의 포스핀 가스를 발생한다.
$$P_4 + 3KOH + 3H_2O \rightarrow PH_3\uparrow + 3KH_2PO_2$$
이때 액상인 인화수소 PH_3가 발생하는데 이것은 공기 중에서 자연발화한다.

2 ANFO 화약을 만들 때 사용하는 원료이고, 조해성이 있고 물을 흡수하면 흡열반응을 하는 질산염류의 화학식과 열분해 반응식을 쓰시오.

━━━━━━━━━━━━━━━━━━━━━━━━━━━━━━━━━━━━━━

➡정답 1) 화학식 : NH_4NO_3
2) 열분해반응식 : $2NH_4NO_3 \rightarrow 4H_2O + 2N_2 + O_2$

➡참고 질산암모늄을 급격히 가열하면 산소를 발생하고, 충격을 주면 단독으로도 폭발한다.

3 제3류 위험물의 지정수량이다. 다음 보기의 ( ) 안을 채우시오.

> 1) 칼륨 : (가)
> 2) 나트륨 : (나)
> 3) 알킬리튬 : 10kg
> 4) 알킬알루미늄 : (다)
> 5) 황린 : 20kg
> 6) 알칼리금속(칼륨 및 나트륨제외) 및 알칼리토금속 : (라)
> 7) 유기금속화합물(알킬리튬 및 알킬알루미늄제외) : (마)

▶정답 가 : 10kg   나 : 10kg   다 : 10kg   라 : 50kg   마 : 50kg

▶참고 제3류 위험물의 위험등급 및 지정수량

위험 등급	품명	지정 수량
I	칼륨	10kg
	나트륨	10kg
	알킬리튬	10kg
	알킬알루미늄	10kg
	황린	20kg
II	알칼리금속(칼륨 및 나트륨 제외) 및 알칼리토금속	50kg
	유기금속화합물(알킬알루미늄 및 알킬리튬 제외)	50kg
III	금속의 수소화물	300kg
	금속의 인화물	300kg
	칼슘 또는 알루미늄의 탄화물	300kg

4 $KClO_3$의 분해반응식(400℃ 기준)과 $KClO_3$ 1몰이 분해될 때 생성된 산소의 부피는 몇 l인가?

▶정답 1) 분해반응식 : $2KClO_3 \rightarrow KCl + KClO_4 + O_2$
 2) 생성되는 산소의 부피
   $2KClO_3 \rightarrow KCl + KClO_4 + O_2$
   2몰 : $22.4l$
   1몰 : $x = 11.2l$
   $2 \times x = 1 \times 22.4$ $x = 11.2l$

▶참고 분해반응식
 ① 촉매 없이 400℃ 부근에서 분해
   $2KClO_3 \rightarrow KCl + KClO_4 + O_2$
 ② 540~560℃에서 분해되는 반응식
   $2KClO_3 \rightarrow 2KCl + 3O_2$

5 제6류 위험물과 혼재할 수 있는 위험물을 쓰시오.

▶정답 제1류 위험물

➡참고 유별을 달리하는 위험물의 혼재기준(암기법 : 사이삼, 오이사, 육하나)

구분	제1류	제2류	제3류	제4류	제5류	제6류
제1류		×	×	×	×	○
제2류	×		×	○	○	×
제3류	×	×		○	×	×
제4류	×	○	○		○	×
제5류	×	○	×	○		×
제6류	○	×	×	×	×	

6 시료컵에 시험물품 2mL를 넣고 위험물의 인화점을 측정할 수 있는 인화점측정기의 명칭 2가지를 쓰시오.

▶정답 1) 태그(Tag)밀폐식 인화점측정기에 의한 인화점 측정방법
2) 클리브랜드(Cleveland) 개방식 인화점측정기에 의한 인화점 측정방법

➡참고 ① 태그밀폐식
   • 0℃ 미만은 당해 측정결과
   • 0℃ 이상~80℃ 이하 : 동점도 측정
   • 동점도 $100mm^2/s$ 미만 : 당해 측정결과
   • 동점도 $100mm^2/s$ 이상 : 세타밀폐식 인화점 측정기로 측정
② 세타밀폐식
   • 80℃ 이하는 당해 측정결과
   • 80℃ 초과는 클리브랜드 개방식으로 재측정
③ 클리브랜드 개방식 : 80℃ 초과

7 옥외저장소에 저장 가능한 제4류 위험물의 품명 4가지를 쓰시오.

▶정답 제1석유류(인화점 0℃ 이상인 것에 한한다), 알코올류, 제2석유류, 제3석유류, 제4석유류, 동식물유류 중 4가지

8 트라이나이트로페놀의 구조식을 쓰시오.

▶정답

$$\begin{array}{c} OH \\ NO_2 \bigcirc NO_2 \\ NO_2 \end{array}$$

9 지하탱크저장소에 가솔린 11,000리터(지정수량 55배)를 2개 인접하여 저장할 때 상호거리는 몇 m 이상인가?

▶정답 0.5m 이상
▶참고 지하저장탱크를 2 이상 인접해 설치하는 경우에는 그 상호 간에 1m(당해 2 이상의 지하저장탱크의 용량의 합계가 지정수량의 100배 이하인 때에는 0.5m) 이상의 간격을 유지하여야 한다.

10 제조소에서 안전거리를 단축하기 위하여 설치하는 것의 명칭을 쓰시오.

▶정답 방화상 유효한 벽
▶참고 방화상 유효한 벽(방화벽)의 높이는 다음에 의하여 산정한 높이 이상으로 한다.
　가. $H \leq pD^2 + a$인 경우
　　$h = 2$
　나. $H > pD^2 + a$인 경우
　　$h = H - p(D^2 - d^2)$
　다. "가" 및 "나"에서 D, H, a, d, h 및 p는 다음과 같다.

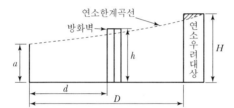

D : 제조소 등과 인접 건축물의 거리(m)
H : 인접 건물의 높이(m)
a : 제조소 등의 외벽의 높이(m)
d : 제조소 등과 방화상 유효한 벽의 거리(m)
h : 방화상 유효한 벽의 높이(m)
p : 상수

11 과산화수소에 대한 다음 물음에 답하시오.
1) 위험물로서의 농도를 쓰시오.
2) 지정수량은 얼마인가?

▶정답 1) 36wt% 이상
　　　2) 300kg
▶참고 과산화수소는 그 농도가 36(중량)% 이상인 것을 위험물로 분류한다.

12 소화난이도 1등급에 해당하는 제조소에 대한 다음 물음에 답하시오.

1) 연면적은 몇 m² 이상인 곳인가?
2) 지반면으로부터 몇 m 이상의 높이에 위험물 취급설비가 있는 것을 말하는가?

정답 1) 1,000m²
　　　 2) 6m

참고

제조소 일반 취급소	연면적 1,000m² 이상인 것
	지정수량의 100배 이상인 것(고인화점 위험물만을 100℃ 미만의 온도에서 취급하는 것 및 제48조의 위험물을 취급하는 것은 제외)
	지반면으로부터 6m 이상의 높이에 위험물 취급설비가 있는 것(고인화점 위험물만을 100℃ 미만의 온도에서 취급하는 것은 제외)
	일반취급소로 사용되는 부분 외의 부분을 갖는 건축물에 설치된 것(내화구조로 개구부 없이 구획된 것 및 고인화점 위험물만을 100℃ 미만의 온도에서 추급하는 것은 제외)

13 다음 ( ) 안을 채우시오.

알코올류라 함은 1분자를 구성하는 탄소원자의 수가 1개부터 (가)개까지인 포화1가 알코올(변성알코올을 포함한다.)을 말한다. 다만, 다음 각 목의 1에 해당하는 것은 제외한다.

1) 1분자를 구성하는 탄소원자의 수가 1개 내지 3개의 포화1가 알코올의 함유량이 (나) 중량퍼센트 미만인 수용액
2) 가연성 액체량이 (다)중량퍼센트 미만이고 인화점 및 연소점(태그개방식 인화점측 정기에 의한 연소점을 말한다. 이와 같다)이 에틸알코올 60중량퍼센트수용액의 인화 점 및 연소점을 초과하는 것

정답 가. 3,　　나. 60　　다. 60

참고 "알코올류"라 함은 1분자를 구성하는 탄소원자의 수가 1개부터 3개까지인 포화 1가 알코올(변성 알코올을 포함한다.)을 말한다. 다만, 다음 각 목의 1에 해당하는 것은 제외한다.

　가. 1분자를 구성하는 탄소원자의 수가 1개 내지 3개의 포화 1가 알코올의 함유량이 60(중량)% 미만인 수용액
　나. 가연성액체량이 60(중량)% 미만이고 인화점 및 연소점(태그개방식인화점측정기에 의한 연소점을 말한다.)이 에틸알코올 60(중량)% 수용액의 인화점 및 연소점을 초과하는 것

14 알킬알루미늄 1,000㎏을 저장하는 옥내저장소(벽·기둥 및 바닥이 내화구조로 된 건축물)에 대해 다음 물음에 답하시오.

1) 보유공지를 쓰시오.
2) 바닥면적을 쓰시오.
3) 트라이에틸알루미늄과 물의 반응식을 쓰시오.
4) 트라이에틸알루미늄을 물로 소화 불가능한 이유를 쓰시오.

정답 1) 5m 이상
2) 1,000m² 이상
3) $(C_2H_5)_3Al + 3H_2O \rightarrow Al(OH)_3 + 3C_2H_6$
4) 트라이에틸알루미늄은 물과 반응하여 에탄을 발생하면서 급격히 연소하므로

참고 옥내저장소의 보유공지

옥내저장소의 주위에는 그 저장 또는 취급하는 위험물의 최대수량에 따라 다음 표에 의한 너비의 공지를 보유하여야 한다. 다만, 지정수량의 20배를 초과하는 옥내저장소와 동일한 부지 내에 있는 다른 옥내저장소와의 사이에는 동표에 정하는 공지의 너비의 3분의 1(당해 수치가 3m 미만인 경우에는 3m)의 공지를 보유할 수 있다.

저장 또는 취급하는 위험물의 최대수량	보유공지의 너비	
	벽·기둥 및 바닥이 내화구조로 된 건축물	기타의 건축물
지정수량의 5배 이하		0.5m 이상
지정수량의 5배 초과 10배 이하	1m 이상	1.5m 이상
지정수량의 10배 초과 20배 이하	2m 이상	3m 이상
지정수량의 20배 초과 50배 이하	3m 이상	5m 이상
지정수량의 50배 초과 200배 이하	5m 이상	10m 이상
지정수량의 200배 초과	10m 이상	15m 이상

[참고] 옥내저장소를 2개를 인접할 경우 보유공지는 1/3로 감축하며 3m 미만인 경우 3m 이상으로 한다.

15 제조소의 안전거리 중 가장 거리가 먼 것은 무엇인가?

▶**정답** 유형 및 지정문화재

▶**참고**

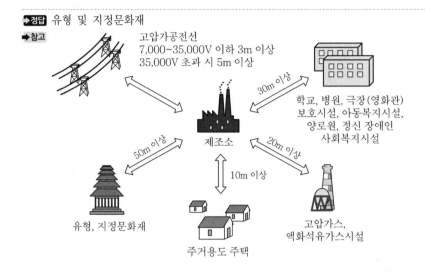

고압가공전선
7,000~35,000V 이하 3m 이상
35,000V 초과 시 5m 이상

30m 이상

학교, 병원, 극장(영화관)
보호시설, 아동복지시설,
양로원, 정신 장애인
사회복지시설

제조소

50m 이상

20m 이상

10m 이상

유형, 지정문화재

주거용도 주택

고압가스,
액화석유가스시설

16 공터에서 마그네슘에 이산화탄소 소화기를 방출하는 순간 폭발했다. 다음 물음에 답하시오.

1) 마그네슘과 이산화탄소의 반응식을 쓰시오.
2) 이산화탄소로 소화하면 안 되는 이유를 쓰시오.

▶**정답** 1) $2Mg + CO_2 \rightarrow 2MgO + C$
2) 폭발적으로 반응하여 가연성 물질인 탄소를 발생시키므로

17 실험실의 실험대에서 막자사발에 질산칼륨, 황, 숯가루를 섞은 흑색 화약에 대해 다음 물음에 답하시오.

1) 이 중 산소공급원에 해당하는 것은 무엇인가?
2) 이 중 위험물의 지정수량을 쓰시오.

▶**정답** 1) 질산칼륨
2) 질산칼륨 : 300kg, 황 : 100kg

18 옥외탱크저장소 방유제 밖에 설치된 포모니터에 대해 물음에 답하시오.

1) 분당 방출량을 쓰시오.
2) 옥외탱크와의 거리는 얼마인가?

정답 1) 1,900리터
2) 30m 이상

19 실험실의 실험대 위에서 비커에 담긴 분자량 294인 다이크로뮴산칼륨 주황색 가루를 가열하고 있다. 다음 물음에 답하시오.

1) 이 위험물의 지정수량을 쓰시오.
2) 분해반응식을 쓰시오.

정답 1) 1,000kg
2) 분해온도 500℃, 융점 398℃, 비중 2.69, 용해도 8.89(15℃)
$$4K_2Cr_2O_7 \rightarrow 4K_2CrO_4 + 2Cr_2O_3 + 3O_2$$
참고 분자량 294인 주황색 가루는 다이크로뮴산칼륨($K_2Cr_2O_7$)이다.

20 제6류 위험물을 적재한 이동저장소로 위험물을 이송할 때 운반포장방법을 쓰시오.

정답 차광덮개
참고 가. 제1류 위험물, 제3류 위험물 중 자연발화성 물질, 제4류 위험물 중 특수인화물, 제5류 위험물 또는 제6류 위험물은 차광성이 있는 피복으로 가릴 것
나. 제1류 위험물 중 알칼리금속의 과산화물 또는 이를 함유한 것, 제2류 위험물 중 철분·금속분·마그네슘 또는 이들 중 어느 하나 이상을 함유한 것 또는 제3류 위험물 중 금수성 물질은 방수성이 있는 피복으로 덮을 것

21 이황화탄소와 물이 혼합하면 층이 분리된다. 다음 물음에 답하시오.

1) 이황화탄소가 물과 혼합하여 왜 하부에 있는지 설명하고, 이황화탄소의 지정수량을 쓰시오.
2) 이황화탄소의 연소반응식 적으시오.

정답 1) 물에 녹지 않고, 물보다 비중이 크기 때문에 하부에 위치하며, 지정수량은 50리터이다.
2) $CS_2 + 3O_2 \rightarrow 2SO_2 + CO_2$

22 옥내저장소에 위험물을 겹쳐 쌓는 경우 다음 물음에 답하시오.

1) 휘발유를 겹쳐 쌓을 때의 높이는 몇 m를 초과할 수 없는가?

2) 제4류 위험물 중 제3석유류, 제4석유류, 동식물류를 저장할 때의 저장높이는 몇 m를 초과할 수 없는가?

▶정답 1) 3m

2) 4m

▶참고 옥내저장소에서 위험물을 저장하는 경우에는 다음 각 목의 규정에 의한 높이를 초과하여 용기를 겹쳐 쌓지 아니하여야 한다.

가. 기계에 의하여 하역하는 구조로 된 용기만을 겹쳐 쌓는 경우에 있어서는 6m

나. 제4류 위험물 중 제3석유류, 제4석유류 및 동식물유류를 수납하는 용기만을 겹쳐 쌓는 경우에 있어서는 4m

다. 그 밖의 경우에 있어서는 3m

23 실험실의 실험대 위에서 2개의 시험관에 들어 있는 알코올에 아이오딘포름 반응을 하고 있다. Me-OH라 쓰인 A시험관의 물질에서는 변화가 없으나 B시험관에서는 노란색 침점물이 생겼다. 다음 물음에 답하시오.

1) 메틸알코올인 것을 골라 설명하시오.

2) 이 반응의 명칭을 쓰시오.

▶정답 1) A 시험관의 알코올

2) 아이오딘포름 반응

▶참고 A 시험관의 알코올은 메틸알코올로서 아이오딘포름 반응을 하지 않으며,

B 시험관의 알코올은 에틸알코올로서 아이오딘포름 반응을 한다.

1 다음 보기를 아이오딘값에 따른 동식물유류로 분류하시오.

> 보기 : 아마인유, 야자유, 들기름, 쌀겨유, 목화씨유, 땅콩유

▶정답 1) 건성유 : 아마인유, 들기름
　　　 2) 반건성유 : 목화씨유, 쌀겨유
　　　 3) 불건성유 : 야자유, 땅콩유

2 알루미늄은 공기 속에서 치밀한 산화제 막을 형성하여 내부를 보호하기 때문에 건축재료로 널리 쓰인다. 이때 산화피막 구성 성분의 화학식을 쓰시오.

▶정답 $4Al + 3O_2 → 2Al_2O_3$(산화알루미늄)
▶참고 연소하면 많은 열을 발생시키고, 공기 중에서 표면에 치밀한 산화피막을 형성하여 내부를 보호한다.

3 트라이에틸알루미늄과 물이 반응했을 때 반응식을 쓰고 발생되는 가연성 기체의 연소반응식을 쓰시오.

▶정답 1) 트라이에틸알루미늄과 물의 연소반응식 : $(C_2H_5)_3Al + 3H_2O → Al(OH)_3 + 3C_2H_6$
　　　 2) 가연성 기체의 연소반응식 : $2C_2H_6 + 7O_2 → 4CO_2 + 6H_2O$

4 제5류 위험물 질산에스터류와 나이트로화합물의 종류를 3가지씩 쓰시오.

▶정답 1) 질산에스터류 : 질산메틸, 질산에틸, 나이트로글리세린, 나이트로셀룰로오스 중 3가지
　　　 2) 나이트로화합물 : 트라이나이트로톨루엔, 트라이나이트로페놀. 디나이트로벤젠

5 다음 보기의 (   ) 안을 채우시오.

옥외저장탱크·옥내저장탱크 또는 지하저장탱크 중 압력탱크 외의 탱크에 저장하는 다
이에틸에터 또는 아세트알데하이드 등의 온도는 산화프로필렌과 이를 함유한 것 또는
다이에틸에터 등에 있어서는 (   )℃ 이하로, 아세트알데하이드 또는 이를 함유한 것에
있어서는 (   )℃ 이하로 각각 유지하고, 보냉장치가 없는 이동저장탱크에 저장하는 아
세트알데하이드 또는 다이에틸에터 등의 온도는 (   )℃ 이하로 유지할 것

➡정답 30, 15, 40
➡참고 알킬알루미늄, 아세트알데하이드 및 다이에틸에터 등의 저장기준
　① 옥외저장탱크·옥내저장탱크 또는 지하저장탱크 중 압력탱크 외의 탱크에 저장하는 다이에틸
　　에터 또는 아세트알데하이드 등의 온도는 산화프로필렌과 이를 함유한 것 또는 다이에틸에터
　　등에 있어서는 30℃ 이하로, 아세트알데하이드 또는 이를 함유한 것에 있어서는 15℃ 이하로
　　각각 유지할 것
　② 옥외저장탱크·옥내저장탱크 또는 지하저장탱크 중 압력탱크에 저장하는 아세트알데하이드
　　등 또는 다이에틸에터 등의 온도는 40℃ 이하로 유지할 것
　③ 보냉장치가 있는 이동저장탱크에 저장하는 아세트알데하이드 또는 다이에틸에터 등의 온도는
　　당해 위험물의 비점 이하로 유지할 것
　④ 보냉장치가 없는 이동저장탱크에 저장하는 아세트알데하이드 또는 다이에틸에터 등의 온도는
　　40℃ 이하로 유지할 것

6 위험물의 양이 지정수량의 1/10일 때 혼재하여서는 안 될 위험물을 모두 쓰시오.

1) 제1류 위험물　　　　　　　　　　　2) 제2류 위험물
3) 제3류 위험물　　　　　　　　　　　4) 제4류 위험물
5) 제5류 위험물　　　　　　　　　　　6) 제6류 위험물

➡정답 1) 제2류, 제3류, 제4류, 제5류
　　　 2) 제1류, 제3류, 제6류
　　　 3) 제1류, 제2류, 제5류, 제6류
　　　 4) 제1류, 제6류
　　　 5) 제1류, 제3류, 제6류
　　　 6) 제2류, 제3류, 제4류, 제5류
➡참고 혼재 가능 위험물
　① 423 → 4류와 2류, 4류와 3류는 서로 혼재 가능
　② 524 → 5류와 2류, 5류와 4류는 서로 혼재 가능
　③ 61 → 6류와 1류는 서로 혼재 가능

7 특수 인화물의 조건 2가지를 쓰시오.

> **정답** 1) 이황화탄소, 다이에틸에터, 그 밖에 1atm에서 발화점이 100℃ 이하인 것
> 2) 인화점이 −20℃ 이하이고 비점이 40℃ 이하인 것
>
> **참고** "특수인화물"이라 함은 이황화탄소, 다이에틸에터, 그 밖에 1atm에서 발화점이 100℃ 이하인 것, 또는 인화점이 −20℃ 이하이고 비점이 40℃ 이하인 것을 말한다.

8 제1류 위험물 중 염소산염류로서 분자량이 106.5이며 철을 부식시키므로 철제의 용기에 저장하여서는 안 되는 위험물의 화학식을 쓰시오.

> **정답** $NaClO_3$

9 아세트알데하이드의 1) 시성식, 2) 증기밀도, 3) 증기비중, 4) 산화 시 생성되는 위험물을 쓰시오.

> **정답** 1) 시성식 : CH_3CHO
> 2) 증기밀도 $= \dfrac{\text{성분기체의 분자량}(g)}{22.4l} = \dfrac{44g}{22.4l} = 1.96\dfrac{g}{l}$
> 3) 증기비중 $= \dfrac{\text{성분기체의 분자량}(g)}{\text{공기의 평균 분자량}(g)} = \dfrac{44}{29} = 1.52$
> 4) 초산(CH_3COOH)
>
> **참고** 아세트알데하이드는 산소에 의해 산화되기 쉽다.
> $2CH_3CHO + O_2 \rightarrow 2CH_3COOH$

10 옥외소화전 6개 설치 시 수원의 수량을 구하시오.

> **정답** $4 \times 13.5 = 54m^3$
> **참고** 수원의 수량은 옥외소화전의 설치개수(설치개수가 4개 이상인 경우는 4개의 옥외소화전)에 $13.5m^3$를 곱한 양 이상이 되도록 설치할 것

11 다음 옥외저장탱크의 시험에 대한 기준 중 ( ) 안을 채우시오.

> 옥외저장탱크는 두께 (㉮)mm 이상의 강철판으로 하며, 압력탱크 외의 탱크는 (㉯)시험, 압력탱크는 (㉰)의 (㉱)배의 압력으로 (㉲)분간 실시하는 (㉳)시험에서 각각 새거나 변형되지 아니하여야 한다.

정답 ㉮ 3.2mm ㉯ 충수
㉰ 최대상용압력 ㉱ 1.5
㉲ 10 ㉳ 수압

12 탄화칼슘이 물과 반응하는 화학반응식과 이때 생성된 물질의 폭발범위를 쓰시오.

정답 1) $CaC_2 + 2H_2O \rightarrow Ca(OH)_2 + C_2H_2$
2) 아세틸렌의 폭발범위 : 2.5~81%

13 채광, 조명, 환기설비에 대해 다음 ( ) 안에 알맞은 말을 쓰시오.

1) 액체의 위험물을 취급하는 건축물의 바닥은 위험물이 스며들지 못하는 재료를 사용하고, 적당한 경사를 두어 그 최저부에 (가)를 하여야 한다.
2) 환기구는 지붕 위 또는 지상 (나) 이상의 높이에 회전식 고정벤틸레이터 또는 루프팬 방식으로 설치할 것
3) 급기구는 낮은 곳에 설치하고 가는 눈의 구리망 등으로 (다)을 설치할 것

정답 가. 집유설비 나. 2m 다. 인화방지망
참고

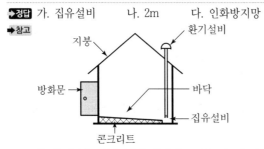

① 급기구는 낮은 곳에 설치하고 가는 눈의 구리망 등으로 인화방지망을 설치할 것
② 환기구는 지붕 위 또는 지상 2m 이상의 높이에 회전식 고정벤틸레이터 또는 루프팬 방식으로 설치할 것
③ 액체의 위험물을 취급하는 건축물의 바닥은 위험물이 스며들지 못하는 재료를 사용하고, 적당한 경사를 두어 그 최저부에 집유설비를 하여야 한다.

14 제조소의 위험물 저장 및 취급에 관한 기준이다. ( ) 안에 알맞은 말을 쓰시오.

1) 위험물을 저장 또는 취급하는 건축물, 그 밖의 공작물 또는 설비를 당해 위험물의 성질에 따라 차광 또는 ( )를 실시하여야 한다.

2) 위험물은 온도계, 습도계, 압력계, 그 밖의 계기를 감시하여 당해 위험물의 성질에 맞는 적정한 ( ), ( ) 또는 압력을 유지하도록 저장 또는 취급하여야 한다.

▶**정답** 1) 환기
    2) 온도, 습도

➡**참고** 저장ㆍ취급의 공통기준

① 제조소등에서 법 제6조 제1항의 규정에 의한 허가 및 법 제6조 제2항의 규정에 의한 신고와 관련되는 품명 외의 위험물 또는 이러한 허가 및 신고와 관련되는 수량 또는 지정수량의 배수를 초과하는 위험물을 저장 또는 취급하지 아니하여야 한다.

② 위험물을 저장 또는 취급하는 건축물, 그 밖의 공작물 또는 설비는 당해 위험물의 성질에 따라 차광 또는 환기를 실시하여야 한다.

③ 위험물은 온도계, 습도계, 압력계, 그 밖의 계기를 감시하여 당해 위험물의 성질에 맞는 적정한 온도, 습도 또는 압력을 유지하도록 저장 또는 취급하여야 한다.

④ 위험물을 저장 또는 취급하는 경우에는 위험물의 변질, 이물의 혼입 등에 의하여 당해 위험물의 위험성이 증대되지 아니하도록 필요한 조치를 강구하여야 한다.

⑤ 위험물이 남아 있거나 남아 있을 우려가 있는 설비, 기계ㆍ기구, 용기 등을 수리하는 경우에는 안전한 장소에서 위험물을 완전하게 제거한 후에 실시하여야 한다.

⑥ 위험물을 용기에 수납하여 저장 또는 취급할 때에는 그 용기는 당해 위험물의 성질에 적응하고 파손ㆍ부식ㆍ균열 등이 없는 것으로 하여야 한다.

⑦ 가연성의 액체ㆍ증기 또는 가스가 새거나 체류할 우려가 있는 장소 또는 가연성의 미분이 현저하게 부유할 우려가 있는 장소에서는 전선과 전기기구를 완전히 접속하고 불꽃을 발하는 기계ㆍ기구ㆍ공구ㆍ신발 등을 사용하지 아니하여야 한다.

⑧ 위험물을 보호액 중에 보존하는 경우에는 당해 위험물이 보호액으로부터 노출되지 아니하도록 하여야 한다.

15 옥외탱크저장소에 대한 내용이다. 다음 ( ) 안에 알맞은 답을 쓰시오.

> 이황화탄소의 옥외저장탱크는 벽 및 바닥의 두께가 (가) 이상이고, 누수가 되지 않는 철근콘크리트의 (나) 속에 설치하여야 한다.

▶**정답** 가. 0.2m
    나. 수조

16 실험실의 실험대 위에서 비커에 담겨있는 염소산칼륨에 묽은 황산을 혼합하고 있다. 이 때의 반응식과 생성되는 가스의 명칭을 쓰시오.

▶정답 $6KClO_3 + 3H_2SO_4 \rightarrow 3K_2SO_4 + 2HClO_4 + 4ClO_2 + 2H_2O$, 이산화염소

▶참고 산과 반응하여 ClO_2를 발생하고 폭발위험이 있다.

17 탄화알루미늄(Al_4C_3)과 물의 반응식을 쓰고, 이때 발생되는 가연성 기체의 연소반응식을 쓰시오.

▶정답 1) $Al_4C_3 + 12H_2O \rightarrow 4Al(OH)_3 + 3CH_4\uparrow$

2) $CH_4 + 2O_2 \rightarrow CO_2 + 2H_2O$

18 제조소에 대해 다음 물음에 답하시오.

1) 방화벽에 설치하는 출입구 및 창 등의 개구부는 가능한 한 최소로 하고, 출입구 및 창에는 자동폐쇄식의 (가)을 설치할 것

2) 방화벽의 양단 및 상단이 외벽 또는 지붕으로부터 (나) 이상 돌출하도록 할 것

▶정답 가. 60분＋방화문 또는 60분방화문
나. 50cm

▶참고 제조소의 방화상 유효한 격벽의 설치기준

① 방화벽은 내화구조로 할 것, 다만 취급하는 위험물이 제6류 위험물인 경우에는 불연재료로 할 수 있다.

② 방화벽에 설치하는 출입구 및 창 등의 개구부는 가능한 한 최소로 하고, 출입구 및 창에는 자동폐쇄식의 60분＋방화문 또는 60분방화문을 설치할 것

③ 방화벽의 양단 및 상단이 외벽 또는 지붕으로부터 50cm 이상 돌출하도록 할 것

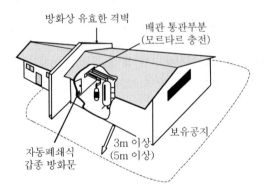

19 질산칼륨과 질산나트륨 중 분자량이 101이고, 물에 더 잘 녹는 물질은 무엇인가? 그리고 그 물질의 분해 반응식을 쓰시오.

정답 질산칼륨(KNO_3), $2KNO_3 \rightarrow 2KNO_2 + O_2\uparrow$

➡참고 단독으로는 분해하지 않지만 가열하면 용융 분해하여 산소와 아질산칼륨을 생성한다.

20 옥외저장소의 구조에 대해 아래 물음에 답하시오.

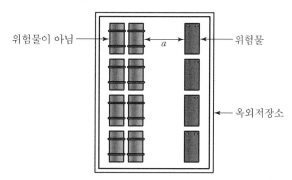

위험물이 아님   위험물   옥외저장소

1) 위험물과 위험물이 아닌 물품의 간격 a는 몇 m 이상이어야 하는가?
2) 옥외저장소에 과산화수소 또는 과염소산을 저장하고자 할 때 무엇을 설치해야 하는가?

정답 1) 1m 이상
       2) 불연성 또는 난연성의 천막 등을 설치하여 햇빛을 가릴 것

21 제조소 안에서 지게차를 끌고 가면서 20m 이상 높이의 물건을 적치할 경우 제2류 또는 제4류의 위험물만을 저장하는 창고인 경우 20m 이하로 할 수 있는 기준 2가지를 쓰시오.

정답 벽·기둥·보 및 바닥을 내화구조로 할 것, 출입구에 60분+방화문 또는 60분방화문을 설치할 것

➡참고 저장창고는 지면에서 처마까지의 높이(이하 "처마높이"라 한다)가 6m 미만인 단층건물로 하고 그 바닥을 지반면보다 높게 하여야 한다. 다만, 제2류 또는 제4류의 위험물만을 저장하는 창고로 서 다음 각 목의 기준에 적합한 창고의 경우에는 20m 이하로 할 수 있다.
    가. 벽·기둥·보 및 바닥을 내화구조로 할 것
    나. 출입구에 60분+방화문 또는 60분방화문을 설치할 것
    다. 피뢰침을 설치할 것. 다만, 주위 상황에 의하여 안전상 지장이 없는 경우에는 그러하지 아니 하다.
    라. 채광, 환기 및 조명설비를 설치하고, 인화점 70도 미만의 위험물을 저장하는 창고는 배출설비 를 설치한다.

22 산소 공급원 중 산화제로 쓸 수 있는 위험물은 몇 류 위험물인가?

정답 제1류 위험물, 제6류 위험물

참고 제조소에 저장, 취급하는 위험물의 주의사항

① 제1류 위험물 중 알칼리금속의 과산화물과 이를 함유한 것 또는 제3류 위험물 중 금수성 물질에 있어서는 "물기엄금"

② 제2류 위험물(인화성 고체를 제외한다)에 있어서는 "화기주의"

③ 제2류 위험물 중 인화성 고체, 제3류 위험물 중 자연발화성 물질, 제4류 위험물 또는 제5류 위험물에 있어서는 "화기엄금"

필답형 **2014년 4월 19일 산업기사 실기시험**

1 과산화나트륨 1kg이 물과 반응할 때 생성된 기체는 몇 l인가?(단, 350℃, 1기압)

▶**정답** $2Na_2O_2 + 2H_2O \rightarrow 4NaOH + O_2$

| 1kg | : | $x\,m^3$ |
| 2×78kg | : | 22.4m³ |

$x \times 2 \times 78 = 1 \times 22.4$ $x = 0.1436m^3$

보일-샤를의 법칙을 이용하여 온도와 압력을 보정하면 다음과 같다.

$$\frac{P_1 V_1}{T_1} = \frac{P_2 V_2}{T_2}$$

$$\frac{1 \times 0.1436}{(273+0)} = \frac{1 \times y}{(273+350)}$$ $y = 0.3277m^3 = 327.7l$

2 알루미늄의 완전연소 반응식과 염산과의 반응 시 생성가스를 쓰시오.

▶**정답** 1) 연소반응식 : $4Al + 3O_2 \rightarrow 2Al_2O_3$
　　　2) 염산과의 반응 시 생성가스 : 수소
▶**참고** 염산과의 반응 : $2Al + 6HCl_2 \rightarrow 2AlCl_3 + 3H_2 \uparrow$

3 제5류 위험물인 과산화벤조일의 구조식을 그리시오.

▶**정답**

과산화벤조일( )

4 보기에 제시된 할로겐화물 소화약제의 화학식을 쓰시오.

> 보기 : 할론1301, 할론2402, 할론1211

▶**정답** 1) 할론1301 : CF_3Br
　　　2) 할론2402 : $C_2F_4Br_2$
　　　3) 할론1211 : CF_2ClBr

▶참고 CH₄, C₂H₆과 같은 물질에 수소원자가 탈리되고 할로겐 원소, 즉 불소(F_2), 염소(Cl_2), 옥소(I_2)로 치환된 물질로 주된 소화 효과는 냉각, 부촉매 소화 효과이다.

할론 소화약제의 구성
예 할론 1301 : 천자리 숫자는 C의 개수, 백자리 숫자는 F의 개수, 십자리 숫자는 Cl의 개수, 일자리 숫자는 Br의 개수를 나타낸다.

5 제1류 위험물과 혼재 불가능한 위험물을 모두 쓰시오.

▶정답 제2류 위험물, 제3류 위험물, 제4류 위험물, 제5류 위험물
▶참고 혼재 가능 위험물
① 423 → 4류와 2류, 4류와 3류는 서로 혼재 가능
② 524 → 5류와 2류, 5류와 4류는 서로 혼재 가능
③ 61 → 6류와 1류는 서로 혼재 가능

6 에틸알코올에 대한 설명이다. 다음 물음에 답하시오.

1) 에틸알코올의 완전연소반응식은?
2) 에틸알코올과 칼륨을 접촉시켰을 때 발생하는 기체는?
3) 에틸알코올의 구조 이성질체인 디메틸에테르의 화학식은?

▶정답 1) $C_2H_5OH + 3O_2 \rightarrow 2CO_2 + 3H_2O$
2) 수소(H_2)
3) CH_3OCH_3
▶참고 $2C_2H_5OH + 2K \rightarrow 2C_2H_5OK + H_2$
C_2H_5OK(칼륨에틸라이드)

7 벤젠 16g이 증발할 때 대기 중의 온도가 70℃에서 증기의 부피는 몇 l인가?

▶정답 $PV = \dfrac{W}{M}RT$에서

$V = \dfrac{WRT}{PM} = \dfrac{16 \times 0.082 \times (273 + 70)}{1 \times 78} = 5.77l$

8 인화칼슘의 지정수량과 물과 반응 시 생성되는 가스를 화학식으로 답하시오.

정답 1) 지정수량 : 300kg
2) 발생되는 가스 : 포스핀(PH_3)

참고

위험물			지정수량
유별	성질	품명	
제3류	자연발화성 물질 및 금수성 물질	1. 칼륨	10kg
		2. 나트륨	10kg
		3. 알킬알루미늄	10kg
		4. 알킬리튬	10kg
		5. 황린	20kg
		6. 알칼리금속(칼륨 및 나트륨을 제외한다.) 및 알칼리토금속	50kg
		7. 유기금속화합물(알킬알루미늄 및 알킬리튬을 제외한다.)	50kg
		8. 금속의 수소화물	300kg
		9. 금속의 인화물	300kg
		10. 칼슘 또는 알루미늄의 탄화물	300kg
		11. 그 밖에 행정안전부령이 정하는 것	10kg, 20kg, 50kg 또는 300kg
		12. 제1호 내지 제11호의 1에 해당하는 어느 하나 이상을 함유한 것	

인화칼슘(Ca_3P_2)과 물이 반응하면 포스핀(PH_3＝인화수소)이 생성된다.
$$Ca_3P_2 + 6H_2O \rightarrow 3Ca(OH)_2 + 2PH_3$$

9 황린의 연소반응식을 쓰시오.

정답 $P_4 + 5O_2 \rightarrow 2P_2O_5$
참고 공기 중에서 격렬하게 연소하며 유독성 가스도 발생한다.
$$P_4 + 5O_2 \rightarrow 2P_2O_5$$

10 이황화탄소 5kg이 모두 증발할 때 발생하는 부피를 구하시오.(단, 온도는 25℃)

정답 이황화탄소의 부피(V)

$$PV = \frac{WRT}{M} \text{에서 } V = \frac{WRT}{PM}$$

$$V = \frac{5 \times 0.082 \times (25+273)}{1 \times 76} = 1.607$$

$$\therefore 1.61m^3$$

11 제4류 위험물 인화점에 관한 내용이다. 빈칸을 채우시오.

> 1) 제1석유류 : 인화점이 섭씨 (①)도 미만
> 2) 제2석유류 : 인화점이 섭씨 (②)도 이상 (③)도 미만

▶정답 ① 21 ② 21 ③ 70

12 제6류 위험물로 분자량이 63, 갈색증기를 발생시키고 염산과 혼합되어 금과 백금을 부식시킬 수 있는 것은 무엇인지 화학식과 지정수량을 쓰시오.

▶정답 1) 화학식 : HNO_3
　　　　2) 지정수량 : 300kg

13 제4류 위험물인 벤젠과 아세톤의 수용성 유무와 지정수량을 쓰시오.

▶정답 1) 벤젠 : 비수용성, 200리터
　　　　2) 아세톤 : 수용성, 400리터
➡참고 벤젠과 아세톤은 제1석유류에 해당된다.

14 PMCC라 표시된 인화점 측정기기의 명칭을 쓰시오.

▶정답 펜스키 마르텐스형(Pensky Martenes Type) 인화점 시험기

15 제1류 위험물의 염소산염류와 제6류 위험물인 질산을 저장하는 창고의 바닥면적은 몇 m² 이하이고, 2가지 위험물을 같이 저장하는 경우 상호 간 이격거리는 몇 m인가?

정답 1,000m², 1m

참고 다음의 위험물을 저장하는 창고의 바닥면적 : 1,000m²
   1) 제1류 위험물 중 아염소산염류, 염소산염류, 과염소산염류, 무기과산화물 그 밖에 지정수량이 50kg인 위험물
   2) 제3류 위험물 중 칼륨, 나트륨, 알킬알루미늄, 알킬리튬 그 밖에 지정수량이 10kg인 위험물 및 황린
   3) 제4류 위험물 중 특수인화물, 제1석유류 및 알코올류
   4) 제5류 위험물 중 유기과산화물, 질산에스터류, 그 밖에 지정수량이 10kg인 위험물
   5) 제6류 위험물

16 실험실의 실험대 바닥에 양초가 있으며, 그 윗부분에 30도 정도의 기울기로 30cm 길이의 V자형 쇠판을 설치하고 쇠판의 위쪽에 다이에틸에터를 헝겊에 적셔서 놓고, 실험대 아래쪽 V자형 쇠판에 불 붙은 양초를 갖다 대면 순식간에 불이 위로 옮겨 붙는다. 그리고 실험실의 실험대 위에 다이에틸에터가 들어 있는 비커에 아이오딘화칼륨(KI) 10% 용액 몇 방울을 넣으니 잠시 후 노란색으로 변했다. 다음 물음에 답하시오.

1) 헝겊에 적신 다이에틸에터에 불이 타오르는 이유는 무엇인가?
2) 과산화물을 방지하기 위한 조치는 무엇인가?

정답 1) 다이에틸에터의 증기는 공기보다 무거우므로
   2) 40mesh의 구리망을 넣어준다.

17 실험실의 실험대 위에 각각 메틸알코올, 에틸알코올, 아세톤, 다이에틸에터, 가솔린이라 표시된 시약병이 있다. 다음 물음에 답하시오.

1) 연소범위가 가장 넓은 물질은?
2) 증기비중이 가장 가벼운 물질은?
3) 제1석유류에 해당하는 물질은?

정답 1) 다이에틸에터
2) 메틸알코올
3) 아세톤, 가솔린

참고 1) 연소범위
메틸알코올(7.3~36%), 에틸알코올(4.3~19%), 아세톤(2.6~12.8%), 다이에틸에터(1.9~48%), 가솔린(1.4~7.6%)

2) 증기비중 : $\dfrac{분자량}{공기의\ 평균분자량(약\ 29)}$, 즉 분자량이 가장 작은 물질이 정답이다.

3) 제1석유류 : 아세톤, 가솔린, 벤젠, 톨루엔, 콜로디온, 메틸에틸케톤, 피리딘, 초산에스터류, 의산에스터류 등

18 최대저장능력이 16,000L인 이동탱크저장소가 있다. 다음 물음에 답하시오.

1) 안전칸막이 개수
2) 하나의 구획된 부분에 방파판은 몇 개 이상 설치해야 하는가?

정답 1) 안전칸막이 수 $= \dfrac{16,000}{4,000} - 1 = 3$개

2) 2개

19 발포제의 주원료인 하이드라진하이드레이트($N_2H_4 \cdot H_2O$) 물질에 대해 다음 물음에 답하시오.

[하이드라진하이드레이트($N_2H_4 \cdot H_2O$)]

1) 제 몇 류 위험물인가?
2) 지정수량은 얼마인가?

▶정답 1) 제4류 위험물
2) 4,000l

▶참고 하이드라진하이드레이트($N_2H_4 \cdot H_2O$)는 제4류 위험물 중 제3석유류에 해당되며 수용성 물질이다.

20 구리, 아연, 마그네슘 등의 금속 중에서 원자번호가 가장 큰 금속과 염산의 화학반응식을 쓰고 이때 발생하는 가스의 명칭을 쓰시오.

▶정답 1) Zn
2) $Zn + 2HCl \rightarrow ZnCl_2 + H_2$
3) H_2(수소)

▶참고 ① 마그네슘의 원자번호 : 12, 구리의 원자번호 : 29, 아연의 원자번호 : 30
② 아연은 산 또는 알칼리와 반응하여 수소를 발생시킨다.

21 실험실의 실험대 위에서 Al, Fe, Cu분이 들어 있는 비커가 놓여 있다. 다음 물음에 답하시오.

1) 입자의 크기가 53μm 표준체를 통과하는 것이 50중량% 미만일 때 위험물에서 제외되는 것
2) 구리분, (   )마이크로체를 통과하는 것이 (   )중량% 미만인 것은 위험물에서 제외되는 것

▶정답 1) Fe분
2) 150, 50

▶참고 금속분말이 위험물에 해당되지 않는 경우
① "철분"이라 함은 철의 분말로서 53μm의 표준체를 통과하는 것이 50중량% 미만인 것
② 구리분 150마이크로체를 통과하는 것이 50중량% 미만인 것
③ 마그네슘이 2mm체를 통과하지 못하거나 직경이 2mm 이상인 막대기 모양인 것

22 단층의 옥내저장소에 설치된 환기설비에 대해 다음 물음에 답하시오.

1) 바닥으로부터 몇 m 이상의 높이에 환기구를 설치하여야 하는가?
2) 바닥면적이 150m² 일 경우 급기구의 면적은 몇 cm² 이상으로 하는가?

▶정답 1) 2
　　　 2) 800

▶참고 환기설비의 기준

① 환기는 자연배기방식으로 할 것
② 급기구는 당해 급기구가 설치된 실의 바닥면적 150m²마다 1개 이상으로 하되, 급기구의 크기는 800cm² 이상으로 할 것. 다만 바닥면적이 150m² 미만인 경우에는 다음의 크기로 하여야 한다.

바닥면적	급기구의 면적
60m² 미만	150cm² 이상
60m² 이상 90m² 미만	300cm² 이상
90m² 이상 120m² 미만	450cm² 이상
120m² 이상 150m² 미만	600cm² 이상

1 옥외저장소에 저장되어 있는 드럼통에 중유만을 넣어 저장할 경우 다음 각 물음에 답하시오.

1) 기계에 의하여 하역하는 구조로 된 용기만을 겹쳐 쌓는 경우 몇 m를 초과하지 아니하여야 하는가?
2) 위험물을 수납한 용기를 선반에 저장하는 경우 선반의 높이는 몇 m를 초과하지 아니하여야 하는가?
3) 중유만을 저장할 경우 저장 높이는 몇 m를 초과하지 아니하여야 하는가?

정답 1) 6m
  2) 6m
  3) 4m

참고 1. 옥외저장소에서 위험물을 수납한 용기를 선반에 저장하는 경우에는 6m를 초과하여 저장하지 아니하여야 한다.
  2. 옥외저장소에 선반을 설치하는 경우에는 다음의 기준에 의할 것
    1) 선반은 불연재료로 만들고 견고한 지반면에 고정할 것
    2) 선반은 당해 선반 및 그 부속설비의 자중·저장하는 위험물의 중량·풍하중·지진의 영향 등에 의하여 생기는 응력에 대하여 안전할 것
    3) 선반의 높이는 6m를 초과하지 아니할 것
    4) 선반에는 위험물을 수납한 용기가 쉽게 낙하하지 아니하는 조치를 강구할 것

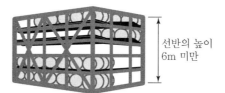

선반의 높이
6m 미만

2 제조소 또는 일반취급소에서 취급하는 제4류 위험물 최대수량의 합이 지정수량의 48만 배 이상의 위험물을 취급하는 장소에서 자체소방대 인원수와 소방차의 대수를 쓰시오.

> **정답** 20명, 4대

> **참고**

제조소 및 일반취급소의 구분	화학소방자동차	조작인원
지정수량의 12만 배 미만을 저장·취급하는 것	1대	5인
지정수량의 12만 배 이상 24만 배 미만을 저장·취급하는 것	2대	10인
지정수량의 24만 배 이상 48만 배 미만을 저장·취급하는 것	3대	15인
지정수량의 48만 배 이상을 저장·취급하는 것	4대	20인

3 다음 (   ) 안에 알맞은 답을 쓰시오.

> "특수인화물"이라 함은 이황화탄소, 다이에틸에터 그 밖에 1기압에서 발화점이 섭씨
> (①)도 이하인 것 또는 인화점이 섭씨 영하(②)도 이하이고 비점이 섭씨(③)도
> 이하인 것을 말한다.

> **정답** ① 100 ② 20 ③ 40

> **참고** "특수인화물"이라 함은 이황화탄소, 다이에틸에터, 그 밖에 1atm에서 발화점이 100℃ 이하인 것, 또는 인화점이 −20℃ 이하이고 비점이 40℃ 이하인 것을 말한다.

4 마그네슘의 화재 시 주수소화했을 때 화학반응식과 주수소화하면 안 되는 이유를 설명하시오.

> **정답** 1) 물과 반응식 : $Mg + 2H_2O \rightarrow Mg(OH)_2 + H_2\uparrow$
> 2) 격렬하게 수소를 발생하며 위험이 증대된다.

> **참고** 상온에서는 물을 분해하지 못해 안정하고, 뜨거운 물이나 과열 수증기와 접촉하면 격렬하게 수소를 발생하며 연소 시 주수하면 위험성이 증대된다.
> • 물과 반응식 : $Mg + 2H_2O \rightarrow Mg(OH)_2 + H_2\uparrow$

5 트라이에틸알루미늄과 물이 반응했을 때 반응식을 쓰고 이때 발생되는 가연성의 연소반응식을 쓰시오.

> **정답** 1) 트라이에틸알루미늄과 물의 반응식 : $(C_2H_5)_3Al + 3H_2O \rightarrow Al(OH)_3 + 3C_2H_6$
> 2) 가연성 기체의 연소반응식 : $2C_2H_6 + 7O_2 \rightarrow 4CO_2 + 6H_2O$

6 과산화나트륨에 대한 설명이다. 다음 물음에 답하시오.

1) 물과의 반응식을 쓰시오.

2) 과산화나트륨 1kg이 반응할 때 생성된 기체는 350℃, 1기압에서 체적은 얼마인가(l)?

▶**정답** 1) $2Na_2O_2 + 2H_2O \rightarrow 4NaOH + O_2$

2) $2Na_2O_2 + 2H_2O \rightarrow 4NaOH + O_2$

1kg	:	$x\,m^3$	
2×78kg	:	22.4m³	

$x \times 2 \times 78 = 1 \times 22.4$ $x = 0.1436m^3$

보일-샤를의 법칙을 이용하여 온도와 압력을 보정하면 다음과 같다.

$$\frac{P_1 V_1}{T_1} = \frac{P_2 V_2}{T_2}$$

$$\frac{1 \times 0.1436}{(273+0)} = \frac{1 \times y}{(273+350)}$$

$y = 0.3277m^3 = 327.7l$

7 크실렌 이성질체 3가지의 구조식과 명칭을 쓰시오.

▶**정답**

CH_3 CH_3 CH_3 CH_3

          CH_3 CH_3

O-크실렌   m-크실렌   P-크실렌

8 소화난이도 등급 Ⅰ의 제조소 또는 일반취급소에 반드시 설치해야 할 소화설비의 종류 3가지를 쓰시오.

▶**정답** 옥내소화전설비, 옥외소화전설비, 스프링클러설비, 물분무 등 소화설비

▶**참고** 소화난이도등급 Ⅰ의 제조소 등에 설치하여야 하는 소화설비

제조소 등의 구분			소화설비
제조소 및 일반취급소			옥내소화전설비, 옥외소화전설비, 스프링클러설비 또는 물분무등소화설비(화재 발생 시 연기가 충만할 우려가 있는 장소에는 스프링클러설비 또는 이동식 외의 물분무 등 소화설비에 한한다.)
옥내저장소	처마높이가 6m 이상인 단층건물 또는 다른 용도의 부분이 있는 건축물에 설치한 옥내저장소		스프링클러설비 또는 이동식 외의 물분무 등 소화설비
	그 밖의 것		옥외소화전설비, 스프링클러설비, 이동식 외의 물분무등소화설비 또는 이동식 포소화설비(포소화전을 옥외에 설치하는 것에 한한다)
옥외탱크저장소	지중탱크 또는 해상탱크 외의 것	황만을 저장 취급하는 것	물분무소화설비
		인화점 70℃ 이상의 제4류 위험물만을 저장·취급하는 것	물분부소화설비 또는 고정식 포소화설비
		그 밖의 것	고정식 포소화설비(포소화설비가 적응성이 없는 경우에는 분말소화설비)
	지중탱크		고정식 포소화설비, 이동식 이외의 이산화탄소 소화설비 또는 이동식 이외의 할로젠화합물소화설비
	해상탱크		고정식 포소화설비, 물분무포소화설비, 이동식 이외의 이산화탄소소화설비 또는 이동식 이외의 할로젠화합물소화설비
옥내탱크저장소	황만을 저장·취급하는 것		물분무소화설비
	인화점 70℃ 이상의 제4류 위험물만을 저장·취급하는 것		물분무소화설비, 고정식 포소화설비, 이동식 이외의 이산화탄소소화설비, 이동식 이외의 할로젠화합물소화설비 또는 이동식 이외의 분말소화설비
	그 밖의 것		고정식 포소화설비, 이동식 이외의 이산화탄소소화설비, 이동식 이외의 할로젠화합물소화설비 또는 이동식 이외의 분말소화설비
옥외저장소 및 이송취급소			옥내소화전설비, 옥외소화전설비, 스프링클러설비 또는 물분무 등 소화설비(화재 발생 시 연기가 충만할 우려가 있는 장소에는 스프링클러설비 또는 이동식 이외의 물분무등소화설비에 한한다.)
암반탱크저장소	황만을 저장·취급하는 것		물분무소화설비
	인화점 70℃ 이상의 제4류 위험물만을 저장·취급하는 것		물분부소화설비 또는 고정식 포소화설비
	그 밖의 것		고정식 포소화설비(포소화설비가 적응성이 없는 경우에는 분말소화설비)

9 이황화탄소가 들어 있는 드럼통에 화재가 발생할 경우 주수소화가 가능하다. 이 물질의 비중과 소화효과를 비교하여 설명하시오.

정답 이황화탄소의 비중은 1.26이므로 물보다 무겁고 물에 녹지 않으므로 주수소화하면 질식효과를 얻을 수 있다.

10 황린에 대하여 다음 물음에 답하시오.

1) 화학식을 쓰시오.
2) 연소 시 생성되는 유독성인 흰색 연기의 화학식을 쓰시오.
3) 보호액은 무엇인가?
4) 지정수량은 얼마인가?

정답 1) P_4 2) P_2O_5 3) pH 9 정도의 물   4) 20kg

참고 ① 공기 중에서 격렬하게 연소하며 유독성 가스도 발생한다.

$P_4 + 5O_2 \rightarrow 2P_2O_5$

② 강알칼리 용액과 반응하여 pH=9 이상이 되면 가연성, 유독성의 포스핀 가스를 발생한다.

$P_4 + 3KOH + 3H_2O \rightarrow PH_3\uparrow + 3KH_2PO_2$

이때 액상인 인화수소 PH_3가 발생하는데 이것은 공기 중에서 자연발화한다.

③ 황린의 지정수량

위험물			지정수량
유별	성질	품명	
제3류	자연 발화성 물질 및 금수성 물질	1. 칼륨	10kg
		2. 나트륨	10kg
		3. 알킬알루미늄	10kg
		4. 알킬리튬	10kg
		5. 황린	20kg
		6. 알칼리금속(칼륨 및 나트륨을 제외한다.) 및 알칼리토금속	50kg
		7. 유기금속화합물(알킬알루미늄 및 알킬리튬을 제외한다.)	50kg
		8. 금속의 수소화물	300kg
		9. 금속의 인화물	300kg
		10. 칼슘 또는 알루미늄의 탄화물	300kg
		11. 그 밖에 행정안전부령이 정하는 것	10kg, 20kg, 50kg 또는 300kg
		12. 제1호 내지 제11호의 1에 해당하는 어느 하나 이상을 함 유한 것	

11 금속나트륨에 대하여 다음 물음에 답하시오.

　　1) 나트륨과 물의 반응식은?
　　2) 금속나트륨 화재 시 이산화탄소 소화기를 쓸 수 없는 이유는?

　　●정답 1) $2Na + 2H_2O \rightarrow 2NaOH + H_2$
　　　　　 2) 금속나트륨은 이산화탄소와 폭발반응을 하기 때문이다.

12 주유 중 엔진정지 표지판의 바탕색과 문자색, 규격을 쓰시오.

　　●정답 1) 바탕색 : 황색
　　　　　 2) 문자색 : 흑색
　　　　　 3) 규격 : 한 변의 길이가 0.3m 이상, 다른 한 변의 길이가 0.6m 이상인 직사각형

13 통기관에 대한 설명이다. 다음 물음에 답하시오.

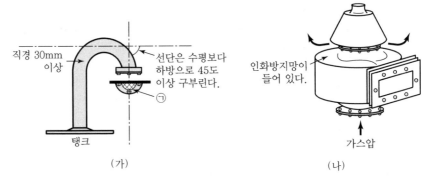

　　1) (가), (나)의 종류를 쓰시오.
　　2) ㉠의 명칭을 쓰시오.
　　3) 이 통기관은 몇 류 위험물의 어떠한 탱크에 적용되는가?

　　●정답 1) (가) : 밸브 없는 통기관
　　　　　　　　 (나) : 대기 밸브 부착 통기관
　　　　　 2) 인화방지망
　　　　　 3) 제4류 위험물의 옥외저장탱크

14 제6류 위험물인 질산에 대해 다음 물음에 답하시오.

1) 분해반응식을 쓰시오.
2) 지정수량은 얼마인가?

▶**정답** 1) $4HNO_3 \rightarrow 2H_2O + 4NO_2 + O_2$

2) 300kg

15 옥외저장소의 덩어리 황에 대해 다음 물음에 답하시오.

1) 하나의 경계표시 내부의 면적은?
2) 25,000kg을 저장할 경우 경계표시 간의 간격은 몇 m 이상으로 하여야 하는가?

▶**정답** 1) 100m² 이하

2) 지정수량 배수 $= \dfrac{25,000}{100} = 250$배

∴ 지정수량 배수가 200배 이상이므로 10m 이상

➡**참고** 옥외저장소 중 덩어리 상태의 황만을 지반면에 설치한 경계표시의 안쪽에서 저장 또는 취급하는 것(제1호에 정하는 것을 제외한다)의 위치·구조 및 설비의 기술기준은 제1호 각 목의 기준 및 다음 각 목과 같다.

가. 하나의 경계표시 내부의 면적은 100m² 이하일 것
나. 2 이상의 경계표시를 설치하는 경우에는 각각의 경계표시 내부의 면적을 합산한 면적은 1,000m² 이하로 하고, 인접하는 경계표시와 경계표시의 간격을 제1호 라목의 규정에 따라 공지 너비의 2분의 1 이상으로 할 것. 다만, 저장 또는 취급하는 위험물의 최대수량이 지정수량의 200배 이상인 경우에는 10m 이상으로 하여야 한다.
다. 경계표시는 불연재료로 만드는 동시에 황이 새지 아니하는 구조로 할 것
라. 경계표시의 높이는 1.5m 이하로 할 것
마. 경계표시에는 황이 넘치거나 비산하는 것을 방지하기 위한 천막 등을 고정하는 장치를 설치하되, 천막 등을 고정하는 장치는 경계표시의 길이 2m마다 한 개 이상 설치할 것
바. 황을 저장 또는 취급하는 장소의 주위에는 배수구와 분리장치를 설치할 것

16 과산화수소와 하이드라진을 소량 혼합하면 폭발한다. 다음 물음에 답하시오.

1) 반응식을 쓰시오.
2) 2종류의 위험물 중 제6류 위험물의 분해반응식을 쓰시오.

▶**정답** 1) $2H_2O_2 + N_2H_4 \rightarrow N_2 + 4H_2O$

2) $2H_2O_2 \rightarrow 2H_2O + O_2$

➡**참고** ① 과산화수소는 하이드라진과 반응하여 질소를 발생시킨다.

$H_2O_2 + N_2H_4 \rightarrow N_2 + 4H_2O$

② 상온에서 $2H_2O_2 \rightarrow 2H_2O + O_2$로 서서히 분해되어 산소를 방출한다.

17 단층의 옥내저장소 안에 드럼통 3개가 있다. 다음 각 물음에 답하시오.

1) 저장창고의 지붕을 내화구조로 할 수 있는 경우를 쓰시오.
2) 난연재료 또는 불연재료로 된 천장을 설치할 수 있는 경우를 쓰시오.

정답 1) 제2류 위험물(분상의 것과 인화성 고체를 제외한다.)과 제6류 위험물만의 저장창고
　　 2) 제5류 위험물만의 저장창고

참고 저장창고는 지붕을 폭발력이 위로 방출될 정도의 가벼운 불연재료로 하고, 천장을 만들지 아니하여야 한다. 다만, 제2류 위험물(분상의 것과 인화성 고체를 제외한다.)과 제6류 위험물만의 저장창고에서는 지붕을 내화구조로 할 수 있고, 제5류 위험물만의 저장창고에서는 당해 저장창고 내의 온도를 저온으로 유지하기 위하여 난연재료 또는 불연재료로 된 천장을 설치할 수 있다.

18 실험실의 실험대 위에서 다음과 같이 혼합할 물질이 있다. 다음 각 물음에 답하시오.

> • A : 석유＋나트륨　　　　　　　• B : 알킬리튬＋물
> • C : 황린＋물　　　　　　　　　• D : 나이트로셀룰로오스＋에탄올

1) 제3류 위험물의 보관방법 중 잘못된 보관방법의 알파벳 기호를 쓰시오.
2) C의 위험물이 공기 중에서 연소했을 때 만들어지는 물질을 화학식으로 쓰시오.

정답 1) B
　　 2) P_2O_5

참고 ① 물과 만나면 심하게 발열하고 가연성 수소가스를 발생하므로 위험하다.
　　　　 $Li + H_2O \rightarrow LiOH + 1/2H_2\uparrow$
　　 ② 황린의 연소반응식 : $P_4 + 5O_2 \rightarrow 2P_2O_5$

19 다음 그림은 구리, 아연, 염화나트륨의 분말이다. 다음 물음에 답하시오.

（구리）　　　　　　　（아연）　　　　　　　（염화나트륨）

1) 세 가지 물질 중 황산을 떨어뜨렸을 때 흰색의 연기가 발생하는 물질과 황산의 반응식을 쓰시오.
2) 해당 위험물의 품명을 쓰시오.

정답 1) Zn + H₂SO₄ → ZnSO₄ + H₂
2) 금속분

20 지하탱크저장소에 대해 다음 물음에 답하시오.

1) 지하저장탱크 주위에 당해 탱크로부터 액체위험물의 누설을 검사하기 위해 설치하는 관의 명칭은 무엇인가?
2) 관의 밑부분으로부터 (　　　) 높이까지의 부분에는 소공이 뚫려 있을 것

정답 1) 누유검사관
2) 탱크의 중심

참고 지하저장탱크 주위에는 당해 탱크로부터 액체위험물의 누설을 검사하기 위한 관을 다음 각 목의 기준에 따라 4개소 이상 적당한 위치에 설치하여야 한다.

가. 이중관으로 할 것. 다만, 소공이 없는 상부는 단관으로 할 수 있다.
나. 재료는 금속관 또는 경질합성수지관으로 할 것
다. 관은 탱크실 또는 탱크의 기초 위에 닿게 할 것
라. 관의 밑부분에서 탱크의 중심 높이까지는 소공이 뚫려 있을 것. 다만, 지하수위가 높은 장소의 경우 지하수위 높이까지의 부분에 소공이 뚫려 있어야 한다.
마. 상부는 물이 침투하지 아니하는 구조로 하고, 뚜껑은 검사 시에 쉽게 열 수 있도록 할 것

21 과산화벤조일[(C₆H₅CO)₂O₂]이라는 위험물이 있고, A접시와 B접시에 어떤 액체가 들어 있다. A접시에서는 과산화벤조일이 녹고 B접시에서는 녹지 않는다. 다음 물음에 답하시오.

1) [(C₆H₅CO)₂O₂]의 품명은?
2) 물이 들어 있는 접시는 어느 것인가?

정답 1) 유기과산화물
2) B접시

참고 과산화벤조일(벤조일퍼옥사이드)[(C₆H₅CO)₂O₂]의 성질

가. 무색무미의 결정고체로 비수용성이며 알코올에 약간 녹는다.
나. 발화점 125℃, 융점 103~105℃, 비중 1.33(25℃)
다. 상온에서 안정된 물질로, 강한 산화작용이 있다.

22 실험실의 실험대 위에 놓인 비커 A와 B에 각각 삼산화크로뮴(CrO_3)이라 명기된 주황색 시료와 함께 과망가니즈산칼륨($KMnO_4$)이 명기된 흑자색(진한 보라색) 시료가 있다. 다음 물음에 답하시오.

1) 240℃에서 분해되는 진한 보라색 물질의 분해반응식을 쓰시오.
2) 주황색 물질의 지정수량을 쓰시오.

▶정답 1) 열분해 반응식 : $2KMnO_4 \rightarrow K_2MnO_4 + MnO_2 + O_2 \uparrow$
　　　2) 300kg

➡참고 주황색 물질은 삼산화크로뮴(CrO_3)이며 무수크로뮴산이라고 한다.

1 에틸알코올에 대한 설명이다. 다음 물음에 답하시오.

　1) 에틸알코올의 완전연소반응식은?
　2) 에틸알코올과 칼륨을 접촉시켰을 때 발생하는 기체는?

　　정답 1) $C_2H_5OH + 3O_2 \rightarrow 2CO_2 + 3H_2O$
　　　　2) 수소(H_2)
　　참고 $2C_2H_5OH + 2K \rightarrow 2C_2H_5OK + H_2$

2 이황화탄소, 산화프로필렌, 에틸알코올을 발화점이 낮은 순으로 쓰시오.

　　정답 이황화탄소 → 에틸알코올 → 산화프로필렌
　　참고 위험물의 발화점 : 이황화탄소(100℃), 에틸알코올(423℃), 산화프로필렌(465℃)

3 금속 칼슘과 물의 반응식을 쓰시오.

　　정답 $Ca + 2H_2O \rightarrow Ca(OH)_2 + H_2$

4 제1석유류라 함은 아세톤, 휘발유 그 밖에 1기압에서 인화점이 섭씨 (　)도 미만인 것을 말한다. 빈칸을 채우시오.

　　정답 21
　　참고 제4류 위험물 중 제1석유류 : "제1석유류"라 함은 아세톤, 휘발유, 그 밖에 1atm에서 인화점이 21℃ 미만인 것을 말한다.

5 분말소화기에서 제2종 분말소화기의 분해반응식을 쓰시오.

　　정답 $2KHCO_3 \rightarrow K_2CO_3 + CO_2 + H_2O$(190℃에서 열분해 반응식)

종류	주성분	착색	적응화재	열분해 반응식
제1종 분말	NaHCO₃ (탄산수소나트륨)	백색	B, C	$2NaHCO_3$ $\rightarrow Na_2CO_3 + CO_2 + H_2O$
제2종 분말	KHCO₃ (탄산수소칼륨)	보라색	B, C	$2KHCO_3$ $\rightarrow K_2CO_3 + CO_2 + H_2O$
제3종 분말	NH₄H₂PO₄ (제1인산암모늄)	담홍색	A, B, C	$NH_4H_2PO_4$ $\rightarrow HPO_3 + NH_3 + H_2O$
제4종 분말	KHCO₃ + (NH₂)₂CO (탄산수소칼륨 + 요소)	회백색	B, C	$2KHCO_3 + (NH_2)_2CO$ $\rightarrow K_2CO_3 + 2NH_3 + 2CO_2$

6 위험물의 종류 중에서 제2류 위험물과 혼재 가능한 위험물 2가지를 쓰시오.

▶정답 제4류 위험물, 제5류 위험물
▶참고 혼재 가능 위험물
① 423 → 4류와 2류, 4류와 3류는 서로 혼재 가능
② 524 → 5류와 2류, 5류와 4류는 서로 혼재 가능
③ 61 → 6류와 1류는 서로 혼재 가능

7 트라이에틸알루미늄과 메틸알코올 반응 시 폭발적으로 반응한다. 이때의 화학반응식을 쓰시오.

▶정답 $(C_2H_5)_3Al + 3CH_3OH \rightarrow Al(CH_3O)_3 + 3C_2H_6$

8 이동저장탱크의 구조에 관한 내용이다. ( ) 안을 채우시오.

이동저장탱크는 그 내부에 (①)리터 이하마다 (②)mm 이상의 강철판 또는 이와 동등 이상의 강도·내열성 및 내식성이 있는 금속성의 것으로 칸막이를 설치하여야 한다.

▶정답 ① 4,000 ② 3.2
▶참고 이동저장탱크의 구조
1. 이동저장탱크의 구조는 다음 각 목의 기준에 따른다.
   가. 탱크(맨홀 및 주입관의 뚜껑을 포함한다)는 두께 3.2mm 이상의 강철판 또는 이와 동등 이상의 강도·내식성 및 내열성이 있다고 인정하여 국민안전처장관이 정하여 고시하는 재료 및 구조로 위험물이 새지 아니하게 제작할 것

나. 압력탱크(최대상용압력이 46.7kPa 이상인 탱크를 말한다) 외의 탱크는 70kPa의 압력으로, 압력탱크는 최대상용압력의 1.5배의 압력으로 각각 10분간의 수압시험을 실시하여 새거나 변형되지 아니할 것. 이 경우 수압시험은 용접부에 대한 비파괴시험과 기밀시험으로 대신할 수 있다.

2. 이동저장탱크는 그 내부에 4,000L 이하마다 3.2mm 이상의 강철판 또는 이와 동등 이상의 강도·내열성 및 내식성이 있는 금속성의 것으로 칸막이를 설치하여야 한다. 다만, 고체인 위험물을 저장하거나 고체인 위험물을 가열하여 액체 상태로 저장하는 경우에는 그러하지 아니하다.

3. 제2호의 규정에 의한 칸막이로 구획된 각 부분마다 맨홀과 다음 각 목의 기준에 의한 안전장치 및 방파판을 설치하여야 한다. 다만, 칸막이로 구획된 부분의 용량이 2,000L 미만인 부분에는 방파판을 설치하지 아니할 수 있다.

9 주유취급소에 설치하는 탱크의 용량을 몇 L로 하는지 다음 ( ) 안을 채우시오.

> ① 고속국도의 도로변에 설치하지 않은 고정급유설비에 직접 접속하는 전용탱크로서 ( )리터 이하인 것
> ② 고속국도의 도로변에 설치된 주유취급소에 있어서는 탱크의 용량을 ( )리터까지 할 수 있다.

정답 ① 50,000 ② 60,000

참고 ① 주유취급소에는 다음 각 목의 탱크 외에는 위험물을 저장 또는 취급하는 탱크를 설치할 수 없다. 다만, 별표 10 Ⅰ의 규정에 의한 이동탱크저장소의 상치장소를 주유공지 또는 급유공지 외의 장소에 확보하여 이동탱크저장소(당해 주유취급소의 위험물의 저장 또는 취급에 관계된 것에 한한다)를 설치하는 경우에는 그러하지 아니하다.

가. 자동차 등에 주유하기 위한 고정주유설비에 직접 접속하는 전용탱크로서 50,000L 이하의 것
나. 고정급유설비에 직접 접속하는 전용탱크로서 50,000L 이하의 것
다. 보일러 등에 직접 접속하는 전용탱크로서 10,000L 이하의 것

② 고속국도 주유취급소의 특례
고속국도의 도로변에 설치된 주유취급소에 있어서는 탱크의 용량을 60,000L까지 할 수 있다.

10 제2류 위험물을 제조하는 장소에서 저장 또는 취급하는 위험물에 따라 주의사항을 표시한 게시판을 설치해야 한다. 이때 게시판에 써야 할 주의사항은?(단, 인화성 고체는 제외)

정답 화기주의

참고 ① 제1류 위험물 중 알칼리금속의 과산화물 또는 이를 함유한 것에 있어서는 "화기·충격주의", "물기엄금" 및 "가연물접촉주의", 그 밖의 것에 있어서는 "화기·충격주의" 및 "가연물접촉주의"

② 제2류 위험물 중 철분·금속분·마그네슘 또는 이들 중 어느 하나 이상을 함유한 것에 있어서는 "화기주의" 및 "물기엄금", 인화성 고체에 있어서는 "화기엄금", 그 밖의 것에 있어서는 "화기주의"
③ 제3류 위험물 중 자연발화성 물질에 있어서는 "화기엄금" 및 "공기접촉엄금", 금수성 물질에 있어서는 "물기엄금"
④ 제4류 위험물에 있어서는 "화기엄금"
⑤ 제5류 위험물에 있어서는 "화기엄금" 및 "충격주의"
⑥ 제6류 위험물에 있어서는 "가연물접촉주의"

11 다음 물음에 답하시오.

1) 오황화인과 물의 반응식을 쓰시오.
2) 생성되는 물질 중 기체 상태인 것은 무엇인가?

▶정답 1) 물과 반응식 : $P_2S_5 + 8H_2O \rightarrow 2H_3PO_4 + 5H_2S$
2) 황화수소

12 제조소 또는 일반취급소에서 취급하는 제4류 위험물의 최대수량 합이 지정수량의 12만 배 이상 24만 배 미만인 사업소에 자체소방대 소방차의 대수와 인원의 수를 쓰시오.

▶정답 소방차 대수 : 2대, 소방대원 수 : 10명

▶참고

제조소 및 일반취급소의 구분	화학소방자동차	조작인원
지정수량의 12만 배 미만을 저장·취급하는 것	1대	5인
지정수량의 12만 배 이상 24만 배 미만을 저장·취급하는 것	2대	10인
지정수량의 24만 배 이상 48만 배 미만을 저장·취급하는 것	3대	15인
지정수량의 48만 배 이상을 저장·취급하는 것	4대	20인

13 원자량 23, 비중 0.97, 불꽃 반응 시 노란색의 물질에 대하여 다음 물음에 답하시오.

1) 물질의 명칭과 원소기호를 쓰시오.
2) 물질의 지정수량을 쓰시오.

▶정답 1) 나트륨, Na
2) 10kg

14 다음 표에 들어갈 위험물의 유별 및 지정수량을 쓰시오.

품명	유별	지정수량
칼륨	①	②
질산염류	③	④
질산	⑤	⑥

▶정답 ① 제3류 위험물 ② 10kg
③ 제1류 위험물 ④ 300kg
⑤ 제6류 위험물 ⑥ 300kg

15 휘발유 저장용기에 대한 설명이다. 다음 물음에 답하시오.

1) 위험등급을 로마자로 표기하시오.
2) 이 위험물에 대해 게시판에 기재할 주의사항을 쓰시오.

▶정답 1) 위험등급 Ⅱ
2) 화기엄금

16 실험실의 실험대 위 막자사발에 질산칼륨, 황, 숯가루를 섞은 흑색화약이 있다. 다음 물음에 답하시오.

1) 이 중 산소공급원에 해당하는 것은 무엇인가?
2) 이 중 위험물에 해당하는 물질의 지정수량을 쓰시오.

▶정답 1) 질산칼륨
2) 질산칼륨 : 300kg, 황 : 100kg

17 바닥면적 450m²인 옥내저장소에 대한 물음에 답하시오.

1) 환기설비의 기준에 따라 설치하는 급기구의 수는 몇 개인지 계산하시오.
2) 저장창고에는 채광·조명 및 환기설비를 갖추어야 하고 인화점 (   )℃ 미만인 위험물의 저장창고에는 내부에 체류한 가연성 증기를 지붕 위로 배출하는 설비를 갖추어야 한다.

▶정답 1) $\frac{450}{150} = 3$개

2) 70

▶참고 환기설비 기준

① 환기는 자연배기방식으로 할 것
② 급기구는 당해 급기구가 설치된 실의 바닥면적 150m²마다 1개 이상으로 하되, 급기구의 크기는 800cm² 이상으로 할 것. 다만 바닥면적이 150m² 미만인 경우에는 다음의 크기로 하여야 한다.

바닥면적	급기구의 면적
60m² 미만	150cm² 이상
60m² 이상 90m² 미만	300cm² 이상
90m² 이상 120m² 미만	450cm² 이상
120m² 이상 150m² 미만	600cm² 이상

③ 급기구는 낮은 곳에 설치하고 가는 눈의 구리망 등으로 인화방지망을 설치할 것
④ 환기구는 지붕 위 또는 지상 2m 이상의 높이에 회전식 고정벤틸레이터 또는 루프팬 방식으로 설치할 것
⑤ 채광, 환기 및 조명설비를 설치하고, 인화점 70℃ 미만의 위험물을 저장하는 창고에는 배출설비를 설치할 것

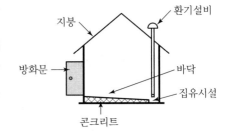

18 주유취급소에 있는 지하탱크저장소의 이미지에서 탱크와 지하벽 사이의 거리가 B, 지면과 탱크 상단부까지의 거리가 A, 지하의 벽 두께가 C일 때 다음 물음에 답하시오.

1) A, B, C의 최소거리의 합은 몇 m인가?
2) 탱크와 벽 사이의 공간을 채우는 재료는 무엇인가?

▶정답 1) A : 0.6m 이상, B : 0.1m 이상, C : 0.3m 이상
∴ 0.6+0.1+0.3 = 1m
2) 마른 모래 또는 입자지름이 5mm 이하의 마른 자갈분

→ 참고

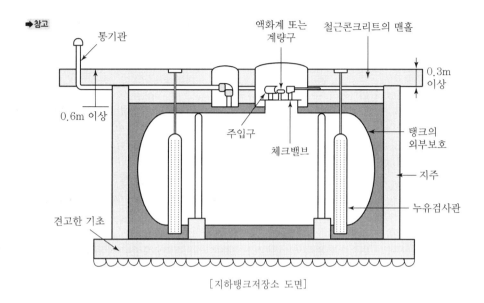

[지하탱크저장소 도면]

19 옥외저장탱크의 배관 중 적색배관과 적색배관 사이에 설치되어 있는 흰색배관에 대한 다음 물음에 답하시오.

1) 명칭
2) 설치목적

▶정답 1) 플렉시블 조인트
　　2) 충격에 의한 배관의 파손 방지

20 제1류 위험물인 염소산염류와 제6류 위험물인 질산을 함께 저장하는 옥내저장소에 대해 다음 물음에 답하시오.

1) 옥내저장소의 면적을 구하시오.
2) 2가지 위험물을 같이 저장하는 경우 상호 간 몇 m 이상의 간격을 두어야 하는지 쓰시오.

▶정답 1) 1,000m^2
　　2) 1

➡참고 하나의 저장창고의 바닥면적(2 이상의 구획된 실이 있는 경우에는 각 실의 바닥면적의 합계)은 다음 각 목의 구분에 의한 면적 이하로 하여야 한다. 이 경우 가목의 위험물과 나목의 위험물을 같은 저장창고에 저장하는 때에는 가목의 위험물을 저장하는 것으로 보아 그에 따른 바닥면적을 적용한다.

가. 다음의 위험물을 저장하는 창고 : 1,000m²
  1) 제1류 위험물 중 아염소산염류, 염소산염류, 과염소산염류, 무기과산화물, 그 밖에 지정수량이 50kg인 위험물
  2) 제3류 위험물 중 칼륨, 나트륨, 알킬알루미늄, 알킬리튬, 그 밖에 지정수량이 10kg인 위험물 및 황린
  3) 제4류 위험물 중 특수인화물, 제1석유류 및 알코올류
  4) 제5류 위험물 중 유기과산화물, 질산에스터류, 그 밖에 지정수량이 10kg인 위험물
  5) 제6류 위험물
나. 가목의 위험물 외의 위험물을 저장하는 창고 : 2,000m²
다. 가목의 위험물과 나목의 위험물을 내화구조의 격벽으로 완전히 구획된 실에 각각 저장하는 창고 : 1,500m²(가목의 위험물을 저장하는 실의 면적은 500m²를 초과할 수 없다.)

21 메탄올의 시약병이 있다. 다음 물음에 답하시오.

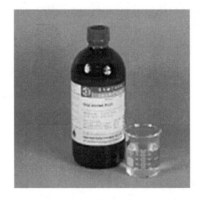

1) 화학식을 쓰시오.
2) 지정수량을 쓰시오.
3) 완전 연소반응식을 쓰시오.

➡정답 1) CH_3OH
  2) 400L
  3) $2CH_3OH + 3O_2 \rightarrow 2CO_2 + 4H_2O$

22 벤젠과 아세톤의 위험물 화재에 대한 다음 물음에 답하시오.

1) 주수소화 시 소화효과가 없는 것은 무엇인가?
2) 아세톤과 벤젠의 소화방법 차이점을 쓰시오.

> **정답** 1) 벤젠
> 2) 아세톤은 수용성이므로 주수소화했을 때 물과 섞여 바로 소화된다. 하지만 벤젠의 비중이 물보다 작으므로 주수소화 시 화재면을 확대시킨다.

23 화학소방차 3대와 사다리차 1대가 있을 때 저장 및 취급하는 위험물의 지정수량은 몇 배이고, 자체소방대원의 수는 몇 명인지 쓰시오.

> **정답** 24만 배 이상 48만 배 미만, 15명
> **참고**

제조소 및 일반취급소의 구분	화학소방자동차	조작인원
지정수량의 12만 배 미만을 저장·취급하는 것	1대	5인
지정수량의 12만 배 이상 24만 배 미만을 저장·취급하는 것	2대	10인
지정수량의 24만 배 이상 48만 배 미만을 저장·취급하는 것	3대	15인
지정수량의 48만 배 이상을 저장·취급하는 것	4대	20인

24 옥외저장소에 에틸렌글리콜 20,000리터를 저장하고 있을 때 다음 물음에 답하시오.

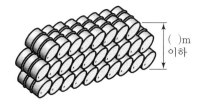

( )m
이하

1) 기계에 의하여 하역하는 경우에는 몇 m를 초과하여 저장하지 아니하여야 하는가?
2) 제3석유류를 용기만을 겹쳐 쌓는 경우 저장 높이는 몇 m인가?

> **정답** 1) 6
> 2) 4

1 다음 중 제4류 위험물제조소의 주의사항 및 게시판에 대한 내용이다. 물음에 답하시오.

1) 크기를 쓰시오.

2) 색상을 쓰시오.

3) 주의사항을 쓰시오.

정답 1) 한 변의 길이가 0.3m 이상, 다른 한 변의 길이가 0.6m 이상인 직사각형

2) 적색바탕에 백색문자

3) 화기엄금

참고 저장 또는 취급하는 위험물에 따라 다음의 규정에 의한 주의사항을 표시한 게시판

① 제1류 위험물 중 알칼리금속의 과산화물과 이를 함유한 것 또는 제3류 위험물 중 금수성 물질에 있어서는 "물기엄금"

② 제2류 위험물(인화성 고체를 제외한다)에 있어서는 "화기주의"

③ 제2류 위험물 중 인화성 고체, 제3류 위험물 중 자연발화성 물질, 제4류 위험물 또는 제5류 위험물에 있어서는 "화기엄금"

2 아세트알데하이드에 대한 내용이다. 다음 물음에 답하시오.

1) 시성식을 쓰시오.

2) 품명을 쓰시오.

3) 지정수량을 쓰시오.

4) 에틸렌의 직접산화법에 의한 제조 반응식을 쓰시오.

정답 1) CH_3CHO

2) 특수인화물

3) 50L

4) $2C_2H_4 + O_2 \rightarrow 2CH_3CHO$

참고 염화파라듐을 촉매로 사용하여 에틸렌은 직접 산화시켜서 얻는 물질의 반응식

$2C_2H_4 + O_2 \rightarrow 2CH_3CHO$

3 인화칼슘에 대한 다음 물음에 답하시오.

1) 제 몇 류 위험물인지 쓰시오.
2) 지정수량을 쓰시오.
3) 물과의 반응식을 쓰시오.
4) 물과 반응 후 생성되는 독성, 가연성 물질을 쓰시오.

➡정답 1) 제3류 위험물
    2) 300kg
    3) $Ca_3P_2 + 6H_2O \rightarrow 3Ca(OH)_2 + 2PH_3$
    4) 포스핀(PH_3)

4 위험물의 운반기준에 대한 다음 설명에서 빈칸을 채우시오.

1) 고체위험물은 운반용기 내용적의 (　)% 이하의 수납률로 수납할 것
2) 액체위험물은 운반용기 내용적의 (　)% 이하의 수납률로 수납하되, (　)도의 온도에서 누설되지 아니하도록 충분한 공간용적을 유지 하도록 할 것

➡정답 1) 95
    2) 98, 55
➡참고 ① 고체위험물은 운반용기 내용적의 95% 이하의 수납률로 수납할 것
    ② 액체위험물은 운반용기 내용적의 98% 이하의 수납률로 수납하되, 55도의 온도에서 누설되지 아니하도록 충분한 공간용적을 유지할 것

5 크실렌 이성질체 3가지의 명칭을 쓰시오.

➡정답 오르토크실렌, 메타크실렌, 파라크실렌
➡참고 콜타르를 분류 증류할 때 얻을 수 있는 방향 있는 무색의 액체로 세 가지 종류의 이성질체가 있다.

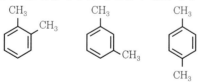

O-크실렌   m-크실렌   P-크실렌

6 제5류 위험물 중에서 트라이나이트로톨루엔의 구조식을 쓰시오.

> **▶정답**
>
> $$O_2N \overset{CH_3}{\underset{NO_2}{\bigotimes}} NO_2$$
>
> **▶참고** 톨루엔에 질산, 황산을 반응시켜 생성되는 물질은 트라이나이트로톨루엔이 된다.
>
> $$C_6H_5CH_3 \ + \ 3HNO_3 \ \xrightarrow{H_2SO_4} \ C_6H_2CH_3(NO_2)_3 \ + \ 3H_2O$$
>
> $$\overset{CH_3}{\bigotimes} + 3HNO_3 \xrightarrow{C-H_2SO_4} {\underset{\substack{NO_2 \\ (TNT)}}{\overset{CH_3}{\underset{NO_2}{\bigotimes}}}}^{NO_2} + 3H_2O$$

7 이황화탄소의 완전연소반응식을 쓰시오.

> **▶정답** $CS_2 \ + \ 3O_2 \ \rightarrow \ CO_2 \ + \ 2SO_2$
>
> **▶참고** 이황화탄소가 연소하면 청색 불꽃을 띠며, 이산화황의 유독가스를 발생한다.
>
> $$CS_2 \ + \ 3O_2 \ \rightarrow \ CO_2 \ + \ 2SO_2$$

8 질산메틸의 증기비중은 얼마인가?

> **▶정답** 증기비중 $= \dfrac{\text{성분기체의 분자량}}{\text{공기의 평균분자량}} = \dfrac{77}{29} = 2.66$
>
> **▶참고** 질산메틸의 화학식은 CH_3ONO_2이며 분자량은 77g이다.

9 다음 중에서 비중이 1보다 큰 것을 모두 고르시오.

> 이황화탄소, 글리세린, 산화프로필렌, 클로로벤젠, 피리딘

> **▶정답** 이황화탄소, 글리세린, 클로로벤젠
>
> **▶참고** 위험물의 비중
>
> 이황화탄소(1.26), 글리세린(1.26), 산화프로필렌(0.82), 클로로벤젠(1.11), 피리딘(0.98)

10 금속칼륨이 주수소화하면 안 되는 이유를 쓰시오.

정답 공기 중에서 수분과 반응하여 수소를 발생하므로 폭발할 수 있다.

참고 공기 중에서 수분과 반응하여 수소를 발생한다.

$2K + 2H_2O → 2KOH + H_2↑ + 92.8kcal$

11 다음은 위험물안전관리법령에 따른 위험물 저장·취급 기준이다. 빈칸을 채우시오.

1) 제( )류 위험물은 가연물과의 접촉·혼합이나 분해를 촉진하는 물품과의 접근 또는 과열·충격·마찰 등을 피하는 한편, 알칼리금속의 과산화물 및 이를 함유한 것에 있어서는 물과의 접촉을 피하여야 한다.

2) 제( )류 위험물은 불티·불꽃·고온체와의 접근 또는 과열을 피하고, 함부로 증기를 발생시키지 아니하여야 한다.

3) 제( )류 위험물은 산화제와의 접촉·혼합이나 불티·불꽃·고온체와의 접근 또는 과열을 피하는 한편, 철분·금속분·마그네슘 및 이를 함유한 것에 있어서는 물이나 산과의 접촉을 피하고 인화성 고체에 있어서는 함부로 증기를 발생시키지 아니하여야 한다.

정답 1) 1
2) 4
3) 2

참고 위험물의 유별 저장·취급의 공통기준(중요기준)

① 제1류 위험물은 가연물과의 접촉·혼합이나 분해를 촉진하는 물품과의 접근 또는 과열·충격·마찰 등을 피하는 한편, 알칼리금속의 과산화물 및 이를 함유한 것에 있어서는 물과의 접촉을 피하여야 한다.

② 제2류 위험물은 산화제와의 접촉·혼합이나 불티·불꽃·고온체와의 접근 또는 과열을 피하는 한편, 철분·금속분·마그네슘 및 이를 함유한 것에 있어서는 물이나 산과의 접촉을 피하고 인화성 고체에 있어서는 함부로 증기를 발생시키지 아니하여야 한다.

③ 제3류 위험물 중 자연발화성 물질에 있어서는 불티·불꽃 또는 고온체와의 접근·과열 또는 공기와의 접촉을 피하고, 금수성 물질에 있어서는 물과의 접촉을 피하여야 한다.

④ 제4류 위험물은 불티·불꽃·고온체와의 접근 또는 과열을 피하고, 함부로 증기를 발생시키지 아니하여야 한다.

⑤ 제5류 위험물은 불티·불꽃·고온체와의 접근이나 과열·충격 또는 마찰을 피하여야 한다.

⑥ 제6류 위험물은 가연물과의 접촉·혼합이나 분해를 촉진하는 물품과의 접근 또는 과열을 피하여야 한다.

12 가연성 고체에 해당되는 황화인은 몇 류 위험물에 해당되며, 지정수량은 얼마인지 쓰고, 황화인의 종류 3가지를 화학식으로 답하시오.

정답 1) 제2류 위험물

2) 지정수량 : 100kg

3) 황화인의 종류 : P_4S_3, P_2S_5, P_4S_7

참고 황화인(지정수량 100kg) : 제2류 위험물

구분	삼황화인	오황화인	칠황화인
화학식	P_4S_3	P_2S_5	P_4S_7
색상	황색결정	담황색결정	담황색결정
물의 용해성	불용성	조해성	조해성
CS_2의 용해성	소량	77g/100g	0.03g/100g

13 제4류 위험물로서 흡입 시 시신경마비, 인화점 11℃, 발화점 464℃인 위험물에 대해 다음 물음에 답하시오.

1) 위험물의 명칭은 무엇인가?

2) 지정수량을 쓰시오.

정답 1) 메틸알코올

2) 400L

참고 메틸알코올(메탄올, CH_3OH, 목정)

① 인화점 : 11℃, 발화점 : 464℃, 비등점 : 65℃, 비중 : 0.8, 연소범위 : 6.0~36%

② 증기는 가열된 산화구리를 환원하여 구리를 만들고 포름알데히드가 된다.

③ 산화 환원 반응식

$$CH_3OH \underset{환원}{\overset{산화}{\rightleftarrows}} HCHO \text{(포름 알데히드)} \underset{환원}{\overset{산화}{\rightleftarrows}} HCOOH \text{(의산)}$$

④ 무색, 투명한 액체로서 물, 에테르에 잘 녹고, 알코올류 중에서 수용성이 가장 높다.

⑤ 독성이 있다.(소량 마시면 눈이 멀게 된다.)

14 옥내저장소에 대한 설명이다. 다음 물음에 답하시오.

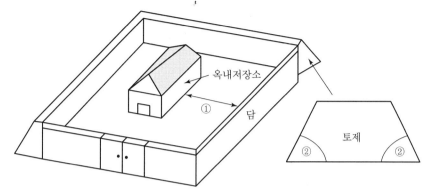

1) 외벽으로부터 담 및 토제까지의 거리는?
2) 토제 경사면의 경사도는 몇 도 미만인가?

▶정답 1) 2m 이상
2) 60도 미만

▶참고 ① 담 또는 토제는 당해 제조소의 외벽 또는 이에 상당하는 공작물의 외측으로부터 2m 이상 떨어진 장소에 설치할 것
② 토제의 경사면의 경사도는 60도 미만으로 할 것

15 고정식 포소화설비에 대한 다음 물음에 답하시오.

1) 포모니터노즐 방식의 노즐선단 방사량은 몇 $\frac{l}{min}$ 인가?
2) 포모니터노즐 방식의 수평방사거리는 몇 m 이상으로 하는가?

▶정답 1) 1,900 $\frac{l}{min}$
2) 30m 이상

▶참고 포모니터노즐 설치기준
① 포모니터노즐은 소화활동상 지장이 없는 위치에서 기동 및 조작이 가능하도록 고정하여 설치할 것
② 포모니터노즐은 모든 노즐을 동시에 사용할 경우에 각 노즐선단의 방사량이 1,900 $\frac{l}{min}$ 이상이고 수평방사거리가 30m 이상이 되도록 설치할 것

16 다음 물음에 대해 답하시오.

1) Fe의 입자크기에 따라 위험물 유무를 판단할 때 그 판단기준을 쓰시오.

2) 위의 위험물과 염산이 반응하는 반응식을 쓰시오.

> **정답** 1) 53μm의 표준체를 통과하는 것이 50중량% 이상인 것은 위험물임
>
> 2) $Fe + 2HCl \rightarrow FeCl_2 + H_2$
>
> **참고** ① "철분"이라 함은 철의 분말로서 53μm의 표준체를 통과하는 것이 50(중량)% 미만인 것은 제외한다.
>
> ② 더운물 또는 묽은 산과 반응하여 수소를 발생하고 경우에 따라 폭발한다.
>
> $2Fe + 3H_2O \rightarrow Fe_2O_3 + 3H_2$
>
> $Fe + 2HCl \rightarrow FeCl_2 + H_2$

17 옥외저장소에 제4류 위험물인 윤활유를 수납한 용기를 선반에 저장하는 경우에는 몇 m 를 초과하여 저장하지 아니하여야 하는지 쓰시오.

> **정답** 6m
>
> **참고** 옥외저장소에서 위험물을 수납한 용기를 선반에 저장하는 경우에는 6m를 초과하여 저장하지 아니하여야 한다.

18 화학소방자동차의 포수용액 방사차에 갖추어야 하는 소화능력 및 설비기준에 대해 다음 물음에 답하시오.

1) 포수용액의 방사능력이 매분 (   ) 이상인가?

2) 소화약액탱크 및 (   )를 비치할 것

3) (   ) 이상의 포수용액을 방사할 수 있는 양의 소화약제를 비치할 것

> **정답** 1) 2,000L
>
> 2) 소화약액 혼합장치
>
> 3) 10만 L
>
> **참고** 화학소방자동차에 갖추어야 하는 소화능력 및 설비의 기준(제75조 제1항 관련)

화학소방자동차의 구분	소화능력 및 설비의 기준
포수용액 방사차	포수용액의 방사능력이 매분 2,000L 이상일 것
	소화약액탱크 및 소화약액혼합장치를 비치할 것
	10만 L 이상의 포수용액을 방사할 수 있는 양의 소화약제를 비치할 것
분말 방사차	분말의 방사능력이 매초 35kg 이상일 것
	분말탱크 및 가압용 가스설비를 비치할 것
	1,400kg 이상의 분말을 비치할 것
할로젠화합물 방사차	할로젠화합물의 방사능력이 매초 40kg 이상일 것
	할로젠화합물탱크 및 가압용 가스설비를 비치할 것
	1,000kg 이상의 할로젠화합물을 비치할 것
이산화탄소 방사차	이산화탄소의 방사능력이 매초 40kg 이상일 것
	이산화탄소저장용기를 비치할 것
	3,000kg 이상의 이산화탄소를 비치할 것
제독차	가성소다 및 규조토를 각각 50kg 이상 비치할 것

19 2층 건물, 내화 구조의 벽, 60분＋방화문 또는 60분방화문을 설치한 옥내저장소에 제2류 위험물을 저장하고 있다. 다음 물음에 답하시오.

1) 하나의 저장창고의 바닥면적의 합계는 몇 m² 이하로 하여야 하는가?
2) 바닥면으로부터 상층의 바닥까지의 높이는 몇 m 미만으로 하여야 하는가?

➡**정답** 1) 1,000
2) 6

➡**참고** 하나의 저장창고의 바닥면적(2 이상의 구획된 실이 있는 경우에는 각 실의 바닥면적의 합계)은 다음 각 목의 구분에 의한 면적 이하로 하여야 한다. 이 경우 가목의 위험물과 나목의 위험물을 같은 저장창고에 저장하는 때에는 가목의 위험물을 저장하는 것으로 보아 그에 따른 바닥면적을 적용한다.
　가. 다음의 위험물을 저장하는 창고 : 1,000m²
　　　1) 제1류 위험물 중 아염소산염류, 염소산염류, 과염소산염류, 무기과산화물, 그 밖에 지정수량이 50kg인 위험물
　　　2) 제3류 위험물 중 칼륨, 나트륨, 알킬알루미늄, 알킬리튬, 그 밖에 지정수량이 10kg인 위험물 및 황린
　　　3) 제4류 위험물 중 특수인화물, 제1석유류 및 알코올류
　　　4) 제5류 위험물 중 유기과산화물, 질산에스터류, 그 밖에 지정수량이 10kg인 위험물
　　　5) 제6류 위험물
　나. 가목의 위험물 외의 위험물을 저장하는 창고 : 2,000m²

다. 가목의 위험물과 나목의 위험물을 내화구조의 격벽으로 완전히 구획된 실에 각각 저장하는 창고 : 1,500m²(가목의 위험물을 저장하는 실의 면적은 500m²를 초과할 수 없다.)

20 옥내저장소에 황린 149,600kg이 저장되어 있다. 다음 물음에 답하시오.

1) 지정수량의 몇 배인가?
2) 공지의 너비는?(단, 벽, 기둥 및 바닥이 내화구조로 된 건축물이다.)

▶**정답** 1) $\dfrac{저장수량}{지정수량} = \dfrac{149,600kg}{20kg} = 7,480$배

2) 10m 이상

▶**참고** 옥내저장소의 주위에는 그 저장 또는 취급하는 위험물의 최대수량에 따라 다음 표에 의한 너비의 공지를 보유하여야 한다. 다만, 지정수량의 20배를 초과하는 옥내저장소와 동일한 부지 내에 있는 다른 옥내저장소 사이에는 동표에 정하는 공지의 너비의 3분의 1(당해 수치가 3m 미만인 경우에는 3m)의 공지를 보유할 수 있다.

저장 또는 취급하는 위험물의 최대수량	공지의 너비	
	벽 · 기둥 및 바닥이 내화구조로 된 건축물	그 밖의 건축물
지정수량의 5배 이하		0.5m 이상
지정수량의 5배 초과 10배 이하	1m 이상	1.5m 이상
지정수량의 10배 초과 20배 이하	2m 이상	3m 이상
지정수량의 20배 초과 50배 이하	3m 이상	5m 이상
지정수량의 50배 초과 200배 이하	5m 이상	10m 이상
지정수량의 200배 초과	10m 이상	15m 이상

21 다음 물질의 화학식을 쓰시오.

1) 제1종 분말
2) 제2종 분말
3) 제3종 분말

▶**정답** 1) $NaHCO_3$
2) $KHCO_3$
3) $NH_4H_2PO_4$

종류	주성분	착색	적응화재	열분해 반응식
제1종 분말	NaHCO₃ (탄산수소나트륨)	백색	B, C	2NaHCO₃ → Na₂CO₃ + CO₂ + H₂O
제2종 분말	KHCO₃ (탄산수소칼륨)	보라색	B, C	2KHCO₃ → K₂CO₃ + CO₂ + H₂O
제3종 분말	NH₄H₂PO₄ (제1인산암모늄)	담홍색	A, B, C	NH₄H₂PO₄ → HPO₃ + NH₃ + H₂O
제4종 분말	KHCO₃ + (NH₂)₂CO (탄산수소칼륨 + 요소)	회백색	B, C	2KHCO₃ + (NH₂)₂CO → K₂CO₃ + 2NH₃ + 2CO₂

22 제3류 위험물인 나트륨에 대해 다음 물음에 답하시오.

1) 물과 접촉 시 화학반응식을 쓰시오.
2) 지정수량은 얼마인가?

▶정답 1) $2Na + 2H_2O \rightarrow 2NaOH + H_2$
  2) 10kg

▶참고 공기 중의 수분이나 알코올과 반응하여 수소를 발생하며 자연발화를 일으키기 쉬우므로 석유,
유동파라핀 속에 저장한다.
$2Na + 2H_2O \rightarrow 2NaOH + H_2$

23 옥외탱크저장소에 설치된 게시판에 대한 설명이다. 다음 물음에 답하시오.

위험물 옥외탱크 저장소	
화기엄금	
허가일자	1991년
유별	제4류
품명	등유
저장수량	○○○L
안전관리자	홍길동

1) 게시판을 보고 반드시 표시하지 않아도 되는 사항을 쓰시오.(없으면 없음으로 표기할 것)
2) 게시판에 품명은 위험물법령상 잘못 표기되어 있다. 올바르게 수정하시오.
3) 게시판을 보고 누락된 항목을 쓰시오.

정답 1) 허가일자(1991년)

2) 제2석유류

3) 지정수량의 배수

참고 옥외탱크저장소의 게시판 표시항목

① 유별, 품명

② 저장최대수량, 취급최대수량, 지정수량의 배수

③ 안전관리자의 성명 및 직명

가. 게시판은 한 변의 길이가 0.3m 이상, 다른 한 변의 길이가 0.6m 이상인 직사각형으로 할 것

나. 게시판에는 저장 또는 취급하는 위험물의 유별·품명 및 저장최대수량 또는 취급최대수량, 지정수량의 배수 및 안전관리자의 성명 또는 직명을 기재할 것

다. 나목의 게시판의 바탕은 백색으로, 문자는 흑색으로 할 것

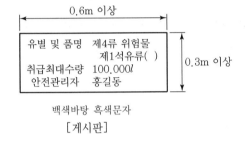

[게시판]

필답형 2015년 7월 11일 산업기사 실기시험

1 제1종 분말소화제 열 분해 시 270℃에서 반응식과 850℃에서 열분해 반응식은 무엇인가?

➡정답 1) 250℃일 때 : $2NaHCO_3 \rightarrow Na_2CO_3 + CO_2 + H_2O$

2) 850℃일 때 : $2NaHCO_3 \rightarrow Na_2O + 2CO_2 + H_2O$

➡참고

종류	주성분	착색	적응화재	열분해 반응식
제1종 분말	$NaHCO_3$ (탄산수소나트륨)	백색	B, C	$2NaHCO_3$ $\rightarrow Na_2CO_3 + CO_2 + H_2O$
제2종 분말	$KHCO_3$ (탄산수소칼륨)	보라색	B, C	$2KHCO_3$ $\rightarrow K_2CO_3 + CO_2 + H_2O$
제3종 분말	$NH_4H_2PO_4$ (제1인산암모늄)	담홍색	A, B, C	$NH_4H_2PO_4$ $\rightarrow HPO_3 + NH_3 + H_2O$
제4종 분말	$KHCO_3 + (NH_2)_2CO$ (탄산수소칼륨 + 요소)	회백색	B, C	$2KHCO_3 + (NH_2)_2CO$ $\rightarrow K_2CO_3 + 2NH_3 + 2CO_2$

2 어떤 물질에 150℃에서 니켈촉매로 수소를 첨가하면 사이클로헥산을 얻을 수 있으며 또한 분자량 78인 물질의 화학식과 구조식을 쓰시오.

➡정답 1) C_6H_6

2)

➡참고 수소 첨가 : 벤젠에 고온에서 Ni촉매로 수소기체를 첨가하면 사이클로헥산(C_6H_{12})이 생성된다.

$$C_6H_6 + 3H_2 \xrightarrow{\quad Ni \quad} C_6H_{12}$$
$$\text{(사이클로헥산)}$$

3 메틸알코올, 이황화탄소, 아닐린, 아세톤 등의 위험물이 있다. 인화점이 낮은 순서대로 열거하시오.

➡정답 이황화탄소 → 아세톤 → 메틸알코올 → 아닐린

➡참고 이황화탄소(-30℃) → 아세톤(-18℃) → 메틸알코올(11℃) → 아닐린(75℃)

4 질산암모늄 800g이 열분해되는 경우 발생하는 기체의 부피는 표준상태에서 몇 l인가?

> **정답** $2NH_4NO_3 \rightarrow 2N_2 + 4H_2O + O_2$
>
>   800g   : $x\,l$
>
>   2×80g   : 7 × 22.4l $x = \dfrac{800 \times 7 \times 22.4l}{2 \times 80g} = 784l$

> **참고** 질산암모늄을 급격히 가열하면 산소를 발생하고, 충격을 주면 단독으로도 폭발한다.
>
> $2NH_4NO_3 \rightarrow 4H_2O + 2N_2 + O_2$

5 탄화칼슘 32g이 물과 반응하여 생성되는 기체가 완전연소하기 위한 산소의 부피 l를 구하시오.

> **정답** $CaC_2 + 2H_2O \rightarrow Ca(OH)_2 + C_2H_2$
>
>   32g   : $x$mol
>
>   64g   :   1mol
>
>   64×x = 32×1 x = 0.5mol
>
> $2C_2H_2 + 5O_2 \rightarrow 4CO_2 + 2H_2O$
>
>   0.5mol   : $y\,l$
>
>   2mol   : 5×22.4l
>
>   2×y = 5×0.5×22.4 y(정답) = 28l

6 위험물안전관리법상 동식물류에 관한 다음의 물음에 답하시오.

1) 아이오딘가의 정의를 쓰시오.
2) 동식물류를 아이오딘값에 따라 분류하고 범위를 쓰시오.

> **정답** 1) 유지 100g에 부가되는 아이오딘의 g 수
>
>   2) 아이오딘값에 따른 분류
>
>   • 건성유 : 아이오딘값이 130 이상
>
>   • 반건성유 : 아이오딘값이 100 이상 130 미만
>
>   • 불건성유 : 아이오딘값이 100 미만

> **참고** 용어의 정의
>
>   ① 아이오딘가 : 유지 100g에 부가되는 아이오딘의 g 수
>
>   ② 비누화가 : 유지 1g을 비누화시키는 데 필요한 수산화칼륨(KOH)의 mg 수
>
>   ③ 산가 : 유지 1g 중의 유리지방산을 중화시키는 데 필요한 수산화칼륨(KOH)의 mg 수
>
>   ④ 아세틸가 : 아세틸화한 유지 1g 중에 결합하고 있는 초산(CH_3COOH)을 중화시키는 데 필요한 KOH의 mg 수

7 위험물안전관리법상 옥내저장소 또는 옥외저장소에 있어서 유별을 달리하는 위험물을 동일한 장소에 저장할 경우 이격거리는 몇 m인가?

정답 1m 이상

참고 영 별표 1의 유별을 달리하는 위험물은 동일한 저장소(내화구조의 격벽으로 완전히 구획된 실이 2 이상 있는 저장소에 있어서는 동일한 실. 이하 제3호에서 같다)에 저장하지 아니하여야 한다. 다만, 옥내저장소 또는 옥외저장소에 있어서 다음 의 각 목의 규정에 의한 위험물을 저장하는 경우로서 위험물을 유별로 정리하여 저장하는 한편, 서로 1m 이상의 간격을 두는 경우에는 그러하지 아니하다(중요기준).

가. 제1류 위험물(알칼리금속의 과산화물 또는 이를 함유한 것을 제외한다)과 제5류 위험물을 저장하는 경우

나. 제1류 위험물과 제6류 위험물을 저장하는 경우

다. 제1류 위험물과 제3류 위험물 중 자연발화성 물질(황린 또는 이를 함유한 것에 한한다)을 저장하는 경우

라. 제2류 위험물 중 인화성 고체와 제4류 위험물을 저장하는 경우

마. 제3류 위험물 중 알킬알루미늄 등과 제4류 위험물(알킬알루미늄 또는 알킬리튬을 함유한 것에 한한다)을 저장하는 경우

바. 제4류 위험물 중 유기과산화물 또는 이를 함유하는 것과 제5류 위험물 중 유기과산화물 또는 이를 함유한 것을 저장하는 경우

8 지하저장탱크에 관한 다음 물음에 답하시오.

1) 지하저장탱크와 지면과의 거리는 몇 m 이상을 이격시켜야 하는가?

2) 지하철, 지하가 또는 지하터널로부터 수평거리는 몇 m 이상인가?

3) 벽, 피트, 가스관 등의 시설물 및 대지경계선으로부터의 거리는 몇 m 이상인가?

정답 1) 0.6m 이상
2) 10m 이상
3) 0.6m 이상

참고 위험물을 저장 또는 취급하는 지하탱크는 지면하에 설치된 탱크전용실에 설치하여야 한다. 다만, 제4류 위험물의 지하저장탱크가 다음 가목 내지 마목의 기준에 적합한 때에는 그러하지 아니하다.

가. 당해 탱크를 지하철·지하가 또는 지하터널로부터 수평거리 10m 이내의 장소 또는 지하건축물 내의 장소에 설치하지 아니할 것

나. 당해 탱크를 그 수평투영의 세로 및 가로보다 각각 0.6m 이상 크고 두께가 0.3m 이상인 철근콘크리트조의 뚜껑으로 덮을 것

다. 뚜껑에 걸리는 중량이 직접 당해 탱크에 걸리지 아니하는 구조일 것

라. 당해 탱크를 견고한 기초 위에 고정할 것

마. 당해 탱크를 지하의 가장 가까운 벽·피트·가스관 등의 시설물 및 대지경계선으로부터 0.6m 이상 떨어진 곳에 매설할 것

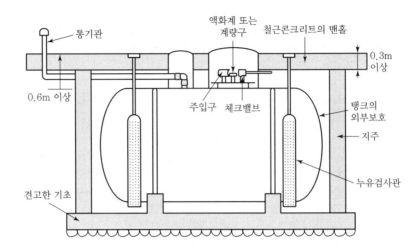

다이어그램 레이블:
- 통기관
- 액화계 또는 계량구
- 철근콘크리트의 맨홀
- 0.3m 이상
- 0.6m 이상
- 주입구
- 체크밸브
- 탱크의 외부보호
- 지주
- 누유검사관
- 견고한 기초

9 메틸알코올의 연소반응식에 대한 다음 물음에 답하시오.

1) 연소반응식을 쓰시오.
2) 메틸알코올 1mol이 반응할 때 생성물의 몰수 합은 얼마인가?

▶정답 1) $2CH_3OH + 3O_2 \rightarrow 2CO_2 + 4H_2O$
　　　2) 3몰

10 제5류 위험물 중 제1종 및 제2종의 지정수량을 쓰시오.

▶정답 제1종 : 10kg, 제2종 : 100kg

11 위험물안전관리법상 제4류 위험물 중 ① 에틸렌글리콜, ② 사이안화수소, ③ 글리세린은 몇 석유류에 해당되는지 답하시오.

▶정답 ① 제3석유류, ② 제1석유류, ③ 제3석유류
▶참고 ① 제1석유류(지정수량 : 비수용성 200L, 수용성 400L) : 아세톤, 가솔린, 벤젠, 톨루엔, 크실렌, 메틸에틸케톤, 피리딘, 초산에스터류, 의산에스터류, 사이안화수소
　　　② 제2석유류(지정수량 : 비수용성 1,000L, 수용성 2,000L) : 등유, 경유, 의산, 초산, 테레핀유, 스티렌, 장뇌유, 송근유, 에틸셀르솔브, 클로로벤젠
　　　③ 제3석유류(지정수량 : 비수용성 2,000L, 수용성 4,000L) : 중유, 크레오소트유, 아닐린, 나이트로벤젠, 에틸렌글리콜, 글리세린, 담금질유, 메타크레졸

12 유기과산화물과 혼재할 수 없는 위험물을 3가지 쓰시오.

정답 제1류 위험물, 제3류 위험물, 제6류 위험물
참고 유기과산화물은 제5류 위험물이기 때문에

구분	제1류	제2류	제3류	제4류	제5류	제6류
제1류		×	×	×	×	○
제2류	×		×	○	○	×
제3류	×	×		○	×	×
제4류	×	○	○		○	×
제5류	×	○	×	○		×
제6류	○	×	×	×	×	

※ "○"표시는 혼재할 수 있음을 나타냄, "×"표시는 혼재할 수 없음을 나타냄

13 다이에틸에터에 옥화칼륨수용액을 넣었더니, 하부에 황색물질이 다소 생기면서 층 분리가 일어났다. 이것은 어떤 물질이 함유된 것을 말하는가? 또, 이 물질이 있으면 제5류 위험물과 같은 위험성을 가지는데 이 위험성을 제거하기 위해 필요한 시약(물질)은 무엇인가?

디에틸에테르
+옥화칼륨수용액

정답 (유기)과산화물, $FeSO_4$(황산제1철)

14 구리, 마그네슘, 아연 분말 중에서 분자량이 24.3인 물질의 화재 발생 시 이산화탄소 소화약제를 사용하면 안 되는 이유를 쓰시오.

정답 마그네슘과 CO_2가 반응하면 가연성 물질인 코크스가 생성되어 화재, 폭발의 위험성이 있기 때문에
참고 저농도의 산소 중에서 연소하며 CO_2와 같은 질식성 가스 중에서도 연소한다.
$$2Mg + CO_2 \rightarrow 2MgO + C, \quad Mg + 2CO_2 \rightarrow 2MgO + CO$$

15 부틸리튬[C_4H_9Li], 메틸리튬[CH_3Li]을 물이 담겨 있는 병에서 시료를 조금씩 채취하면서 이 병에 고무풍선을 꽂으면 고무풍선이 부풀어 오른다. 다음 물음에 답하시오.

1) 부틸리튬[C_4H_9Li], 메틸리튬[CH_3Li]이 물과 반응하여 발생하는 기체를 각각 순서대로 쓰시오.

2) 위험을 방지하기 위해 펜탄, 헥산을 넣고 불활성 기체 등으로 봉입하는 이유는 어떤 위험을 방지하기 위해서인가?

▶정답 1) 부탄(C_4H_{10}), 메탄(CH_4)
　　　2) 공기의 혼입에 의한 폭발을 방지하기 위하여

16 알킬알루미늄 옥외탱크저장소에 대해 다음 물음에 답하시오.

1) 봉입장치를 하는 이유는 무엇인가?
2) 봉입설비 외의 다른 안전장치 2가지를 쓰시오.

▶정답 1) 연소성이 있는 혼합기체의 생성으로 인한 폭발을 방지하기 위해서
　　　2) 냉각장치, 보랭장치

17 다음의 빈칸을 채우고 물음에 답하시오.

1) 제1석유류 : 인화점이 (　　)℃ 미만인 액체
2) 제2석유류 : 인화점이 (　　)℃ 이상 (　　)℃ 미만인 액체
3) 제3석유류 : 인화점이 (　　)℃ 이상 (　　)℃ 미만인 액체
4) 제4석유류 : 인화점이 (　　)℃ 이상 (　　)℃ 미만인 액체
5) 경유, 중유의 품명을 적으시오.

▶정답 1) 21℃, 2) 21℃, 70℃, 3) 70℃, 200℃, 4) 200℃, 250℃, 5) 경유 : 제2석유류, 중유 : 제3석유류
▶참고 ① "제1석유류"라 함은 아세톤, 휘발유, 그 밖에 1atm에서 인화점이 21℃ 미만인 것을 말한다.
　　　② "제2석유류"라 함은 등유, 경유, 그 밖에 1atm에서 인화점이 21℃ 이상 70℃ 미만인 것을 말한다.
　　　③ "제3석유류"라 함은 중유, 크레오소트유, 그 밖에 1atm에서 인화점이 70℃ 이상 200℃ 미만인 것을 말한다.
　　　④ "제4석유류"라 함은 기어유, 실린더유, 그 밖에 1atm에서 인화점이 200℃ 이상 250℃ 미만의 것을 말한다.

18 실험실의 실험대 위에 고무상황과 단사황이 담겨 있는 비커가 있다. 다음 물음에 답하시오.

1) 이황화탄소에 용해하는 물질은 무엇인가?

2) 황이 연소할 때 발생하는 기체는 무엇인가?

정답 1) 단사황

2) 이산화황(SO_2)

참고 황의 동소체

구분	단사황	사방황	고무상황
색상	노란색	노란색	흑갈색
결정형	바늘 모양	팔면체	무정형
비중	1.96	2.07	–
비등점	445℃	–	–
융점	119℃	113℃	–
착화점	–	–	360℃
물에 대한 용해도	녹지 않음	녹지 않음	녹지 않음
CS_2에 대한 용해도	잘 녹음	잘 녹음	녹지 않음
온도에 대한 안정성	95.9℃ 이상에서 안정	95.9℃ 이하에서 안정	–

19 이동탱크저장소에 갖추어야 할 자동차용 소화기에 대한 다음 물음에 답하시오.

1) 이산화탄소소화기는 몇 kg 이상인가?

2) 무상강화액 소화기는 몇 l 이상인가?

정답 1) 3.2kg

2) 8l

참고 제조소 등에 설치하여야 하는 소화설비

제조소 등의 구분	소화설비	설치기준	
지하탱크 저장소	소형 수동식 소화기 등	능력단위의 수치가 3 이상	2개 이상
이동탱크저장소	자동차용 소화기	무상의 강화액 8L 이상	2개 이상
		이산화탄소 3.2킬로그램 이상	
		일브로민일염화이플루오린화메탄(CF_2ClBr) 2L 이상	
		일브로민화삼플루오린화메탄(CF_3Br) 2L 이상	
		이브로민화사플루오화메탄($C_2F_4BR_2$) 1L 이상	
		소화분말 3.5킬로그램 이상	
	마른 모래 및 팽창질석 또는 팽창진주암	마른 모래 150L 이상	
		팽창질석 또는 팽창진주암 640L 이상	

제조소 등의 구분	소화설비	설치기준
그 밖의 제조소 등	소형 수동식 소화기 등	능력단위의 수치가 건축물 그 밖의 공작물 및 위험물의 소요단위의 수치에 이르도록 설치할 것. 다만, 옥내소화전설비, 옥외소화전설비, 스프링클러설비, 물분무 등 소화설비 또는 대형 수동식 소화기를 설치한 경우에는 당해 소화설비의 방사능력범위 내의 부분에 대하여는 수동식 소화기 등을 그 능력단위의 수치가 당해 소요단위의 수치의 1/5 이상이 되도록 하는 것으로 족하다.

비고) 알킬알루미늄 등을 저장 또는 취급하는 이동탱크저장소에 있어서는 자동차용 소화기를 설치하는 것 외에 마른 모래나 팽창질석 또는 팽창진주암을 추가로 설치하여야 한다.

20 방유제가 설치된 옥외탱크저장소(탱크의 지름은 5m, 탱크의 높이는 15m)에 대해 다음 물음에 답하시오.

1) 방유제의 최소 높이는 얼마로 해야 하는가?
2) 탱크와 방유제 상호 간의 거리는 몇 m인가?

▶**정답** 1) 0.5m

2) $15m \times \dfrac{1}{3} = 5m$ 이상

▶**참고** 방유제는 옥외저장탱크의 지름에 따라 그 탱크의 옆판으로부터 다음에 정하는 거리를 유지할 것. 다만, 인화점이 200℃ 이상인 위험물을 저장 또는 취급하는 것에 있어서는 그러하지 아니하다.
가. 지름이 15m 미만인 경우에는 탱크 높이의 3분의 1 이상
나. 지름이 15m 이상인 경우에는 탱크 높이의 2분의 1 이상
다. 방유제의 높이는 0.5m 이상 3m 이하로 할 것

21 금속나트륨과 물을 서로 혼합하면 어떻게 되는지 다음 물음에 답하시오.

1) 나트륨과 물의 반응식은?
2) 나트륨이 공기 중에서 연소 시 생성되는 물질의 명칭을 쓰시오.

▶**정답** 1) $2Na + 2H_2O \rightarrow 2NaOH + H_2$
2) 산화나트륨

▶**참고** 나트륨의 연소반응식 : $4Na + O_2 \rightarrow 2Na_2O$

22 염소산칼륨과 황산을 혼합하면 잠시 후 기체가 발생된다. 다음 물음에 답하시오.

1) 위의 두 물질의 반응식은?
2) 유독한 가스의 명칭은 무엇인가?

▶**정답** 1) $6KClO_3 + 3H_2SO_4 \rightarrow 3K_2SO_4 + 2HClO_4 + 4ClO_2 + 2H_2O$
2) 이산화염소(ClO_2)

1 제3류 위험물인 황린은 강알칼리성과 접촉하면 위험성 기체가 발생한다. 이때 생성된 기체를 화학식으로 답하시오.

▶정답 PH_3

➡참고 강알칼리 용액과 반응하여 pH=9 이상이 되면 가연성, 유독성의 포스핀 가스를 발생한다.
$$P_4 + 3KOH + 3H_2O \rightarrow PH_3\uparrow + 3KH_2PO_2$$
이때 액상인 인화수소 PH_3가 발생하는데 이것은 공기 중에서 자연발화한다.

2 다음 보기에서 설명하는 내용의 위험물을 시성식으로 답하시오.

> 보기 : ① 환원력이 아주 크다.
> ② 이것이 산화하여 아세트산이 된다.
> ③ 증기비중이 1.5이다.

▶정답 CH_3CHO

➡참고 아세트알데하이드는 산소에 의해 산화되기 쉽다.
$$2CH_3CHO + O_2 \rightarrow 2CH_3COOH$$

3 다음 보기의 위험물 지정수량을 쓰시오.

> 보기 : ① 탄화알루미늄, ② 황린, ③ 트라이에틸알루미늄, ④ 리튬

▶정답 ① 300kg ② 20kg ③ 10kg ④ 50kg

4 아세톤 200g이 완전연소하였다. 다음 물음에 답하시오.(단, 표준상태이며, 공기 중 산소의 부피는 21%)

1) 아세톤의 완전연소반응식을 쓰시오.
2) 이것에 필요한 이론공기량은 몇 l인가?
3) 이 반응식에서 발생되는 탄산가스의 부피는 몇 l인가?

▶정답 1) $CH_3COCH_3 + 4O_2 \rightarrow 3CO_2 + 3H_2O$

2) $CH_3COCH_3 + 4O_2 \rightarrow 3CO_2 + 3H_2O$

$200g$: $x\,l$

$58g$: $4 \times 22.4l$ $\qquad$ $x = 308.97l$

따라서 이론공기량$(A_0) = \dfrac{308.97}{0.21} = 1{,}471.26l$

3) $CH_3COCH_3 + 4O_2 \rightarrow 3CO_2 + 3H_2O$

$200g$: $y\,l$

$58g$: $3 \times 22.4l$ $\quad$ $y = 231.72l$

5 다음 보기 위험물의 시성식을 쓰시오.

> 보기 : ① 트라이나이트로페놀
> ② 트라이나이트로톨루엔

▶정답 ① $C_6H_2OH(NO_2)_3$
② $C_6H_2CH_3(NO_2)_3$

6 과산화벤조일을 옮기려 한다. 이 운반용기 표면에 작성되어 있어야 할 주의사항을 모두 쓰시오.

▶정답 화기엄금, 충격주의

▶참고 수납하는 위험물에 따라 다음의 규정에 의한 주의사항

① 제1류 위험물 중 알칼리금속의 과산화물 또는 이를 함유한 것에 있어서는 "화기 · 충격주의", "물기엄금" 및 "가연물접촉주의", 그 밖의 것에 있어서는 "화기 · 충격주의" 및 "가연물접촉주의"

② 제2류 위험물 중 철분 · 금속분 · 마그네슘 또는 이들 중 어느 하나 이상을 함유한 것에 있어서는 "화기주의" 및 "물기엄금", 인화성 고체에 있어서는 "화기엄금", 그 밖의 것에 있어서는 "화기주의"

③ 제3류 위험물 중 자연발화성 물질에 있어서는 "화기엄금" 및 "공기접촉엄금", 금수성 물질에 있어서는 "물기엄금"

④ 제4류 위험물에 있어서는 "화기엄금"

⑤ 제5류 위험물에 있어서는 "화기엄금" 및 "충격주의"

⑥ 제6류 위험물에 있어서는 "가연물접촉주의"

7 아래 그림은 위험물안전관리법령 중 지정과산화물을 저장하는 옥내저장소이다. 다음 물음에 답하시오.

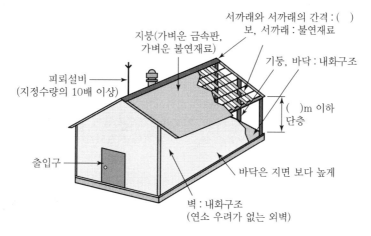

서까래와 서까래의 간격 : ( )
보, 서까래 : 불연재료

지붕(가벼운 금속판,
가벼운 불연재료)

기둥, 바닥 : 내화구조

피뢰설비
(지정수량의 10배 이상)

( )m 이하
단층

출입구

바닥은 지면 보다 높게

벽 : 내화구조
(연소 우려가 없는 외벽)

1) 저장창고의 지붕에서 중도리 또는 서까래의 간격은 몇 cm 이하로 해야 하는가?
2) 지붕의 아래쪽 면에는 한 변의 길이가 ( )cm 이하의 환강(丸鋼)·경량형강(輕量形鋼) 등으로 된 강제(鋼製)의 격자를 설치할 것
3) 두께 ( )cm 이상, 너비 ( )cm 이상의 목재로 만든 받침대를 설치할 것

정답 1) 3
2) 45
3) 5, 30

참고 옥내저장소의 저장창고 기준
① 저장창고는 150m² 이내마다 격벽으로 완전하게 구획할 것. 이 경우 당해 격벽은 두께 30cm 이상의 철근콘크리트조 또는 철골철근콘크리트조로 하거나 두께 40cm 이상의 보강콘크리트 블록조로 하고, 당해 저장창고의 양측의 외벽으로부터 1m 이상, 상부의 지붕으로부터 50cm 이상 돌출하게 하여야 한다.
② 저장창고의 외벽은 두께 20cm 이상의 철근콘크리트조나 철골철근콘크리트조 또는 두께 30cm 이상의 보강콘크리트블록조로 할 것
③ 저장창고의 지붕은 다음 각 목의 1에 적합할 것
   가) 중도리 또는 서까래의 간격은 30cm 이하로 할 것
   나) 지붕의 아래쪽 면에는 한 변의 길이가 45cm 이하의 환강(丸鋼)·경량형강(輕量形鋼) 등으로 된 강제(鋼製)의 격자를 설치할 것
   다) 지붕의 아래쪽 면에 철망을 쳐서 불연재료의 도리·보 또는 서까래에 단단히 결합할 것
   라) 두께 5cm 이상, 너비 30cm 이상의 목재로 만든 받침대를 설치할 것
④ 저장창고의 출입구에는 60분+방화문 또는 60분방화문을 설치할 것
⑤ 저장창고의 창은 바닥면으로부터 2m 이상의 높이에 두되, 하나의 벽면에 두는 창의 면적의 합계를 당해 벽면의 면적의 80분의 1 이내로 하고, 하나의 창의 면적을 0.4m² 이내로 할 것

8 간이저장탱크에 관한 설명이다. 다음 (   ) 안에 알맞은 내용을 쓰시오.

> 간이저장탱크는 두께 (①)mm 이상의 강판으로 흠이 없도록 제작하여야 하며 용량은 (②)*l* 이하이어야 한다.

▶정답 ① 3.2 ② 600

➡참고 간이저장탱크의 용량 및 두께
　① 간이저장탱크의 용량은 600L 이하이어야 한다.
　② 간이저장탱크는 두께 3.2mm 이상의 강판으로 흠이 없도록 제작하여야 하며, 70kPa의 압력으로 10분간의 수압시험을 실시하여 새거나 변형되지 아니하여야 한다.

9 위험물의 양이 지정수량의 1/10일 때 혼재하여서는 안 될 위험물을 모두 쓰시오.

1) 제1류 위험물
2) 제2류 위험물
3) 제3류 위험물
4) 제4류 위험물
5) 제5류 위험물
6) 제6류 위험물

▶정답 1) 제2류, 제3류, 제4류, 제5류
　　　 2) 제1류, 제3류, 제6류
　　　 3) 제1류, 제2류, 제5류, 제6류
　　　 4) 제1류, 제6류
　　　 5) 제1류, 제3류, 제6류
　　　 6) 제2류, 제3류, 제4류, 제5류

➡참고 혼재 가능 위험물
　① 423 → 4류와 2류, 4류와 3류는 서로 혼재 가능
　② 524 → 5류와 2류, 5류와 4류는 서로 혼재 가능
　③ 61 → 6류와 1류는 서로 혼재 가능

10 위험물안전관리법령에서 플라스틱상자 최대용적이 125kg인 액체위험물을 운반용기에 수납하는 경우 금속제 내장용기의 최대용적은?

▶정답 30*l*

참고

액체위험물													
운반 용기				수납위험물의 종류									
내장 용기		외장 용기		제3류			제4류			제5류		제6류	
용기의 종류	최대용적 또는 중량	용기의 종류	최대용적 또는 중량	I	II	III	I	II	III	I	II	I	
유리용기	5l	나무 또는 플라스틱상자(불활성의 완충재를 채울 것)	75kg	○	○	○	○	○	○	○	○	○	
	10l		125kg		○	○		○	○		○		
			225kg						○				
	5l	파이버판상자(불활성의 완충재를 채울 것)	40kg	○	○	○	○	○	○	○	○	○	
	10l		55kg						○				
플라스틱 용기	10l	나무 또는 플라스틱상자 (필요에 따라 불활성의 완충재를 채울 것)	75kg	○	○	○	○	○	○	○	○	○	
			125kg		○	○		○	○		○		
			225kg						○				
		파이버판상자 (필요에 따라 불활성의 완충재를 채울 것)	40kg	○	○	○	○	○	○	○	○	○	
			55kg						○				
금속제 용기	30l	나무 또는 플라스틱상자	125kg	○	○	○	○	○	○	○	○	○	
			225kg						○				
		파이버판상자	40kg	○	○	○	○	○	○	○	○	○	
			55kg		○	○		○	○		○		
		금속제용기 (금속제드럼제외)	60l		○	○		○	○				
		플라스틱용기 (플라스틱드럼 제외)	10l		○	○		○	○				
			20l			○			○				
			30l			○			○				
		금속제드럼(뚜껑고정식)	250l	○	○	○	○	○	○			○	
		금속제드럼(뚜껑탈착식)	250l					○	○				
		플라스틱 또는 파이버드럼(플라스틱 내 용기부착의 것)	250l		○	○			○		○		

비고) 1. "○" 표시는 수납위험물의 종류별 각 난에 정한 위험물에 대하여 해당 각 난에 정한 운반용기가 적응성이 있음을 표시한다.
2. 내장용기는 외장용기에 수납하여야 하는 용기로서 위험물을 직접 수납하기 위한 것을 말한다.
3. 내장용기의 용기의 종류란이 공란인 것은 외장용기에 위험물을 직접 수납하거나 유리용기, 플라스틱용기 또는 금속제용기를 내장용기로 할 수 있음을 표시한다.

11 원통형 탱크의 ① 용적(m³)과 ② 용량(m³)을 구하시오. (단, 탱크의 공간용적은 10%이다.)

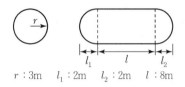

r : 3m l_1 : 2m l_2 : 2m l : 8m

▶정답 ① 내용적 $= \pi r^2 \left(l + \dfrac{l_1 + l_2}{3} \right) = 3.14 \times 3^2 \times \left(8 + \dfrac{2+2}{3} \right) = 263.89 \text{m}^3$

② 탱크의 용량 $\pi r^2 \left(l + \dfrac{l_1 + l_2}{3} \right) \times \dfrac{90}{100} = 3.14 \times 3^2 \times \left(8 + \dfrac{2+2}{3} \right) \times \dfrac{90}{100} = 237.384 \text{m}^3$

12 제1종 분말소화기에 대한 다음 물음에 답하시오.

1) A~D등급 중 어느 등급화재에 적용이 가능한지 2가지 쓰시오.
2) 주성분을 화학식으로 답하시오.

▶정답 1) B, C급
2) $NaHCO_3$

13 위험물안전관리법령에서 정한 제조소 중 옥외탱크저장소에 해당하는 것을 보기에서 고르시오.

보기 : ① 질산 60,000kg을 저장하는 옥외탱크저장소
② 과산화수소 액표면적이 40m² 이상인 옥외탱크저장소
③ 이황화탄소 500l를 저장하는 옥외탱크저장소
④ 황 14,000kg을 저장하는 지중탱크
⑤ 휘발유 100,000l를 저장하는 해상탱크

▶정답 ④, ⑤

▶참고 ① 황의 지정수량이 100kg이므로 $\dfrac{14,000}{100} = 140$배, 따라서 100배 이상

② 가솔린은 제1석유류 비수용성으로 지정수량 200l이므로 $\dfrac{100,000}{200} = 500$배, 따라서 100배 이상

③ 소화난이등급Ⅰ에 해당하는 제조소 등의 소화설비

제조소 등의 구분	제조소 등의 규모, 저장 또는 취급하는 위험물의 품명 및 최대수량 등
제조소 일반 취급소	연면적 1,000m² 이상인 것
	지정수량의 100배 이상인 것(고인화점위험물만을 100℃ 미만의 온도에서 취급하는 것 및 제48조의 위험물을 취급하는 것은 제외)
	지반면으로부터 6m 이상의 높이에 위험물 취급설비가 있는 것(고인화점위험물만을 100℃ 미만의 온도에서 취급하는 것은 제외)
	일반취급소로 사용되는 부분 외의 부분을 갖는 건축물에 설치된 것(내화구조로 개구부 없이 구획된 것 및 고인화점위험물만을 100℃ 미만의 온도에서 취급하는 것은 제외)
옥내 저장소	지정수량의 150배 이상인 것(고인화점위험물만을 저장하는 것 및 제48조의 위험물을 저장하는 것은 제외)
	연면적 150m²를 초과하는 것(150m² 이내마다 불연재료로 개구부없이 구획된 것 및 인화성 고체 외의 제2류 위험물 또는 인화점 70℃ 이상의 제4류 위험물만을 저장하는 것은 제외)
	처마높이가 6m 이상인 단층건물의 것
	옥내저장소로 사용되는 부분 외의 부분이 있는 건축물에 설치된 것(내화구조로 개구부 없이 구획된 것 및 인화성 고체 외의 제2류 위험물 또는 인화점 70℃ 이상의 제4류 위험물만을 저장하는 것은 제외)
옥외 탱크저장소	액표면적이 40m² 이상인 것(제6류 위험물을 저장하는 것 및 고인화점위험물만을 100℃ 미만의 온도에서 저장하는 것은 제외)
	지반면으로부터 탱크 옆판의 상단까지 높이가 6m 이상인 것(제6류 위험물을 저장하는 것 및 고인화점위험물만을 100℃ 미만의 온도에서 저장하는 것은 제외)
	지중탱크 또는 해상탱크로서 지정수량의 100배 이상인 것(제6류 위험물을 저장하는 것 및 고인화점위험물만을 100℃ 미만의 온도에서 저장하는 것은 제외)
	고체위험물을 저장하는 것으로서 지정수량의 100배 이상인 것
옥내 탱크저장소	• 액표면적이 40m² 이상인 것(제6류 위험물을 저장하는 것 및 고인화점위험물만을 100℃ 미만의 온도에서 저장하는 것은 제외) • 바닥면으로부터 탱크 옆판의 상단까지 높이가 6m 이상인 것(제6류 위험물을 저장하는 것 및 고인화점위험물만을 100℃ 미만의 온도에서 저장하는 것은 제외)
	탱크전용실이 단층건물 외의 건축물에 있는 것으로서 인화점 38℃ 이상 70℃ 미만의 위험물을 지정수량의 5배 이상 저장하는 것(내화구조로 개구부 없이 구획된 것은 제외)
옥외 저장소	덩어리 상태의 황을 저장하는 것으로서 경계표시 내부의 면적(2 이상의 경계표시가 있는 경우에는 각 경계표시의 내부의 면적을 합한 면적)이 100m² 이상인 것
	별표 11 Ⅲ의 위험물을 저장하는 것으로서 지정수량의 100배 이상인 것
암반 탱크저장소	액표면적이 40m² 이상인 것(제6류 위험물을 저장하는 것 및 고인화점위험물만을 100℃ 미만의 온도에서 저장하는 것은 제외)
	고체위험물만을 저장하는 것으로서 지정수량의 100배 이상인 것
이송 취급소	모든 대상

비고) 제조소 등의 구분별로 오른쪽 난에 정한 제조소 등의 규모, 저장 또는 취급하는 위험물의 수량 및 최대수량 등의 어느 하나에 해당하는 제조소 등은 소화난이도등급Ⅰ에 해당하는 것으로 한다.

14 비커에 담겨 있는 과염소산의 ① 분자량과 ② 증기비중을 구하시오.(단, 염소의 원자량은 35.5)

▶**정답** ① $HClO_4$의 분자량 $=1+35.5+(16\times4)=100.5$

② 증기비중 $=\dfrac{100.5}{29}=3.47$

➡**참고** 과염소산의 위험성

① 대단히 불안정한 강산으로 산화력이 강하고 종이, 나무 조각과 접촉하면 연소와 동시에 폭발한다.

② 일반적으로 물과 접촉하면 발열하므로 생성된 혼합물도 강한 산화력을 가진다.

③ 과염소산을 상압에서 가열하면 분해하고 유독성 가스인 HCl을 발생시킨다.

15 통기관에 대한 설명이다. 다음 물음에 답하시오.

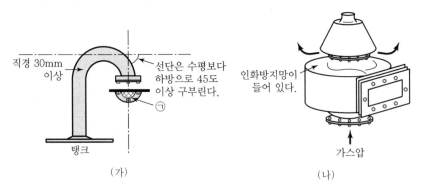

직경 30mm 이상

선단은 수평보다 하방으로 45도 이상 구부린다.

㉠

탱크

(가)

인화방지망이 들어 있다.

가스압

(나)

1) (가), (나)의 종류를 쓰시오.

2) ㉠의 명칭을 쓰시오.

▶**정답** 1) (가) : 밸브 없는 통기관, (나) : 대기 밸브 부착 통기관

2) 인화방지망

16 Fe의 입자 크기에 따라 위험물 유무를 판단할 때 그 판단기준을 쓰시오. 또한 염산과 반응하는 반응식을 쓰시오.

> **정답** 1) $53\mu m$의 표준체를 통과하는 것이 50중량% 이상인 것은 위험물임
> 2) $Fe + 2HCl \rightarrow FeCl_2 + H_2$

17 실험대 위 첫 번째 비커에 삼산화크로뮴(CrO_3)이 명기된 주황색 시료가 있고, 흑자색 과망가니즈산칼륨을 비커에 있는 어떤 용액에 넣으니 보라색으로 변하였다. 이후 드라이어를 통해 비커 옆에 두어 열을 가하자 폭발했다. 다음 물음에 답하시오.

1) 녹인 물질(비커에 있는 용액)은 무엇인가?(단, 분자량 98)
2) 240℃에서 과망가니즈산칼륨의 열분해 반응식을 쓰시오.
3) 주황색 물질의 지정수량을 쓰시오.

> **정답** 1) 황산(H_2SO_4)
> 2) $2KMnO_4 \rightarrow K_2MnO_4 + MnO_2 + O_2\uparrow$
> 3) 300kg

18 제1류 위험물 중에서 알칼리 금속의 과산화물을 운반할 때 운반차량은 어떻게 운반해야 하는가?

> **정답** 차광성 및 방수성이 있는 덮개를 사용해서 운반한다.
> **참고** 적재하는 위험물의 성질에 따라 일광의 직사 또는 빗물의 침투를 방지하기 위하여 유효하게 피복하는 등 다음 각 목에서 정하는 기준에 따른 조치를 하여야 한다.(중요기준)
> 가. 제1류 위험물, 제3류 위험물 중 자연발화성 물질, 제4류 위험물 중 특수인화물, 제5류 위험물 또는 제6류 위험물은 차광성이 있는 피복으로 가릴 것
> 나. 제1류 위험물 중 알칼리금속의 과산화물 또는 이를 함유한 것, 제2류 위험물 중 철분·금속분·마그네슘 또는 이들 중 어느 하나 이상을 함유한 것 또는 제3류 위험물 중 금수성 물질은 방수성이 있는 피복으로 덮을 것
> 다. 제5류 위험물 중 55℃ 이하의 온도에서 분해될 우려가 있는 것은 보랭 컨테이너에 수납하는 등 적정한 온도관리를 할 것
> 라. 액체위험물 또는 위험등급 Ⅱ의 고체위험물을 기계에 의하여 하역하는 구조로 된 운반용기에 수납하여 적재하는 경우에는 당해 용기에 대한 충격 등을 방지하기 위한 조치를 강구할 것. 다만, 위험등급 Ⅱ의 고체위험물을 플렉서블(flexible)의 운반용기, 파이버판제의 운반용기 및 목제의 운반용기 외의 운반용기에 수납하여 적재하는 경우에는 그러하지 아니하다.

19 제4류 위험물 인화성 액체를 저장하는 옥외저장탱크 주위에 설치하는 시설에 대해 다음 물음에 답하시오.

1) 탱크 주위에 설치하는 시설의 명칭을 쓰시오.
2) 방유제의 높이는 (   )m 이상 (   )m 이하로 할 것

➡정답 1) 방유제
　　　　2) 0.5m, 3m

20 Cu, Mg, Zn 등의 금속에 대해 다음 물음에 답하시오.

1) 진한 황산(H_2SO_4)을 넣었을 때 흰색 연기가 발생하는 물질의 반응식을 쓰시오.
2) 해당 위험물의 품명을 쓰시오.

➡정답 1) $Zn + H_2SO_4 \rightarrow ZnSO_4 + H_2$
　　　　2) 품명 : 금속분
➡참고 이온화 경향의 세기순서
　　　　Li 〉K 〉Ba 〉Ca 〉Na 〉Mg 〉Al 〉Zn 〉Fe 〉Ni 〉Sn 〉Pb 〉(H) 〉Cu 〉Hg 〉Ag 〉Pt 〉Au

　　　　　　　　　　찬물과 반응

　　　　　　　　　끓는물과 반응

21 A : 나트륨＋석유, B : 알킬리튬＋물, C : 황린＋물, D : 나이트로셀룰로스＋물 등의 위험물질이 있다. 다음 물음에 답하시오.

1) 제3류 위험물의 보관방법 중 잘못된 보관법의 알파벳 기호를 쓰시오.
2) C의 위험물인 황린이 공기 중에서 연소하였을 때 생성되는 물질의 화학식을 쓰시오.

▶**정답** 1) B

    2) P_2O_5

▶**참고** ① 일반적인 성질
- 비중 0.534, 융점 180℃, 비점 1,336℃
- 금수성이며 자연발화성 물질이다.
- 물과 만나면 심하게 발열하고 가연성 수소가스를 발생하므로 위험하다.
  $$Li + H_2O \rightarrow LiOH + 1/2H_2\uparrow$$
② 황린은 공기 중에서 격렬하게 연소하며 유독성 가스도 발생한다.
  $$P_4 + 5O_2 \rightarrow 2P_2O_5$$

22 제1류 위험물인 염소산염류와 제6류 위험물인 질산을 함께 저장하는 옥내저장소에 대해 다음 물음에 답하시오.

1) 옥내저장소의 바닥면적을 쓰시오.
2) 2가지 위험물을 같이 저장하는 경우 상호 간의 이격 거리는 몇 m인가?

▶**정답** 1) 1,000m²

    2) 1m 이상

▶**참고** 다음의 위험물을 저장하는 창고 : 1,000m²
① 제1류 위험물 중 아염소산염류, 염소산염류, 과염소산염류, 무기과산화물, 그 밖에 지정수량이 50kg인 위험물
② 제3류 위험물 중 칼륨, 나트륨, 알킬알루미늄, 알킬리튬, 그 밖에 지정수량이 10kg인 위험물 및 황린
③ 제4류 위험물 중 특수인화물, 제1석유류 및 알코올류
④ 제5류 위험물 중 유기과산화물, 질산에스터류, 그 밖에 지정수량이 10kg인 위험물
⑤ 제6류 위험물

23 이동저장탱크에 충전할 경우에 대한 내용이다. 다음 물음에 답하시오.

1) 위 그림의 취급소의 명칭을 쓰시오.
2) 이 해당 시설의 보유공지 및 안전거리 적용 여부를 쓰시오.

정답 1) 충전하는 일반취급소
      2) 보유공지, 안전거리 모두 적용

참고 충전하는 일반취급소의 특례
① 건축물을 설치하는 경우에 있어서 당해 건축물은 벽·기둥·바닥·보 및 지붕을 내화구조 또는 불연재료로 하고, 창 및 출입구에 60분＋방화문 또는 60분방화문 또는 30분방화문을 설치하여야 한다.
② 건축물의 창 또는 출입구에 유리를 설치하는 경우에는 망입유리로 하여야 한다.
③ 건축물의 2방향 이상은 통풍을 위하여 벽을 설치하지 아니하여야 한다.
④ 위험물을 이동저장탱크에 주입하기 위한 설비(위험물을 이송하는 배관을 제외한다)의 주위에 필요한 공지를 보유하여야 한다.
⑤ 위험물을 용기에 옮겨 담기 위한 설비를 설치하는 경우에는 당해 설비(위험물을 이송하는 배관을 제외한다)의 주위에 필요한 공지를 제4호의 공지 외의 장소에 보유하여야 한다.
⑥ 공지는 그 지반면을 주위의 지반면보다 높게 하고, 그 표면에 적당한 경사를 두며, 콘크리트 등으로 포장하여야 한다.
⑦ 공지에는 누설한 위험물, 그 밖의 액체가 당해 공지 외의 부분에 유출하지 아니 하도록 집유설비 및 주위에 배수구를 설치하여야 한다. 이 경우 제4류 위험물(온도 20℃의 물 100g에 용해되는 양이 1g 미만인 것에 한한다)을 취급하는 공지에 있어서는 집유설비에 유분리장치를 설치하여야 한다.
⑧ 안전거리는 제조소의 규정과 동일하다.

필답형 **2016년 4월 16일 산업기사 실기시험**

1 오황화인과 물이 반응할 때 생성되는 물질은 무엇인가?

정답 황화수소, 인산
참고 오황화인과 물의 반응
$P_2S_5 + 8H_2O \rightarrow 5H_2S + 2H_3PO_4$

2 배출설비에 대한 설명이다. 다음 (   ) 안에 알맞은 말을 쓰시오.

> 배출능력은 1시간당 배출장소 용적의 (   )배 이상인 것으로 하여야 한다. 다만, 전역방식의 경우에는 바닥면적 $1m^2$당 $18m^3$ 이상으로 할 수 있다.

정답 20

3 이황화탄소에 대해 다음 물음에 답하시오.

1) 지정수량
2) 연소반응식

정답 1) 50L
2) 연소반응식 : $CS_2 + 3O_2 \rightarrow 2SO_2 + CO_2$
참고 이황화탄소의 연소반응식은 다음과 같다.
$CS_2 + 3O_2 \rightarrow 2SO_2 + CO_2$

4 다음의 위험물에 대해 제조소에 설치하는 주의사항을 쓰시오.

1) 과산화나트륨(Na_2O_2)
2) 황(S)
3) 트라이나이트로톨루엔(TNT)

정답 1) 물기엄금
2) 화기주의
3) 화기엄금

참고 제조소 게시판의 주의사항
① 제1류 위험물 중 알칼리금속의 과산화물과 이를 함유한 것 또는 제3류 위험물 중 금수성 물질에 있어서는 "물기엄금"
② 제2류 위험물(인화성 고체를 제외한다)에 있어서는 "화기주의"
③ 제2류 위험물 중 인화성 고체, 제3류 위험물 중 자연발화성 물질, 제4류 위험물 또는 제5류 위험물에 있어서는 "화기엄금"

5 제5류 위험물에 해당되는 TNT의 열분해 시 생성되는 기체물질 3가지를 쓰시오.

정답 일산화탄소, 질소, 수소
참고 분해반응식
$$2C_6H_2CH_3(NO_2)_3 \rightarrow 12CO\uparrow + 2C + 3N_2 + 5H_2$$

6 다음과 같은 원형탱크의 내용적은 몇 m³인가?(단, 계산식도 함께 쓰시오.)

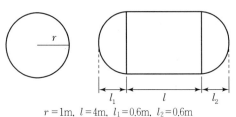

$r = 1m$, $l = 4m$, $l_1 = 0.6m$, $l_2 = 0.6m$

정답 탱크의 내용적 $= \pi r^2 \left[l + \dfrac{(l_1 + l_2)}{3} \right] = \pi \times 1^2 \times \left[4 + \dfrac{(0.6 + 0.6)}{3} \right] = 13.82 m^3$

7 다음 보기에서 불활성 가스 소화설비가 적응성이 있는 위험물 2가지를 고르시오.

보기 : ① 제1류 위험물 중 알칼리금속의 과산화물
② 제2류 위험물 중 인화성 고체
③ 제3류 위험물
④ 제4류 위험물
⑤ 제5류 위험물
⑥ 제6류 위험물

정답 ②, ④

➡**참고** ① 제1류 위험물 중 알칼리금속의 과산화물 : 분해 시 산소를 발생

② 제3류 위험물 : 금속분은 불활성 가스 소화효과가 낮음

③ 제5류 위험물 : 물질 속에 산소를 포함

④ 제6류 위험물 : 분해 시 산소를 발생

8 인산암모늄이 1차 분해하게 되면 암모니아와 올소인산이 생성되는데 그 반응식을 쓰시오.

정답 $NH_4H_2PO_4 \rightarrow H_3PO_4(\text{올소인산}) + NH_3$

➡**참고** 제3종 분말의 열분해 반응식

① 190℃에서 분해 : $NH_4H_2PO_4 \rightarrow NH_3 + H_3PO_4(\text{올소인산})$

② 215℃에서 분해 : $2H_3PO_4 \rightarrow H_2O + H_4P_2O_7(\text{피로인산})$

③ 300℃에서 분해 : $H_4P_2O_7 \rightarrow H_2O + 2HPO_3(\text{메타인산})$

9 피크린산의 구조식을 쓰시오.

정답

$$\begin{array}{c} OH \\ NO_2 \quad \bigbigcirc \quad NO_2 \\ NO_2 \end{array}$$

➡**참고** 트라이나이트로페놀$[C_6H_2(OH)(NO_2)_3]$을 피크르산 또는 피크린산이라고도 한다.

10 다음 표는 지정수량의 $\frac{1}{10}$ 이상의 위험물에 대하여는 적용하는 유별을 달리하는 위험물의 혼재기준이다. 혼재가 되는 것은 ○, 혼재가 불가능한 것은 ×를 하시오.

	제1류	제2류	제3류	제4류	제5류	제6류
제1류		×	×	1)	×	○
제2류	×		×	2)	3)	×
제3류	×	×		○	×	×
제4류	×	○	4)		○	×
제5류	×	○	5)	○		×
제6류	○	6)	×	×	×	

정답 1) ×   2) ○   3) ○   4) ○   5) ×   6) ×

11 다음 ( ) 안에 알맞은 내용을 쓰시오.

> (①)라 함은 고형알코올 그 밖에 1atm에서 인화점이 40℃ 미만인 고체를 말한다.
> (②)이라 함은 이황화탄소, 다이에틸에터, 그 밖에 1atm에서 발화점이 100℃ 이하인
> 것, 또는 인화점이 −20℃ 이하이고 비점이 40℃ 이하인 것을 말한다.
> (③)라 함은 아세톤, 휘발유, 그 밖에 1atm에서 인화점이 21℃ 미만인 것을 말한다.

➡정답 ① 인화성 고체
   ② 특수인화물
   ③ 제1석유류

12 염소산칼륨에 대한 설명이다. 다음 물음에 답하시오.

1) 열분해 반응식을 쓰시오.
2) 표준상태에서 염소산칼륨 1kg이 열분해할 경우 발생한 산소의 부피는 몇 m³인가?

➡정답 1) $2KClO_3 \rightarrow 2KCl + 3O_2$
   2) $2KClO_3 \rightarrow 2KCl + 3O_2$
       1kg   : x m³
     2×122.5kg   :   3×22.4m³
   $2 \times 122.5 \times x = 1 \times 3 \times 22.4$ $x = 0.27$m³

13 에틸알코올에 탈수작용을 하는 진한 황산을 넣고 130~140℃로 가열하면 축합반응이 일
어난다. 이때 생성되는 물질을 화학식으로 답하시오.

➡정답 $C_2H_5OC_2H_5$
➡참고 알코올의 축 화합물이다.
   $$C_2H_5OH + C_2H_5OH \xrightarrow{C-H_2SO_4} C_2H_5OC_2H_5 + H_2O$$

14 옥외탱크저장소의 방유제 높이가 몇 m 이상일 때 계단 등의 출입구를 설치해야 하는가?

➡정답 1m
➡참고 옥외탱크저장소의 방유제 높이가 1m를 넘는 방유제 및 간막이 둑의 안팎에는 방유제 내에 출입
   하기 위한 계단 또는 경사로를 약 50m마다 설치할 것

15 옥내저장소에 대한 설명이다. 다음 물음에 답하시오.

1) 바닥면적이 450m²일 경우 환기설비의 기준에 따라 급기구는 최소 몇 개 이상인가?
2) 인화점이 몇 ℃ 미만일 때 지붕 위로 배출설비를 하여야 하는가?

▶정답 1) 450m²÷150m²＝3개
　　　 2) 70℃

▶참고 환기설비의 기준
　　　 ① 급기구는 당해 급기구가 설치된 실의 바닥면적 150m²마다 1개 이상으로 한다.
　　　 ② 채광, 조명 및 환기의 설비를 갖추어야 하고, 인화점이 70℃ 미만인 위험물의 저장창고에 있어
　　　　 서는 내부에 체류한 가연성의 증기를 지붕 위로 배출하는 설비를 갖추어야 한다.

16 Fe분, 구리분, 알루미늄분 등의 금속이 있다. 다음 물음에 답하시오.

1) 53μm의 표준체를 통과하는 것이 50중량% 미만인 것은 위험물에 해당되지 않는 것은 무엇
　 인가?
2) 위험물에 해당되지 않는 것은 무엇인가?

▶정답 1) 철분
　　　 2) 구리

▶참고 ① "철분"이라 함은 철의 분말로서 53μm의 표준체를 통과하는 것이 50중량% 미만인 것은 제외
　　　　 한다.
　　　 ② 구리분과 니켈분은 위험물이 아니다.

17 분무도장작업 등의 일반취급소에 작업을 할 수 있는 위험물은?

▶정답 제2류 위험물 또는 제4류 위험물(특수인화물은 제외)을 취급하는 일반취급소로서 지정수량의 30
　　　 배 미만을 취급하는 곳

▶참고 분무도장작업을 할 수 있는 위험물의 일반취급소 기준
　　　 도장, 인쇄 또는 도포를 위하여 제2류 위험물 또는 제4류 위험물(특수인화물을 제외한다)을 취급
　　　 하는 일반취급소로서 지정수량의 30배 미만의 것(위험물을 취급하는 설비를 건축물에 설치하는
　　　 것에 한하며, 이하 "분무도장작업 등의 일반취급소"라 한다)

18 지하탱크저장소에 대한 내용이다. 다음 물음에 답하시오.

1) 지하탱크저장소에서 4개소 이상 설치하는 것의 명칭은 무엇인가?
2) 관의 밑부분으로부터 어느 높이까지 소공으로 뚫려 있어야 하는가?

→정답 1) 누유검사관
2) 관의 밑부분으로부터 탱크 중심 높이까지

19 실험실의 실험대 위에서 2개의 시험관에 들어 있는 알코올에 아이오딘포름반응을 하고 있다. Me-OH라 써 있는 A시험관의 물질에서는 변화가 없으나 B시험관에서는 노란색 침전물이 생겼다. 다음 물음에 답하시오.

1) 메틸알코올인 것을 골라 설명하시오.
2) 이 반응의 명칭을 쓰시오.

→정답 1) A시험관의 알코올
2) 아이오딘포름반응
→참고 A시험관의 알코올은 메틸알코올로서 아이오딘포름반응을 하지 않으며, B시험관의 알코올은 에틸알코올로서 아이오딘포름반응을 한다.

20 위험물을 취급하는 제조소의 보유공지 규정에 대하여 쓰시오.

1) 지정수량 10배 이하인 경우
2) 지정수량 10배 초과인 경우

→정답 1) 3m 이상
2) 5m 이상

취급하는 위험물의 최대수량	공지의 너비
지정수량의 10배 이하	3m 이상
지정수량의 10배 초과	5m 이상

21 공터에서 마그네슘에 이산화탄소 소화기를 방출할 경우 순간 폭발하였다. 다음 물음에 답하시오.

1) 마그네슘과 이산화탄소의 반응식을 쓰시오.
2) 마그네슘은 (   )mm의 체를 통과하지 아니하는 덩어리 상태의 것과 지경 (   )mm 이상 막대모양의 것을 제외한다.

→정답 1) $2Mg + CO_2 \rightarrow 2MgO + C$
2) 2, 2

22 이동탱크차량 모습 중 A, B의 명칭을 쓰시오.

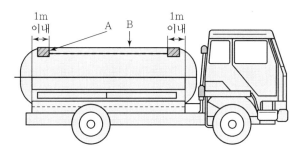

▶정답 1) A : 측면 틀
　　　2) B : 방호 틀

▶참고

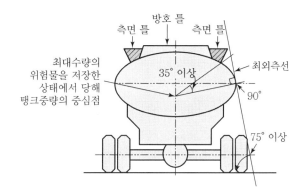

23 벤조일퍼옥사이드의 시약병이 있고 유리접시 A와 유리접시 B에 각각 어떤 액체가 담겨
있다. 시약병에서 벤조일퍼옥사이드를 한 스푼 꺼내서 A와 B에 각각 넣는다. 잠시 후
A는 녹았고, B는 녹지 않았다. 다음 물음에 답하시오.

1) 위의 시약병에 들어 있는 물질은 제 몇 류 위험물이며, 1소요단위는 몇 kg인지 쓰시오.
2) 물이 들어 있는 유리접시는 어느 쪽인가?

▶정답 1) 제5류 위험물, 10kg×10배＝100kg
　　　2) B

▶참고 과산화벤조일(벤조일퍼옥사이드)$[(C_6H_5CO)_2O_2]$은 무색·무미의 결정고체로 비수용성이며 알
코올에 약간 녹는다.

24 아세톤 20,000L를 저장하는 지하저장탱크와 함께 지하탱크저장소 주입구라는 게시판에 대해 다음 물음에 답하시오.

1) 게시판에 표기할 사항을 아래 표의 (   ) 안에 써 넣으시오.

지하 탱크 저장소 주입구 화기엄금	
(가)	(나)
(다)	20,000L
(라)	(마)
(바)	홍길동

2) 게시판의 색상을 쓰시오.
3) 게시판의 규격을 쓰시오.

> **정답** 1) (가) 위험물의 유별, 품명
> (나) 제4류, 제1석유류
> (다) 저장최대수량
> (라) 지정수량배수
> (마) 50배
> (바) 안전관리자 성명 및 직명
> 2) 지하탱크저장소 주입구 : 백색바탕에 흑색문자, 화기엄금 : 백색바탕에 적색문자
> 3) 한 변의 길이는 0.3m 이상 다른 한 변의 길이는 0.6m 이상인 직사각형으로 할 것

1 다음 보기 위험물의 지정수량배수를 구하시오.(단, 제1석유류, 제2석유류, 제3석유류는 수용성이다.)

> 보기 : 특수인화물 200L, 제1석유류 400L, 제2석유류 4,000L, 제3석유류 12,000L, 제4석 유류 24,000L

▶정답 지정수량의 배수 $= \dfrac{200l}{50l} + \dfrac{400l}{400l} + \dfrac{4,000l}{2,000l} + \dfrac{12,000l}{4,000l} + \dfrac{24,000l}{6,000l} = 14$배

▶참고 지정수량의 배수 $= \dfrac{저장수량}{지정수량}$ 의 합

2 에틸렌과 산소를 $CuCl_2$의 촉매하에 생성된 물질로 인화점이 $-39℃$, 비점이 $21℃$, 연소범위가 4.1~57%인 특수인화물의 명칭, 밀도, 증기비중은?

▶정답 1) 특수인화물의 명칭 : 아세트알데하이드

2) 밀도 $= \dfrac{성분기체의\ 분자량}{22.4l} = \dfrac{44g}{22.4l} = 1.96\dfrac{g}{l}$

3) 증기비중 $= \dfrac{성분기체의\ 분자량}{공기의\ 평균\ 분자량} = \dfrac{44}{29} = 1.52$

3 인산암모늄이 1차 분해하게 되면 암모니아와 올소인산이 생성되는데 그 반응식을 쓰시오.

▶정답 $NH_4H_2PO_4 \rightarrow H_3PO_4(올소인산) + NH_3$

▶참고 제3종 분말의 열분해 반응식

① 190℃에서 분해 : $NH_4H_2PO_4 \rightarrow NH_3 + H_3PO_4(올소인산)$

② 215℃에서 분해 : $2H_3PO_4 \rightarrow H_2O + H_4P_2O_7(피로인산)$

③ 300℃에서 분해 : $H_4P_2O_7 \rightarrow H_2O + 2HPO_3(메타인산)$

4 다음의 위험물이 물과 반응할 경우 생성되는 가연성 기체를 화학식으로 답하시오.

> 1) 트라이에틸알루미늄   2) 인화알루미늄   3) 칼륨

➡정답 1) C_2H_6 2) PH_3 3) H_2
➡참고 ① 트라이에틸알루미늄 : $(C_2H_5)_3Al + 3H_2O \rightarrow Al(OH)_3 + 3C_2H_6$
　　　② 인화알루미늄 : $AlP + 3H_2O \rightarrow Al(OH)_3 + PH_3$
　　　③ 칼륨 : $2K + 2H_2O \rightarrow 2KOH + H_2$

5 제5류 위험물 중 피크린산의 구조식을 쓰시오.

➡정답
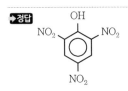

6 다음의 지정수량에 해당하는 옥외저장소의 보유공지를 쓰시오.

> 1) 지정수량의 10배 이하
> 2) 지정수량의 10배 초과 20배 이하인 경우

➡정답 1) 3m 이상   2) 5m 이상
➡참고 옥외저장소 주위에는 그 저장 또는 취급하는 위험물의 최대수량에 따라 다음 표에 의한 너비의
공지를 보유할 것. 다만, 제4류 위험물 중 제4석유류와 제6류 위험물을 저장 또는 취급하는 옥외
저장소의 보유공지는 다음 표에 의한 공지의 너비의 3분의 1 이상의 너비로 할 수 있다.

저장 또는 취급하는 위험물의 최대수량	공지의 너비
지정수량의 10배 이하	3m 이상
지정수량의 10배 초과 20배 이하	5m 이상
지정수량의 20배 초과 50배 이하	9m 이상
지정수량의 50배 초과 200배 이하	12m 이상
지정수량의 200배 초과	15m 이상

7 다음 위험물을 압력탱크 외의 탱크에 저장할 때 저장온도를 쓰시오.

1) 다이에틸에터
2) 아세트알데하이드
3) 산화프로필렌

▶정답 1) 다이에틸에터 : 30℃ 이하
2) 아세트알데하이드 : 15℃ 이하
3) 산화프로필렌 : 30℃ 이하

▶참고 ① 옥외저장탱크 · 옥내저장탱크 또는 지하저장탱크 중 압력탱크 외의 탱크에 저장하는 다이에틸에터 등 또는 아세트알데하이드 등의 온도는 산화프로필렌과 이를 함유한 것 또는 다이에틸에터 등에 있어서는 30℃ 이하로, 아세트알데하이드 또는 이를 함유한 것에 있어서는 15℃ 이하로 각각 유지할 것
② 옥외저장탱크, 옥내저장탱크 또는 지하저장탱크 중 압력탱크에 저장하는 아세트알데하이드 등 또는 다이에틸에터 등의 온도는 40℃ 이하로 유지할 것

8 주유 중 엔진정지의 주의사항 게시판의 바탕색과 문자색을 쓰시오.

▶정답 ① 바탕색 : 황색
② 문자색 : 흑색

▶참고 황색바탕에 흑색문자로 표시한다.

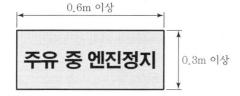

9 다음 보기의 위험물을 인화점이 낮은 순서대로 나열하시오.

보기 : 다이에틸에터, 이황화탄소, 산화프로필렌, 아세톤

▶정답 다이에틸에터, 산화프로필렌, 이황화탄소, 아세톤

▶참고 위험물의 인화점

위험물	인화점
다이에틸에터	−45℃
이황화탄소	−30℃
산화프로필렌	−37℃
아세톤	−18℃

10 다음 설명에 대한 물음에 답하시오.

> ( )라 함은 고형알코올 그 밖에 1기압에서 인화점이 섭씨 40도 미만인 고체를 말한다.

1) ( )의 위험물 품명을 쓰시오.
2) 위험물은 몇 류 위험물인지 쓰시오.
3) 위험물의 지정수량을 쓰시오.

▶정답 1) 인화성 고체
　　　2) 제2류 위험물
　　　3) 1,000kg

11 탄화알루미늄(Al_4C_3)과 물의 반응식을 쓰시오.

▶정답 $Al_4C_3 + 12H_2O \rightarrow 4Al(OH)_3 + 3CH_4\uparrow$

12 인화석회와 물의 반응식 및 발생되는 가스가 무엇인지 쓰시오.

▶정답 1) 반응식 : $Ca_3P_2 + 6H_2O \rightarrow 3Ca(OH)_2 + 2PH_3$
　　　2) 발생되는 가스 : 포스핀(PH_3)
▶참고 인화칼슘(Ca_3P_2)과 물이 반응하면 포스핀(PH_3 = 인화수소)이 생성된다.
　　　$Ca_3P_2 + 6H_2O \rightarrow 3Ca(OH)_2 + 2PH_3$

13 위험물탱크 검사자로서 꼭 필요한 필수인력의 자격요건을 보기에서 모두 고르시오.

> 보기 : 위험물기능장, 누설비파괴검사기사, 산업기사, 초음파비파괴검사기사, 산업기사,
> 　　　 비파괴검사기능사, 측량 및 지형공간정보기술사, 기사, 산업기사 또는 측량기능
> 　　　 사, 위험물산업기사

▶정답 위험물기능장, 위험물산업기사

14 어떤 물질에 150℃에서 니켈촉매로 수소를 첨가하면 사이클로헥산을 얻을 수 있으며 또한 분자량 78인 물질의 화학식과 지정수량을 쓰시오.

> **정답** 1) C_6H_6
> 2) 200l
>
> **참고** 수소 첨가 : 벤젠에 고온에서 Ni촉매로 수소기체를 첨가하면 사이클로헥산(C_6H_{12})이 생성된다.
>
> $$C_6H_6 + 3H_2 \xrightarrow{\quad Ni \quad} C_6H_{12}$$
> $$\text{(사이클로헥산)}$$

15 탱크 용량이 16,000L인 이동탱크저장소에 대해 다음 물음에 답하시오.

1) 4,000L 이하마다 안전칸막이를 설치할 때 안전칸막이의 개수는?
2) 안전칸막이로 분리된 실 한 개에는 방파판을 몇 개 이상 설치하는가?

> **정답** 1) 3개
> 2) 2개
>
> **참고** 1) 한 개의 안전칸막이의 용량은 4,000L이므로 $\dfrac{16,000}{4,000} - 1 = 3$개
>
> 2) 칸막이로 구획된 각 부분마다 맨홀과 기준에 의한 안전장치 및 방파판을 설치하여야 한다. 다만, 칸막이로 구획된 부분의 용량이 2,000L 미만인 부분에는 방파판을 설치하지 아니할 수 있다.

16 이황화탄소와 물이 혼합하면 층이 분리된다. 다음 물음에 답하시오.

1) 이황화탄소가 물과 혼합하여 왜 하부에 있는지 설명하고, 이황화탄소의 지정수량을 쓰시오.
2) 이황화탄소의 연소반응식을 적으시오.

> **정답** 1) 물에 녹지 않고 물보다 비중이 크기 때문에, 50리터
> 2) $CS_2 + 3O_2 \rightarrow 2SO_2 + CO_2$

17 제6류 위험물을 적재한 이동저장소의 위험물을 이송할 때 운반포장 방법을 쓰시오.

> **정답** 차광덮개
>
> **참고** ① 제1류 위험물, 제3류 위험물 중 자연발화성 물질, 제4류 위험물 중 특수인화물, 제5류 위험물 또는 제6류 위험물은 차광성이 있는 피복으로 가릴 것
>
> ② 제1류 위험물 중 알칼리금속의 과산화물 또는 이를 함유한 것, 제2류 위험물 중 철분·금속분·마그네슘 또는 이들 중 어느 하나 이상을 함유한 것 또는 제3류 위험물 중 금수성 물질은 방수성이 있는 피복으로 덮을 것

18 실험실의 실험대 위에서 하이드라진 모노하이드레이트($NH_2NH_2 \cdot H_2O$)가 들어 있는 시약병이 있다. 다음 물음에 답하시오.

1) 위험물의 유별 및 품명을 쓰시오.
2) 지정수량을 쓰시오.

정답 1) 제4류 위험물, 제3석유류
   2) 4,000L

19 부틸리튬[C_4H_9Li], 메틸리튬[CH_3Li]을 물이 담겨 있는 병에서 시료를 조금씩 채취하면서 이 병에 고무풍선을 꽂으면 고무풍선이 부풀어 오른다. 다음 물음에 답하시오.

1) 이 위험물의 공통적인 품명을 쓰시오.
2) 이 위험물의 지정수량을 쓰시오.

정답 1) 알킬리튬
   2) 10kg

20 제4류 위험물인 휘발유에 대해 다음 물음에 답하시오.

1) 게시판에 위험등급 Ⅲ등급이라 적혀 있다. 위험등급을 정확하게 고쳐 쓰시오.
2) 게시판의 주의사항을 적으시오.

정답 1) 위험등급 Ⅱ급
   2) 화기엄금

21 염소산칼륨의 열분해 반응식을 쓰시오.

정답 $2KClO_3 \rightarrow 2KCl + 3O_2$

22 옥내저장소에 대해 다음 물음에 답하시오.

1) 지붕 위 격벽의 길이는?
2) 외벽 옆으로 튀어나온 격벽의 길이는?
3) 제4류 위험물 저장 시 격벽의 구조는?

▶정답 1) 50cm
　　　 2) 100cm
　　　 3) 내화구조

▶참고 옥내저장소의 저장창고 기준
　　① 저장창고는 150m² 이내마다 격벽으로 완전하게 구획할 것. 이 경우 당해 격벽은 두께 30cm 이상의 철근콘크리트조 또는 철골철근콘크리트조로 하거나 두께 40cm 이상의 보강콘크리트 블록조로 하고, 당해 저장창고의 양측의 외벽으로부터 1m 이상, 상부의 지붕으로부터 50cm 이상 돌출하게 하여야 한다.
　　② 격벽의 구조는 내화구조로 한다.

23 콘루프탱크의 배관과 지면에 나오는 배관 사이의 동그라미 속에 있는 은백색의 연결 배관에 대해 다음 물음에 답하시오.

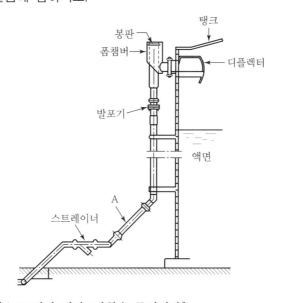

1) A부분은 은백색으로 되어 있다. 명칭은 무엇인가?
2) 이 배관의 역할은?

▶정답 1) 플렉시블 조인트
　　　 2) 배관의 신축을 흡수한다.

24 실험대 바닥에 양초가 있으며 그 윗부분에 경사도가 약 30도 정도의 기울기로 30cm 길이의 V자형 쇠판을 설치하고 쇠판의 위쪽에 다이에틸에터를 솜에 적셔서 놓는다. 그리고 V자형 쇠판 아래쪽에 불붙은 양초를 갖다 대면 순식간에 불이 위로 옮겨 붙는다. 다음 물음에 답하시오.

1) 불이 다이에틸에터를 적셔 놓은 솜까지 타오르는 이유를 쓰시오.

2) 다이에틸에터의 증기비중을 쓰시오.

정답 1) 다이에틸에터의 증기비중이 공기보다 무겁기 때문에 증기는 낮은 곳에 체류하므로 낮은 곳의 점화원에 의해 위쪽으로 연소가 진행된다.

2) 증기비중 $= \dfrac{\text{성분 기체의 분자량}}{\text{공기의 평균 분자량}} = \dfrac{74}{29} = 2.55$

참고 $C_2H_5OC_2H_5$ 분자량 $= (12 \times 4) + (1 \times 10) + 16 = 74g$

1 다음 보기를 아이오딘값에 따른 동식물유류로 분류하시오.

> 보기 : 아마인유, 야자유, 들기름, 쌀겨유, 목화씨유, 땅콩유

정답 1) 건성유 : 아마인유, 들기름
    2) 반건성유 : 목화씨유, 쌀겨유
    3) 불건성유 : 야자유, 땅콩유

2 ABC라고 적혀 있는 소화기는 제 몇 종 분말 소화기인가?(화학식으로 답하시오.)

정답 $NH_4H_2PO_4$
참고 분말소화약제

종류	주성분	착색	적응화재	열분해 반응식
제1종 분말	$NaHCO_3$ (탄산수소나트륨)	백색	B, C	$2NaHCO_3$ $\rightarrow Na_2CO_3 + CO_2 + H_2O$
제2종 분말	$KHCO_3$ (탄산수소칼륨)	보라색	B, C	$2KHCO_3$ $\rightarrow K_2CO_3 + CO_2 + H_2O$
제3종 분말	$NH_4H_2PO_4$ (제1인산암모늄)	담홍색	A, B, C	$NH_4H_2PO_4$ $\rightarrow HPO_3 + NH_3 + H_2O$
제4종 분말	$KHCO_3 + (NH_2)_2CO$ (탄산수소칼륨 + 요소)	회백색	B, C	$2KHCO_3 + (NH_2)_2CO$ $\rightarrow K_2CO_3 + 2NH_3 + 2CO_2$

3 위험물의 양이 지정수량의 1/10일 때 혼재하여서는 안 될 위험물을 모두 쓰시오.

1) 제1류 위험물   2) 제2류 위험물   3) 제3류 위험물
4) 제4류 위험물   5) 제5류 위험물   6) 제6류 위험물

정답 1) 제2류, 제3류, 제4류, 제5류
    2) 제1류, 제3류, 제6류
    3) 제1류, 제2류, 제5류, 제6류
    4) 제1류, 제6류
    5) 제1류, 제3류, 제6류
    6) 제2류, 제3류, 제4류, 제5류

> **참고** 혼재 가능 위험물
> ① 423 → 4류와 2류, 4류와 3류는 서로 혼재 가능
> ② 524 → 5류와 2류, 5류와 4류는 서로 혼재 가능
> ③ 61 → 6류와 1류는 서로 혼재 가능

4 표준상태에서 톨루엔의 증기밀도를 구하시오.

> **정답** $4.11 \dfrac{g}{l}$

> **참고** 표준상태에서 증기밀도 $= \dfrac{\text{성분기체의 분자량}}{22.4l} = \dfrac{92g}{22.4l} = 4.11 \dfrac{g}{l}$
>
> 톨루엔 : $C_6H_5CH_3 = (12 \times 6) + (1 \times 5) + (12 \times 1) + (1 \times 3) = 92g$

5 위험물 제조소의 옥외 위험물 취급 탱크에서 탱크 용량이 500,000L, 300,000L, 200,000L인 탱크 3기가 있을 때 방유제의 용량은?

> **정답** 방유제의 용량 = (위험물탱크 최대용량×0.5) + (기타 용량의 합계×0.1)
> $= 250,000 + 50,000$
> $= 300,000L$

> **참고** 하나의 취급탱크 주위에 설치하는 방유제의 용량은 당해 탱크용량의 50% 이상으로 하고, 2 이상의 취급탱크 주위에 하나의 방유제를 설치하는 경우 그 방유제의 용량은 당해 탱크 중 용량이 최대인 것의 50%에 나머지 탱크용량 합계의 10%를 가산한 양 이상이 되게 할 것

6 마그네슘에 대한 다음 물음에 답하시오.

1) 완전연소반응식을 쓰시오.
2) 황산과의 반응식을 쓰시오.

> **정답** 1) $2Mg + O_2 \rightarrow 2MgO$
> 2) $Mg + H_2SO_4 \rightarrow MgSO_4 + H_2$

> **참고** 1) 점화하면 백색광을 발산하며 연소하므로 소화가 곤란하고 가열하면 연소하기 쉽고 양이 많으면 순간적으로 맹렬하게 폭발한다.
> $2Mg + O_2 \rightarrow 2MgO$
> 2) 황산과 반응하여 수소가스를 발생한다.
> $Mg + H_2SO_4 \rightarrow MgSO_4 + H_2$

7 비중이 0.53이고, 2차 전지로 사용하는 위험물은 무엇인가?

정답 리튬(Li)

참고 리튬(Li)의 일반적인 성질
① 은백색의 연한 고체이고, 원자량 : 6.94, 융점 : 180℃, 비점 : 1,350℃, 발화점 : 179℃
② 물과 접촉하면 수소를 발생시킨다.
   $2Li + 2H_2O \rightarrow 2LiOH + H_2\uparrow$
③ 비중이 0.53으로 2차 전지로 사용하며, 알칼리금속이지만 Na, K보다 격렬하지는 않다.
④ 2차 전지 : 1차 전지와는 달리 방전 후에도 다시 충전해 반복사용이 가능한 배터리

8 다음 보기 위험물의 인화점이 낮은 것부터 순서대로 쓰시오.

보기 : 초산에틸, 이황화탄소, 글리세린, 클로로벤젠

정답 이황화탄소 → 초산에틸 → 클로로벤젠 → 글리세린

참고

위험물	인화점
이황화탄소	-30℃
초산에틸	-4℃
클로로벤젠	32℃
글리세린	160℃

9 다음 보기 중에서 수용성 위험물을 고르시오.

보기 : 휘발유, 벤젠, 톨루엔, 아세트알데하이드, 클로로벤젠, 아세톤, 메틸알코올

정답 아세트알데하이드, 아세톤, 메틸알코올

참고 수용성 : 알코올류, 에스터류, 아민류, 알데하이드류 등

10 질산암모늄에 함유되어 있는 질소와 수소의 함량은 몇 중량%인가?

정답 질산암모늄의 화학식은 NH_4NO_3이다.
1) 질소의 중량% : $\dfrac{28}{80} \times 100 = 35$중량%

2) 수소의 중량% : $\dfrac{4}{80} \times 100 = 5$중량%

11 다음은 위험물의 운반기준이다. 빈칸을 채우시오.

> 1) 고체위험물은 운반용기 내용적의 (   )% 이하의 수납률로 수납할 것
> 2) 액체위험물은 운반용기 내용적의 (   )% 이하의 수납률로 수납하되, (   )도의 온도
>   에서 누설되지 아니하도록 충분한 공간용적을 유지하도록 할 것

정답 1) 95
　　　 2) 98, 55

참고 ① 고체위험물은 운반용기 내용적의 95% 이하의 수납률로 수납할 것
　　　 ② 액체위험물은 운반용기 내용적의 98% 이하의 수납률로 수납하되, 55도의 온도에서 누설되지
　　　　 아니하도록 충분한 공간용적을 유지하도록 할 것

12 인화칼슘(Ca_3P_2)에 대하여 물음에 답하시오.

1) 제 몇 류 위험물인가?
2) 지정수량을 쓰시오.
3) 물과의 반응식을 쓰시오.
4) 물과 반응 시 생성되는 기체는 무엇인가?

정답 1) 제3류 위험물
　　　 2) 300kg
　　　 3) $Ca_3P_2 + 6H_2O \rightarrow 3Ca(OH)_2 + 2PH_3$
　　　 4) 포스핀(PH_3)

13 다음 보기의 위험물 중 지정수량이 50kg인 위험물을 모두 쓰시오.

> 보기 : 철분, 하이드록실아민, 적린, 황, 질산에스터류, 하이드라진유도체, 알칼리토금속

정답 알칼리토금속

14 다음 보기의 설명에 해당하는 위험물의 명칭을 화학식으로 답하시오.

> 보기 : ① 환원력이 아주 크다.
>
> ② 이것은 은거울반응을 하며, 산화하면 아세트산이 된다.
>
> ③ 물과 에테르, 알코올에 녹는다.

▶정답 CH_3CHO

▶참고 아세트알데하이드는 산소에 의해 산화되기 쉽다.

$2CH_3CHO + O_2 \rightarrow 2CH_3COOH$

15 과산화수소와 하이드라진을 소량 혼합하면 폭발한다. 다음 물음에 답하시오.

1) 반응식을 쓰시오.

2) 제6류 위험물의 분해 반응식을 쓰시오.

▶정답 1) $2H_2O_2 + N_2H_4 \rightarrow N_2 + 4H_2O$

2) $2H_2O_2 \rightarrow 2H_2O + O_2$

▶참고 1) 과산화수소는 하이드라진과 반응하여 질소를 발생시킨다.

$2H_2O_2 + N_2H_4 \rightarrow N_2 + 4H_2O$

2) 상온에서 $2H_2O_2 \rightarrow 2H_2O + O_2$로 서서히 분해되어 산소를 방출한다.

16 실험실의 실험대 위에서 비커에 담겨 있는 염소산칼륨에 묽은 황산을 혼합할 때의 반응식과 생성되는 가스의 명칭을 쓰시오.

▶정답 $6KClO_3 + 3H_2SO_4 \rightarrow 3K_2SO_4 + 2HClO_4 + 4ClO_2 + 2H_2O$, 이산화염소

▶참고 산과 반응하여 ClO_2를 발생하고 폭발 위험이 있다.

17 제조소 안에서 지게차를 끌고 가면서 20m 이상 높이 물건을 적치할 경우 제2류 또는 제4류의 위험물만을 저장하는 창고인 경우 어떠한 기준에 적합하면 20m 이하로 할 수 있는지 3가지를 쓰시오.

▶정답 1) 벽·기둥·보 및 바닥을 내화구조로 할 것

2) 출입구에 60분+방화문 또는 60분방화문을 설치할 것

3) 피뢰침을 설치할 것. 다만, 주위상황에 의하여 안전상 지장이 없는 경우에는 그러하지 아니하다.

▶참고 저장창고는 지면에서 처마까지의 높이(이하 "처마높이"라 한다)가 6m 미만인 단층건물로 하고 그 바닥을 지반면보다 높게 하여야 한다. 다만, 제2류 또는 제4류의 위험물만을 저장하는 창고로서 다음 각 목의 기준에 적합한 창고의 경우에는 20m 이하로 할 수 있다.

① 벽·기둥·보 및 바닥을 내화구조로 할 것

② 출입구에 60분+방화문 또는 60분방화문을 설치할 것

③ 피뢰침을 설치할 것. 다만, 주위상황에 의하여 안전상 지장이 없는 경우에는 그러하지 아니하다.

④ 채광, 환기 및 조명설비를 설치하고, 인화점 70도 미만의 위험물을 저장하는 창고는 배출설비를 설치한다.

18 실험실의 실험대 위 4개의 비커에 제1석유류, 제2석유류, 제3석유류, 제4석유류가 들어 있다. 다음 물음에 답하시오.

1) 4개의 비커에 들어 있는 석유류의 기준은 무엇으로 구분하는가?

2) 위험물 중 지정수량이 2,000L인 위험물을 수용성, 비수용성으로 구별하여 쓰시오.

정답 1) 인화점

2) 제2석유류 중 수용성, 제3석유류 중 비수용성

19 옥내저장소의 게시판에는 제4류 위험물이라고 게시되어 있으며 드럼에 들어 있는 윤활유가 겹쳐 쌓여 있고 선반에 200L 표시가 되어 있는 드럼통이 있다. 다음 물음에 답하시오.

1) 기계에 의하여 하역하는 구조로 된 용기만을 겹쳐 쌓는 경우 몇 m를 초과하지 못하는가?

2) 기계에 의하여 하역하는 구조가 아닌 경우 수납용기를 선반에 저장하는 경우 몇 m를 초과하지 못하는가?(단, 선반에 관한 기준이 없는 경우는 없음이라고 답할 것)

정답 1) 6m

2) 없음

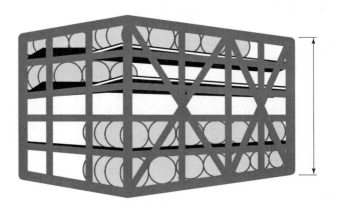

20 질산칼륨과 질산나트륨 중 분자량이 101이고, 두 물질 중 물에 잘 녹는 물질은 무엇인가? 그리고 그 물질의 분해 반응식을 쓰시오.

>**정답** 질산칼륨(KNO_3), $2KNO_3 \rightarrow 2KNO_2 + O_2\uparrow$

>**참고** 단독으로는 분해하지 않지만 가열하면 용융 분해하여 산소와 아질산칼륨을 생성한다.
> $2KNO_3 \rightarrow 2KNO_2 + O_2\uparrow$

21 컨테이너식 이동탱크의 상부에 표시되어 있는 A, B, C의 명칭을 쓰시오.

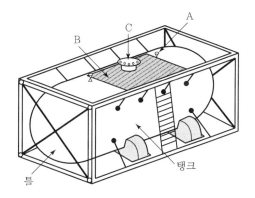

>**정답** A : 안전장치, B : 발판, C : 맨홀

22 이동탱크저장소에 비치하여야 하는 자동차용 소화기에 대한 다음 물음에 답하시오.

1) 이산화탄소소화기는 몇 kg 이상인가?
2) 무상강화액소화기는 몇 L 이상인가?

>**정답** 1) 3.2
> 2) 8

23 다이크로뮴산염류와 과망가니즈산염류의 위험물이 있다. A는 주황색 분말이며, 물에 잘 녹고, 알코올에는 녹지 않는다. B는 흑자색 분말이며 물에 녹으면 자주색을 띠고 알코올에 잘 녹는다. 다음 물음에 답하시오.

1) A물질의 분해 반응식을 쓰시오.
2) A, B 물질의 지정수량은 얼마인가?

▶정답 1) $4K_2Cr_2O_7 \rightarrow 4K_2CrO_4 + 2Cr_2O_3 + 3O_2 \uparrow$

2) 1,000kg, 1,000kg

➡참고 다이크로뮴산칼륨($K_2Cr_2O_7$)의 일반적인 성질(A물질 : 다이크로뮴산칼륨, B물질 : 과망가니즈산칼륨)

① 주황색 분말

② 분해온도 500℃, 융점 398℃, 비중 2.69, 용해도 8.89(15℃)

$4K_2Cr_2O_7 \rightarrow 4K_2CrO_4 + 2Cr_2O_3 + 3O_2$

③ 흡습성, 수용성, 알코올에는 불용이다.

24 화학소방자동차 3대와 사다리차 1대가 있다. 다음 물음에 답하시오.

1) 화학소방차의 대수를 기준했을 때 이 취급소는 최대 지정수량의 몇 배 미만의 위험물을 저장 · 취급하겠는가?

2) 이때 조작인원은 몇 명인가?

▶정답 1) 지정수량의 24만 배 이상 48만 배 미만

2) 15인 이상

➡참고

제조소 및 일반취급소의 구분	화학소방자동차	조작인원
지정수량의 12만 배 미만을 저장 · 취급하는 것	1대	5인
지정수량의 12만 배 이상 24만 배 미만을 저장 · 취급하는 것	2대	10인
지정수량의 24만 배 이상 48만 배 미만을 저장 · 취급하는 것	3대	15인
지정수량의 48만 배 이상을 저장 · 취급하는 것	4대	20인

필답형 **2017년 4월 16일 산업기사 실기시험**

1 다음 보기의 각 위험물 운반용기 외부에 표시할 주의사항을 쓰시오.

1) 제2류 위험물 중 인화성 고체	2) 제3류 위험물 중 금수성 물질
3) 제4류 위험물	4) 제6류 위험물

▶**정답** 1) 화기엄금, 2) 물기엄금, 3) 화기엄금, 4) 가연물접촉주의

▶**참고** 수납하는 위험물에 따라 다음의 규정에 의한 주의사항

① 제1류 위험물 중 알칼리금속의 과산화물 또는 이를 함유한 것에 있어서는 "화기·충격주의", "물기엄금" 및 "가연물접촉주의", 그 밖의 것에 있어서는 "화기·충격주의" 및 "가연물접촉주의"

② 제2류 위험물 중 철분·금속분·마그네슘 또는 이들 중 어느 하나 이상을 함유한 것에 있어서는 "화기주의" 및 "물기엄금", 인화성 고체에 있어서는 "화기엄금", 그 밖의 것에 있어서는 "화기주의"

③ 제3류 위험물 중 자연발화성 물질에 있어서는 "화기엄금" 및 "공기접촉엄금", 금수성 물질에 있어서는 "물기엄금"

④ 제4류 위험물에 있어서는 "화기엄금"

⑤ 제5류 위험물에 있어서는 "화기엄금" 및 "충격주의"

⑥ 제6류 위험물에 있어서는 "가연물접촉주의"

2 제2종 분말소화약제 분해반응식을 쓰시오.

▶**정답** $2KHCO_3 \rightarrow K_2CO_3 + CO_2 + H_2O$

▶**참고**

종류	주성분	착색	적응화재	열분해 반응식
제1종 분말	$NaHCO_3$ (탄산수소나트륨)	백색	B, C	$2NaHCO_3$ $\rightarrow Na_2CO_3 + CO_2 + H_2O$
제2종 분말	$KHCO_3$ (탄산수소칼륨)	보라색	B, C	$2KHCO_3$ $\rightarrow K_2CO_3 + CO_2 + H_2O$
제3종 분말	$NH_4H_2PO_4$ (제1인산암모늄)	담홍색	A, B, C	$NH_4H_2PO_4$ $\rightarrow HPO_3 + NH_3 + H_2O$
제4종 분말	$KHCO_3 + (NH_2)_2CO$ (탄산수소칼륨+요소)	회백색	B, C	$2KHCO_3 + (NH_2)_2CO$ $\rightarrow K_2CO_3 + 2NH_3 + 2CO_2$

3 메틸에틸케톤 1,000ℓ, 메틸알코올 1,000ℓ, 클로로벤젠 1,500ℓ 등의 위험물을 한곳에 저장하고 있다. 지정수량의 배수를 계산하시오.

> **정답** $\dfrac{저장수량}{지정수량}$ 의 합 $= \dfrac{1{,}000}{200} + \dfrac{1{,}000}{400} + \dfrac{1{,}500}{1{,}000} = 9$배

4 다음 보기의 위험물을 인화점이 낮은 순서대로 나열하시오.

> ① 초산에틸 　　② 메틸알코올 　　③ 에틸렌글리콜 　　④ 나이트로벤젠

> **정답** ① → ② → ④ → ③
> **참고** 위험물의 인화점

위험물	인화점
초산에틸	-4℃
메틸알코올	11℃
에틸렌글리콜	111℃
나이트로벤젠	88℃

5 피크린산의 구조식을 쓰시오.

> **정답**
>
> NO₂, OH, NO₂, NO₂ 구조식
>
> **참고** 트라이나이트로페놀[$C_6H_2(OH)(NO_2)_3$]을 피크르산 또는 피크린산이라고도 한다.

6 위험물제조소 등에 설치하는 옥내소화전설비에 대하여 다음 물음에 답하시오.

1) 방수압력
2) 1분당 방수량

> **정답** 1) 350kPa 　　2) $260\dfrac{l}{min}$ 이상

➡️참고 소화전설비 기준

	방수량	방수압력	토출량	수원량
옥내소화전	$260\frac{l}{분}$	350kPa	N(최대 5개)$\times 260\frac{l}{분}$	N(최대 5개)$\times 260\frac{l}{분}\times 30$분
옥외소화전	$450\frac{l}{분}$	350kPa	N(최대 4개)$\times 450\frac{l}{분}$	N(최대 4개)$\times 450\frac{l}{분}\times 30$분
스프링 클러설비	$80\frac{l}{분}$	100kPa	헤드수$\times 80\frac{l}{분}$	헤드수$\times 80\frac{l}{분}\times 30$분
물분무 소화설비	$20\frac{l}{m^2분}$	350kPa	A(최대 150m^2)$\times 20\frac{l}{m^2분}$	A(최대 150m^2)$\times 20\frac{l}{m^2분}\times 30$분

7 다음 보기에서 2류 위험물의 품명 4가지와 각 위험물의 지정수량을 쓰시오.

> 보기 : 황린, 황화인, 적린, 아세톤, 황, 칼슘, 마그네슘

➡️정답 황화인 : 100kg, 적린 : 100kg, 황 : 100kg, 마그네슘 : 500kg

➡️참고

유별	성질	품명	지정수량
제2류	가연성 고체	1. 황화인	100kg
		2. 적린	100kg
		3. 황	100kg
		4. 철분	500kg
		5. 금속분	500kg
		6. 마그네슘	500kg
		7. 그 밖에 행정안전부령이 정하는 것	
		8. 제1호부터 제7호까지의 어느 하나에 해당하는 위험물을 하나 이상 함유한 것	100kg 또는 500kg
		9. 인화성 고체	1,000kg

8 이동탱크저장소에 대한 다음 물음에 답하시오.

1) 탱크 본체의 두께   2) 압력탱크의 수압시험방법   3) 탱크 방파판의 두께

➡️정답 1) 3.2mm 이상
   2) 최대 상용압력의 1.5배의 압력으로 10분간 실시한다.
   3) 1.6mm 이상

➡참고 이동저장탱크의 구조는 다음 각 목의 기준에 의하여야 한다.

　가. 탱크는 두께 3.2mm 이상의 강철판 또는 이와 동등 이상의 강도·내식성 및 내열성이 있다고 인정하여 국민안전처장관이 정하여 고시하는 재료 및 구조로 위험물이 새지 아니하게 제작할 것

　나. 압력탱크 외의 탱크는 70kPa의 압력으로, 압력탱크는 최대상용압력의 1.5배의 압력으로 각각 10분간의 수압시험을 실시하여 새거나 변형되지 아니할 것

　다. 방파판의 두께 1.6mm 이상의 강철판 또는 이와 동등 이상의 강도·내열성 및 내식성이 있는 금속성의 것으로 할 것

9 다음 중 위험물을 저장하는 원통형 탱크가 종으로 설치한 것의 내용적(m^3)은 얼마인가? (단, $r=10m$, $l=15m$, $\pi=3.14$임)

종으로 설치한 것

➡정답 용량 : $\pi r^2 l = 3.14 \times 10^2 \times 15 = 4,710 m^3$

➡참고 탱크 용량 구하는 공식

① 타원형 탱크의 내용적

　가. 양쪽이 볼록한 것

 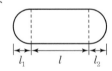

　나. 한쪽은 볼록하고 다른 한쪽은 오목한 것

용량 : $\dfrac{\pi ab}{4}\left(l + \dfrac{l_1 + l_2}{3}\right)$　　　　용량 : $\dfrac{\pi ab}{4}\left(l + \dfrac{l_1 - l_2}{3}\right)$

② 원형 탱크의 내용적

　가. 횡으로 설치한 것

　나. 종으로 설치한 것

용량 : $\pi r^2\left(l + \dfrac{l_1 + l_2}{3}\right)$　　　　용량 : $\pi r^2 l$

10 옥외저장소에 저장할 수 있는 제4류 위험물의 품명 4가지를 쓰시오.

> **정답** 제1석유류(인화점이 0℃ 이상인 것), 알코올류, 제2석유류, 제3석유류
> **참고** 옥외저장소 저장할 수 있는 위험물
> ① 제2류 위험물 중 황, 인화성 고체(인화점이 0℃ 이상인 것에 한함)
> ② 제4류 위험물 중 제1석(인화점이 0℃ 이상인 것에 한함), 알코올류, 제2석, 제3석, 제4석, 동식물류
> ③ 제6류 위험물

11 과산화나트륨과 이산화탄소의 ① 화학반응식과 ② 분해 시 생성물을 쓰시오.

> **정답** ① $2Na_2O_2 + 2CO_2 \rightarrow 2Na_2CO_3 + O_2\uparrow$
> ② Na_2CO_3, O_2

12 탄화칼슘에 대한 물음에 답하시오.

1) 물과의 반응식을 쓰시오.
2) 반응 후 생성되는 가스와 구리의 반응식을 쓰시오.
3) 위험성이 있는 이유를 간단히 쓰시오.

> **정답** 1) 물과 반응식 : $CaC_2 + 2H_2O \rightarrow Ca(OH)_2 + C_2H_2$
> 2) 생성된 가스와 구리의 반응식 : $C_2H_2 + 2Cu \rightarrow Cu_2C_2 + H_2$
> 3) 위험성이 있는 이유 : 아세틸렌이 구리, 은 등의 금속과 접촉하면 폭발성 물질인 금속아세틸리드를 생성시키기 때문에

13 오황화인에 대해 다음 물음에 답하시오.

1) 연소반응식을 쓰시오.
2) 연소생성물 중 산성비의 원인이 되는 물질을 쓰시오.

> **정답** 1) $2P_2S_5 + 15O_2 \rightarrow 2P_2O_5 + 10SO_2$
> 2) 이산화황

14 방유제가 설치된 옥외탱크저장소(탱크의 지름은 5m, 탱크의 높이는 15m)가 있다. 다음 물음에 답하시오.

1) 방유제의 최소 높이는 얼마로 해야 하는가?
2) 탱크와 방유제 상호 간의 거리는 몇 m인가?

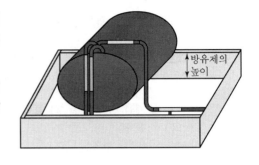

> **정답** 1) 0.5m
> 2) $15m × \dfrac{1}{3} = 5m$ 이상

15 옥외저장소에 저장하고 있는 덩어리 황에 대해 다음 물음에 답하시오.

1) 하나의 경계표시 내부의 면적은?
2) 경계표시의 높이는 몇 m 이하로 하여야 하는가?

> **정답** 1) 100m² 이하
> 2) 1.5m

➡**참고** 옥외저장소 중 덩어리 상태의 황만을 지반면에 설치한 경계표시의 안쪽에서 저장 또는 취급하는 것(제1호에 정하는 것을 제외한다)의 위치·구조 및 설비의 기술기준은 제1호 각 목의 기준 및 다음 각 목과 같다.
  가. 하나의 경계표시의 내부의 면적은 100m² 이하일 것
  나. 2 이상의 경계표시를 설치하는 경우에 있어서는 각각의 경계표시 내부의 면적을 합산한 면적은 1,000m² 이하로 하고, 인접하는 경계표시와 경계표시와의 간격을 제1호 라목의 규정에 의한 공지의 너비의 2분의 1 이상으로 할 것. 다만, 저장 또는 취급하는 위험물의 최대수량이 지정수량의 200배 이상인 경우에는 10m 이상으로 하여야 한다.
  다. 경계표시는 불연재료로 만드는 동시에 황이 새지 아니하는 구조로 할 것
  라. 경계표시의 높이는 1.5m 이하로 할 것
  마. 경계표시에는 황이 넘치거나 비산하는 것을 방지하기 위한 천막 등을 고정하는 장치를 설치하되, 천막 등을 고정하는 장치는 경계표시의 길이 2m마다 한 개 이상 설치할 것
  바. 황을 저장 또는 취급하는 장소의 주위에는 배수구와 분리장치를 설치할 것

16 황린, 이황화탄소, 나트륨, 칼륨을 저장 시 상부에 함께 저장하는 물질(보호액)을 적으시오.

> **정답** 1) 황린 : pH 9인 약알칼리성 물
> 2) 이황화탄소 : 물
> 3) 나트륨 : 석유
> 4) 칼륨 : 석유

17 실험실의 실험대 위에 메틸알코올, 에틸알코올, 아세톤, 다이에틸에터, 가솔린이라 표시된 시약병이 놓여 있다. 다음 물음에 답하시오.

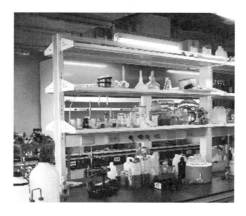

1) 연소범위가 가장 넓은 물질은?
2) 증기비중이 가장 가벼운 물질은?
3) 제1석유류에 해당하는 물질은?

정답 1) 다이에틸에터 2) 메틸알코올 3) 아세톤, 가솔린

참고 1) 연소범위

메틸알코올(7.3~36%), 에틸알코올(4.3~19%), 아세톤(2.6~12.8%), 다이에틸에터(1.9~48%), 가솔린(1.4~7.6%)

2) 증기비중 $= \dfrac{분자량}{공기의 \ 평균분자량(약 \ 29)}$ 이므로 분자량이 가장 작은 물질이 정답이다.

3) 제1석유류 : 아세톤, 가솔린, 벤젠, 톨루엔, 콜로디온, 메틸에틸케톤, 피리딘, 초산에스터류, 의산에스터류 등

18 염소산칼륨과 황산을 혼합하면 잠시 후 기체가 발생된다. 다음 물음에 답하시오.

1) 위 두 물질의 반응식은?
2) 유독한 가스의 명칭은 무엇인가?
3) 염소산칼륨을 저장하는 옥내저장소의 바닥면적을 쓰시오.

정답 1) $6KClO_3 + 3H_2SO_4 \rightarrow 3K_2SO_4 + 2HClO_4 + 4ClO_2 + 2H_2O$

2) 이산화염소(ClO_2)

3) $1,000m^2$ 이하

참고 염소산칼륨이 산과 반응하여 ClO_2를 발생하고, 폭발위험이 있다.

$6KClO_3 + 3H_2SO_4 \rightarrow 3K_2SO_4 + 2HClO_4 + 4ClO_2 + 2H_2O$

19 Fe의 입자 크기에 따라 위험물 유무를 판단할 때 그 판단기준을 쓰시오. 또한 염산과 반응하는 반응식을 쓰시오.

➡정답 1) 53μm의 표준체를 통과하는 것이 50중량% 이상인 것은 위험물임

2) Fe + 2HCl → FeCl$_2$ + H$_2$

➡참고 • "철분"이라 함은 철의 분말로서 53μm의 표준체를 통과하는 것이 50중량% 미만인 것은 제외한다.

• 더운물 또는 묽은 산과 반응하여 수소를 발생하고 경우에 따라 폭발한다.

2Fe + 3H$_2$O → Fe$_2$O$_3$ + 3H$_2$

Fe + 2HCl → FeCl$_2$ + H$_2$

20 실험실의 실험대 위의 막자사발에 질산칼륨, 황, 숯가루를 섞은 흑색화약이 놓여 있다. 다음 물음에 답하시오.

1) 이 중 산소공급원에 해당하는 것은 무엇인가?

2) 이 중 위험물에 해당되는 물질의 지정수량을 각각 쓰시오.

➡정답 1) 질산칼륨

2) 질산칼륨 : 300kg, 황 : 100kg

21 실험실의 실험대 위에 4개의 비커가 있다. 다음 빈칸을 채우고 물음에 답하시오.

1) 제1석유류 : 인화점이 ( )℃ 미만인 액체

2) 제2석유류 : 인화점이 ( )℃ 이상 ( )℃ 미만인 액체

3) 제3석유류 : 인화점이 ( )℃ 이상 ( )℃ 미만인 액체

4) 제4석유류 : 인화점이 ( )℃ 이상 ( )℃ 미만인 액체

5) 경유, 중유의 품명을 적으시오.

➡정답 1) 21℃

2) 21℃, 70℃

3) 70℃, 200℃

4) 200℃, 250℃

5) 제2석유류, 제3석유류

➡참고 ① "제1석유류"라 함은 아세톤, 휘발유, 그 밖에 1atm에서 인화점이 21℃ 미만인 것을 말한다.

② "제2석유류"라 함은 등유, 경유, 그 밖에 1atm에서 인화점이 21℃ 이상 70℃ 미만인 것을 말한다.

③ "제3석유류"라 함은 중유, 크레오소트유, 그 밖에 1atm에서 인화점이 70℃ 이상 200℃ 미만인 것을 말한다.

④ "제4석유류"라 함은 기어유, 실린더유, 그 밖에 1atm에서 인화점이 200℃ 이상 250℃ 미만의 것을 말한다.

22 과산화수소(H_2O_2)가 들어 있는 비커에 이산화망가니즈(MnO_2)을 넣으니 화학반응이 진행되어 가스가 발생하고 있다. 다음 물음에 답하시오.

1) 산화성 액체의 분해 반응식을 쓰시오.
2) MnO_2의 역할은?

▶**정답** 1) $2H_2O_2 \rightarrow 2H_2O + O_2$
　　　 2) 정촉매

23 옥외저장소에 지정수량 10배의 아세트산을 저장한 드럼통이 쌓여 있다. 다음 물음에 답하시오.

1) 드럼통으로 쌓아둔 높이는 몇 m를 초과하면 안 되는가?
2) 보유공지는?

▶**정답** 1) 3m
　　　 2) 3m 이상
▶**참고** ① 아세트산은 제4류 위험물 중 제2석유류에 해당하므로 저장 높이 규정 중 그 밖의 경우에 해당된다.
　　　 ② 경계표시의 주위에는 그 저장 또는 취급하는 위험물의 최대수량에 따라 다음 표에 의한 너비의 공지를 보유할 것. 다만, 제4류 위험물 중 제4석유류와 제6류 위험물을 저장 또는 취급하는 옥외저장소의 보유공지는 다음 표에 의한 공지의 너비의 3분의 1 이상의 너비로 할 수 있다.

저장 또는 취급하는 위험물의 최대수량	공지의 너비
지정수량의 10배 이하	3m 이상
지정수량의 10배 초과 20배 이하	5m 이상
지정수량의 20배 초과 50배 이하	9m 이상
지정수량의 50배 초과 200배 이하	12m 이상
지정수량의 200배 초과	15m 이상

2017년 6월 24일 산업기사 실기시험

1 소화난이도 1등급에 해당하는 제조소에 대하여 다음 물음에 답하시오.

1) 연면적은 몇 m² 이상인 곳인가?
2) 지반면으로부터 몇 m 이상의 높이에 위험물 취급설비가 있는 것을 말하는가?
3) 지정수량은 몇 배 이상인가?

➡정답 1) 1,000m² 이상
2) 6m 이상
3) 100배 이상

➡참고 제조소 일반 취급소
① 연면적 1,000m² 이상인 것
② 지정수량의 100배 이상인 것(고인화점위험물만을 100℃ 미만의 온도에서 취급하는 것 및 제 48조의 위험물을 취급하는 것은 제외)
③ 지반면으로부터 6m 이상의 높이에 위험물 취급설비가 있는 것(고인화점위험물만을 100℃ 미만의 온도에서 취급하는 것은 제외)
④ 일반취급소로 사용되는 부분 외의 부분을 갖는 건축물에 설치된 것(내화구조로 개구부 없이 구획된 것 및 고인화점위험물만을 100℃ 미만의 온도에서 취급하는 것은 제외)

2 제2류 위험물에 해당되는 황의 지정수량 150배 이상을 옥외저장소에 저장해야 할 경우 보유공지는 몇 m 이상으로 해야 하는가?

➡정답 12m 이상

➡참고 제4류 위험물 중 제4석유류와 제6류 위험물을 저장 또는 취급하는 옥외저장소의 보유공지는 다음 표에 의한 공지의 너비의 3분의 1 이상의 너비로 할 수 있다.

저장 또는 취급하는 위험물의 최대수량	공지의 너비
지정수량의 10배 이하	3m 이상
지정수량의 10배 초과 20배 이하	5m 이상
지정수량의 20배 초과 50배 이하	9m 이상
지정수량의 50배 초과 200배 이하	12m 이상
지정수량의 200배 초과	15m 이상

3 제5류 위험물 중 휘황색이며 비중이 1.8인 위험물의 명칭을 쓰시오.

정답 트라이나이트로페놀

4 "아세트알데하이드 등 옥외저장소에 (   )와 (   )를 하고, 과산화물로 인한 폭발을 방지하기 위하여 불활성 기체를 봉입한다."에서 빈칸을 채우시오.

정답 냉각장치, 저온을 유지하기 위한 장치(보랭장치)
참고 아세트알데하이드 등을 취급하는 탱크(옥외에 있는 탱크 또는 옥내에 있는 탱크로서 그 용량이 지정수량의 5분의 1 미만의 것을 제외한다)에는 냉각장치 또는 저온을 유지하기 위한 장치(이하 "보랭장치"라 한다) 및 연소성 혼합기체의 생성에 의한 폭발을 방지하기 위한 불활성 기체를 봉입하는 장치를 갖출 것

5 2층으로 된 위험물 제조소의 각 층에 옥내소화전이 각각 3개씩 설치되어 있다. 수원의 수량은 몇 m^3 이상이 되어야 하는가?

정답 $23.4m^3$
참고 위험물 제조소 옥내소화전의 수원량은 소화전 개수(최대 설치개수 5개)$\times 7.8m^3$
$3 \times 7.8 = 23.4m^3$

6 금속칼륨이 이산화탄소(CO_2)와 접촉하면 폭발적으로 반응이 일어난다. 다음 물음에 답하시오.

1) 위 물질의 화학반응식을 쓰시오.
2) 에틸알코올과의 반응식을 쓰시오.

정답 1) $4K + 3CO_2 \rightarrow 2K_2CO_3 + C$
2) $2K + 2C_2H_5OH \rightarrow 2C_2H_5OK + H_2$
참고 금속칼륨이 CO_2, CCl_4와 접촉하면 폭발적으로 반응한다.
$4K + 3CO_2 \rightarrow 2K_2CO_3 + C$
$4K + CCl_4 \rightarrow 4KCl + C$

7 다음 보기의 위험물이 위험물로서 인정되는 조건을 쓰시오.

1) 과산화수소	2) 과염소산	3) 질산

▶정답 1) 36wt% 이상, 2) 위험물로서 인정되는 기준 없음, 3) 비중이 1.49 이상

8 과염소산칼륨이 610℃에서 열분해반응식을 쓰시오.

▶정답 $KClO_4 \rightarrow KCl + 2O_2 \uparrow$

9 다음은 특수인화물의 정의에 대한 설명이다. (　)에 알맞은 말을 쓰시오.

제4류 위험물인 이황화탄소, 다이에틸에터, 그 밖에 1기압에서 발화점이 섭씨 (　)도 이하인 것 또는 인화점이 섭씨 영하 (　)도 이하이고 비점이 섭씨 (　)도 이하인 것을 말한다.

▶정답 100, 20, 40

10 불활성 가스 소화설비에 적응성이 있는 위험물 2가지를 쓰시오.

▶정답 제2류 위험물 중 인화성 고체, 제4류 위험물

11 100kg의 이황화탄소와 물이 반응하여 발생하는 독가스의 체적은 800mmHg, 30℃에서의 몇 m³인가?(단, 소수점 이하 둘째 자리에서 반올림)

▶정답 연소 반응식 : $CS_2 + 2H_2O \rightarrow 2H_2S + CO_2$

100kg	: $x\,m^3$
76kg	: $2 \times 22.4\,m^3$

$76 \times x = 100 \times 22.4 \qquad x = 58.95 m^3$

보일–샤를의 법칙을 이용해 온도 및 압력을 보정하면

$$\frac{P_1 V_1}{T_1} = \frac{P_2 V_2}{T_2}$$

$$\frac{760 \times 58.95}{273 + 0} = \frac{800 \times y}{273 + 30} \qquad y = 62.15 m^3$$

12 옥내저장소 저장창고의 기준은 다음과 같다. (   ) 안에 알맞은 내용을 쓰시오.

> 저장창고는 (①)m² 이내마다 격벽으로 완전하게 구획할 것. 이 경우 당해 격벽은 두께
> (②)cm 이상의 철근콘크리트조 또는 철골철근콘크리트조로 하거나 두께 (③)cm
> 이상의 보강콘크리트블록조로 하고, 당해 저장창고 양측의 외벽으로부터 (④)m 이상,
> 상부의 지붕으로부터 (⑤)cm 이상 돌출하게 하여야 한다.

▶**정답** ① 150   ② 30   ③ 40   ④ 1   ⑤ 50

➡**참고** 1) 저장창고는 150m² 이내마다 격벽으로 완전하게 구획할 것. 이 경우 당해 격벽은 두께 30cm
  이상의 철근콘크리트조 또는 철골철근콘크리트조로 하거나 두께 40cm 이상의 보강콘크리트
  블록조로 하고, 당해 저장창고의 양측의 외벽으로부터 1m 이상, 상부의 지붕으로부터 50cm
  이상 돌출하게 하여야 한다.
  2) 저장창고의 외벽은 두께 20cm 이상의 철근콘크리트조나 철골철근콘크리트조 또는 두께
  30cm 이상의 보강콘크리트블록조로 할 것
  3) 저장창고의 지붕은 다음 각 목의 1에 적합할 것
    가) 중도리 또는 서까래의 간격은 30cm 이하로 할 것
    나) 지붕의 아래쪽 면에는 한 변의 길이가 45cm 이하의 환강(丸鋼)·경량형강(輕量形鋼) 등
      으로 된 강제(鋼製)의 격자를 설치할 것
    다) 지붕의 아래쪽 면에 철망을 쳐서 불연재료의 도리·보 또는 서까래에 단단히 결합할 것
    라) 두께 5cm 이상, 너비 30cm 이상의 목재로 만든 받침대를 설치할 것

13 다음은 제4류 위험물에 대한 설명이다. 설명 중 맞는 것을 모두 고르시오.

> ① 등유, 경유는 제2석유류를 대표한다.
> ② 대부분 물에 잘 녹는다.
> ③ 비중이 모두 1보다 작다.
> ④ 산화제이다.
> ⑤ 도료류 그 밖의 물품에 있어서는 가연성 액체량이 40중량% 이하이면서, 인화점이
>   40℃ 이상인 동시에 연소점이 60℃ 이상인 것은 제외한다.

➡**정답** ①, ⑤

14 옥내저장소에 대해 다음 물음에 답하시오.

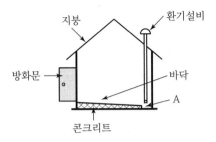

1) A의 명칭을 쓰시오.
2) 옥내저장소에 저장하는 위험물과 위험물 상호 간의 거리를 쓰시오.
3) 지면으로부터 환기설비 선단까지의 높이는 몇 m인가?
4) 환기설비에는 무엇을 설치하여야 하는가?

정답 1) 집유설비
   2) 1m 이상
   3) 2m 이상
   4) 인화방지망

참고 환기설비의 기준
   ① 급기구는 당해 급기구가 설치된 실의 바닥면적 150m²마다 1개 이상으로 한다.
   ② 채광, 조명 및 환기의 설비를 갖추어야 하고, 인화점이 70℃ 미만인 위험물의 저장창고에 있어서는 내부에 체류한 가연성의 증기를 지붕 위로 배출하는 설비를 갖추어야 한다.

15 제1류 위험물의 염소산염류와 제6류 위험물 질산을 저장하는 옥내저장소 창고의 바닥면적은 몇 m² 이하이고, 2가지 위험물을 같이 저장하는 경우 상호 간에 이격거리는 몇 m인가?

정답 1,000m², 1m
참고 다음의 위험물을 저장하는 창고 : 1,000m²
   1) 제1류 위험물 중 아염소산염류, 염소산염류, 과염소산염류, 무기과산화물, 그 밖에 지정수량이 50kg인 위험물
   2) 제3류 위험물 중 칼륨, 나트륨, 알킬알루미늄, 알킬리튬, 그 밖에 지정수량이 10kg인 위험물 및 황린
   3) 제4류 위험물 중 특수인화물, 제1석유류 및 알코올류
   4) 제5류 위험물 중 유기과산화물, 질산에스터류, 그 밖에 지정수량이 10kg인 위험물
   5) 제6류 위험물

16 지하저장탱크에 설치한 통기관이다. 다음 물음에 답하시오.

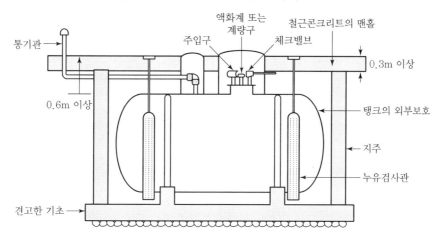

1) 통기관의 명칭을 쓰시오.
2) 지면으로부터 통기관 선단까지의 높이는?

▶**정답** 1) 밸브 없는 통기관   2) 4m 이상

17 벤젠과 이황화탄소가 담긴 비커와 함께 각각의 비커에 불을 붙이고 물로 소화할 때, 다음 물음에 답하시오.

1) 소화할 때 차이를 물리적으로 설명하시오.
2) 연소범위가 큰 것의 명칭을 쓰시오.

▶**정답** 1) 벤젠은 비중이 물보다 작으므로 물 위에 떠서 계속해서 연소되며, 이황화탄소는 물보다 무겁기 때문에 물속에 가라앉아 소화가 된다.
2) 이황화탄소

18 제조소와 사용전압이 50,000V를 초과하는 특고압가공전선, 고압가스시설, 주거용 주택과의 안전거리 합계는?

▶**정답** 5m + 20m + 10m =35m
➡**참고** 가. 건축물, 그 밖의 공작물로서 주거용으로 사용되는 것은 10m 이상
나. 학교, 병원, 극장 그 밖에 다수인을 수용하는 시설로서 다음의 1에 해당하는 것에 있어서는 30m 이상
가) 공연법, 영화진흥법, 그 밖에 이와 유사한 시설로서 3백 명 이상의 인원을 수용할 수 있는 것

나) 아동복지법, 노인복지법, 장애인 복지법, 그 밖에 이와 유사한 시설로서 20명 이상의 인원을 수용할 수 있는 것

다. 문화재보호법의 규정에 의한 유형문화재와 기념물 중 지정문화재에 있어서는 50m 이상

라. 고압가스, 액화석유가스 또는 도시가스를 저장 또는 취급하는 시설에 있어서는 20m 이상

마. 사용전압이 7,000V 초과 35,000V 이하의 특고압가공전선에 있어서는 3m 이상

바. 사용전압이 35,000V를 초과하는 특고압가공전선에 있어서는 5m 이상

19 메틸알코올을 저장하는 옥내저장소이다. 다음 물음에 답하시오.

1) 위 물질의 완전연소반응식을 쓰시오.

2) 위 물질의 화학식과 지정수량을 쓰시오.

▶정답 1) $2CH_3OH + 3O_2 \rightarrow 2CO_2 + 4H_2O$

2) CH_3OH, 400l

20 옥외저장소에 윤활유가 60만 L 저장되어 있다. 다음 물음에 답하시오.

1) 드럼통으로 쌓아둔 높이는 몇 m를 초과하면 안 되는가?

2) 보유공지는?

▶정답 1) 4m

2) 4m

➡참고 1) 제4류 위험물 중 제3석유류, 제4석유류 및 동식물유류를 수납하는 용기만을 겹쳐 쌓는 경우에 있어서는 4m를 초과하면 안 된다.

2) 윤활유는 제4석유류에 해당되므로 지정수량의 100배에 해당되는 공지의 너비는 12m인데 공지너비의 $\frac{1}{3}$로 할 수 있으므로 $12m \times \frac{1}{3} = 4m$

경계표시의 주위에는 그 저장 또는 취급하는 위험물의 최대수량에 따라 다음 표에 의한 너비의 공지를 보유할 것. 다만, 제4류 위험물 중 제4석유류와 제6류 위험물을 저장 또는 취급하는 옥외저장소의 보유공지는 다음 표에 의한 공지의 너비의 3분의 1 이상의 너비로 할 수 있다.

저장 또는 취급하는 위험물의 최대수량	공지의 너비
지정수량의 10배 이하	3m 이상
지정수량의 10배 초과 20배 이하	5m 이상
지정수량의 20배 초과 50배 이하	9m 이상
지정수량의 50배 초과 200배 이하	12m 이상
지정수량의 200배 초과	15m 이상

21 실험실의 실험대 위에 4개의 비커에 제1석유류, 제2석유류, 제3석유류, 제4석유류가 들어 있는 위험물이 있다. 각 물음에 답하시오.

1) 본문에서 빠진 제4류 위험물의 품명 2가지를 쓰시오.
2) 석유류에서 비수용성과 수용성으로 지정수량을 구분하는 품명을 모두 쓰시오.

정답 1) 특수인화물, 알코올류, 동식물류 중에서 2가지
　　　 2) 제1석유류, 제2석유류, 제3석유류

22 흑색화약을 만드는 원료 중에서 위험물에 해당되는 물질이 있다. 다음 물음에 답하시오.

1) 해당되는 위험물 2가지를 쓰시오.
2) 해당되는 위험물의 지정수량을 쓰시오.

정답 1) KNO_3(질산칼륨), 황
　　　 2) 질산칼륨(300kg), 황(100kg)
➡**참고** 질산칼륨에 숯가루, 황가루, 황린을 혼합하면 흑색화약이 되며 가열, 충격, 마찰에 주의한다.

23 질산칼륨, 질산나트륨, 질산암모늄의 3가지 시약에 각각 물을 뿌려준다. 다음 물음에 답하시오.

1) 어떤 성질을 알기 위한 시험인가?
2) ANFO 폭약의 성분이 되는 물질의 명칭을 쓰시오.

정답 1) 조해성
　　　 2) 질산암모늄
➡**참고** 질산암모늄을 급격히 가열하면 산소가 발생하고, 충격을 주면 단독으로도 폭발한다.
　　　 $2NH_4NO_3 \rightarrow 4H_2O + 2N_2 + O_2$

1 가연성 고체인 제2류 위험물에 대한 다음 설명 중 맞는 것을 골라 쓰시오.

> ① 황화인, 적린, 황은 위험등급 Ⅱ이다.
> ② 고형 알코올은 가연성 고체에 포함되며, 지정수량이 1,000kg이다.
> ③ 대부분이 수용성이다.
> ④ 대부분 비중이 1보다 작다.
> ⑤ 연소속도가 느리고 연소열도 작으며 연소 시 유독가스가 발생하는 것도 있다.

▶정답 ①, ②

▶참고 제2류 위험물의 일반적 성질
   ① 가연성 고체로서 낮은 온도에서 착화하기 쉬운 속연성 물질(이연성 물질)이다.
   ② 비중은 1보다 크고 물에 녹지 않으며 산소를 함유하지 않기 때문에 강한 환원성 물질이고 대부분 무기화합물이다.
   ③ 산화되기 쉽고 산소와 쉽게 결합을 이룬다.
   ④ 연소속도가 빠르고 연소열도 크며 연소 시 유독가스가 발생하는 것도 있다.
   ⑤ 모든 물질이 가연성이고 무기과산화물류와 혼합한 것은 수분에 의해서 발화한다.
   ⑥ 금속분(철분, 마그네슘분, 금속분류 등)은 산소와의 결합력이 크고 이온화 경향이 큰 금속일수록 산화되기 쉽다.(물이나 산과의 접촉을 피한다.)

2 다음 표는 지정 수량의 $\frac{1}{10}$ 이상의 위험물에 대하여는 적용하는 유별을 달리하는 위험물의 혼재기준이다. 혼재가 되는 것은 ○, 혼재가 불가능한 것은 ×를 하시오.

	제1류	제2류	제3류	제4류	제5류	제6류
제1류		×	×	1)	×	○
제2류	×		×	2)	3)	×
제3류	×	×		○	×	×
제4류	×	○	4)		○	×
제5류	×	○	5)	○		×
제6류	○	6)	×	×	×	

▶정답 1) × 　2) ○ 　3) ○
　　　 4) ○ 　5) × 　6) ×

3 건축물의 기둥, 바닥, 외벽이 내화구조로 된 위험물 제조소의 바닥면적이 450m²일 경우 소요단위는 몇 단위인가?

정답 소요단위 $= \dfrac{450\text{m}^2}{100\text{m}^2} = 4.5$단위

➡**참고** 소요단위의 계산방법

건축물 그 밖의 공작물 또는 위험물의 소요단위 계산방법은 다음 기준에 의할 것

① 제조소 또는 취급소의 건축물은 외벽이 내화구조인 것은 연면적 100m²를 1소요단위로 하며, 외벽이 내화구조가 아닌 것은 연면적 50m²를 1소요단위로 할 것

② 저장소의 건축물은 외벽이 내화구조인 것은 연면적 150m²를 1소요단위로 하고, 외벽이 내화구조가 아닌 것은 연면적 75m²를 1소요단위로 할 것

③ 제조소등의 옥외에 설치된 공작물은 외벽이 내화구조인 것으로 간주하고 공작물의 최대수평투영면적을 연면적으로 간주하여 1) 및 2)의 규정에 의하여 소요단위를 산정할 것

④ 위험물은 지정수량의 10배를 1소요단위로 할 것

4 제1종 판매취급소의 시설에 관한 취급기준이다. 다음 빈칸을 채우시오.

> 1) 위험물을 배합하는 실은 바닥면적이 (　)m² 이상 (　)m² 이하로 한다.
> 2) (　) 또는 (　)의 벽으로 한다.
> 3) 바닥은 위험물이 침투하지 아니하는 구조로 하여 적당한 경사를 두고 (　)을 설치해야 한다.
> 4) 출입구 문턱의 높이는 바닥으로부터 몇 (　)m 이상으로 하여야 한다.

정답 1) 6, 15

2) 내화구조, 불연재료

3) 집유설비

4) 0.1m

➡**참고** 위험물을 배합하는 실의 기준

① 바닥면적은 6m² 이상 15m² 이하로 할 것

② 내화구조 또는 불연재료로 된 벽으로 구획할 것

③ 바닥은 위험물이 침투하지 아니하는 구조로 하여 적당한 경사를 두고 집유설비를 할 것

④ 출입구에는 수시로 열 수 있는 자동폐쇄식의 60분+방화문 또는 60분방화문을 설치할 것

⑤ 출입구 문턱의 높이는 바닥면으로부터 0.1m 이상으로 할 것

⑥ 내부에 체류한 가연성의 증기 또는 가연성의 미분을 지붕 위로 방출하는 설비를 할 것

5 트라이에틸알루미늄에 대한 설명이다. 다음 물음에 답하시오.

1) 물과의 반응식을 쓰시오.
2) 공기 중 자연발화 반응식을 쓰시오.

▶정답 1) $(C_2H_5)_3Al + 3H_2O \rightarrow Al(OH)_3 + 3C_2H_6$
　　　2) $2(C_2H_5)_3Al + 21O_2 \rightarrow Al_2O_3 + 12CO_2 + 15H_2O$

▶참고 ① 트라이에틸알루미늄은 물과 접촉하면 폭발적으로 반응하여 에탄(C_2H_6)을 발생시킨다.
　　　　$(C_2H_5)_3Al + 3H_2O \rightarrow Al(OH)_3 + 3C_2H_6$
　　　② $C_1 \sim C_4$까지는 공기와 접촉하면 자연발화를 일으키고, 금수성이다.
　　　　$2(C_2H_5)_3Al + 21O_2 \rightarrow Al_2O_3 + 12CO_2 + 15H_2O$

6 제4류 위험물로서 아래 보기에 맞는 위험물의 화학식과 지정 수량을 쓰시오.

> 무색투명한 액체로서 분자량이 58, 인화점이 $-37\,^{\circ}\!C$, 구리, 은, 수은, 마그네슘 또는 이의
> 합금을 사용하지 않아야 한다.

▶정답 CH_3CHCH_2O, 50L
▶참고 CH_3CHCH_2O는 산화프로필렌이다.

7 제3류 위험물 중 위험등급 I에 해당되는 품명 5가지를 쓰시오.

▶정답 칼륨, 나트륨, 알킬알루미늄, 알킬리튬, 황린
▶참고 위험등급 I의 위험물
　　　① 제1류 위험물 중 아염소산염류, 염소산염류, 과염소산염류, 무기과산화물 그 밖에 지정수량이
　　　　50kg인 위험물
　　　② 제3류 위험물 중 칼륨, 나트륨, 알킬알루미늄, 알킬리튬, 황린 그 밖에 지정수량이 10kg 또는
　　　　20kg인 위험물
　　　③ 제4류 위험물 중 특수인화물
　　　④ 제5류 위험물 중 유기과산화물, 질산에스터류 그 밖에 지정수량이 10kg인 위험물
　　　⑤ 제6류 위험물

8 과산화나트륨을 아세트산과 혼합했을 때 일어나는 화학반응식을 쓰시오.

▶정답 $Na_2O_2 + 2CH_3COOH \rightarrow H_2O_2 + 2CH_3COONa$
▶참고 과산화나트륨은 묽은 산과 반응하여 과산화수소를 발생시킨다.
　　　$Na_2O_2 + 2CH_3COOH \rightarrow H_2O_2 + 2CH_3COONa$

9 다음 위험물의 설명에서 ( )를 채우시오.

> 1) 제4류 위험물은 불티, 불꽃, 고온체와의 접근 또는 과열을 피하고, 함부로 ( )를 발생시키지 않는다.
> 2) 제6류 위험물은 가연물의 접촉, 혼합이나 분해를 촉진하는 물품과의 접근 또는 ( )을 피하여야 한다.

▶정답 1) 증기 2) 과열

10 다음 보기의 ( )를 채우시오.

> "제1석유류"라 함은 아세톤, 휘발유, 그 밖에 1atm에서 인화점이 ( )℃ 미만인 것을 말한다.

▶정답 21

➡참고 석유류의 정의
> ① "제1석유류"라 함은 아세톤, 휘발유, 그 밖에 1atm에서 인화점이 21℃ 미만인 것을 말한다.
> ② "제2석유류"라 함은 등유, 경유 그 밖에 1atm에서 인화점이 21℃ 이상 70℃ 미만인 것을 말한다.
> ③ "제3석유류"라 함은 중유, 크레오소트유 그 밖에 1atm에서 인화점이 70℃ 이상 200℃ 미만인 것을 말한다.
> ④ "제4석유류"라 함은 기어유, 실린더유, 그 밖에 1atm에서 인화점이 200℃ 이상 250℃ 미만인 것을 말한다.

11 염소산칼륨에 대한 설명이다. 다음 물음에 답하시오.

1) 열분해 반응식을 쓰시오.
2) 표준상태에서 염소산칼륨 1,000g이 열분해할 경우 발생한 산소의 부피는 몇 m³인가?

▶정답 1) $2KClO_3 \rightarrow KCl + O_2$

2) $2KClO_3 \rightarrow 2KCl + 3O_2$

$$1kg \quad : \quad x m^3$$
$$2 \times 122.6kg \quad : \quad 3 \times 22.4 m^3$$
$$2 \times 122.6 \times x = 1 \times 3 \times 22.4$$
$$x = 0.27 m^3$$

12 차광성으로 가려야 하는 위험물의 유별 또는 품명을 3가지를 쓰시오.

> **정답** 제1류 위험물, 제3류 위험물 중 자연발화성 물질, 제4류 위험물 중 특수인화물, 제5류 위험물, 제6류 위험물 중 3가지
>
> **참고** 적재하는 위험물의 성질에 따라 일광의 직사 또는 빗물의 침투를 방지하기 위하여 유효하게 피복하는 등 다음 각 목에 정하는 기준에 따른 조치를 하여야 한다.
> 가. 제1류 위험물, 제3류 위험물 중 자연발화성 물질, 제4류 위험물 중 특수인화물, 제5류 위험물 또는 제6류 위험물은 차광성이 있는 피복으로 가릴 것
> 나. 제1류 위험물 중 알칼리금속의 과산화물 또는 이를 함유한 것, 제2류 위험물 중 철분·금속분·마그네슘 또는 이들 중 어느 하나 이상을 함유한 것 또는 제3류 위험물 중 금수성 물질은 방수성이 있는 피복으로 덮을 것

13 다음 보기의 위험물이 완전분해할 때 산소의 부피가 많은 것부터 차례로 쓰시오.

① 과염소산암모늄	② 염소산칼륨
③ 염소산암모늄	④ 과염소산나트륨

> **정답** ④ → ② → ① → ③
>
> **참고** ① 과염소산나트륨의 분해반응식 : $NaClO_4 \rightarrow NaCl + 2O_2\uparrow$(2몰)
>
> ② 염소산칼륨의 분해반응식 : $KClO_3 \rightarrow KCl + \dfrac{3}{2}O_2$(1.5몰)
>
> ③ 과염소산암모늄 분해반응식 : $2NH_4ClO_4 \rightarrow N_2 + Cl_2 + 2O_2 + 4H_2O$(1몰)
>
> ④ 염소산암모늄 분해반응식 : $2NH_4ClO_3 \rightarrow N_2 + Cl_2 + O_2 + 4H_2O$(0.5몰)

14 통기관에 대한 내용이다. 다음 물음에 답하시오.

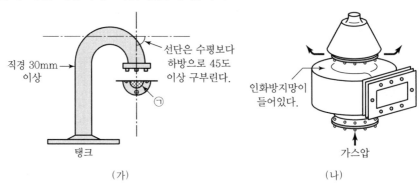

(가)　　　　　　　　　　　　　　　　(나)

1) (가), (나)의 종류를 쓰시오.

2) ㉠의 명칭을 쓰시오.

3) 이 통기관은 몇 류 위험물의 어떠한 탱크에 적용되는가?

▶정답 1) (가) : 밸브 없는 통기관, (나) : 대기 밸브 부착 통기관

2) 인화방지망

3) 제4류 위험물의 옥외저장탱크

15 옥내저장창고의 내부에 위험물이 선반에 놓여 있다. 다음 물음에 답하시오.

1) 저장창고 내 제4류 위험물 보관 시 높이는?

2) 지붕의 재질은?

▶정답 1) 6m 미만

2) 가벼운 불연재료

▶참고 1) 저장창고는 지면에서 처마까지의 높이(이하 "처마높이"라 한다.)가 6m 미만인 단층건물로 하고 그 바닥을 지반면보다 높게 하여야 한다.

2) 저장창고의 지붕은 폭발력이 위로 방출될 정도의 가벼운 불연재료로 하고, 천장을 만들지 아니하여야 한다.

16 주황색 삼산화크로뮴과 검은색의 과망가니즈산칼륨이 있다. 삼산화크로뮴이 200~250℃에서 분해 시 반응식과, 과망가니즈산칼륨과 묽은 황산의 반응 시 생성물질 3가지를 쓰시오.

▶정답 1) $4CrO_3 \rightarrow 2Cr_2O_3 + 3O_2$

2) 황산칼륨, 황산망가니즈, 물, 산소 중에서 3가지

▶참고 1) 삼산화크로뮴이 분해하면 산소를 방출한다.

$4CrO_3 \rightarrow 2Cr_2O_3 + 3O_2$

2) 과망가니즈산칼륨이 묽은 황산과 반응하여 산소를 방출시킨다.

$4KMnO_4 + 6H_2SO_4 \rightarrow 2K_2SO_4 + 4MnSO_4 + 6H_2O + 5O_2 \uparrow$

17 옥내저장소에 황린 149,600kg이 저장되어 있다. 다음 물음에 답하시오.

1) 지정수량의 몇 배인가?

2) 공지의 너비는?(단, 벽, 기둥 및 바닥이 내화구조로 된 건축물이다.)

▶정답 1) $\dfrac{저장수량}{지정수량} = \dfrac{149,600kg}{20kg} = 7,480배$

2) 10m 이상

18 실험실에서 무엇인가를 측정하고 있다. 이 측정기기의 명칭은 무엇인가?

▶정답 펜스키 마르텐스 밀폐식 인화점 측정기

19 A, B, C, D, E, F 6개의 비커에 액체가 들어 있고, 각각 성냥불을 갖다 댔는데, B, C비커에는 불이 붙었고 나머지 비커에는 불이 붙지 않았다. B, C비커에 해당하는 물질을 보기에서 골라 쓰시오.(단, 현재의 온도는 25℃이다.)

보기 : 아세톤, 하이드라진, 아세트산, 에틸렌글리콜, 글리세린, 메틸에틸케톤

▶정답 아세톤, 메틸에틸케톤
▶참고 아세톤의 인화점 : -18℃, 메틸에틸케톤의 인화점 : -1℃, 나머지는 모두 25℃ 이상이다.

20 다음 그림과 같은 위험물을 저장하는 탱크의 내용적은 약 몇 m³인가?(단, r은 10m, l은 25m이다.)

종으로 설치한 것

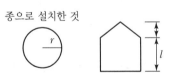

▶정답 용량 : $\pi r^2 l = \pi \times 10^2 \times 25 = 7,850$m³

→**참고** 내용적 구하는 공식

① 타원형 탱크의 내용적

가. 양쪽이 볼록한 것

 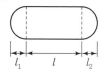

용량 : $\dfrac{\pi\,ab}{4}\left(l + \dfrac{l_1 + l_2}{3}\right)$

나. 한쪽은 볼록하고 다른 한쪽은 오목한 것

용량 : $\dfrac{\pi\,ab}{4}\left(l + \dfrac{l_1 - l_2}{3}\right)$

② 원형 탱크의 내용적

가. 횡으로 설치한 것

 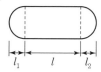

용량 : $\pi r^2\left(l + \dfrac{l_1 + l_2}{3}\right)$

나. 종으로 설치한 것

용량 : $\pi r^2\,l$

21 옥내저장소의 아랫부분의 환기설비에서 급기구는 당해 급기구가 설치된 실의 바닥면적 얼마마다 1개 이상으로 하는가? 또한 바닥면적이 100m²이면 급기구의 면적은 얼마로 해야 하는가?

▶**정답** 150m², 450cm²

→**참고** 환기설비의 기준

① 환기는 자연배기방식으로 할 것

② 급기구는 당해 급기구가 설치된 실의 바닥면적 150m²마다 1개 이상으로 하되, 급기구의 크기는 800cm² 이상으로 할 것. 다만 바닥면적이 150m² 미만인 경우에는 다음의 크기로 하여야 한다.

바닥면적	급기구의 면적
60m² 미만	150cm² 이상
60m² 이상 90m² 미만	300cm² 이상
90m² 이상 120m² 미만	450cm² 이상
120m² 이상 150m² 미만	600cm² 이상

③ 급기구는 낮은 곳에 설치하고 가는 눈의 구리망 등으로 인화방지망을 설치할 것

④ 환기구는 지붕 위 또는 지상 2m 이상의 높이에 회전식 고정벤틸레이터 또는 루프팬 방식으로 설치할 것

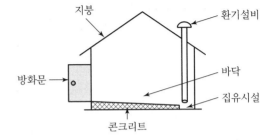

22 옥내저장소에 국소방식의 배풍기, 배출덕트, 후드 등이 있다. 다음 물음에 답하시오.

1) 그림의 설비 명칭은 무엇인가?
2) 배출구의 높이는 바닥에서 몇 m 이상으로 해야 하는가?
3) 화재 시 자동으로 폐쇄되는 방화댐퍼의 설치위치를 쓰시오.

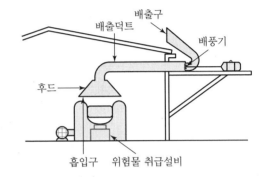

▶**정답** 1) 배출설비
　　　2) 2m 이상
　　　3) 배출덕트가 관통하는 벽부분의 바로 가까이에
▶**참고** 배출설비의 급기구 및 배출구는 다음 각 목의 기준에 의하여야 한다.
　　　가. 급기구는 높은 곳에 설치하고, 가는 눈의 구리망 등으로 인화방지망을 설치할 것
　　　나. 배출구는 지상 2m 이상으로서 연소의 우려가 없는 장소에 설치하고, 배출덕트가 관통하는 벽부분의 바로 가까이에 화재 시 자동으로 폐쇄되는 방화댐퍼를 설치할 것

23 옥내저장소의 바닥에서부터 처마까지의 높이가 18m이다. 다음 물음에 답하시오.

1) 저장 가능한 위험물의 유별을 모두 쓰시오.
2) 피뢰침을 설치하지 않아도 되는 경우를 쓰시오.

▶**정답** 1) 제2류 또는 제4류의 위험물만을 저장하는 창고
　　　2) 제6류 위험물만을 저장할 경우
▶**참고** 저장창고 처마의 높이기준
　　　저장창고는 지면에서 처마까지의 높이(이하 "처마높이"라 한다)가 6m 미만인 단층건물로 하고 그 바닥을 지반면보다 높게 하여야 한다. 다만, 제2류 또는 제4류의 위험물만을 저장하는 창고로서 기준에 적합한 창고의 경우에는 20m 이하로 할 수 있다.

필답형 2018년 4월 14일 산업기사 실기시험

1 오황화인에 대해 다음 물음에 답하시오.

1) 연소반응식
2) 연소생성물 중 산성비의 원인이 되는 물질을 쓰시오.

정답 1) $2P_2S_5 + 15O_2 \rightarrow 2P_2O_5 + 10SO_2$

2) 이산화황

2 [그림]과 같은 위험물을 저장하는 탱크의 내용적은 약 몇 m³인가?(단, $r = 10m$, $l = 25m$이다.)

종으로 설치한 것

정답 용량 : $\pi r^2 l = \pi \times 10^2 \times 15 = 7,850 m^3$

참고 내용적 구하는 공식

① 타원형 탱크의 내용적

　가. 양쪽이 볼록한 것

 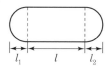

나. 한쪽은 볼록하고 다른 한쪽은 오목한 것

용량 : $\dfrac{\pi ab}{4}\left(l + \dfrac{l_1 + l_2}{3}\right)$

용량 : $\dfrac{\pi ab}{4}\left(l + \dfrac{l_1 - l_2}{3}\right)$

② 원형 탱크의 내용적

　가. 횡으로 설치한 것

나. 종으로 설치한 것

 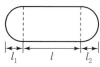

용량 : $\pi r^2\left(l + \dfrac{l_1 + l_2}{3}\right)$

용량 : $\pi r^2 l$

3 탄화칼슘이 물과 반응하는 화학반응식을 쓰고, 이때 생성된 물질의 폭발범위와 연소반응식을 쓰시오.

> **▶정답** 1) 물과의 반응식 : $CaC_2 + 2H_2O \rightarrow Ca(OH)_2 + C_2H_2$
> 2) 아세틸렌의 폭발범위 : 2.5~81%
> 3) 아세틸렌의 연소반응식 : $2C_2H_2 + 5O_2 \rightarrow 4CO_2 + 2H_2O$

4 다음 보기의 위험물을 인화점이 낮은 순서대로 나열하시오.

> 보기 : ① 초산에틸, ② 메틸알코올, ③ 에틸렌글리콜, ④ 나이트로벤젠

> **▶정답** ① → ② → ④ → ③
> **▶참고** 위험물의 인화점

위험물	인화점
초산에틸	$-4℃$
메틸알코올	$11℃$
에틸렌글리콜	$111℃$
나이트로벤젠	$88℃$

5 트라이나이트로톨루엔(TNP)의 구조식을 쓰시오.

> **▶정답**
>
> OH
> NO_2 NO_2
>
> NO_2

6 과산화나트륨과 이산화탄소의 화학반응식과 분해 시 생성물을 쓰시오.

> **▶정답** 1) $2Na_2O_2 + 2CO_2 \rightarrow 2Na_2CO_3 + O_2\uparrow$
> 2) $Na_2CO_3,\ O_2$

7 옥외저장소에 저장할 수 있는 위험물을 쓰시오.

▶정답 1) 제2류 위험물 중 황, 인화성 고체(인화점이 0℃ 이상인 것에 한함)
  2) 제4류 위험물 중 제1석유류(인화점이 0℃ 이상인 것에 한함), 알코올류, 제2석유류, 제3석유류, 제4석유류, 동식물류
  3) 제6류 위험물

8 제2류 위험물의 품명을 4가지 쓰고, 각각의 지정수량을 쓰시오.

▶정답 1) 황화인, 적린, 황, 마그네슘
  2) 황화인 : 100kg, 적린 : 100kg, 황 : 100kg, 마그네슘 : 500kg

위험물			지정수량
유별	성질	품명	
제2류	가연성 고체	1. 황화인	100kg
		2. 적린	100kg
		3. 황	100kg
		4. 철분	500kg
		5. 금속분	500kg
		6. 마그네슘	500kg
		7. 그 밖에 행정안전부령이 정하는 것	100kg 또는 500kg
		8. 제1호부터 제7호까지의 어느 하나에 해당하는 위험물을 하나 이상 함유한 것	
		9. 인화성 고체	1,000kg

9 위험물제조소 등에 설치하는 옥내소화전설비에 대하여 다음 물음에 답하시오.

1) 방수압력
2) 1분당 방수량

▶정답 1) 350kPa

  2) $260 \dfrac{l}{\min}$ 이상

→참고 소화전설비 기준

구분	방수량	방수압력	토출량	수원량	비상전원
옥내소화전	$260\dfrac{l}{분}$	350kPa	N(최대 5개)×$260\dfrac{l}{분}$	N(최대 5개)×$260\dfrac{l}{분}$×30분	45분
옥외소화전	$450\dfrac{l}{분}$	350kPa	N(최대 4개)×$450\dfrac{l}{분}$	N(최대 4개)×$450\dfrac{l}{분}$×30분	45분
스프링클러설비	$80\dfrac{l}{분}$	100kPa	헤드수×$80\dfrac{l}{분}$	헤드 수×$80\dfrac{l}{분}$×30분	45분
물분무소화설비	$20\dfrac{l}{m^2분}$	350kPa	A(최대 150m²)×$20\dfrac{l}{m^2분}$	A(최대 150m²)×$20\dfrac{l}{m^2분}$×30분	45분

10 메틸에틸케톤 1,000l, 메틸알코올 1,000l, 클로로벤젠 1,500l 등의 위험물을 한곳에 저장하고 있다. 지정수량의 배수를 계산하시오.

▶정답 $\dfrac{저장수량}{지정수량}$의 합 $= \dfrac{1,000}{200} + \dfrac{1,000}{400} + \dfrac{1,500}{1,000} = 9$배

11 이동탱크저장소에 대한 설명이다. 다음 물음에 답하시오.

1) 탱크의 두께는 (   )mm 이상의 강철판인가?
2) 수압시험의 기준은 다음과 같다.
   압력탱크는 최대상용압력의 (   )배의 압력으로 압력탱크 외의 탱크는 (   )kPa의 압력으로 각각 (   )분간의 수압시험을 실시하여 새거나 변형되지 아니한다.

▶정답 1) 3.2mm
2) 1.5배, 70kPa, 10분

→참고 이동저장탱크의 구조는 다음 각 목의 기준에 의하여야 한다.
　가. 탱크(맨홀 및 주입관의 뚜껑을 포함한다)는 두께 3.2mm 이상의 강철판 또는 이와 동등 이상의 강도·내식성 및 내열성이 있다고 인정하여 소방방재청장이 정하여 고시하는 재료 및 구조로 위험물이 새지 아니하게 제작할 것
　나. 압력탱크(최대 상용압력이 46.7kPa 이상인 탱크를 말한다) 외의 탱크는 70kPa의 압력으로, 압력탱크는 최대상용압력의 1.5배의 압력으로 각각 10분간의 수압시험을 실시하여 새거나 변형되지 아니할 것. 이 경우 수압시험은 용접부에 대한 비파괴시험과 기밀시험으로 대신할 수 있다.

12 제2종 분말소화약제 분해반응식을 쓰시오.

정답 $2KHCO_3 \rightarrow K_2CO_3 + CO_2 + H_2O$

종류	주성분	착색	적응화재	열분해 반응식
제1종 분말	NaHCO₃ (탄산수소나트륨)	백색	B, C	$2NaHCO_3$ $\rightarrow Na_2CO_3 + CO_2 + H_2O$
제2종 분말	KHCO₃ (탄산수소칼륨)	보라색	B, C	$2KHCO_3$ $\rightarrow K_2CO_3 + CO_2 + H_2O$
제3종 분말	NH₄H₂PO₄ (제1인산암모늄)	담홍색	A, B, C	$NH_4H_2PO_4$ $\rightarrow HPO_3 + NH_3 + H_2O$
제4종 분말	KHCO₃ + (NH₂)₂CO (탄산수소칼륨 + 요소)	회백색	B, C	$2KHCO_3 + (NH_2)_2CO$ $\rightarrow K2CO_3 + 2NH_3 + 2CO_2$

13 다음의 각 위험물 운반용기 외부에 표시할 주의사항을 쓰시오.

> 1) 제2류 위험물 중 인화성 고체
> 2) 제3류 위험물 중 금수성 물질
> 3) 제4류 위험물
> 4) 제6류 위험물

정답 1) 화기엄금, 2) 물기엄금, 3) 화기엄금, 4) 가연물접촉주의

참고 수납하는 위험물에 따라 다음의 규정에 의한 주의사항

① 제1류 위험물 중 알칼리금속의 과산화물 또는 이를 함유한 것에 있어서는 "화기·충격주의", "물기엄금" 및 "가연물접촉주의", 그 밖의 것에 있어서는 "화기·충격주의" 및 "가연물접촉주의"

② 제2류 위험물 중 철분·금속분·마그네슘 또는 이들 중 어느 하나 이상을 함유한 것에 있어서는 "화기주의" 및 "물기엄금", 인화성 고체에 있어서는 "화기엄금", 그 밖의 것에 있어서는 "화기주의"

③ 제3류 위험물 중 자연발화성 물질에 있어서는 "화기엄금" 및 "공기접촉엄금", 금수성 물질에 있어서는 "물기엄금"

④ 제4류 위험물에 있어서는 "화기엄금"

⑤ 제5류 위험물에 있어서는 "화기엄금" 및 "충격주의"

⑥ 제6류 위험물에 있어서는 "가연물접촉주의"

14 실험실의 실험대에서 막자사발에 질산칼륨, 황, 숯가루를 섞은 흑색 화약에 대해 다음 물음에 답하시오.

1) 이 중 산소공급원에 해당하는 것은 무엇인가?
2) 이 중 위험물에 해당하는 물질을 골라 지정수량을 쓰시오.

정답 1) 질산칼륨
2) 질산칼륨 : 300kg, 황 : 100kg

15 실험실의 실험대 위에 4개의 비커가 있다. 다음 빈칸을 채우고 물음에 답하시오.

> 1) 제1석유류 : 인화점이 (   )℃ 미만인 액체
> 2) 제2석유류 : 인화점이 (   )℃ 이상 (   )℃ 미만인 액체
> 3) 제3석유류 : 인화점이 (   )℃ 이상 (   )℃ 미만인 액체
> 4) 제4석유류 : 인화점이 (   )℃ 이상 (   )℃ 미만인 액체
> 5) 경유, 중유의 품명을 적으시오.

정답 1) 21℃
2) 21℃, 70℃
3) 70℃, 200℃
4) 200℃, 250℃
5) 제2석유류, 제3석유류

16 옥외저장소에 덩어리 황을 저장하고 있다. 다음 물음에 답하시오.

1) 하나의 경계표시 내부의 면적은?
2) 25,000kg을 저장할 경우 경계표시 간의 간격은 몇 m 이상으로 하여야 하는가?

정답 1) 100m² 이하

2) 지정수량배수 $= \dfrac{25,000}{100} = 250$배

지정수량배수가 200배 이상이므로 10m 이상

참고 옥외저장소 중 덩어리 상태의 황만을 지반면에 설치한 경계표시의 안쪽에서 저장 또는 취급하는 것(제1호에 정하는 것을 제외한다)의 위치·구조 및 설비의 기술기준은 제1호 각 목의 기준 및 다음 각 목과 같다.
가. 하나의 경계표시의 내무의 면적은 100m² 이하일 것
나. 2 이상의 경계표시를 설치하는 경우에 있어서는 각각의 경계표시 내부의 면적을 합산한 면적은 1,000m² 이하로 하고, 인접하는 경계표시와 경계표시와의 간격을 제1호 라목의 규정에 의

한 공지의 너비의 2분의 1 이상으로 할 것. 다만, 저장 또는 취급하는 위험물의 최대수량이 지정수량의 200배 이상인 경우에는 10m 이상으로 하여야 한다.

다. 경계표시는 불연재료로 만드는 동시에 황이 새지 아니하는 구조로 할 것

라. 경계표시의 높이는 1.5m 이하로 할 것

마. 경계표시에는 황이 넘치거나 비산하는 것을 방지하기 위한 천막 등을 고정하는 장치를 설치하되, 천막 등을 고정하는 장치는 경계표시의 길이 2m마다 한 개 이상 설치할 것

바. 황을 저장 또는 취급하는 장소의 주위에는 배수구와 분리장치를 설치할 것

17 과산화수소(H_2O_2)가 들어있는 비커에 이산화망가니즈(MnO_2)을 넣으니 화학반응이 진행되어 가스가 발생하고 있다. 다음 물음에 답하시오.

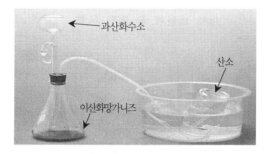

1) 산화성 액체의 분해반응식을 쓰시오.
2) MnO_2의 역할은?

▶정답 1) $2H_2O_2 \rightarrow 2H_2O + O_2$
　　　2) 정촉매

18 방유제가 설치된 옥외탱크저장소(탱크의 지름은 5m, 탱크의 높이는 15m)에 대해 다음 물음에 답하시오.

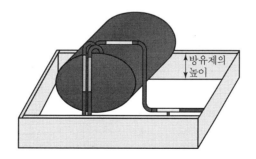

1) 방유제의 최소 높이는 얼마로 해야 하는가?
2) 탱크와 방유제 상호 간의 거리는 몇 m인가?

정답 1) 0.5m

2) $15m \times \dfrac{1}{3} = 5m$ 이상

➡참고 방유제는 옥외저장탱크의 지름에 따라 그 탱크의 옆판으로부터 다음에 정하는 거리를 유지할 것. 다만, 인화점이 200℃ 이상인 위험물을 저장 또는 취급하는 것에 있어서는 그러하지 아니하다.

가. 지름이 15m 미만인 경우에는 탱크 높이의 3분의 1 이상

나. 지름이 15m 이상인 경우에는 탱크 높이의 2분의 1 이상

다. 방유제의 높이는 0.5m 이상 3m 이하로 할 것

19 7,500kg의 황린을 저장하고 있는 옥내저장소가 있다. 지정수량의 배수와 보유공지를 쓰시오.(단, 벽, 기둥 및 바닥이 내화구조로 된 건축물임)

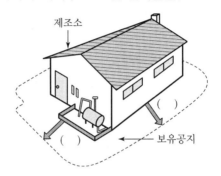

정답 1) 지정수량배수 = $\dfrac{\text{저장수량}}{\text{지정수량}} = \dfrac{7,500kg}{20kg} = 375$배

2) 보유공지 : 10m

➡참고 옥내저장소의 보유공지

저장 또는 취급하는 위험물의 최대수량	공지의 너비	
	벽·기둥 및 바닥이 내화구조로 된 건축물	그 밖의 건축물
지정수량의 5배 이하		0.5m 이상
지정수량의 5배 초과 10배 이하	1m 이상	1.5m 이상
지정수량의 10배 초과 20배 이하	2m 이상	3m 이상
지정수량의 20배 초과 50배 이하	3m 이상	5m 이상
지정수량의 50배 초과 200배 이하	5m 이상	10m 이상
지정수량의 200배 초과	10m 이상	15m 이상

20 염소산나트륨을 저장하는 옥내저장소가 있다. 다음 물음에 답하시오.

1) 산과 반응하여 생성되는 유독가스의 명칭을 쓰시오.
2) 옥내저장소의 바닥면적은 몇 m^2인가?

▶정답 1) 이산화염소
    2) 1,000m^2

➡참고 가. 산과 반응하여 유독한 이산화염소(ClO_2)를 발생하고 폭발위험이 있다.
$$6NaClO_3 + 3H_2SO_4 \rightarrow 3Na_2SO_4 + 2HClO_4 + 4ClO_2 + 2H_2O$$
    나. 다음의 위험물을 저장하는 창고 : 1,000m^2
        1) 제1류 위험물 중 아염소산염류, 염소산염류, 과염소산염류, 무기과산화물 그 밖에 지정수량이 50kg인 위험물
        2) 제3류 위험물 중 칼륨, 나트륨, 알킬알루미늄, 알킬리튬 그 밖에 지정수량이 10kg인 위험물 및 황린
        3) 제4류 위험물 중 특수인화물, 제1석유류 및 알코올류
        4) 제5류 위험물 중 유기과산화물, 질산에스터류 그 밖에 지정수량이 10kg인 위험물
        5) 제6류 위험물

21 A : 나트륨 + 석유, B : 알킬리튬 + 물, C : 황린 + 물, D : 나이트로셀룰로스 + 물 등의 위험물질에 대해 다음 물음에 답하시오.

1) 제3류 위험물의 보관방법 중 잘못된 보관법의 알파벳 기호를 쓰시오.
2) C의 위험물인 황린이 공기 중에서 연소하였을 때 생성되는 물질의 화학식을 쓰시오.

▶정답 1) B
    2) P_2O_5

➡참고 ① 일반적인 성질
    • 비중 0.534, 융점 180℃, 비점 1,336℃
    • 금수성이며 자연발화성 물질이다.
    • 물과 만나면 심하게 발열하고 가연성 수소가스를 발생하므로 위험하다.
      $Li + H_2O \rightarrow LiOH + 1/2H_2\uparrow$
    ② 황린은 공기 중에서 격렬하게 연소하며 유독성 가스도 발생한다.
      $P_4 + 5O_2 \rightarrow 2P_2O_5$

22 Fe의 입자크기에 따라 위험물 유무를 판단한다. 그 판단기준을 쓰시오. 또한 염산과 반응하는 반응식을 쓰시오.

▶정답 1) 53마이크로미터의 표준체를 통과하는 것이 50중량퍼센트이상인 것이 위험물임
    2) $Fe + 2HCl \rightarrow FeCl_2 + H_2$

➜참고 • "철분"이라 함은 철의 분말로서 $53\mu m$의 표준체를 통과하는 것이 50(중량)% 미만인 것은 제외한다.

• 더운 물 또는 묽은 산과 반응하여 수소를 발생하고 경우에 따라 폭발한다.

$$2Fe + 3H_2O \rightarrow Fe_2O_3 + 3H_2$$

$$Fe + 2HCl \rightarrow FeCl_2 + H_2$$

23 A : 메탄올, B : 에탄올, C : 아세톤, D : 다이에틸에터, E : 가솔린이라고 쓰인 라벨이 붙어 있는 비커 5개가 있다. 다음 물음에 답하시오.

1) 연소범위가 가장 넓은 것을 고르시오.
2) 제1석유류를 고르시오.
3) 증기비중이 가장 가벼운 것을 고르시오.

➜정답 1) (D)
2) (C) (E)
3) (A)

➜참고

구분	메틸알코올	에틸알코올	아세톤	다이에틸에터	휘발유
화학식	CH_3OH	C_2H_5OH	CH_3COCH_3	$C_2H_5OC_2H_5$	C_mH_n 혼합물
연소범위	7.3~36%	4.3~19%	2.6~12.8%	1.9~48%	1.4~7.6%
류별	알코올류	알코올류	제1석유류	특수인화물	제1석유류
증기비중	1.1	1.6	2.0	2.6	3~4

1 무기 과산화물류의 덮개는 무엇을 사용해야 하는가?

> **정답** 차광성 덮개, 방수성 덮개
> 1) 제1류 위험물, 자연발화성 물품, 제4류 위험물 중 특수인화물, 제5류 위험물 또는 제6류 위험물은 차광성이 있는 피복으로 가릴 것
> 2) 제1류 위험물 중 알칼리금속의 과산화물 또는 이를 함유한 것, 제2류 위험물 중 철분, 금속분, 마그네슘 또는 이들 중 어느 하나 이상을 함유한 것 또는 금수성 물품은 방수성이 있는 피복으로 덮을 것

2 아염소산나트륨이 직사일광에 노출 또는 강산과 접촉하였을 때, 발생하는 폭발성 물질의 명칭을 쓰시오.

> **정답** 이산화염소
> **참고** $5NaClO_2 + 4HCl \rightarrow 5NaCl + 4ClO_2 + 2H_2O$

3 질산칼륨과 질산나트륨 중 분자량이 101이고, 두 물질 중 물에 잘 녹는 물질은 무엇인가? 그리고 그 물질의 분해반응식을 쓰시오.

> **정답** 질산칼륨(KNO_3), $2KNO_3 \rightarrow 2KNO_2 + O_2 \uparrow$
> **참고** 단독으로는 분해하지 않지만 가열하면 용융 분해하여 산소와 아질산칼륨을 생성한다.
> $2KNO_3 \rightarrow 2KNO_2 + O_2 \uparrow$

4 철분은 입자의 크기가 (   )마이크로미터 표준체를 통과하는 것이 (   )중량 퍼센트 미만이면 위험물에서 제외된다. (   )에 알맞은 말은?

> **정답** 53, 50

5 탄화칼슘(CaC_2)이 물과 반응 시 화학반응식을 쓰시오.

> **정답** $CaC_2 + 2H_2O \rightarrow Ca(OH)_2 + C_2H_2$
> **참고** 물과 반응하여 수산화칼슘(소석회)과 아세틸렌가스가 생성된다.
> $CaC_2 + 2H_2O \rightarrow Ca(OH)_2 + C_2H_2 \uparrow$

6 특수인화물인 다이에틸에터의 지정수량과 구조식을 쓰시오.

1) 지정수량
2) 구조식

▶정답 1) 지정수량 : 50*l*
　　　2) 구조식

```
        H  H    H  H
        |  |    |  |
     H-C-C-O-C-C-H
        |  |    |  |
        H  H    H  H
```

7 제4류 위험물로서 아래 보기에 맞는 위험물의 화학식과 지정수량을 쓰시오.

> 보기 : 무색투명한 액체로서 분자량이 58, 인화점이 −37℃, 구리, 은, 수은, 마그네슘
> 또는 이의 합금을 사용하지 않아야 한다.

▶정답 CH_3CHCH_2O, 50L

8 프로판 완전연소 반응식과 프로판 1kg 완전연소 시 산소 요구량 몇 g인가?

▶정답 ① $C_3H_8 + 5O_2 \rightarrow 3CO_2 + 4H_2O$
　　　② 3,636.36g
▶참고 계산식 : $C_3H_8 + 5O_2 \rightarrow 3CO_2 + 4H_2O$
　　　　　　　 1,000g : xg

　　　　　　　 44g　 : 5×32g

　　　$44 \times x = 1,000 \times 5 \times 32$　　$x = 3,636.36$g

9 고체 물질의 연소 중 자기연소에 관하여 설명하시오.

▶정답 화약, 폭약의 원료인 제5류 위험물 나이트로글리세린, 나이트로셀룰로스, 질산에스터류에서 볼
수 있는 연소의 형태로서 공기 중의 산소를 필요로 하지 않고 그 물질 자체에 함유되어 있는 산
소로부터 내부 연소하는 형태

10 다음 (   ) 안에 알맞은 내용을 쓰시오.

> 가연물이면서 산소를 함유하고 있는 위험물은 (   )류 위험물이다.

▶**정답** 제5류 위험물

11 다음에 해당하는 위험물은 무엇인가?

> ① 벤젠 등과 반응하여 폭발성인 나이트로화합물을 생성
> ② 인체와 접촉하여 화상을 일으킴
> ③ 많은 금속 및 비금속과 반응하여 부식을 일으킴

▶**정답** 질산(HNO_3)

12 다음 각 등급의 화재에 대응하는 화재명을 쓰시오.

1) A급화재
2) B급화재
3) C급화재
4) D급화재

▶**정답** 1) A급화재 : 일반화재
    2) B급화재 : 유류화재
    3) C급화재 : 전기화재
    4) D급화재 : 금속분화재

13 원통형 탱크의 ① 용적(m^3)과 ② 용량(m^3)를 구하시오.(단, 탱크의 공간용적은 10%이다.)

 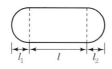 $r : 3m$ $l_1 : 2m$ $l_2 : 2m$ $l : 8m$

▶**정답**
① 내용적 $= \pi r^2 \left(l + \dfrac{l_1 + l_2}{3} \right) = 3.14 \times 3^2 \times \left(8 + \dfrac{2+2}{3} \right) = 263.89 m^3$

② 탱크의 용량 $\pi r^2 \left(l + \dfrac{l_1 + l_2}{3} \right) \times \dfrac{90}{100} = 3.14 \times 3^2 \times \left(8 + \dfrac{2+2}{3} \right) \times \dfrac{90}{100} = 237.384 m^3$

14 주유취급소에 설치하는 탱크의 용량을 몇 L로 하는지 다음 괄호 안을 채우시오.

> 1) 고속국도의 도로변에 설치하지 않은 고정급유설비에 직접 접속하는 전용탱크로서
>   (   )리터 이하인 것
> 2) 고속국도의 도로변에 설치된 주유취급소에 있어서는 탱크의 용량을 (   )리터까지
>   할 수 있다.

정답 1) 50,000
　　　 2) 60,000

참고 ① 주유취급소에는 다음 각 목의 탱크 외에는 위험물을 저장 또는 취급하는 탱크를 설치할 수
　　　 없다. 다만, 별표 10 Ⅰ의 규정에 의한 이동탱크저장소의 상치장소를 주유공지 또는 급유공지
　　　 외의 장소에 확보하여 이동탱크저장소(당해 주유취급소의 위험물의 저장 또는 취급에 관계된
　　　 것에 한한다)를 설치하는 경우에는 그러하지 아니하다.
　　　 가. 자동차 등에 주유하기 위한 고정주유설비에 직접 접속하는 전용탱크로서 50,000L 이하의 것
　　　 나. 고정급유설비에 직접 접속하는 전용탱크로서 50,000L 이하의 것
　　　 다. 보일러 등에 직접 접속하는 전용탱크로서 10,000L 이하의 것
　　　 ② 고속국도주유취급소의 특례
　　　 고속국도의 도로변에 설치된 주유취급소에 있어서는 탱크의 용량을 60,000L까지 할 수 있다.

15 CH_3Li, C_2H_5Li의 물질이 있다. 다음 물음에 답하시오.

1) 분자량이 작은 위험물과 물과의 반응식을 쓰시오.
2) 위에서 생성된 가연성 가스의 완전연소반응식을 쓰시오.

정답 1) $CH_3Li + H_2O \rightarrow LiOH + CH_4$
　　　 2) $CH_4 + 2O_2 \rightarrow CO_2 + 2H_2O$

16 위험물 탱크를 천막으로 덮는다. 다음 물음에 답하시오.

1) 제3류 위험물 중에서 자연발화성 물질과 함께 적재할 수 있는 위험물은?
2) 차광성 및 방수성이 있는 덮개를 사용해야 하는 위험물은?

정답 1) 제4류 위험물 중 특수 인화물
　　　 2) 제1류 위험물 중 알칼리금속의 과산화물

17 공터에서 마그네슘에 이산화탄소 소화기를 방출하여 순간 폭발하였다. 다음 물음에 답하시오.

1) 마그네슘과 이산화탄소의 반응식을 쓰시오.
2) 마그네슘은 (　)mm의 체를 통과하지 아니하는 덩어리 상태의 것과 지경 (　)mm 이상 막대모양의 것을 제외한다.

▶**정답** 1) $2Mg + CO_2 \rightarrow 2MgO + C$
　　　2) 2, 2

18 금속나트륨과 물을 서로 혼합하였다. 다음 물음에 답하시오.

1) 나트륨과 물의 반응식을 쓰시오.
2) 나트륨이 공기 중에서 연소 시 생성되는 물질의 명칭을 쓰시오.

▶**정답** 1) $2Na + 2H_2O \rightarrow 2NaOH + H_2$
　　　2) 산화나트륨
▶**참고** 나트륨의 연소반응식 : $4Na + O_2 \rightarrow 2Na_2O$

19 제4류 위험물인 휘발유에 대해 다음 물음에 답하시오.

1) 게시판에 위험등급 Ⅲ등급이라 적혀 있다. 위험등급을 정확하게 고쳐 쓰시오.
2) 게시판의 주의사항을 적으시오.

▶**정답** 1) 위험등급 Ⅱ급
　　　2) 화기엄금

20 실험실에서 무엇을 측정하는 기기가 있다. 이 측정기기의 명칭은 무엇인가?

→정답 펜스키 마르텐스 밀폐식 인화점 측정기

21 벤젠과 아세톤의 화재에 주수소화하면 어떻게 되는지 다음 물음에 답하시오.

1) 주수소화 시 소화효과가 없는 것은 무엇인가?
2) 아세톤과 벤젠의 소화방법상의 차이점을 쓰시오.

→정답 1) 벤젠
2) 아세톤은 수용성이므로 주수소화했을 때 물과 섞여 바로 소화된다. 하지만 벤젠의 비중이 물보다 작으므로 주수소화 시 화재면을 확대시킨다.

22 A : 아이오딘, B : 황, C : 알코올, D : 물 등의 물질이 있다. 스포이드로 피크린산에 떨어뜨렸을 때 가장 안정한 물질을 쓰시오.

→정답 물
→참고 피크린산의 저장 및 취급에 있어서는 드럼통에 넣어서 밀봉시켜 저장하고, 건조할수록 위험성이 증가된다. 독성이 있고 냉수에는 녹기 힘들고 더운물, 에테르, 벤젠, 알코올에 잘 녹는다.

23 컨테이너식 이동탱크의 상부에 표기된 A, B, C의 명칭을 쓰시오.

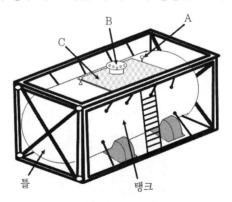

→정답 A : 안전장치, B : 맨홀, C : 발판

24 이동저장탱크를 주차하는 경우 다음 (   ) 안에 알맞은 내용을 쓰시오.

> 1) 옥외에 있는 (①   )는 화기를 취급하는 장소 또는 인근의 건축물로부터 (②   )m 이상(인근의 건축물이 1층인 경우에는 3m 이상)의 거리를 확보하여야 한다. 다만, 하천의 공지나 수면, 내화구조 또는 불연재료의 담 또는 벽 그 밖에 이와 유사한 것에 접하는 경우를 제외한다.
> 2) 옥내에 있는 상치장소는 벽·바닥·보·서까래 및 지붕이 (③   ) 또는 (④   )로된 건축물의 1층에 설치하여야 한다.

▶정답 ① 상치장소
② 5
③ 내화구조
④ 불연재료

1 다음 보기에서 위험물 등급을 분류하시오.

> 보기 : ① 칼륨　　　　② 나트륨　　　③ 알칼리토금속　　④ 알칼리금속
> 　　　⑤ 알킬알루미늄　⑥ 알킬리튬　⑦ 황린

▶**정답** 위험등급 Ⅰ : ①, ②, ⑤, ⑥, ⑦
▶**참고** 위험등급 Ⅱ : ③, ④
위험등급 Ⅰ : 알킬알루미늄, 알킬리튬, 칼륨, 나트륨, 황린
위험등급 Ⅱ : 알칼리금속, 알칼리토금속, 유기금속화합물
위험등급 ⅡⅢ : 금속의 인화물, 금속의 수소화물, 칼슘알루미늄탄화물, 염소화규소화합물 등

2 저장 탱크 속에 다이에틸에터가 2,000L 있다. 소요단위는 얼마인지 계산하시오.

▶**정답** $\dfrac{2,000}{50 \times 10배} = 4소요단위$

▶**참고** 소요단위의 계산방법
건축물 그 밖의 공작물 또는 위험물의 소요단위의 계산방법은 다음의 기준에 의할 것
① 제조소 또는 취급소의 건축물은 외벽이 내화구조인 것은 연면적 100m²를 1소요단위로 하며, 외벽이 내화구조가 아닌 것은 연면적 50m²를 1소요단위로 할 것
② 저장소의 건축물은 외벽이 내화구조인 것은 연면적 150m²를 1소요단위로 하고, 외벽이 내화구조가 아닌 것은 연면적 75m²를 1소요단위로 할 것
③ 제조소등의 옥외에 설치된 공작물은 외벽이 내화구조인 것으로 간주하고 공작물의 최대수평투영면적을 연면적으로 간주하여 ① 및 ②의 규정에 의하여 소요단위를 산정할 것
④ 위험물은 지정수량의 10배를 1소요단위로 할 것

3 다음은 위험물안전관리법령에 따른 불활성 가스 청정소화약제이다. 괄호 안에 알맞은 답을 쓰시오.

> 1) IG 55 : (가)50%, (나)50%
> 2) IG 541 : (가)52%, (나)40%, (다)8%

정답 1) 가 : N_2, 나 : Ar

2) 가 : N_2, 나 : Ar, 다 : CO_2

참고 불활성 가스 청정소화약제

소화약제	화학식
IG - 01	Ar : 100%
IG - 100	N_2 : 100%
IG - 55	N_2 : 50%, Ar : 50%
IG - 541	N_2 : 52%, Ar : 40%, CO_2 : 8%

4 옥외저장소에 옥외소화전설비를 6개 설치할 경우 필요한 수원의 양은 몇 m^3인지 계산하시오.

정답 수원의 양 = $4 \times 13.5 = 54 m^3$

참고 수원의 수량은 옥외소화전의 설치개수(설치개수가 4개 이상인 경우는 4개의 옥외소화전)에 $13.5 m^3$를 곱한 양 이상이 되도록 설치할 것

5 위험물안전관리법령상 옥내저장소에서 동일 품명의 위험물이라도 자연발화의 위험이 있는 위험물을 다량 저장하는 경우에는 지정수량 (가)배 이하마다 구분하여 몇 (나)m 이상의 간격을 두어 저장하여야 한다. 괄호 안에 들어갈 알맞은 답을 쓰시오.

정답 가 : 10배, 나 : 0.3m

참고 옥내저장소에서 동일 품명의 위험물이더라도 자연발화할 우려가 있는 위험물 또는 재해가 현저하게 증대할 우려가 있는 위험물을 다량 저장하는 경우에는 지정수량의 10배 이하마다 구분하여 상호 간 0.3m 이상의 간격을 두어 저장하여야 한다.

6 제5류 위험물 중 피크린산의 구조식을 쓰시오.

정답
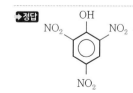

7 위험물안전관리법령상 옥외저장탱크의 소화난이도 등급 Ⅰ의 제조소 등에 해당되는 것을 보기에서 골라 쓰시오.(단, 해당사항이 없으면 없음으로 표기하시오.)

---

① 지하탱크저장소

② 간이탱크저장소

③ 처마높이 6m인 옥내저장소

④ 이동탱크저장소

⑤ 면적 1,000m²

⑥ 이송취급소

⑦ 제2종 판매취급소

정답 ⑥, 나머지는 모두 해당사항 없음

참고 소화난이등급 Ⅰ에 해당하는 제조소 등

제조소 등의 구분	제조소 등의 규모, 저장 또는 취급하는 위험물의 품명 및 최대수량 등
제조소 일반 취급소	연면적 1,000m² 이상인 것
	지정수량의 100배 이상인 것(고인화점위험물만을 100℃ 미만의 온도에서 취급하는 것 및 제48조의 위험물을 취급하는 것은 제외)
	지반면으로부터 6m 이상의 높이에 위험물 취급설비가 있는 것(고인화점위험물만을 100℃ 미만의 온도에서 취급하는 것은 제외)
	일반취급소로 사용되는 부분 외의 부분을 갖는 건축물에 설치된 것(내화구조로 개구부 없이 구획된 것 및 고인화점위험물만을 100℃ 미만의 온도에서 추급하는 것은 제외
옥내 저장소	지정수량의 150배 이상인 것(고인화점위험물만을 저장하는 것 및 제48조의 위험물을 저장하는 것은 제외)
	연면적 150m²를 초과하는 것(150m² 이내마다 불연재료로 개구부 없이 구획된 것 및 인화성 고체 외의 제2류 위험물 또는 인화점 70℃ 이상의 제4류 위험물만을 저장하는 것은 제외)
	처마높이가 6m 이상인 단층건물의 것
	옥내저장소로 사용되는 부분 외의 부분이 있는 건축물에 설치된 것(내화구조로 개구부 없이 구획된 것 및 인화성 고체 외의 제2류 위험물 또는 인화점 70℃ 이상의 제4류 위험물만을 저장하는 것은 제외)
옥외 탱크저장소	액표면적이 40m² 이상인 것(제6류 위험물을 저장하는 것 및 고인화점위험물만을 100℃ 미만의 온도에서 저장하는 것은 제외)
	지반면으로부터 탱크 옆판의 상단까지 높이가 6m 이상인 것(제6류 위험물을 저장하는 것 및 고인화점위험물만을 100℃ 미만의 온도에서 저장하는 것은 제외)
	지중탱크 또는 해상탱크로서 지정수량의 100배 이상인 것(제6류 위험물을 저장하는 것 및 고인화점위험물만을 100℃ 미만의 온도에서 저장하는 것은 제외)
	고체위험물을 저장하는 것으로서 지정수량의 100배 이상인 것

제조소 등의 구분	제조소 등의 규모, 저장 또는 취급하는 위험물의 품명 및 최대수량 등
옥내 탱크저장소	액표면적이 40m² 이상인 것(제6류 위험물을 저장하는 것 및 고인화점위험물만을 100℃ 미만의 온도에서 저장하는 것은 제외)
	바닥면으로부터 탱크 옆판의 상단까지 높이가 6m 이상인 것(제6류 위험물을 저장하는 것 및 고인화점위험물만을 100℃ 미만의 온도에서 저장하는 것은 제외)
	탱크전용실이 단층건물 외의 건축물에 있는 것으로서 인화점 38℃ 이상 70℃ 미만의 위험물을 지정수량의 5배 이상 저장하는 것(내화구조로 개구부 없이 구획된 것은 제외한다)
옥외 저장소	덩어리 상태의 황을 저장하는 것으로서 경계표시 내부의 면적(2 이상의 경계표시가 있는 경우에는 각 경계표시의 내부의 면적을 합한 면적)이 100m² 이상인 것
	별표 11 Ⅲ의 위험물을 저장하는 것으로서 지정수량의 100배 이상인 것
암반 탱크저장소	액표면적이 40m² 이상인 것(제6류 위험물을 저장하는 것 및 고인화점위험물만을 100℃ 미만의 온도에서 저장하는 것은 제외)
	고체위험물만을 저장하는 것으로서 지정수량의 100배 이상인 것
이송 취급소	모든 대상

8 제1류 위험물의 성질로 옳은 것을 보기에서 고르시오.

> 보기 : ① 무기화합물　　　② 유기화합물　　　③ 산화제
> 　　　④ 인화점이 0℃ 이하　⑤ 인화점이 0℃ 이상　⑥ 고체

▶정답 ①, ③, ⑥

9 트라이에틸알루미늄과 메탄올은 반응 시 폭발적으로 반응한다. 이때의 화학반응식을 쓰시오.

▶정답 $(C_2H_5)_3Al + 3CH_3OH \rightarrow Al(CH_3O)_3 + 3C_2H_6$

▶참고 트라이에틸알루미늄과 메탄올의 반응 :
$(C_2H_5)_3Al + 3CH_3OH \rightarrow Al(CH_3O)_3 + 3C_2H_6$

10 위험물안전관리법령에서 정한 제4류 위험물인 아세톤에 대하여 다음 물음에 답하시오.

1) 시성식을 쓰시오.
2) 품명, 지정수량을 쓰시오.
3) 증기비중을 구하시오.

> **정답** 1) CH_3COCH_3
> 2) 제1석유류, 400L
> 3) $\dfrac{58}{29} = 2$

11 위험물안전관리법령에서 정한 위험물의 운반에 관한 기준에서 다음 위험물이 지정수량 이상일 때 혼재가 불가능한 위험물은 무엇인지 모두 쓰시오.

① 제1류 위험물	② 제2류 위험물	③ 제3류 위험물
④ 제4류 위험물	⑤ 제5류 위험물	

> **정답** ① 2, 3, 4, 5
> ② 1, 3, 6
> ③ 1, 2, 5, 6
> ④ 1, 6
> ⑤ 1, 3, 6
>
> **참고** 혼재 가능 위험물
> ① 423 → 4류와 2류, 4류와 3류는 서로 혼재 가능
> ② 524 → 5류와 2류, 5류와 4류는 서로 혼재 가능
> ③ 61 → 6류와 1류는 서로 혼재 가능

12 제4류 위험물인 아세트산의 완전연소반응식을 쓰시오.

> **정답** $CH_3COOH + 2O_2 \rightarrow 2CO_2 + 2H_2O$

13 위험물안전관리법령에 따른 제2류 위험물 중 삼황화인과 오황화인이 연소할 때 공통으로 생성되는 물질을 쓰시오.

> **정답** P_2O_5, SO_2
>
> **참고** 연소반응식
> ① 삼황화인 : $P_4S_3 + 8O_2 \rightarrow 2P_2O_5\uparrow + 3SO_2\uparrow$
> ② 오황화인 : $2P_2S_5 + 15O_2 \rightarrow 2P_2O_5\uparrow + 10SO_2\uparrow$

14 다음 물음에 답하시오.

1) 이황화탄소와 물을 혼합하는 경우 상층에 존재하는 물질을 쓰시오.
2) 이황화탄소의 완전연소반응식을 쓰시오.

정답 1) 물

    2) 연소반응식 : $CS_2 + 3O_2 \rightarrow 2SO_2 + CO_2$

15 밸브 없는 통기관에 대해 ①의 각도와 ②의 지름을 쓰시오.

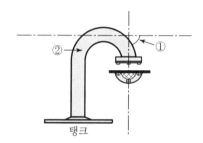

탱크

정답 ① 45도 ② 30mm

참고 탱크의 통기장치 : 밸브 없는 통기관

    ① 통기관 지름 : 30mm 이상, 선단은 45도 이상 구부려 빗물 방지

    ② 인화방지망 설치(인화점 70℃ 이상은 제외)

    ③ 통기관 높이 : 4m 이상

    ④ 통기관선단과 건축물의 창, 출입구 등 개구부와 1m 이상

    ⑤ 통기관은 굴곡이 없게

16 "Phosphorus Red"이 명기된 시료에 대해 다음 물음에 답하시오.

1) 제2류 위험물인 이 물질의 연소반응식을 쓰시오.
2) 위의 위험물에 소화적응성이 있는 가장 적당한 소화기를 쓰시오.

정답 1) $4P + 5O_2 \rightarrow P_2O_5$

    2) 물

참고 적린의 소화방법

    ① 다량의 경우 물에 의해 냉각소화하며 소량의 경우 모래나 CO_2로 질식소화한다.

    ② 연소 시 발생하는 오산화인의 흡입방지를 위해 보호장구를 착용해야 한다.

17 제조소에 설치하는 게시판에 대해 다음 물음에 답하시오.

1) 알칼리금속의 과산화물 또는 이를 포함하는 물질에 표기하여야 하는 경고문을 쓰고 문자색과 바탕색을 쓰시오.

2) 제2류 위험물(인화성 고체 제외)에 표기하여야 하는 경고문을 쓰고 문자색과 바탕색을 쓰시오.

> **정답** 1) 물기엄금, 청색 바탕에 백색 문자
> 2) 화기주의, 적색 바탕에 백색 문자

18 위험물 출하장에서 이동저장탱크차량에 위험물을 충전할 때, 다음 물음에 답하시오.

1) 취급소의 명칭을 쓰시오.
2) 취급소에서 취급할 수 없는 액체 2가지를 쓰시오.

> **정답** 1) 충전하는 일반취급소
> 2) 알킬알루미늄, 아세트알데하이드, 하이드록실아민 등

19 주유취급소와 주유취급소 내에 있는 편의점의 입구에 대해 다음 물음에 답하시오.

1) 출입구 유리의 두께를 쓰시오.
2) 유리의 명칭을 쓰시오.

> **정답** 1) 12mm 이상
> 2) 망입유리 또는 강화유리
> **참고** 사무실 등의 창 및 출입구에 유리를 사용하는 경우에는 망입유리 또는 강화유리로 할 것. 이 경우 강화유리의 두께는 창에는 8mm 이상, 출입구에는 12mm 이상으로 하여야 한다.

20 이동탱크저장소에서 액면의 요동을 방지하기 위해 설치하는 것은 무엇인가?

> **정답** 방파판

21 제조소 근처의 학교와 방화상 유효한 담에 대해 다음 물음에 답하시오.

1) 위험물 제조소와 학교와의 안전거리를 적으시오.
2) 위험물 제조소와 학교와의 안전거리를 방화상 유효한 담을 설치할 경우 단축시킬 수 있는 거리는 얼마인지 쓰시오.(단, 지정수량의 20배)

정답 1) 30m
　　　 2) 22m

참고 제조소등의 안전거리의 단축기준(별표 4 관련)
방화상 유효한 담을 설치한 경우의 안전거리는 다음 표와 같다.

(단위 : m)

구분	취급하는 위험물의 최대 수량(지정수량의 배수)	안전거리(이상)		
		주거용 건축물	학교·유치원등	문화재
제조소·일반취급소(취급하는 위험물의 양이 주거지역에 있어서는 30배, 상업지역에 있어서는 35배, 공업지역에 있어서는 50배 이상인 것을 제외한다)	10배 미만	6.5	20	35
	10배 이상	7.0	22	38
옥내저장소(취급하는 위험물의 양이 주거지역에 있어서는 지정수량의 120배, 상업지역에 있어서는 150배, 상업지역에 있어서는 200배 이상인 것을 제외한다)	5배 미만	4.0	12.0	23.0
	5배 이상 10배 미만	4.5	12.0	23.0
	10배 이상 20배 미만	5.0	14.0	26.0
	20배 이상 50배 미만	6.0	18.0	32.0
	50배 이상 200배 미만	7.0	22.0	38.0
옥외탱크저장소(취급하는 위험물의 양이 주거지역에 있어서는 지정수량의 600배, 상업지역에 있어서는 700배, 공업지역에 있어서는 1,000배 이상인 것을 제외한다)	500배 미만	6.0	18.0	32.0
	500배 이상 1,000배 미만	7.0	22.0	38.0
옥외저장소(취급하는 위험물의 양이 주거지역에 있어서는 지정수량의 10배, 상업지역에 있어서는 15배, 공업지역에 있어서는 20배 이상인 것을 제외한다)	10배 미만	6.0	18.0	32.0
	10배 이상 20배 미만	8.5	25.0	44.0

22 단층 옥내저장소 안에 드럼통 3개가 있다. 다음 물음에 답하시오.

1) 저장창고의 지붕을 내화구조로 할 수 있는 경우를 쓰시오.
2) 난연재료 또는 불연재료로 된 천장을 설치할 수 있는 경우를 쓰시오.

───────────────────────────────

▶정답 1) 제2류 위험물과 제6류 위험물만의 저장창고
　　　　2) 제5류 위험물만의 저장창고

▶참고 저장창고는 지붕을 폭발력이 위로 방출될 정도의 가벼운 불연재료로 하고, 천장을 만들지 아니하여야 한다. 다만, 제2류 위험물(분상의 것과 인화성 고체를 제외한다)과 제6류 위험물만의 저장창고에 있어서는 지붕을 내화구조로 할 수 있고, 제5류 위험물만의 저장창고에 있어서는 당해 저장창고 내의 온도를 저온으로 유지하기 위하여 난연재료 또는 불연재료로 된 천장을 설치할 수 있다.

23 마그네슘, 구리, 아연이 있다. 다음 물음에 답하시오.

1) 원자번호가 가장 큰 것과 염산의 반응식을 쓰시오.
2) 뜨거운 물과 반응 시 발생하는 기체의 명칭을 쓰시오.

───────────────────────────────

▶정답 1) $Zn + 2HCl \rightarrow ZnCl_2 + H_2$
　　　　2) 수소

1 황린의 연소반응식을 쓰시오.

> **정답** $P_4 + 5O_2 \rightarrow 2P_2O_5$
> ➡**참고** 공기 중에서 격렬하게 연소하며 유독성 가스도 발생한다.

2 다음 할로젠화물 소화설비의 방사 압력을 쓰시오.

1) 할론 2402
2) 할론 1211

> **정답** 1) 0.1MPa
> 2) 0.2MPa
> ➡**참고** 분사헤드의 방사압력은 할론 2402를 방사하는 것에 있어서는 0.1MPa 이상, 할론 1211을 방사하는 것에 있어서는 0.2MPa 이상, 할론1301을 방사하는 것에 있어서는 0.9MPa 이상으로 할 것

3 옥내저장탱크 중 압력탱크(최대상용압력이 부압 또는 정압 5kPa을 초과하는 탱크를 말한다.) 외의 탱크에 있어서는 밸브 없는 통기관에 대한 설명이다. 다음 물음에 답하시오.

1) 통기관의 선단은 건축물의 창·출입구 등의 개구부로부터 몇 m 이상 떨어져야 하는가?
2) 통기관의 선단은 옥외의 장소에서 지면으로부터 몇 m 이상의 높이로 설치해야 되는가?
3) 인화점이 40℃ 미만인 위험물의 탱크에 설치하는 통기관에 있어서는 부지경계선으로부터 몇 m 이상 이격시켜야 하는가?

> **정답** 1) 1m
> 2) 4m
> 3) 1.5m

4 압력탱크 외의 탱크에 저장하는 알킬알루미늄, 아세트알데하이드 및 다이에틸에터 등의 저장기준에 대한 설명이다. 다음 위험물을 저장할 때 적합한 저장온도를 쓰시오.

1) 다이에틸에터
2) 아세트알데하이드
3) 산화프로필렌

정답 1) 다이에틸에터 : 30℃ 이하
 2) 아세트알데하이드 : 15℃ 이하
 3) 산화프로필렌 : 30℃ 이하

참고 ① 옥외저장탱크·옥내저장탱크 또는 지하저장탱크 중 압력탱크 외의 탱크에 저장하는 다이에틸에터 등 또는 아세트알데하이드 등의 온도는 산화프로필렌과 이를 함유한 것 또는 다이에틸에터 등에 있어서는 30℃ 이하로, 아세트알데하이드 또는 이를 함유한 것에 있어서는 15℃ 이하로 각각 유지할 것
 ② 옥외저장탱크, 옥내저장탱크 또는 지하저장탱크 중 압력탱크에 저장하는 아세트알데하이드 등 또는 다이에틸에터 등의 온도는 40℃ 이하로 유지할 것

5 제4류 위험물로서 흡입 시 시신경마비, 인화점 11℃, 발화점 464℃인 위험물에 대해 다음 물음에 답하시오.

1) 위험물의 명칭은 무엇인가?
2) 지정수량을 쓰시오.

정답 1) 메틸알코올
 2) 400L

참고 메틸알코올(메탄올, CH_3OH, 목정)
 ① 인화점 : 11℃, 발화점 : 464℃, 비등점 : 65℃, 비중 : 0.8, 연소범위 : 6.0~36%
 ② 증기는 가열된 산화구리를 환원하여 구리를 만들고 포름알데하이드가 된다.
 ③ 산화 환원 반응식

$$CH_3OH \xrightarrow[\text{환원}]{\text{산화}} \underset{\text{(포름 알데히드)}}{HCHO} \xrightarrow[\text{환원}]{\text{산화}} \underset{\text{(의산)}}{HCOOH}$$

 ④ 무색, 투명한 액체로서 물, 에테르에 잘 녹고, 알코올류 중에서 수용성이 가장 높다.
 ⑤ 독성이 있다.(소량 마시면 눈이 멀게 된다.)

6 황 100kg, 철분 500kg, 질산염류 600kg의 지정수량 배수의 합을 구하시오.

정답 지정수량의 배수 = $\dfrac{저장수량}{지정수량}$의 합 = $\dfrac{100}{100} + \dfrac{500}{500} + \dfrac{600}{300}$ = 4배

7 황화인에 대한 다음 물음에 답하시오.

1) 몇 류 위험물에 해당하는가?
2) 지정수량은 얼마인가?
3) 종류 3가지를 화학식으로 답하시오.

▶정답 1) 제2류 위험물
2) 100kg
3) P_4S_3, P_2S_5, P_4S_7

▶참고 황화인(지정수량 100kg) : 제2류 위험물

구분	삼황화인	오황화인	칠황화인
화학식	P_4S_3	P_2S_5	P_4S_7
색상	황색 결정	담황색 결정	담황색 결정
물의 용해성	불용성	조해성	조해성
CS_2의 용해성	소량	77g/100g	0.03g/100g

8 제6류 위험물과 혼재할 수 있는 위험물을 쓰시오.

▶정답 제1류 위험물
▶참고 유별을 달리하는 위험물의 혼재기준(암기법 : 사이삼, 오이사, 육하나)

구분	제1류	제2류	제3류	제4류	제5류	제6류
제1류		×	×	×	×	○
제2류	×		×	○	○	×
제3류	×	×		○	×	×
제4류	×	○	○		○	×
제5류	×	○	×	○		×
제6류	○	×	×	×	×	

9 질산암모늄 800g이 열분해되는 경우 발생하는 기체의 부피는 표준상태에서 몇 l인가?

▶정답 $2NH_4NO_3 \rightarrow 2N_2 + 4H_2O + O_2$

$$800g \quad : \quad x\,l$$

$$2 \times 80g \quad : 7 \times 22.4l \qquad x = \frac{800 \times 7 \times 22.4l}{2 \times 80g} = 784l$$

▶참고 질산암모늄을 급격히 가열하면 산소가 발생하고, 충격을 주면 단독으로도 폭발한다.
$$2NH_4NO_3 \rightarrow 4H_2O + 2N_2 + O_2$$

10 담황색의 결정이며 일광하에 다갈색으로 변하고 비수용성, 아세톤, 벤젠, 알코올, 에테르
에 잘 녹고, 가열이나 충격을 주면 폭발하기 쉬운 위험물이다. 다음 물음에 답하시오.(단,
분자량 227, 융점 80.7℃)

1) 위의 위험물의 화학식은?
2) 제조방법은?

▶정답 1) $C_6H_2CH_3(NO_2)_3$
2) 톨루엔에 질산, 황산을 반응시켜 생성되는 물질은 트라이나이트로톨루엔이 된다.

$$C_6H_5CH_3 \; + \; 3HNO_3 \; \xrightarrow{\text{H}_2\text{SO}_4} \; C_6H_2CH_3(NO_2)_3 \; + \; 3H_2O$$

11 염화 파라듐을 촉매로 사용하여 에틸렌은 직접 산화시켜서 얻는 물질로서 인화점 : −39℃,
발화점 : 175℃, 비중 : 0.8, 연소범위 : 4.0~60%, 비점 : 21℃인 위험물의 시성식을 쓰고,
증기비중을 구하시오.(단, 공기의 평균분자량은 29)

▶정답 1) 위험물의 명칭 : 아세트알데하이드
2) 증기비중 : $\dfrac{\text{성분기체의 분자량}}{\text{공기의 평균분자량}} = \dfrac{44}{29} = 1.52$
3) 증기밀도 : $\dfrac{\text{성분기체의 분자량}}{22.4} = \dfrac{44}{22.4} = 1.96\dfrac{g}{l}$

12 옥외탱크저장소의 보유공지를 완성하시오.

지정수량의 배수	보유공지의 너비
500배 이하	(①) 이상
500배 초과 1,000배 이하	(②) 이상
1,000배 초과 2,000배 이하	(③) 이상
2,000배 초과 3,000배 이하	(④) 이상
3,000배 초과 4,000배 이하	(⑤) 이상

▶정답 ① 3m ② 5m ③ 9m ④ 12m ⑤ 15m

13 인화알루미늄과 물의 반응식을 쓰시오.

> **정답** $AlP + 3H_2O \rightarrow Al(OH)_3 + PH_3$
>
> ➡**참고** 건조 상태에서는 안정하나 습기가 있으면 격렬하게 가수반응(加水反應)을 일으켜 포스핀(PH_3)
> 을 생성하여 강한 독성물질로 변한다. 따라서 일단 개봉하면 보관이 불가능하므로 전부 사용하여
> 야 한다. 또한 이 약제는 고독성 농약이므로 사용 및 보관에 특히 주의하여야 한다.

14 탄화칼슘을 물과 서로 혼합하였다. 다음 물음에 답하시오.

1) 반응식을 쓰시오.
2) 발생하는 가스의 연소반응식을 쓰시오.

> **정답** 1) $CaC_2 + 2H_2O \rightarrow Ca(OH)_2 + C_2H_2 \uparrow$
>   2) $C_2H_2 + 2.5O_2 \rightarrow 2CO_2 + H_2O$

15 적색분말로서 물과 알코올에 잘 녹으며, 분해온도가 225℃되는 위험물을 보기에서 골라
쓰고, 지정수량을 쓰시오.

> 보기 : ① $(NH_4)_2Cr_2O_7$ ② $KClO_4$ ③ $NaClO_3$

> **정답** ①, 1,000kg

16 칼륨과 이산화탄소가 저장된 창고가 있다. 그중 이산화탄소가 누설되어 칼륨과 반응하여
폭발 후 화재가 발생하였다. 다음 물음에 답하시오.

1) 반응식을 쓰시오.
2) 사용 가능한 소화제를 한 가지 쓰시오.

> **정답** 1) $4K + 3CO_2 \rightarrow 2K_2CO_3 + C$
>   2) 탄산수소염류 분말소화설비
>
> ➡**참고** CO_2와 CCl_4와 접촉하면 폭발적으로 반응한다.
> $4K + 3CO_2 \rightarrow 2K_2CO_3 + C$
> $4K + CCl_4 \rightarrow 4KCl + C$

17 다음 그림은 무슨 기기인가?

▶**정답** 클리브랜드 인화점 측정기

18 옥외탱크저장소에 설치된 게시판에 대한 설명이다. 다음 물음에 답하시오.

위험물 옥내저장소(적색문자)	
화기엄금	
허가일자	1991년
유별 및 품명	제4류 톨루엔
최대 취급량	15,000L
저장수량	200L
안전관리자	홍길동

1) 누락된 것과 잘못된 것을 올바르게 쓰시오.
2) 색상이 잘못된 것을 변경하시오.

▶**정답** 1) 누락된 것 : 지정수량의 배수, 잘못된 것 : 톨루엔을 제1석유류로 변경
 2) 옥내저장소의 문자 색상을 흑색으로 변경

➡**참고** 위험물 옥내저장소의 게시판 표시항목
 ① 유별, 품명
 ② 저장최대수량, 취급최대수량, 지정수량의 배수
 ③ 안전관리자의 성명 및 직명

 위험물 옥내저장소의 게시판 표시내용
 ① 게시판은 한 변의 길이가 0.3m 이상, 다른 한 변의 길이가 0.6m 이상인 직사각형으로 할 것
 ② 게시판에는 저장 또는 취급하는 위험물의 유별·품명 및 저장최대수량 또는 취급최대수량,
  지정수량의 배수 및 안전관리자의 성명 또는 직명을 기재할 것

③ 나목의 게시판의 바탕은 백색으로, 문자는 흑색으로 할 것

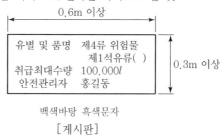

백색바탕 흑색문자
[게시판]

19 탱크 용량이 16,000L인 이동탱크저장소에 대한 내용이다. 다음 물음에 답하시오.

1) 4,000L 이하마다 안전칸막이를 설치할 때 안전칸막이의 개수는?
2) 안전칸막이로 분리된 실 한 개에는 방파판을 몇 개 이상 설치하는가?

➡**정답** 1) 3개
      2) 2개
➡**참고** 하나의 구획부분에 2개 이상의 방파판을 설치한다.

20 주유취급소와 주유취급소 내에 있는 편의점의 입구에 대한 내용이다. 다음 물음에 답하시오.

1) 출입구의 개폐방식을 쓰시오.
2) 유리의 명칭을 쓰시오.
3) 밀폐시키지 아니할 수 있는 창문의 높이를 쓰시오.

➡**정답** 1) 자동 폐쇄식   2) 망입유리 또는 강화유리   3) 1m 초과
➡**참고** 사무실 등의 창 및 출입구에 유리를 사용하는 경우에는 망입유리 또는 강화유리로 할 것. 이 경우 강화유리의 두께는 창에는 8mm 이상, 출입구에는 12mm 이상으로 하여야 한다.

21 제조소의 보유공지를 설치 아니할 수 있는 격벽 설치기준이다. 다음 빈칸을 채우시오.

1) 방화벽의 양단 및 상단이 외벽 또는 지붕으로부터 (   )cm 이상 돌출하도록 할 것
2) 출입구 및 창에는 자동 폐쇄식의 (   )을 설치할 것

➡**정답** 1) 50
      2) 60분+방화문 또는 60분방화문

➡참고 격벽의 설치기준
　　① 방화벽은 내화구조로 할 것, 다만 취급하는 위험물이 제6류 위험물인 경우에는 불연재료로
　　　 할 수 있다.
　　② 방화벽에 설치하는 출입구 및 창 등의 개구부는 가능한 한 최소로 하고, 출입구 및 창에는
　　　 자동폐쇄식의 60분＋방화문 또는 60분방화문을 설치할 것
　　③ 방화벽의 양단 및 상단이 외벽 또는 지붕으로부터 50cm 이상 돌출하도록 할 것

22 제1종 판매취급소의 시설기준에 관한 취급기준이다. 다음 빈칸을 채우시오.

> 1) 위험물을 배합하는 실은 바닥면적을 (　)m² 이상 (　)m² 이하로 한다.
> 2) (　) 또는 (　)의 벽으로 한다.
> 3) 바닥은 위험물이 침투하지 아니하는 구조로 하여 적당한 경사를 두고 (　)을(를)
> 　　설치해야 한다.
> 4) 출입구 문턱의 높이는 바닥으로부터 몇 (　)m 이상으로 하여야 한다.

➡정답 1) 6, 15
　　　 2) 내화구조, 불연재료
　　　 3) 집유설비
　　　 4) 0.1m
➡참고 위험물을 배합하는 실의 기준
　　① 바닥면적은 6m² 이상 15m² 이하로 할 것
　　② 내화구조 또는 불연재료로 된 벽으로 구획할 것
　　③ 바닥은 위험물이 침투하지 아니하는 구조로 하여 적당한 경사를 두고 집유설비를 할 것
　　④ 출입구에는 수시로 열 수 있는 자동폐쇄식의 60분＋방화문 또는 60분방화문을 설치할 것
　　⑤ 출입구 문턱의 높이는 바닥면으로부터 0.1m 이상으로 할 것
　　⑥ 내부에 체류한 가연성의 증기 또는 가연성의 미분을 지붕 위로 방출하는 설비를 할 것

23 셀프주유소의 1회 주유량의 법적 기준을 설명한 것이다. 다음 (　) 안을 채우시오.

> 1회의 연속주유량 및 주유시간의 상한을 미리 설정할 수 있는 구조일 것. 이 경우 주유량의
> 상한은 휘발유는 (　)L 이하, 경유는 (　)L 이하로 하며, 주유시간의 상한은 (　)분
> 이하로 한다.

➡정답 100, 200, 4
➡참고 1회의 연속주유량 및 주유시간의 상한을 미리 설정할 수 있는 구조일 것. 이 경우 주유량의 상한
　　 은 휘발유는 100L 이하, 경유는 200L 이하로 하며, 주유시간의 상한은 4분 이하로 한다.

24 실험실의 실험대 위에 (A) ethyleneglycol (B) stillen이라고 표기된 시약병이 있다. 다음 물음에 답하시오.

1) A는 물에 녹았고 B는 왜 층분리가 일어나는지를 설명하시오.
2) 각각의 품명을 쓰시오.
3) 각각의 지정수량을 쓰시오.

정답 1) A는 수용성이고, B는 비수용성이므로
2) A는 제3석유류, B는 제2석유류
3) A는 4,000L, B는 1,000L

1 "옥내저장소에서 위험물을 저장하는 경우에는 어떠한 규정에 의한 높이를 초과하여 용기를 겹쳐 쌓지 아니하여야 한다."라는 규정에서 다음 물음의 규정높이에 대해 답하시오.

1) 기계에 의하여 하역하는 구조로 된 용기만을 겹쳐 쌓는 경우에 있어서
2) 제4류 위험물 중 제3석유류, 제4석유류 및 동식물유류를 수납하는 용기만을 겹쳐 쌓는 경우에 있어서
3) 그 밖의 경우에 있어서

▶정답 1) 6m
2) 4m
3) 3m

2 무색 휘발성액체이며 술의 원료로 사용하고 산화시키면 아세트알데하이드가 되는 물질에 대해 다음 물음에 답하시오.

1) 화학식을 쓰시오.
2) 지정수량을 쓰시오.
3) 진한 황산과 140℃에서 반응 후 생성되는 물질의 화학식을 쓰시오.

▶정답 1) C_2H_5OH
2) 400L
3) $C_2H_5OC_2H_5$

3 다음 보기에서 불활성가스 소화설비가 적응성이 있는 위험물 2가지를 고르시오.

> 보기 : ① 제1류 위험물 중 알칼리금속의 과산화물
> ② 제2류 위험물 중 인화성 고체
> ③ 제3류 위험물
> ④ 제4류 위험물
> ⑤ 제5류 위험물
> ⑥ 제6류 위험물

→정답 ②, ④

➡참고 ① 제1류 위험물 중 알칼리금속의 과산화물 : 분해 시 산소를 발생

② 제3류 위험물 : 금속분은 불활성가스 소화효과가 낮음

③ 제5류 위험물 : 물질 속에 산소를 포함

④ 제6류 위험물 : 분해 시 산소를 발생

4 트라이에틸알루미늄의 자연발화 반응식을 쓰시오.

→정답 $2(C_2H_5)_3Al + 21O_2 \rightarrow Al_2O_3 + 12CO_2 + 15H_2O$

➡참고 공기와 접촉하면 자연발화를 일으키고, 금수성이다.

5 다음 표에 들어갈 위험물의 유별 및 지정수량을 쓰시오.

품명	유별	지정수량
칼륨	①	②
질산염류	③	④
질산	⑤	⑥

→정답 ① 제3류 위험물　② 10kg

③ 제1류 위험물　④ 300kg

⑤ 제6류 위험물　⑥ 300kg

6 위험물 운반 시 제4류 위험물과 혼재할 수 없는 위험물을 2가지 쓰시오.

→정답 제1류 위험물, 제6류 위험물

➡참고 유기과산화물은 제5류 위험물이기 때문에

구분	제1류	제2류	제3류	제4류	제5류	제6류
제1류		×	×	×	×	○
제2류	×		×	○	○	×
제3류	×	×		○	×	×
제4류	×	○	○		○	×
제5류	×	○	×	○		×
제6류	○	×	×	×	×	

※ "○" 표시는 혼재할 수 있음을 나타냄, "×" 표시는 혼재할 수 없음을 나타냄

7 다음 물질의 지정수량을 쓰시오.

1) 아염소산염
2) 브로민산염
3) 다이크로뮴산염

▶정답 1) 50kg
    2) 300kg
    3) 1,000kg

➡참고

위험물			지정수량
유별	성질	품명	
제1류	산화성 고체	1. 아염소산염류	50kg
		2. 염소산염류	50kg
		3. 과염소산염류	50kg
		4. 무기과산화물	50kg
		5. 브로민산염류	300kg
		6. 질산염류	300kg
		7. 아이오딘산염류	300kg
		8. 과망가니즈산염류	1,000kg
		9. 다이크로뮴산염류	1,000kg
		10. 그 밖에 행정안전부령으로 정하는 것 11. 제1호부터 제10호까지의 어느 하나에 해당하는 위험물을 하나 이상 함유한 것	50kg, 300kg 또는 1,000kg

8 황린 20kg이 완전연소할 때 필요로 하는 공기의 부피(m^3)는 얼마인가?(황린의 분자량 : 124, 공기 중 산소의 부피% : 21%이다.)

▶정답 $P_4 + 5O_2 \rightarrow 2P_2O_5$

    20kg   : $x\,m^3$
    124kg   : $5 \times 22.4\,m^3$

$x \times 124 = 20 \times 5 \times 22.4$ $x = 18.06\,m^3$

결국 A_o(이론공기량) $= \dfrac{필요한\ 산소량}{공기\ 중\ 산소의\ 부피(\%)} = \dfrac{18.06}{0.21} = 86.02\,m^3$

9 제4류 위험물 중에서 위험등급 II에 해당하는 품명 2가지를 쓰시오.

───

정답 제1석유류, 알코올류

참고 위험등급 II의 위험물
① 제1류 위험물 중 브로민산염류, 질산염류, 아이오딘산염류, 그 밖에 지정수량이 300kg인 위험물
② 제2류 위험물 중 황화인, 적린, 황, 그 밖에 지정수량이 100kg인 위험물
③ 제3류 위험물 중 알칼리금속(칼륨 및 나트륨을 제외한다) 및 알칼리토금속, 유기금속화합물(알킬알루미늄 및 알킬리튬을 제외한다), 그 밖에 지정수량이 50kg인 위험물
④ 제4류 위험물 중 제1석유류 및 알코올류
⑤ 제5류 위험물 중 제1호 라목에 정하는 위험물 외의 것

10 옥내저장소의 동일한 실에서 함께 저장할 수 있는 위험물끼리 짝지어진 것을 고르시오.

┌───┐
① 무기과산화물 – 유기과산화물
② 질산염류 – 과염소산
③ 황린 – 제1류 위험물
④ 인화성 고체 – 제1석유류
⑤ 황 – 제4류 위험물
└───┘

───

정답 ②, ③, ④

참고 유별을 달리하는 위험물은 동일한 저장소(내화구조의 격벽으로 완전히 구획된 실이 2 이상 있는 저장소에 있어서는 동일한 실. 이하 제3호에서 같다)에 저장하지 아니하여야 한다. 다만, 옥내저장소 또는 옥외저장소에 있어서 다음의 각 목의 규정에 의한 위험물을 저장하는 경우로서 위험물을 유별로 정리하여 저장하는 한편, 서로 1m 이상의 간격을 두는 경우에는 그러하지 아니하다(중요기준).
가. 제1류 위험물(알칼리금속의 과산화물 또는 이를 함유한 것을 제외한다)과 제5류 위험물을 저장하는 경우
나. 제1류 위험물과 제6류 위험물을 저장하는 경우
다. 제1류 위험물과 제3류 위험물 중 자연발화성물질(황린 또는 이를 함유한 것에 한한다)을 저장하는 경우
라. 제2류 위험물 중 인화성 고체와 제4류 위험물을 저장하는 경우
마. 제3류 위험물 중 알킬알루미늄 등과 제4류 위험물(알킬알루미늄 또는 알킬리튬을 함유한 것에 한한다)을 저장하는 경우
바. 제4류 위험물 중 유기과산화물 또는 이를 함유하는 것과 제5류 위험물 중 유기과산화물 또는 이를 함유한 것을 저장하는 경우

11 위험물의 용어정의에서 고인화점의 정의를 쓰시오.

정답 인화점이 100℃ 이상인 제4류 위험물
참고 고인화점 위험물의 제조소특례에서 고인화점 위험물이란 인화점이 100℃ 이상인 제4류 위험물을 말한다.

12 질산암모늄 1몰이 열분해되는 경우 발생하는 수증기의 부피는 몇 l인가?(단, 압력은 0.9 기압, 온도는 300℃)

정답 $2NH_4NO_3 \rightarrow 2N_2 + 4H_2O + O_2$

1몰 : $x\,l$

2몰 : $4 \times 22.4l \times \dfrac{273+300}{273+0} \times \dfrac{1}{0.9}$ $x = \dfrac{4 \times 22.4l \times (273+300) \times 1}{2 \times (273+0) \times 0.9} = 104.47l$

참고 질산암모늄을 급격히 가열하면 산소를 발생하고, 충격을 주면 단독으로도 폭발한다.
$2NH_4NO_3 \rightarrow 4H_2O + 2N_2 + O_2$

13 이동저장탱크에 설치된 주유설비(주입호스의 선단에 개폐밸브를 설치한 것을 말한다)에 대하여 ( ) 안에 알맞은 답을 쓰시오.

① 위험물이 ( )우려가 없고 화재예방상 안전한 구조로 할 것
② 주입설비의 길이는 ( ) 이내로 하고, 그 선단에 축적되는 정전기를 유효하게 제거할 수 있는 장치를 할 것
③ 분당 토출량은 ( )이하로 할 것

정답 ① 샐   ② 50m   ③ 200l
참고 이동탱크저장소에 주입설비(주입호스의 선단에 개폐밸브를 설치한 것을 말한다)를 설치하는 경우에는 다음 각 목의 기준에 의하여야 한다.
가. 위험물이 샐 우려가 없고 화재예방상 안전한 구조로 할 것
나. 주입설비의 길이는 50m 이내로 하고, 그 선단에 축적되는 정전기를 유효하게 제거할 수 있는 장치를 할 것
다. 분당 토출량은 200L 이하로 할 것

14 제1종 판매취급소의 시설에 관한 취급기준이다. 다음 빈칸을 채우시오.

> 1) 출입구에는 수시로 열 수 있는 (   )을 설치할 것
> 2) 출입구 문턱의 높이는 바닥면으로부터 (   )m 이상으로 할 것

▶**정답** 1) 자동폐쇄식의 60분＋방화문 또는 60분방화문　2) 0.1

▶**참고** 위험물을 배합하는 실의 기준

① 바닥면적은 6m² 이상 15m² 이하로 할 것
② 내화구조 또는 불연재료로 된 벽으로 구획할 것
③ 바닥은 위험물이 침투하지 아니하는 구조로 하여 적당한 경사를 두고 집유설비를 할 것
④ 출입구에는 수시로 열 수 있는 자동폐쇄식의 60분＋방화문 또는 60분방화문을 설치할 것
⑤ 출입구 문턱의 높이는 바닥면으로부터 0.1m 이상으로 할 것
⑥ 내부에 체류한 가연성의 증기 또는 가연성의 미분을 지붕 위로 방출하는 설비를 할 것

15 탱크전용실은 지하의 가장 가까운 벽·피트·가스관 등의 시설물 및 대지경계선으로부터 0.1m 이상 떨어진 곳에 설치하고, 지하저장탱크와 탱크전용실의 안쪽과의 사이는 몇 m 이상의 간격을 유지하도록 하여야 하는가?

▶**정답** 0.1m 이상

▶**참고** 지하탱크저장소의 기준

1. 위험물을 저장 또는 취급하는 지하탱크는 지면하에 설치된 탱크전용실에 설치하여야 한다. 다만, 제4류 위험물의 지하저장탱크가 다음 가목 내지 마목의 기준에 적합한 때에는 그러하지 아니하다.
   가. 당해 탱크를 지하철·지하가 또는 지하터널로부터 수평거리 10m 이내의 장소 또는 지하건축물 내의 장소에 설치하지 아니할 것
   나. 당해 탱크를 그 수평투영의 세로 및 가로보다 각각 0.6m 이상 크고 두께가 0.3m 이상인 철근콘크리트조의 뚜껑으로 덮을 것
   다. 뚜껑에 걸리는 중량이 직접 당해 탱크에 걸리지 아니하는 구조일 것
   라. 당해 탱크를 견고한 기초 위에 고정할 것
   마. 당해 탱크를 지하의 가장 가까운 벽·피트·가스관 등의 시설물 및 대지경계선으로부터 0.6m 이상 떨어진 곳에 매설할 것
2. 탱크전용실은 지하의 가장 가까운 벽·피트·가스관 등의 시설물 및 대지경계선으로부터 0.1m 이상 떨어진 곳에 설치하고, 지하저장탱크와 탱크전용실의 안쪽과의 사이는 0.1m 이상의 간격을 유지하도록 하며, 당해 탱크의 주위에 마른 모래 또는 습기 등에 의하여 응고되지 아니하는 입자지름 5mm 이하의 마른 자갈분을 채워야 한다.
3. 지하저장탱크의 윗부분은 지면으로부터 0.6m 이상 아래에 있어야 한다.
4. 지하저장탱크를 2 이상 인접해 설치하는 경우에는 그 상호 간에 1m(당해 2 이상의 지하저장탱크의 용량의 합계가 지정수량의 100배 이하인 때에는 0.5m) 이상의 간격을 유지하여야 한다.

16 메탄올 4,000L를 저장하는 경우와 과산화수소 30,000L를 저장하는 옥외저장소의 지정수량의 배수와 보유공지를 쓰시오.(단, 벽, 기둥 및 바닥이 내화 구조로 된 건축물)

정답 1) 메탄올 4,000L를 저장하는 경우 $= \dfrac{4,000\text{L}}{400\text{L}} = 10$배

   보유공지 : 3m 이상

2) 과산화수소 30,000L를 저장 경우 $= \dfrac{30,000\text{L}}{300\text{L}} = 100$배

   보유공지 : $12\text{m} \times \dfrac{1}{3} = 4\text{m}$ 이상(제6류 위험물의 단축기준 특례사항)

참고 옥외저장소 주위에는 그 저장 또는 취급하는 위험물의 최대수량에 따라 다음 표에 의한 너비의 공지를 보유할 것. 다만, 제4류 위험물 중 제4석유류와 제6류 위험물을 저장 또는 취급하는 옥외저장소의 보유공지는 다음 표에 의한 공지의 너비의 3분의 1 이상의 너비로 할 수 있다.

저장 또는 취급하는 위험물의 최대수량	공지의 너비
지정수량의 10배 이하	3m 이상
지정수량의 10배 초과 20배 이하	5m 이상
지정수량의 20배 초과 50배 이하	9m 이상
지정수량의 50배 초과 200배 이하	12m 이상
지정수량의 200배 초과	15m 이상

17 제조소와 사용전압이 50,000V를 초과하는 특고압가공전선, 고압가스시설, 그리고 주거용 주택과의 안전거리 합계는?

정답 5m + 20m + 10m = 35m

참고 1. 건축물, 그 밖의 공작물로서 주거용으로 사용되는 것는 10m 이상
2. 학교, 병원, 극장, 그 밖에 다수인을 수용하는 시설로서 다음의 1에 해당하는 것에 있어서는 30m 이상
   가. 공연법, 영화진흥법, 그 밖에 이와 유사한 시설로서 3백 명 이상의 인원을 수용할 수 있는 것
   나. 아동복지법, 노인복지법, 장애인복지법, 그 밖에 이와 유사한 시설로서 20명 이상의 인원을 수용할 수 있는 것
3. 문화재보호법의 규정에 의한 유형문화재와 기념물 중 지정문화재에 있어서는 50m 이상
4. 고압가스, 액화석유가스 또는 도시가스를 저장 또는 취급하는 시설에 있어서는 20m 이상
5. 사용전압이 7,000V 초과 35,000V 이하의 특고압가공전선에 있어서는 3m 이상
6. 사용전압이 35,000V를 초과하는 특고압가공전선에 있어서는 5m 이상

18 실험자가 황산을 아연 및 구리에다가 각각 스포이드로 떨어뜨린다. 다음 물음에 답하시오.

1) 금속아연과 황산의 화학반응식을 쓰시오.
2) 사용된 위험물의 지정수량은?

> **정답** 1) $Zn + H_2SO_4 \rightarrow ZnSO_4 + H_2$
> 2) 500kg
>
> ➡**참고** 산 또는 알칼리와 반응하여 수소를 발생시킨다.

19 나트륨에 대해 다음 물음에 답하시오.

1) 물과 접촉 시 화학반응식을 쓰시오.
2) 지정수량은 얼마인가?

> **정답** 1) $2Na + 2H_2O \rightarrow 2NaOH + H_2$
> 2) 10kg
>
> ➡**참고** 공기 중의 수분이나 알코올과 반응하여 수소를 발생하며 자연발화를 일으키기 쉬우므로 석유, 유동파라핀 속에 저장한다.

20 다음 물음에 답하시오.

1) 카바이트와 물의 화학반응식을 쓰시오.
2) 이때 발생되는 기체의 연소반응식을 쓰시오.

> **정답** 1) 카바이트와 물의 화학반응식 : $CaC_2 + 2H_2O \rightarrow Ca(OH)_2 + C_2H_2\uparrow$
> 2) 아세틸렌의 연소반응식 : $2C_2H_2 + 5O_2 \rightarrow 4CO_2 + 2H_2O$
>
> ➡**참고** 물과 반응하여 수산화칼슘(소석회)과 아세틸렌가스가 생성된다.

21 과산화수소와 하이드라진을 소량 혼합하면 폭발하는데, 다음 물음에 답하시오.

1) 반응식을 쓰시오.
2) 제6류 위험물의 분해 반응식을 쓰시오.

> **정답** 1) $2H_2O_2 + N_2H_4 \rightarrow N_2 + 4H_2O$
> 2) $2H_2O_2 \rightarrow 2H_2O + O_2$
>
> ➡**참고** ① 과산화수소는 하이드라진과 반응하여 질소를 발생시킨다.
> $2H_2O_2 + N_2H_4 \rightarrow N_2 + 4H_2O$
>   ② 상온에서 $2H_2O_2 \rightarrow 2H_2O + O_2$로 서서히 분해되어 산소를 방출한다.

22 공터에서 마그네슘에 이산화탄소 소화기를 방출하는 순간 폭발했다. 다음 물음에 답하시오.

1) 마그네슘과 이산화탄소의 반응식을 쓰시오.
2) 이산화탄소로 소화하면 안 되는 이유를 쓰시오.

> **정답** 1) $2Mg + CO_2 \rightarrow 2MgO + C$
> 2) 폭발적으로 반응하여 가연성 물질인 탄소를 발생시키므로

23 주유취급소의 담에 대해 다음 물음에 답하시오.

1) 담의 높이는 몇 m 이상인가?
2) 재질을 쓰시오.

> **정답** 1) 2m 이상
> 2) 내화구조 또는 불연재료
> **참고** 사무실 등의 창 및 출입구에 유리를 사용하는 경우에는 망입유리 또는 강화유리로 할 것. 이 경우 강화유리의 두께는 창에는 8mm 이상, 출입구에는 12mm 이상으로 하여야 한다.

필답형 2019년 11월 9일 산업기사 실기시험

1 옥내저장소에 염소산염류, 제4류 위험물 중 제2석유류 위험물, 유기과산화물을 저장하고 있을 때 각각의 위험물을 저장하는 창고의 바닥면적은?

▶정답 1) 염소산염류 : 1,000m² 이하
2) 제4류 위험물 중 제2석유류 위험물 : 2,000m² 이하
3) 유기과산화물 : 1,000m²

▶참고 1. 위험물을 저장하는 창고의 바닥면적적용 기준
　　가. 다음의 위험물을 저장하는 창고 : 1,000m²
　　　1) 제1류 위험물 중 아염소산염류, 염소산염류, 과염소산염류, 무기과산화물, 그 밖에 지정수량이 50kg인 위험물
　　　2) 제3류 위험물 중 칼륨, 나트륨, 알킬알루미늄, 알킬리튬, 그 밖에 지정수량이 10kg인 위험물 및 황린
　　　3) 제4류 위험물 중 특수인화물, 제1석유류 및 알코올류
　　　4) 제5류 위험물 중 유기과산화물, 질산에스터류, 그 밖에 지정수량이 10kg인 위험물
　　　5) 제6류 위험물
　　나. 가목의 위험물 외의 위험물을 저장하는 창고 : 2,000m²
　　다. 가목의 위험물과 나목의 위험물을 내화구조의 격벽으로 완전히 구획된 실에 각각 저장하는 창고 : 1,500m²(가목의 위험물을 저장하는 실의 면적은 500m²를 초과할 수 없다)
　2. 저장창고 처마의 높이기준
　　저장창고는 지면에서 처마까지의 높이(이하 "처마높이"라 한다)가 6m 미만인 단층건물로 하고 그 바닥을 지반면보다 높게 하여야 한다. 다만, 제2류 또는 제4류의 위험물만을 저장하는 창고로서 다음 각 목의 기준에 적합한 창고의 경우에는 20m 이하로 할 수 있다.

2 인산암모늄이 1차 분해하게 되면 암모니아와 올소인산이 생성되는데, 그 반응식을 쓰시오.

▶정답 $NH_4H_2PO_4 \rightarrow H_3PO_4$(올소인산) $+ NH_3$
▶참고 제3종 분말의 열분해 반응식
　① 190℃에서 분해 : $NH_4H_2PO_4 \rightarrow NH_3 + H_3PO_4$(올소인산)
　② 215℃에서 분해 : $2H_3PO_4 \rightarrow H_2O + H_4P_2O_7$(피로인산)
　③ 300℃에서 분해 : $H_4P_2O_7 \rightarrow H_2O + 2HPO_3$(메타인산)

3 제3류 위험물을 나열한 것이다. 각 위험물의 지정수량을 쓰시오.

> 1) 칼륨 2) 나트륨 3) 알킬알루미늄 4) 알킬리튬 5) 황린 6) 리튬 7) 칼슘

⟹정답 1) 10kg, 2) 10kg, 3) 10kg, 4) 10kg, 5) 20kg, 6) 50kg, 7) 50kg

⟹참고

유별	성질	품명	지정수량
제3류	자연발화성물질 및 금수성물질	1. 칼륨	10kg
		2. 나트륨	10kg
		3. 알킬알루미늄	10kg
		4. 알킬리튬	10kg
		5. 황린	20kg
		6. 알칼리금속(칼륨 및 나트륨을 제외한다.) 및 알칼리토금속	50kg
		7. 유기금속화합물(알킬알루미늄 및 알킬리튬을 제외한다.)	50kg
		8. 금속의 수소화물	300kg
		9. 금속의 인화물	300kg
		10. 칼슘 또는 알루미늄의 탄화물	300kg
		11. 그 밖에 행정안전부령이 정하는 것 12. 제1호 내지 제11호의 1에 해당하는 어느 하나 이상을 함유한 것	10kg, 20kg, 50kg 또는 300kg

4 담황색의 결정이며 일광하에 다갈색으로 변하고 비수용성, 아세톤, 벤젠, 알코올, 에테르에 잘 녹고, 가열이나 충격을 주면 폭발하기 쉬운 위험물이다. 다음 물음에 답하시오. (단, 분자량 227, 융점 80.7℃)

1) 위의 위험물의 화학식은?
2) 제조방법은?

⟹정답 1) $C_6H_2CH_3(NO_2)_3$
2) 톨루엔에 질산, 황산을 반응시켜 생성되는 물질은 트라이나이트로톨루엔이 된다.

$$C_6H_5CH_3 + 3HNO_3 \xrightarrow{H_2SO_4} C_6H_2CH_3(NO_2)_3 + 3H_2O$$

5 다이에틸에터, 이황화탄소, 산화프로필렌, 아세톤 등의 위험물이 있다. 인화점이 낮은 순서대로 열거하시오.

정답 다이에틸에터(-45℃) → 산화프로필렌(-37℃) → 이황화탄소(-30℃) → 아세톤(-18℃)

6 보기의 연소방식을 분류하시오.

> 보기 : 나트륨, TNT, 에틸알코올, 금속분, 다이에틸에터, 피크르산

1) 보기에서 표면연소를 일으키는 물질은 무엇인가?
2) 보기에서 증발연소를 일으키는 물질은 무엇인가?
3) 보기에서 자기연소를 일으키는 물질은 무엇인가?

정답 1) 나트륨, 금속분
　　　 2) 에틸알코올, 다이에틸에터
　　　 3) TNT, 피크르산
참고 연소의 형태
　① 표면연소
　　목탄(숯), 코코스, 금속분 등이 열분해하여 고체 표면이 고온을 유지하면서 가연성 가스를 발생하지 않고 그 물질 자체가 표면이 빨갛게 변하면서 연소하는 형태
　② 분해연소
　　석탄, 종이, 목재, 플라스틱의 고체 물질과 중유와 같은 점도가 높은 액체 연료에서 찾아볼 수 있는 형태로 열분해에 의해서 생성된 분해생성물과 산소와 혼합하여 연소하는 형태
　③ 증발연소
　　나프탈렌, 장뇌, 황, 왁스, 양초(파라핀)와 같이 고체가 가열되어 가연성 가스를 발생시켜 연소하는 형태
　④ 자기연소
　　화약, 폭약의 원료인 제5류 위험물 나이트로글리세린, 나이트로셀룰로오스, 질산에스터류에서 볼 수 있는 연소의 형태로서 공기 중의 산소를 필요로 하지 않고 그 물질 자체에 함유되어 있는 산소로부터 내부 연소하는 형태

7 제4류 위험물 중 특수 인화물과, 제1류 위험물 중 알칼리금속 과산화물의 적재하는 위험물의 성질에 따라 조치사항을 쓰시오.

1) 제4류 위험물 중 특수 인화물은?
2) 제1류 위험물 중 알칼리금속의 과산화물은?

정답 1) 차광성이 있는 피복조치

2) 방수성이 있는 피복조치, 차광성이 있는 피복조치

참고 적재하는 위험물의 성질에 따라 일광의 직사 또는 빗물의 침투를 방지하기 위하여 유효하게 피복하는 등 다음 각 목에 정하는 기준에 따른 조치를 하여야 한다.

가. 제1류 위험물, 제3류 위험물 중 자연발화성 물질, 제4류 위험물 중 특수인화물, 제5류 위험물 또는 제6류 위험물은 차광성이 있는 피복으로 가릴 것

나. 제1류 위험물 중 알칼리금속의 과산화물 또는 이를 함유한 것, 제2류 위험물 중 철분·금속분·마그네슘 또는 이들 중 어느 하나 이상을 함유한 것 또는 제3류 위험물 중 금수성 물질은 방수성이 있는 피복으로 덮을 것

8 제1류 위험물 알칼리금속의 과산화물인 과산화나트륨과 이산화탄소의 화학반응식을 쓰시오.

정답 $2Na_2O_2 + 2CO_2 \rightarrow 2Na_2CO_3 + O_2\uparrow$

참고 ① 공기 중에서 서서히 CO_2를 흡수하여 탄산염을 만들고 산소를 방출한다.

$2Na_2O_2 + 2CO_2 \rightarrow 2Na_2CO_3 + O_2\uparrow$

② 상온에서 물과 격렬하게 반응하며 열을 발생하고 산소를 방출시킨다.

$Na_2O_2 + H_2O \rightarrow 2NaOH + 1/2O_2\uparrow$

9 트라이에틸알루미늄과 물의 화학반응식을 쓰고, 트라이에틸알루미늄 228g이 반응했을 때 생성되는 가스는 표준상태에서 몇 l 인지 쓰시오.(단 트라이에틸알루미늄의 분자량 : 114)

정답 1) $(C_2H_5)_3Al + 3H_2O \rightarrow Al(OH)_3 + 3C_2H_6$

2) $(C_2H_5)Al + 3H_2O \rightarrow Al(OH)_3 + 3C_2H_6$

228g	:	xl
114g	:	$3 \times 22.4l$

$114 \times x = 228 \times 3 \times 22.4 : \quad x = 134.4l$

10 주유 중 엔진정지 주의사항 게시판의 바탕색과 문자색을 쓰시오.

정답 1) 바탕색 : 황색

2) 문자색 : 흑색

참고 황색 바탕에 흑색 문자로 표시한다.

11 다음은 위험물안전관리에 관한 세부기준에서 정하는 산화성액체의 시험방법 및 판정기
준이다. 연소시간의 측정시험 기준에 관하여 다음 (   ) 안에 알맞은 답을 쓰시오.

> (①), (②) 90% 수용액 및 시험물품을 사용하여 실시한다. 이때 연소시간의 평균치
> (②) 90% 수용액과 (①)의 혼합물의 연소시간으로 할 것

▶정답 ① 목분,   ② 질산

➡참고 ① 목분(수지분이 적은 삼에 가까운 재료로 하고 크기는 500μm의 체를 통과하고 250μm의 체를
통과하지 않는 것), 질산 90% 수용액 및 시험물품을 사용하여 온도 20℃, 습도 50%, 기압 1기압
의 실내에서 제2항 및 제3항의 방법에 의하여 실시한다. 다만, 배기를 행하는 경우에는 바람의
흐름과 평행하게 측정한 풍속이 0.5m/s 이하이어야 한다.

12 옥외저장탱크 · 옥내저장탱크 또는 지하저장탱크 중 압력탱크 외의 탱크에 저장하는 알
킬알루미늄, 아세트알데하이드 및 다이에틸에터 등의 저장기준에 대한 설명이다. 다음
위험물을 저장할 때 적합한 저장온도를 쓰시오.

1) 다이에틸에터
2) 아세트알데하이드
3) 산화프로필렌

▶정답 1) 다이에틸에터 : 30℃ 이하
2) 아세트알데하이드 : 15℃ 이하
3) 산화프로필렌 : 30℃ 이하

➡참고 ① 다이에틸에터 등 또는 아세트알데하이드 등의 온도는 산화프로필렌과 이를 함유한 것 또는
다이에틸에터 등에 있어서는 30℃ 이하로, 아세트알데하이드 또는 이를 함유한 것에 있어서는
15℃ 이하로 각각 유지할 것
② 옥외저장탱크, 옥내저장탱크 또는 지하저장탱크 중 압력탱크에 저장하는 아세트알데하이드
등 또는 다이에틸에터 등의 온도는 40℃ 이하로 유지할 것

13 표준상태에서 톨루엔의 증기비중을 구하시오.

▶정답 증기밀도 $= \dfrac{\text{성분기체의 분자량}}{29} = \dfrac{92}{29} = 3.17$

➡참고 톨루엔의 화학식은 $C_6H_5CH_3 = (12 \times 7) + 8 = 92$g이다.

14 실험실의 실험대 위의 막자사발에 질산칼륨, 황, 숯가루를 섞은 흑색화약에 대해 다음 물음에 답하시오.

1) 이 중 산소공급원에 해당하는 것은 무엇인가?
2) 이 중 위험물에 해당하는 물질을 골라 각각의 지정수량을 쓰시오.

➡정답 1) 질산칼륨
　　　2) 질산칼륨 : 300kg, 황 : 100kg

15 A, B, C, E, F 5개의 비커에 액체가 들어 있고, 각각 성냥불로 불을 갖다 댔는데, 5개의 비커 중에서 2개의 비커에서만 불이 붙었다.(단, 실험실 현재의 온도는 25℃이다) 2개의 비커에 들어 있는 물질을 보기에서 고르시오.

> 아세톤, 하이드라진, 포름산, 에틸렌글리콜, 메틸에틸케톤

➡정답 아세톤, 메틸에틸케톤
➡참고 위험물의 인화점 : 인화점이 25℃ 이하인 물질을 고르는 문제(실험실 현재의 온도는 25℃이므로)

위험물	인화점
아세톤	−18℃
하이드라진	38℃
포름산	69℃
에틸렌글리콜	111℃
메틸에틸케톤	−1℃

16 실험실의 실험대 위에서 비커에 담긴 분자량 294인 다이크로뮴산칼륨 주황색 가루를 가열하고 있다. 다음 물음에 답하시오.

1) 이 위험물의 지정수량을 쓰시오.
2) 분해반응식을 쓰시오.

➡정답 1) 1,000kg
　　　2) 분해온도 500℃, 융점 398℃, 비중 2.69, 용해도 8.89(15℃)
　　　　 $4K_2Cr_2O_7 \rightarrow 4K_2CrO_4 + 2Cr_2O_3 + 3O_2$
➡참고 분자량 294인 주황색 가루는 다이크로뮴산칼륨($K_2Cr_2O_7$)이다.

17 제5류 위험물 유기과산화물 2,000kg을 저장하는 옥내저장소이다. 다음 물음에 답하시오.

1) 옥내저장소를 2동 설치할 경우 옥내저장소 둘 사이의 공지의 너비는 몇 m 이상으로 하는가?(단, 담 또는 토제를 설치하지 않은 경우)

2) 옥내저장소에 담 또는 토제를 설치하는 경우, 둘 사이의 공지의 너비는 몇 m 이상으로 하는가?

정답 지정수량 배수 $= \dfrac{2,000kg}{10kg} = 200$배

1) $45m \times \dfrac{2}{3} = 30m$ 이상

2) $15m \times \dfrac{2}{3} = 10m$ 이상

참고 지정과산화물의 옥내정장소의 보유공지(별표 5 관련)

저장 또는 취급하는 위험물의 최대수량	공지의 너비	
	저장창고의 주위에 비고 제1호에 담 또는 토제를 설치하는 경우	왼쪽란에 정하는 경우 외의 경우
5배 이하	3.0m 이상	10m 이상
5배 초과 10배 이하	5.0m 이상	15m 이상
10배 초과 20배 이하	6.5m 이상	20m 이상
20배 초과 40배 이하	8.0m 이상	25m 이상
40배 초과 60배 이하	10.0m 이상	30m 이상
60배 초과 90배 이하	11.5m 이상	35m 이상
90배 초과 150배 이하	13.0m 이상	40m 이상
150배 초과 300배 이하	15.0m 이상	45m 이상
300배 초과	16.5m 이상	50m 이상

※ 2 이상의 옥내저장소를 동일한 부지 내에 인접하여 설치하는 때에는 당해 옥내저장소의 상호 간 공지의 너비를 위 표에서 정하는 공지 너비의 3분의 2로 할 수 있다.

18 제조소와 법정안정거리가 가장 긴 시설물은?

> 보기 : 학교, 극장, 병원, 동일부지 외의 주택, 가연성가스시설, 고압가공전선, 지정문화재

정답 지정문화재

➜참고 가. 건축물 그 밖의 공작물로서 주거용으로 사용되는 것은 10m 이상
　　나. 학교·병원·극장 그 밖에 다수인을 수용하는 시설로서 다음의 1에 해당하는 것에 있어서는 30m 이상
　　　　1) 공연법, 영화진흥법 그 밖에 이와 유사한 시설로서 3백 명 이상의 인원을 수용할 수 있는 것
　　　　2) 아동복지법, 노인복지법, 장애인복지법 그 밖에 이와 유사한 시설로서 20명 이상의 인원을 수용할 수 있는 것
　　다. 문화재보호법의 규정에 의한 유형문화재와 기념물 중 지정문화재에 있어서는 50m 이상
　　라. 고압가스, 액화석유가스 또는 도시가스를 저장 또는 취급하는 시설에 있어서는 20m 이상
　　마. 사용전압이 7,000V 초과 35,000V 이하의 특고압가공전선에 있어서는 3m 이상
　　바. 사용전압이 35,000V를 초과하는 특고압가공전선에 있어서는 5m 이상

19 이동탱크저장소의 방호틀에 대한 설명이다. 다음 ( ) 안에 알맞은 답을 쓰시오.

1) 두께 (①)mm 이상의 강철판 또는 이와 동등 이상의 기계적 성질이 있는 재료로써 산모양의 형상으로 하거나 이와 동등 이상의 강도가 있는 형상으로 할 것

2) 정상부분은 부속장치보다 (②)mm 이상 높게 하거나 이와 동등 이상의 성능이 있는 것으로 할 것

➜정답 ① 2.3　　② 50

➜참고 맨홀·주입구 및 안전장치 등이 탱크의 상부에 돌출되어 있는 탱크에 있어서는 다음 각 목의 기준에 의하여 부속장치의 손상을 방지하기 위한 측면 틀 및 방호 틀을 설치하여야 한다. 다만, 피견인자동차에 고정된 탱크에는 측면 틀을 설치하지 아니할 수 있다.

　　가. 측면 틀
　　　　1) 탱크 뒷부분의 입면도에 있어서 측면틀의 최외측과 탱크의 최외측을 연결하는 직선(이하 Ⅱ에서 "최외측선"이라 한다)의 수평면에 대한 내각이 75도 이상이 되도록 하고, 최대수량의 위험물을 저장한 상태에 있을 때의 당해 탱크중량의 중심점과 측면틀의 최외측을 연결하는 직선과 그 중심점을 지나는 직선중 최외측선과 직각을 이루는 직선과의 내각이 35도 이상이 되도록 할 것
　　　　2) 외부로부터 하중에 견딜 수 있는 구조로 할 것
　　　　3) 탱크 상부의 네 모퉁이에 당해 탱크의 전단 또는 후단으로부터 각각 1m 이내의 위치에 설치할 것
　　　　4) 측면 틀에 걸리는 하중에 의하여 탱크가 손상되지 아니하도록 측면 틀의 부착부분에 받침판을 설치할 것
　　나. 방호 틀
　　　　1) 두께 2.3mm 이상의 강철판 또는 이와 동등 이상의 기계적 성질이 있는 재료로써 산모양의 형상으로 하거나 이와 동등 이상의 강도가 있는 형상으로 할 것
　　　　2) 정상부분은 부속장치보다 50mm 이상 높게 하거나 이와 동등 이상의 성능이 있는 것으로 할 것

20 철분에 대한 설명이다. 다음 (   ) 안에 알맞은 말을 쓰시오.

1) 철분은 철의 분말로서 (①) 마이크로미터 표준체를 통과하는 것이 (②) 중량의 몇 % 이상이어야 한다.
2) 철(Fe)과 염산(HCl)의 화학반응식을 쓰시오.

> **정답** 1) ① 53, ② 50
> 2) Fe + 2HCl → FeCl$_2$ + H$_2$

21 제4류 위험물 중 석유류를 인화점에 따라 구분하시오.

1) 제1석유류 : 인화점이 (   )℃ 미만인 액체
2) 제2석유류 : 인화점이 (   )℃ 이상 (   )℃ 미만인 액체
3) 제3석유류 : 인화점이 (   )℃ 이상 (   )℃ 미만인 액체
4) 제4석유류 : 인화점이 (   )℃ 이상 (   )℃ 미만인 액체

> **정답** 1) 21℃
> 2) 21℃, 70℃
> 3) 70℃, 200℃
> 4) 200℃, 250℃
>
> **참고** (1) "제1석유류"라 함은 아세톤, 휘발유, 그 밖에 1atm에서 인화점이 21℃ 미만인 것을 말한다.
> (2) "제2석유류"라 함은 등유, 경유, 그 밖에 1atm에서 인화점이 21℃ 이상 70℃ 미만인 것을 말한다.
> (3) "제3석유류"라 함은 중유, 크레오소트유, 그 밖에 1atm에서 인화점이 70℃ 이상 200℃ 미만인 것을 말한다.
> (4) "제4석유류"라 함은 기어유, 실린더유, 그 밖에 1atm에서 인화점이 200℃ 이상 250℃ 미만의 것을 말한다.

22 제4류 위험물인 휘발유의 저장창고에 대해 다음 물음에 답하시오.

1) 게시판에 위험등급 Ⅲ등급이라 적혀 있다. 위험등급을 정확하게 고쳐 쓰시오.
2) 게시판의 주의사항을 적으시오.

> **정답** 1) 위험등급 Ⅱ급
> 2) 화기엄금

23 다이에틸에터의 증기 비중을 구하시오.

정답 증기 비중 = $\dfrac{\text{다이에틸에터의 분자량}}{29} = \dfrac{(12 \times 4) + 10 + 16}{29} = 2.55$

참고 $C_2H_5OC_2H_5$에서 탄소의 원자량 12g, 수소의 원자량 1g, 산소의 원자량 16g

1 제4류 위험물의 품명에 관한 설명이다. 괄호 안에 알맞은 내용을 쓰시오.

① 특수인화물은 발화점이 섭씨 (   )도 이하인 것 또는 인화점이 섭씨 영하 20℃ 이하이고 비점이 40℃ 이하인 것을 말한다.

② 제1석유류 : 인화점이 (   )℃ 미만인 것을 말한다.

③ 제2석유류 : 인화점이 (   )℃ 이상 (   )℃ 미만인 것을 말한다.

④ 제3석유류 : 인화점이 (   )℃ 이상 (   )℃ 미만인 것을 말한다.

⑤ 제4석유류 : 인화점이 (   )℃ 이상 (   )℃ 미만인 것을 말한다.

정답 ① 100   ② 21   ③ 21, 70   ④ 70, 200   ⑤ 200, 250

2 다음 인화점 측정방식의 인화점 측정방법 3가지를 쓰시오.

정답 태그밀폐식, 클리브랜드 개방식, 신속평형법
참고 인화점 시험방법

종류	시험방법	적용 기준	적용 유종	관련 표준
밀폐식	태그 밀폐식	인화점이 93℃ 이하인 시료(단, 다음 시료는 적용할 수 없다.) • 동점도 >5.5mm²/s(@40℃) 또는 동점도 >9.5mm²/s(@25℃) • 시험조건에서 기름막이 생기는 시료 • 현탁 물질을 함유하는 시료	원유, 가솔린, 등유, 항공 터빈 연료유	KS M 2010
	신속평형법	인화점이 110℃ 이하인 시료	원유, 등유, 경유, 중유, 항공터빈 연료유	KS M ISO 3679 KS M ISO 3680
	펜스키마텐스 밀폐식	밀폐식 인화점의 측정이 필요한 시료 및 태그 밀폐식 인화점 시험방법을 적용할 수 없는 시료	원유, 경유, 중유, 전기 절연유, 방청유, 절삭유제	KS M ISO 2719
개방식	클리브랜드 개방식	인화점이 80℃ 이상인 시료. 다만 원유 및 연료유는 제외한다.	석유 아스팔트, 유동 파라핀, 에어 필터유, 석유 왁스, 방청유, 전기 절연유, 열처리유, 절삭유제, 각종 윤활유	KS M ISO 2592

3 오황화인에 대해 다음 물음에 답하시오.

1) 오황화인과 물의 반응식을 쓰시오.
2) 물과 반응 시 발생하는 기체의 연소반응식을 쓰시오.

> **정답** 1) 물과 반응식 : $P_2S_5 + 8H_2O \rightarrow 2H_3PO_4 + 5H_2S$
> 2) 기체의 연소반응식 : $2H_2S + 3O_2 \rightarrow 2H_2O + 2SO_2$

4 황린, 이황화탄소, 나트륨, 칼륨을 저장할 때 상부에 함께 저장하는 물질(보호액)을 적으시오.

> **정답** 1) 황린 : pH 9인 약알칼리성 물
> 2) 이황화탄소 : 물
> 3) 나트륨 : 석유
> 4) 칼륨 : 석유

5 다음 물질의 물과의 반응식을 쓰시오.

1) 수소화알루미늄리튬
2) 수소화칼륨
3) 수소화칼슘

> **정답** 1) $LiAlH_4 + 4H_2O \rightarrow LiOH + Al(OH)_3 + 4H_2$
> 2) $KH + H_2O \rightarrow KOH + H_2$
> 3) $CaH_2 + 2H_2O \rightarrow Ca(OH)_2 + 2H_2$

6 과산화나트륨에 대한 설명이다. 다음 물음에 답하시오.

1) 과산화나트륨의 완전분해 반응식을 쓰시오.
2) 과산화나트륨 1kg이 반응할 때 발생하는 산소의 부피는 표준상태에서 몇 L인지 구하시오.

> **정답** 1) $2Na_2O_2 \rightarrow 2Na_2O + O_2$
> 2) $2Na_2O_2 + 2H_2O \rightarrow 4NaOH + O_2$
>
> $\quad$ 1kg $\quad\quad$: $\quad\quad$ $x\,m^3$
> $\quad$ 2×78kg $\quad$: $\quad\quad$ $22.4m^3$
> $x \times 2 \times 78 = 1 \times 22.4 \quad\quad x = 0.1436m^3$
>
> $\quad x = 143.6L$

7 표준상태에서 염소산칼륨 1kg이 열분해할 경우 발생한 산소의 부피는 몇 m³인가?(단, 염소산칼륨의 분자량은 122.5이다.)

▶정답 $2KClO_3 \rightarrow 2KCl + 3O_2$

      1kg   : $x\,m^3$

  $2 \times 122.5kg$: $3 \times 22.4m^3$

  $2 \times 122.5 \times x = 1 \times 3 \times 22.4$ $x = 0.27m^3$

8 위험물안전관리법상 동식물류에 관한 다음의 물음에 답하시오.

1) 아이오딘가의 정의를 쓰시오.

2) 동식물류를 아이오딘값에 따라 분류하고 범위를 쓰시오.

▶정답 1) 유지 100g에 부가되는 아이오딘의 g 수

  2) 아이오딘값에 따른 분류

    • 건성유 : 아이오딘값이 130 이상

    • 반건성유 : 아이오딘값이 100 이상 130 미만

    • 불건성유 : 아이오딘값이 100 미만

➡참고 용어의 정의

  ① 아이오딘가 : 유지 100g에 부가되는 아이오딘의 g 수

  ② 비누화가 : 유지 1g을 비누화시키는 데 필요한 수산화칼륨(KOH)의 mg 수

  ③ 산가 : 유지 1g 중의 유리지방산을 중화시키는 데 필요한 수산화칼륨(KOH)의 mg 수

  ④ 아세틸가 : 아세틸화한 유지 1g 중에 결합하고 있는 초산(CH_3COOH)을 중화시키는 데 필요한 KOH의 mg 수

9 무색투명한 액체로서 분자량이 58, 인화점이 $-37℃$인 제4류 위험물에 대해 다음 물음에 답하시오.

1) 화학식

2) 지정수량

3) 용기에 저장하는 방법을 쓰시오.

▶정답 1) CH_3CHCH_2O,   2) 50L,   3) 용기 상부에 불활성기체 봉입

➡참고 CH_3CHCH_2O는 산화프로필렌이다.

10 다음 물음에 답하시오.

1) 하이드라진과 반응 시 로켓 원료로 사용되는 물질을 만드는 제6류 위험물의 위험물이 되는 기준을 쓰시오.
2) 하이드라진과 1)의 제6류 위험물과의 반응식을 쓰시오.

➡정답 1) 농도가 36중량% 이상
　　　 2) $N_2H_4 + 2H_2O_2 \rightarrow N_2 + 4H_2O$

11 크실렌 이성질체의 3가지 명칭을 쓰시오.

➡정답 오르토크실렌, 메타크실렌, 파라크실렌
➡참고 크실렌 이성질체의 구조식

O-크실렌　　　m-크실렌　　　P-크실렌

12 100kg의 이황화탄소와 물이 반응하여 발생하는 독가스의 체적은 800mmHg, 30℃에서의 몇 m³인가?(단, 소수점 이하 둘째 자리에서 반올림)

➡정답 연소 반응식 : $CS_2 + 2H_2O \rightarrow 2H_2S + CO_2$
　　　　　　　　100kg　　　 : $x\,m^3$
　　　　　　　　76kg　　　　 : $2 \times 22.4\,m^3$
　　　　　　$76 \times x = 100 \times 22.4$　　　$x = 58.95\,m^3$
　　　보일-샤를의 법칙을 이용해 온도 및 압력을 보정하면
　　　$$\frac{P_1V_1}{T_1} = \frac{P_2V_2}{T_2}$$
　　　$$\frac{760 \times 58.95}{273 + 0} = \frac{800 \times y}{273 + 30}$$　　　$y = 62.15\,m^3$

13 나트륨에 대해 다음 물음에 답하시오.

1) 나트륨과 물의 반응식은?
2) 연소반응식을 쓰시오.
3) 연소 시 불꽃색을 쓰시오.

정답 1) $2Na + 2H_2O \rightarrow 2NaOH + H_2$
 2) $4Na + O_2 \rightarrow 2Na_2O$
 3) 황색

14 알루미늄에 대해 다음 물음에 답하시오.

1) 물과의 반응식을 쓰시오.
2) 완전연소 반응식을 쓰시오.
3) 염산과의 반응식을 쓰시오.

정답 1) $2Al + 6H_2O \rightarrow 2Al(OH)_3 + 3H_2$
 2) $4Al + 3O_2 \rightarrow 2Al_2O_3$
 3) $2Al + 6HCl_2 \rightarrow 2AlCl_3 + 3H_2 \uparrow$

15 다음 물음에 답하시오.

1) 대통령령이 정하는 위험물탱크가 있는 제조소 등의 완공검사를 받기 전에 무엇을 받아야 하는지 쓰시오.
2) 이동탱크의 완공검사 신청시기를 쓰시오.
3) 지하탱크의 완공검사 신청시기를 쓰시오.
4) 제조소등의 완공검사를 실시한 결과 기술기준에 적합하다고 인정되는 경우 시·도지사는 무엇을 교부해야 하는지 쓰시오.

정답 1) 탱크안전성능검사
 2) 이동탱크를 완공하고 상치장소를 확보한 후
 3) 지하탱크 매설 전
 4) 완공검사필증
참고 제조소등의 완공검사 신청시기
 1. 지하탱크가 있는 제조소등의 경우 : 당해 지하탱크를 매설하기 전
 2. 이동탱크저장소의 경우 : 이동저장탱크를 완공하고 상치장소를 확보한 후
 3. 이송취급소의 경우 : 이송배관 공사의 전체 또는 일부를 완료한 후. 다만, 지하·하천 등에 매설하는 이송배관의 공사의 경우에는 이송배관을 매설하기 전
 4. 전체 공사가 완료된 후에는 완공검사를 실시하기 곤란한 경우 : 다음 각 목에서 정하는 시기

가. 위험물설비 또는 배관의 설치가 완료되어 기밀시험 또는 내압시험을 실시하는 시기

나. 배관을 지하에 설치하는 경우에는 시·도지사, 소방서장 또는 기술원이 지정하는 부분을 매몰하기 직전

다. 기술원이 지정하는 부분의 비파괴시험을 실시하는 시기

5. 제1호 내지 제4호에 해당하지 아니하는 제조소등의 경우 : 제조소등의 공사를 완료한 후

16 위험물의 저장, 취급의 공통기준에 대해 괄호 안에 알맞은 말을 쓰시오.

1) 위험물을 저장 또는 취급하는 건축물 그 밖의 공작물 또는 설비는 당해 위험물의 성질에 따라 차광 또는 (   )를 실시하여야 한다.

2) 위험물은 온도계, 습도계, (   ) 그 밖의 계기를 감시하여 당해 위험물의 성질에 맞는 적정한 온도, 습도 또는 (   )을 유지하도록 저장 또는 취급하여야 한다.

3) 위험물을 용기에 수납하여 저장 또는 취급할 때에는 그 용기는 당해 위험물의 성질에 적응하고 파손·(   )·균열 등이 없는 것으로 하여야 한다.

4) (   )의 액체·증기 또는 가스가 새거나 체류할 우려가 있는 장소 또는 가연성의 미분이 현저하게 부유할 우려가 있는 장소에서는 전선과 전기기구를 완전히 접속하고 불꽃을 발하는 기계·기구·공구·신발 등을 사용하지 아니하여야 한다.

5) 위험물을 (   ) 중에 보존하는 경우에는 당해 위험물이 (   )으로부터 노출되지 아니하도록 하여야 한다.

▶정답 1) 환기, 2) 압력, 3) 부식, 4) 가연성, 5) 보호액

▶참고 저장·취급의 공통기준

① 제조소등에서 법 제6조제1항의 규정에 의한 허가 및 법 제6조제2항의 규정에 의한 신고와 관련되는 품명 외의 위험물 또는 이러한 허가 및 신고와 관련되는 수량 또는 지정수량의 배수를 초과하는 위험물을 저장 또는 취급하지 아니하여야 한다.

② 위험물을 저장 또는 취급하는 건축물 그 밖의 공작물 또는 설비는 당해 위험물의 성질에 따라 차광 또는 환기를 실시하여야 한다.

③ 위험물은 온도계, 습도계, 압력계 그 밖의 계기를 감시하여 당해 위험물의 성질에 맞는 적정한 온도, 습도 또는 압력을 유지하도록 저장 또는 취급하여야 한다.

④ 위험물을 저장 또는 취급하는 경우에는 위험물의 변질, 이물의 혼입 등에 의하여 당해 위험물의 위험성이 증대되지 아니하도록 필요한 조치를 강구하여야 한다.

⑤ 위험물이 남아 있거나 남아 있을 우려가 있는 설비, 기계·기구, 용기 등을 수리하는 경우에는 안전한 장소에서 위험물을 완전하게 제거한 후에 실시하여야 한다.

⑥ 위험물을 용기에 수납하여 저장 또는 취급할 때에는 그 용기는 당해 위험물의 성질에 적응하고 파손·부식·균열 등이 없는 것으로 하여야 한다.

⑦ 가연성의 액체·증기 또는 가스가 새거나 체류할 우려가 있는 장소 또는 가연성의 미분이 현저하게 부유할 우려가 있는 장소에서는 전선과 전기기구를 완전히 접속하고 불꽃을 발하는 기계·기구·공구·신발 등을 사용하지 아니하여야 한다.

⑧ 위험물을 보호액 중에 보존하는 경우에는 당해 위험물이 보호액으로부터 노출되지 아니하도록 하여야 한다.

17 옥내소화전의 수원의 수량에 대해 다음 물음에 답하시오.

1) 1층에 1개, 2층에 3개, 총 4개
2) 1층에 2개, 2층에 5개, 총 7개

▶정답 1) $3개 \times 260\dfrac{l}{\min} \times 30\min \times \dfrac{1}{1,000} = 23.4\text{m}^3$

2) $5개 \times 260\dfrac{l}{\min} \times 30\min \times \dfrac{1}{1,000} = 39\text{m}^3$

▶참고 옥내소화전설비의 설치기준
① 옥내소화전은 제조소등의 건축물의 층마다 당해 층의 각 부분에서 하나의 호스접속구까지의 수평거리가 25m 이하가 되도록 설치할 것. 이 경우 옥내소화전은 각층의 출입구 부근에 1개 이상 설치하여야 한다.
② 수원의 수량은 옥내소화전이 가장 많이 설치된 층의 옥내소화전 설치개수(설치개수가 5개 이상인 경우는 5개)에 7.8m³를 곱한 양 이상이 되도록 설치할 것
③ 옥내소화전설비는 각층을 기준으로 하여 당해 층의 모든 옥내소화전(설치개수가 5개 이상인 경우는 5개의 옥내소화전)을 동시에 사용할 경우에 각 노즐선단의 방수압력이 350KPa 이상이고 방수량이 1분당 260l 이상의 성능이 되도록 할 것
④ 옥내소화전설비에는 비상전원을 설치할 것

18 다음 보기의 각 위험물 운반용기 외부에 표시할 주의사항을 쓰시오.

보기 : ① 제1류 위험물 알칼리금속의 과산화물
② 제3류 위험물 중 자연발화성물질
③ 제5류 위험물

▶정답 ① 화기·충격주의, 물기엄금 및 가연물접촉주의
② 화기엄금 및 공기접촉엄금
③ 화기엄금 및 충격주의

▶참고 수납하는 위험물의 규정에 따른 주의사항
① 제1류 위험물 중 알칼리금속의 과산화물 또는 이를 함유한 것에 있어서는 "화기·충격주의", "물기엄금" 및 "가연물접촉주의", 그 밖의 것에 있어서는 "화기·충격주의" 및 "가연물접촉주의"
② 제2류 위험물 중 철분·금속분·마그네슘 또는 이들 중 어느 하나 이상을 함유한 것에 있어서는 "화기주의" 및 "물기엄금", 인화성 고체에 있어서는 "화기엄금", 그 밖의 것에 있어서는 "화기주의"
③ 제3류 위험물 중 자연발화성 물질에 있어서는 "화기엄금" 및 "공기접촉엄금", 금수성 물질에 있어서는 "물기엄금"
④ 제4류 위험물에 있어서는 "화기엄금"
⑤ 제5류 위험물에 있어서는 "화기엄금" 및 "충격주의"
⑥ 제6류 위험물에 있어서는 "가연물접촉주의"

19 안전관리자에 대한 다음 물음에 답하시오.

> 보기 : 제조소등의 관계인, 제조소등의 설치자, 소방서장, 소방청장, 시도지사

1) 안전관리자의 선임권한을 가지고 있는 자는 누구인지 [보기]에서 고르시오.
2) 안전관리자가 해임될 경우 며칠 내로 선임해야 하는지 쓰시오.
3) 안전관리자가 퇴직할 경우 며칠 내로 선임해야 하는지 쓰시오.
4) 안전관리자 선임 후 며칠 내로 신고해야 하는지 쓰시오.
5) 안전관리자가 해외 또는 질병으로 장기간 자리를 비울 때 며칠 내로 대리자를 지정해 직무를 대행하게 해야 하는지 쓰시오.

정답 1) 제조소등의 관계인, 2) 30일, 3) 30일, 4) 14일, 5) 30일
참고 ① 안전관리자를 선임한 제조소등의 관계인은 그 안전관리자를 해임하거나 안전관리자가 퇴직한 때에는 해임하거나 퇴직한 날부터 30일 이내에 다시 안전관리자를 선임
② 안전관리자를 선임 또는 해임하거나 안전관리자가 퇴직한 때에는 14일 이내에 소방서장에게 신고

20 다음 보기에 대한 물음에 답하시오.

> 보기 : 과산화벤조일, TNT, TNP, 나이트로글리세린, 디나이트로벤젠

1) [보기] 중 질산에스터에 속하는 것을 모두 고르시오.
2) [보기] 중 상온에서는 액체이고 영하의 온도에서는 고체인 위험물의 분해반응식을 쓰시오.

정답 1) 나이트로글리세린
2) 분해 반응식 : $4C_3H_5(ONO_2)_3 \rightarrow 12CO_2\uparrow + 10H_2O + 6N_2 + O_2\uparrow$

1 다음 제1류 위험물의 열분해 반응식을 쓰시오.

1) 아염소산칼륨
2) 염소산칼륨
3) 과염소산칼륨

▶정답 1) $KClO_2 \rightarrow KCl + O_2$
   2) $2KClO_3 \rightarrow 2KCl + 3O_2$
   3) $KClO_4 \rightarrow KCl + 2O_2$

2 다음 제3류 위험물과 물과의 반응식을 쓰시오.

1) 트라이메틸알루미늄
2) 트라이에틸알루미늄

▶정답 1) $(CH_3)_3Al + 3H_2O \rightarrow Al(OH)_3 + 3CH_4$
   2) $(C_2H_5)_3Al + 3H_2O \rightarrow Al(OH)_3 + 3C_2H_6$

3 자체소방대에 관한 내용이다. 다음 물음에 답하시오.

1) 아래 보기 중에서 자체소방대 설치대상으로 맞는 것을 찾아 번호를 쓰시오.

> 보기 : ① 염소산염류 250톤을 취급하는 제조소
>
> ② 염소산염류 250톤을 취급하는 일반취급소
>
> ③ 특수인화물 250KL을 취급하는 제조소
>
> ④ 특수인화물 250KL을 취급하고, 충전하는 일반취급소

2) 자체소방대의 화학소방자동차가 1대일 경우 자체소방대원의 인원은 몇 명 이상인가?

3) 다음 보기 중 자체소방대에 대한 설비의 기준으로 틀린 것을 고르시오.

> 보기 : ① 다른 사업소 등과 상호협정을 체결한 경우 그 모든 사업소를 하나의 사업소로 본다.
> ② 10만L 이상의 포수용액을 방사할 수 있는 양의 소화약제를 비치할 것
> ③ 포수용액 방사차는 자체 소방차 대수의 2/3 이상이어야 하고 포수용액의 방사능력은 매분 3,000L 이상일 것
> ④ 포수용액 방사차에는 소화약액탱크 및 소화약액혼합장치를 비치할 것

4) 자체소방대를 두지 아니하고 제조소 등의 허가를 받은 관계인의 벌칙은?

정답 1) ③(자체소방대 설치대상은 제4류 위험물을 취급하는 제조소 또는 일반취급소로서 지정수량 3,000배 이상의 위험물을 저장 또는 취급하는 경우이다. 특수인화물 지정수량 배수는 3,000배 이상이므로 자체소방대 설치 대상에 해당된다.

$$\text{특수인화물 지정수량 배수} = \frac{250,000\,\text{L}}{50} = 5,000\text{배})$$

2) 5명

3) ③(포수용액의 방사능력이 매분 2,000L 이상일 것)

4) 1년 이하의 징역 또는 1,000만 원 이하의 벌금

참고 (1) 자체소방대 설치대상[위험물안전관리법 제19조, 위험물안전관리법 시행령 제18조] : 제4류 위험물을 취급하는 제조소 또는 일반취급소로서, 지정수량의 3,000배 이상의 위험물을 저장 또는 취급하는 경우

(2) 자체소방대의 설치제외대상인 일반취급소[위험물안전관리법 시행규칙 제73조]
① 보일러, 버너 그 밖에 이와 유사한 장치로 위험물을 소비하는 일반취급소
② 이동저장탱크 그 밖에 이와 유사한 것에 위험물을 주입하는 일반취급소
③ 용기에 위험물을 채우는 일반취급소
④ 유압장치, 윤활유순환장치 그 밖에 이와 유사한 장치로 위험물을 취급하는 일반취급소
⑤ 광산보안법의 적용을 받는 제조소 또는 일반취급소

(3) 자체소방대에 두는 화학소방자동차 및 인원(제18조 제3항 관련)

사업소의 구분	화학소방자동차	자체소방대원의 수
1. 제조소 또는 일반취급소에서 취급하는 제4류 위험물의 최대수량의 합이 지정수량의 3천 배 이상 12만 배 미만인 사업소	1대	5인
2. 제조소 또는 일반취급소에서 취급하는 제4류 위험물의 최대수량의 합이 지정수량의 12만 배 이상 24만 배 미만인 사업소	2대	10인
3. 제조소 또는 일반취급소에서 취급하는 제4류 위험물의 최대수량의 합이 지정수량의 24만 배 이상 48만 배 미만인 사업소	3대	15인
4. 제조소 또는 일반취급소에서 취급하는 제4류 위험물의 최대수량의 합이 지정수량의 48만 배 이상인 사업소	4대	20인

사업소의 구분	화학소방자동차	자체소방대원의 수
5. 옥외탱크저장소에 저장하는 제4류 위험물의 최대수량이 지정수량의 50만 배 이상인 사업소	2대	10인

※ 화학소방자동차에는 행정안전부령으로 정하는 소화능력 및 설비를 갖추어야 하고, 소화
활동에 필요한 소화약제 및 기구(방열복 등 개인장구를 포함한다)를 비치하여야 한다.
(4) 위험물안전관리법 시행규칙[별표 23]
화학소방자동차에 갖추어야 하는 소화능력 및 설비의 기준(제75조 제1항 관련)

화학소방자동차의 구분	소화능력 및 설비의 기준
포수용액 방사차	포수용액의 방사능력이 매분 2,000L 이상일 것
	소화약액탱크 및 소화약액혼합장치를 비치할 것
	10만L 이상의 포수용액을 방사할 수 있는 양의 소화약제를 비치할 것
분말 방사차	분말의 방사능력이 매초 35kg 이상일 것
	분말탱크 및 가압용가스설비를 비치할 것
	1,400kg 이상의 분말을 비치할 것
할로젠화합물 방사차	할로젠화합물의 방사능력이 매초 40kg 이상일 것
	할로젠화합물탱크 및 가압용가스설비를 비치할 것
	1,000kg 이상의 할로젠화합물을 비치할 것
이산화탄소 방사차	이산화탄소의 방사능력이 매초 40kg 이상일 것
	이산화탄소저장용기를 비치할 것
	3,000kg 이상의 이산화탄소를 비치할 것
제독차	가성소다 및 규조토를 각각 50kg 이상 비치할 것

4 제4류 위험물 중 물이나 알코올에 잘녹고 분자량이 27, 비점이 26℃, 무색을 띠는 맹독성의 기체이다. 다음 물음에 답하시오.

1) 화학식
2) 증기비중

▶정답 1) HCN

2) HCN의 증기비중 $= \dfrac{27}{29} = 0.93$

5 제5류 위험물인 피크린산에 대해 다음 물음에 답하시오.

1) 구조식
2) 품명

→정답 1) 구조식

$$
\begin{array}{c}
\text{OH} \\
\text{NO}_2 \quad\quad \text{NO}_2 \\
\bigcirc \\
\text{NO}_2
\end{array}
$$

2) 품명 : 나이트로화합물

→참고 트라이나이트로페놀[$C_6H_2(OH)(NO_2)_3$]을 피크르산 또는 피크린산이라고도 한다.

6 다음 보기는 옥외탱크저장소의 방유제에 대한 설명이다. 물음에 답하시오.

> 보기 : 옥외탱크저장소의 2기 사이에는 둑이 하나 설치되어 있다.
> ① 내용적이 5천만L에 휘발유 3천L가 저장되어 있는 저장탱크
> ② 내용적이 1억 2천만L에 경유 8천만L가 저장되어 있는 저장탱크

1) ①의 옥외저장탱크 최대 저장량은 몇 m^3인가?
2) 옥외탱크저장소 방유제의 최소용량은 몇 m^3인가?(단, 공간용적은 10%로 계산)
3) 탱크 사이에 있는 공작물의 명칭을 쓰시오.

→정답 1) 옥외탱크저장소의 공간용적은 5~10%이므로 최대 저장량은 공간용적을 5%로 적용하여 계산하면 다음과 같다.

$$
50,000,000L \times 0.95 = 47,500,000L \times \frac{1m^3}{1,000L} = 47,500m^3
$$

∴ $47,500m^3$

2) 방유제의 최소용량은 옥외탱크저장소의 공간용적을 10%로 계산하고, 방유제 안에 2기 이상의 옥외탱크저장소가 있을 경우 최대탱크 용량의 110%로 계산하면 다음과 같다.
내용적이 5천만L와 내용적이 1억 2천만L 중 최대 탱크는 내용적이 1억 2천만L인 탱크이다.
즉, $120,000,000L \times 0.9 = 108,000,000L = 108,000m^3 \times 1.1 = 118,800m^3$

∴ $118,800m^3$

3) 간막이 둑

→참고 (1) 인화성액체위험물(이황화탄소를 제외한다)의 옥외탱크저장소의 탱크 주위의 방유제 설치 기준
① 방유제의 용량은 방유제 안에 설치된 탱크가 하나인 때에는 그 탱크 용량의 110% 이상, 2기 이상인 때에는 그 탱크 중 용량이 최대인 것의 용량의 110% 이상으로 할 것. 이 경우 방유제의 용량은 당해 방유제의 내용적에서 용량이 최대인 탱크 외의 탱크의 방유제 높이 이하 부분의 용적, 당해 방유제 내에 있는 모든 탱크의 지반면 이상 부분의 기초의 체적, 간막이 둑의 체적 및 당해 방유제 내에 있는 배관 등의 체적을 뺀 것으로 한다.
② 방유제의 높이는 0.5m 이상 3m 이하로 할 것
③ 방유제 내의 면적은 8만m^2 이하로 할 것
(2) 용량이 1,000만L 이상인 옥외저장탱크의 주위에 설치하는 방유제에는 다음의 규정에 따라

당해 탱크마다 간막이 둑을 설치할 것
① 간막이 둑의 높이는 0.3m(방유제 내에 설치되는 옥외저장탱크 용량의 합계가 2억L를 넘는 방유제에 있어서는 1m) 이상으로 하되, 방유제의 높이보다 0.2m 이상 낮게 할 것
② 간막이 둑은 흙 또는 철근콘크리트로 할 것
③ 간막이 둑의 용량은 간막이 둑 안에 설치된 탱크 용량의 10% 이상일 것

7 벤젠 16g이 증발할 때 대기 중의 온도가 70℃에서 증기의 부피는 몇 L인가?

정답 $PV = \dfrac{W}{M}RT$ 에서

$$V = \frac{WRT}{PM} = \frac{16 \times 0.082 \times (273 + 70)}{1 \times 78} = 5.77L$$

8 탄화칼슘 32g이 물과 반응하여 생성되는 기체가 완전연소하기 위한 산소의 부피 L를 구하시오.(단, 표준상태이다.)

정답 $CaC_2 + 2H_2O \rightarrow Ca(OH)_2 + C_2H_2$

32g	:	x mol
64g	:	1mol

$64 \times x = 32 \times 1 \qquad x = 0.5mol$

$2C_2H_2 + 5O_2 \rightarrow 4CO_2 + 2H_2O$

0.5mol	:	y L
2mol	:	$5 \times 22.4L$

$2 \times y = 5 \times 0.5 \times 22.4 \qquad y(정답) = 28L$

9 위험물 운반에 관한 기준에서 다음 표에 혼재가 가능한 위험물은 ○, 혼재가 불가능한 위험물은 ×로 표시하시오.(단, 지정수량이 $\dfrac{1}{10}$ 을 초과하는 위험물에 적용하는 경우이다.)

	제1류	제2류	제3류	제4류	제5류	제6류
제1류		( )	( )	( )	( )	( )
제2류	( )		( )	( )	( )	( )
제3류	( )	( )		( )	( )	( )
제4류	( )	( )	( )		( )	( )
제5류	( )	( )	( )	( )		( )
제6류	( )	( )	( )	( )	( )	

정답	제1류	제2류	제3류	제4류	제5류	제6류
제1류		×	×	×	×	○
제2류	×		×	○	○	×
제3류	×	×		○	×	×
제4류	×	○	○		○	×
제5류	×	○	×	○		×
제6류	○	×	×	×	×	

➡참고 혼재 가능 위험물은 다음과 같다.
   423 → 4류와 2류, 4류와 3류는 서로 혼재 가능
   524 → 5류와 2류, 5류와 4류는 서로 혼재 가능
   61 → 6류와 1류는 서로 혼재 가능

10 다음은 인화점 측정시험에 대한 설명이다. (   ) 안에 적당한 답을 쓰시오.

1) (   ) 인화점측정기
   • 시험장소는 1기압, 무풍의 장소로 할 것
   • 시료컵을 설정온도까지 가열 또는 냉각하여 시험물품(설정온도가 상온보다 낮은 온도인 경우에는 설정온도까지 냉각한 것) 2mL를 시료컵에 넣고 즉시 뚜껑 및 개폐기를 닫을 것

2) (   ) 인화점측정기
   • 시험장소는 1기압, 무풍의 장소로 할 것
   • 시료컵에 시험물품 50cm³를 넣고 시험물품 표면의 기포를 제거한 후 뚜껑을 덮을 것

3) (   ) 인화점측정기
   • 시험장소는 1기압, 무풍의 장소로 할 것
   • 시료컵의 표선까지 시험물품을 채우고 시험물품 표면의 기포를 제거할 것
   • 시험불꽃을 점화하고 화염의 크기를 직경이 4mm가 되도록 조정할 것

정답 1) 신속평형법
    2) 태그 밀폐식
    3) 클리브랜드 개방식

➡참고 제15조(신속평형법인화점측정기에 의한 인화점 측정시험)
   신속평형법인화점측정기에 의한 인화점 측정시험은 다음 각 호에 정한 방법에 의한다.
   1. 시험장소는 1기압, 무풍의 장소로 할 것
   2. 신속평형법인화점측정기의 시료컵을 설정온도까지 가열 또는 냉각하여 시험물품(설정온도가 상온보다 낮은 온도인 경우에는 설정온도까지 냉각한 것) 2mL를 시료컵에 넣고 즉시 뚜껑 및 개폐기를 닫을 것
   3. 시료컵의 온도를 1분간 설정온도로 유지할 것

4. 시험불꽃을 점화하고 화염의 크기를 직경 4mm가 되도록 조정할 것

5. 1분 경과 후 개폐기를 작동하여 시험불꽃을 시료컵에 2.5초간 노출시키고 닫을 것. 이 경우 시험불꽃을 급격히 상하로 움직이지 아니하여야 한다.

6. 제5호의 방법에 의하여 인화한 경우에는 인화하지 않을 때까지 설정온도를 낮추고, 인화하지 않는 경우에는 인화할 때까지 설정온도를 높여 제2호 내지 제5호의 조작을 반복하여 인화점을 측정할 것

제14조(태그밀폐식인화점측정기에 의한 인화점 측정시험)

태그(Tag)밀폐식인화점측정기에 의한 인화점 측정시험은 다음 각 호에 정한 방법에 의한다.

1. 시험장소는 1기압, 무풍의 장소로 할 것

2. 「원유 및 석유 제품 인화점 시험방법 – 태그 밀폐식시험방법」(KS M 2010)에 의한 인화점측정기의 시료컵에 시험물품 50cm³를 넣고 시험물품 표면의 기포를 제거한 후 뚜껑을 덮을 것

3. 시험불꽃을 점화하고 화염의 크기를 직경이 4mm가 되도록 조정할 것

4. 시험물품의 온도가 60초간 1℃의 비율로 상승하도록 수조를 가열하고 시험물품의 온도가 설정온도보다 5℃ 낮은 온도에 도달하면 개폐기를 작동하여 시험불꽃을 시료컵에 1초간 노출시키고 닫을 것. 이 경우 시험불꽃을 급격히 상하로 움직이지 아니하여야 한다.

5. 제4호의 방법에 의하여 인화하지 않는 경우에는 시험물품의 온도가 0.5℃ 상승할 때마다 개폐기를 작동하여 시험불꽃을 시료컵에 1초간 노출시키고 닫는 조작을 인화할 때까지 반복할 것

6. 제5호의 방법에 의하여 인화한 온도가 60℃ 미만의 온도이고 설정온도와의 차가 2℃를 초과하지 않는 경우에는 당해 온도를 인화점으로 할 것

7. 제4호의 방법에 의하여 인화한 경우 및 제5호의 방법에 의하여 인화한 온도와 설정온도와의 차가 2℃를 초과하는 경우에는 제2호 내지 제5호에 의한 방법으로 반복하여 실시할 것

8. 제5호의 방법 및 제7호의 방법에 의하여 인화한 온도가 60℃ 이상의 온도인 경우에는 제9호 내지 제13호의 순서에 의하여 실시할 것

9. 제2호 및 제3호와 같은 순서로 실시할 것

10. 시험물품의 온도가 60초간 3℃의 비율로 상승하도록 수조를 가열하고 시험물품의 온도가 설정온도보다 5℃ 낮은 온도에 도달하면 개폐기를 작동하여 시험불꽃을 시료컵에 1초간 노출시키고 닫을 것. 이 경우 시험불꽃을 급격히 상하로 움직이지 아니하여야 한다.

11. 제10호의 방법에 의하여 인화하지 않는 경우에는 시험물품의 온도가 1℃ 상승마다 개폐기를 작동하여 시험불꽃을 시료컵에 1초간 노출시키고 닫는 조작을 인화할 때까지 반복할 것

12. 제11호의 방법에 의하여 인화한 온도와 설정온도와의 차가 2℃를 초과하지 않는 경우에는 당해 온도를 인화점으로 할 것

13. 제10호의 방법에 의하여 인화한 경우 및 제11호의 방법에 의하여 인화한 온도와 설정온도와의 차가 2℃를 초과하는 경우에는 제9호 내지 제11호와 같은 순서로 반복하여 실시할 것

제16조(클리브랜드개방컵인화점측정기에 의한 인화점 측정시험)

클리브랜드(Cleaveland)개방컵인화점측정기에 의한 인화점 측정시험은 다음 각 호에 정한 방법에 의한다.

1. 시험장소는 1기압, 무풍의 장소로 할 것

2. 「인화점 및 연소점 시험방법 – 클리브랜드 개방컵 시험방법」(KS M ISO 2592)에 의한 인화점 측정기 시료컵의 표선(標線)까지 시험물품을 채우고 시험물품 표면의 기포를 제거할 것

3. 시험불꽃을 점화하고 화염의 크기를 직경 4mm가 되도록 조정할 것

4. 시험물품의 온도가 60초간 14℃의 비율로 상승하도록 가열하고 설정온도보다 55℃ 낮은 온도에 달하면 가열을 조절하여 설정온도보다 28℃ 낮은 온도에서 60초간 5.5℃의 비율로 온도가 상승하도록 할 것

5. 시험물품의 온도가 설정온도보다 28℃ 낮은 온도에 달하면 시험불꽃을 시료컵의 중심을 횡단하여 일직선으로 1초간 통과시킬 것. 이 경우 시험불꽃의 중심을 시료컵 위쪽 가장자리의 상방 2mm 이하에서 수평으로 움직여야 한다.

6. 제5호의 방법에 의하여 인화하지 않는 경우에는 시험물품의 온도가 2℃ 상승할 때마다 시험불꽃을 시료컵의 중심을 횡단하여 일직선으로 1초간 통과시키는 조작을 인화할 때까지 반복할 것

7. 제6호의 방법에 의하여 인화한 온도와 설정온도와의 차가 4℃를 초과하지 않는 경우에는 당해 온도를 인화점으로 할 것

8. 제5호의 방법에 의하여 인화한 경우 및 제6호의 방법에 의하여 인화한 온도와 설정온도와의 차가 4℃를 초과하는 경우에는 제2호 내지 제6호와 같은 순서로 반복하여 실시할 것

11 제1종 판매취급소의 시설기준에 관한 취급기준이다. 다음 빈칸을 채우시오.

---

1) 위험물을 배합하는 실은 바닥면적이 (   )m² 이상 (   )m² 이하로 한다.

2) (   ) 또는 (   )의 벽으로 한다.

3) 바닥은 위험물이 침투하지 아니하는 구조로 하여 적당한 경사를 두고 (   )을(를) 설치해야 한다.

4) 출입구 문턱의 높이는 바닥으로부터 몇 (   )m 이상으로 하여야 한다.

5) 출입구는 수시로 열 수 있도록 자동폐쇄식의 (   )을(를) 설치할 것

▶정답 1) 6, 15
    2) 내화구조, 불연재료
    3) 집유설비
    4) 0.1m
    5) 60분＋방화문 또는 60분방화문

▶참고 **위험물 배합실의 조건**
    ① 바닥면적은 6m² 이상 15m² 이하로 할 것
    ② 내화구조 또는 불연재료로 된 벽으로 구획할 것
    ③ 바닥은 위험물이 침투하지 아니하는 구조로 하여 적당한 경사를 두고 집유설비를 할 것
    ④ 출입구에는 수시로 열 수 있는 자동폐쇄식의 60분＋방화문 또는 60분방화문을 설치할 것
    ⑤ 출입구 문턱의 높이는 바닥면으로부터 0.1m 이상으로 할 것
    ⑥ 내부에 체류한 가연성의 증기 또는 가연성의 미분을 지붕 위로 방출하는 설비를 할 것

12 염소산칼륨이 담긴 용기에 적린을 넣고 충격을 가하니 폭발하였다. 다음 물음에 답하시오.

1) 적린과 염소산칼륨의 반응식을 쓰시오.

2) 위의 반응에서 생성되는 기체가 물과 반응하여 생성되는 물질의 명칭을 쓰시오.

정답 1) $6P + 5KClO_3 \rightarrow 3P_2O_5 + 5KCl$

2) 인산(H_3PO_4)

참고 오산화인과 물의 반응식

$P_2O_5 + 3H_2O \rightarrow 2H_3PO_4$

13 다음은 제5류 위험물의 품명이다. 보기의 위험물을 위험등급에 맞게 분류하시오.(단, 없으면 '없음'이라고 표시)

> 보기 : 질산에스터류, 유기과산화물, 하이드라진유도체, 하이드록실아민, 나이트로화합물, 아조화합물

정답 1) 위험등급 I : 질산에스터류, 유기과산화물

2) 위험등급 II : 하이드라진유도체, 하이드록실아민, 나이트로화합물, 아조화합물

참고 위험물의 위험등급은 위험등급 I · 위험등급 II 및 위험등급 III으로 구분하며, 각 위험등급에 해당하는 위험물은 다음 각 호와 같다.

1. 위험등급 I 의 위험물

   가. 제1류 위험물 중 아염소산염류, 염소산염류, 과염소산염류, 무기과산화물 그 밖에 지정수량이 50kg인 위험물

   나. 제3류 위험물 중 칼륨, 나트륨, 알킬알루미늄, 알킬리튬, 황린 그 밖에 지정수량이 10kg 또는 20kg인 위험물

   다. 제4류 위험물 중 특수인화물

   라. 제5류 위험물 중 유기과산화물, 질산에스터류 그 밖에 지정수량이 10kg인 위험물

   마. 제6류 위험물

2. 위험등급 II 의 위험물

   가. 제1류 위험물 중 브로민산염류, 질산염류, 아이오딘산염류 그 밖에 지정수량이 300kg인 위험물

   나. 제2류 위험물 중 황화인, 적린, 황 그 밖에 지정수량이 100kg인 위험물

   다. 제3류 위험물 중 알칼리금속(칼륨 및 나트륨을 제외한다) 및 알칼리토금속, 유기금속화합물(알킬알루미늄 및 알킬리튬을 제외한다) 그 밖에 지정수량이 50kg인 위험물

   라. 제4류 위험물 중 제1석유류 및 알코올류

   마. 제5류 위험물 중 제1호 라목에 정하는 위험물 외의 것

3. 위험등급 III의 위험물 : 제1호 및 제2호에 정하지 아니한 위험물

14 아세트알데하이드에 대한 내용이다. 다음 물음에 답하시오.

1) 압력탱크가 아닌 옥외저장탱크에 저장할 경우 온도를 쓰시오.
2) 아세트알데하이드의 위험도를 구하시오.(단, 폭발범위는 4.1~57%이다.)
3) 아세트알데하이드가 공기 중에서 산화 시 생성되는 물질의 명칭을 쓰시오.

▶정답 1) 15℃ 이하

2) $H = \dfrac{U - L}{L} = \dfrac{57 - 4.1}{4.1} = 12.9$

3) 초산

➡참고 $C_2H_5OH \underset{\text{환원}}{\overset{\text{산화}}{\rightleftharpoons}} CH_3CHO \underset{\text{환원}}{\overset{\text{산화}}{\rightleftharpoons}} CH_3COOH$

15 다음 보기는 위험물안전관리법령에 따른 위험물 저장, 취급 기준이다. 빈칸을 채우시오.

> 보기 : ① 제(   )류 위험물은 가연물과의 접촉·혼합이나 분해를 촉진하는 물품과의 접
> 근 또는 과열·충격·마찰 등을 피하는 한편, 알칼리금속의 과산화물 및 이를
> 함유한 것에 있어서는 물과의 접촉을 피하여야 한다.
> ② 제(   )류 위험물은 불티·불꽃·고온체와의 접근 또는 과열을 피하고, 함부로
> 증기를 발생시키지 아니하여야 한다.
> ③ 제(   )류 위험물은 산화제와의 접촉·혼합이나 불티·불꽃·고온체와의 접
> 근 또는 과열을 피하는 한편, 철분·금속분·마그네슘 및 이를 함유한 것에
> 있어서는 물이나 산과의 접촉을 피하고 인화성 고체에 있어서는 함부로 증기
> 를 발생시키지 아니하여야 한다.

▶정답 ① 1, ② 4, ③ 2

➡참고 위험물의 유별 저장·취급의 공통기준(중요기준)

① 제1류 위험물은 가연물과의 접촉·혼합이나 분해를 촉진하는 물품과의 접근 또는 과열·충
격·마찰 등을 피하는 한편, 알칼리금속의 과산화물 및 이를 함유한 것에 있어서는 물과의
접촉을 피하여야 한다.

② 제2류 위험물은 산화제와의 접촉·혼합이나 불티·불꽃·고온체와의 접근 또는 과열을 피하
는 한편, 철분·금속분·마그네슘 및 이를 함유한 것에 있어서는 물이나 산과의 접촉을 피하
고 인화성 고체에 있어서는 함부로 증기를 발생시키지 아니하여야 한다.

③ 제3류 위험물 중 자연발화성물질에 있어서는 불티·불꽃 또는 고온체와의 접근·과열 또는
공기와의 접촉을 피하고, 금수성 물질에 있어서는 물과의 접촉을 피하여야 한다.

④ 제4류 위험물은 불티·불꽃·고온체와의 접근 또는 과열을 피하고, 함부로 증기를 발생시키
지 아니하여야 한다.

⑤ 제5류 위험물은 불티·불꽃·고온체와의 접근이나 과열·충격 또는 마찰을 피하여야 한다.

⑥ 제6류 위험물은 가연물과의 접촉·혼합이나 분해를 촉진하는 물품과의 접근 또는 과열을 피하여야 한다.

16 다음 보기에서 불활성가스 소화설비에 적응성이 있는 위험물 2가지를 고르시오.

> 보기 : ① 제1류 위험물 중 알칼리금속의 과산화물
>
> ② 제2류 위험물 중 인화성고체
>
> ③ 제3류 위험물
>
> ④ 제4류 위험물
>
> ⑤ 제5류 위험물
>
> ⑥ 제6류 위험물

정답 ②, ④

참고 ① 제1류 위험물 중 알칼리금속의 과산화물 : 분해 시 산소를 발생

② 제3류 위험물 : 금속분은 불활성가스 소화효과가 낮음

③ 제5류 위험물 : 물질 속에 산소를 포함

④ 제6류 위험물 : 분해 시 산소를 발생

17 다음 보기에서 제4류 위험물 중 비수용성인 물질을 고르시오.

> 보기 : ① 이황화탄소   ② 아세톤   ③ 아세트알데하이드
>
> ④ 에틸렌글리콜   ⑤ 클로로벤젠   ⑥ 스티렌

정답 ① 이황화탄소,   ⑤ 클로로벤젠,   ⑥ 스티렌

18 위험물안전관리법령에서 정한 옥내저장소이다. 다음 보기를 참고하여 물음에 답하시오.

> 보기 : ① 저장소의 외벽은 내화구조이다.
>
> ② 연면적은 150m²이다.
>
> ③ 저장소에는 에탄올 1,000L, 등유 1,500L, 동식물유류 20,000L, 특수인화물 500L를 저장한다.

1) 옥내저장소의 소요단위를 구하시오.

2) [보기]에서 위험물의 소요단위를 구하시오.

➡정답 1) 옥내저장소의 소요단위는 내화구조인 경우 바닥면적 150m²가 1소요단위이다.

그러므로 옥내저장소의 소요단위 = $\dfrac{\text{연면적}}{\text{기준면적}}$ = $\dfrac{150\text{m}^2}{150\text{m}^2}$ = 1소요단위

2) 위험물의 1소요단위는 지정수량의 10배이다.

그러므로 1소요단위 = $\dfrac{1{,}000\text{L}}{400\text{L} \times 10\text{배}}$ + $\dfrac{1{,}500\text{L}}{1{,}000\text{L} \times 10\text{배}}$ + $\dfrac{20{,}000\text{L}}{10{,}000\text{L} \times 10\text{배}}$ + $\dfrac{500\text{L}}{50\text{L} \times 10\text{배}}$

= 1.6소요단위

19 다음 제1류 위험물의 품명과 지정수량을 쓰시오.

1) KIO_3

2) $AgNO_3$

3) $KMnO_4$

➡정답 1) KIO_3 : 아이오딘산염류, 300kg

2) $AgNO_3$: 질산염류, 300kg

3) $KMnO_4$: 과망가니즈산염류, 1,000kg

20 농도가 36중량% 이상인 경우 위험물로 본다. 이 위험물에 대해 다음 물음에 답하시오.

1) 이 물질의 분해 반응식을 쓰시오.

2) 이 물질의 위험등급을 쓰시오.

3) 이 물질을 운반하는 경우 운반용기 외부에 표시하여야 할 주의사항을 쓰시오.

➡정답 1) $2H_2O_2 \rightarrow 2H_2O + O_2$

2) 위험등급 I

3) 가연물접촉주의

➡참고 수납하는 위험물에 따른 주의사항

① 제1류 위험물 중 알칼리금속의 과산화물 또는 이를 함유한 것에 있어서는 "화기·충격주의", "물기엄금" 및 "가연물접촉주의", 그 밖의 것에 있어서는 "화기·충격주의" 및 "가연물접촉주의"

② 제2류 위험물 중 철분·금속분·마그네슘 또는 이들 중 어느 하나 이상을 함유한 것에 있어서는 "화기주의" 및 "물기엄금", 인화성 고체에 있어서는 "화기엄금", 그 밖의 것에 있어서는 "화기주의"

③ 제3류 위험물 중 자연발화성물질에 있어서는 "화기엄금" 및 "공기접촉엄금", 금수성 물질에 있어서는 "물기엄금"

④ 제4류 위험물에 있어서는 "화기엄금"

⑤ 제5류 위험물에 있어서는 "화기엄금" 및 "충격주의"

⑥ 제6류 위험물에 있어서는 "가연물접촉주의"

1 안포(AN FO) 폭약의 주성분이며 분자량이 80인 질산염류에 대한 물음에 답하시오.

1) 화학식을 쓰시오.
2) 열분해반응식을 쓰시오.

➡정답 1) NH_4NO_3
    2) $2NH_4NO_3 \rightarrow 2N_2 + O_2 + 4H_2O$

2 옥외탱크저장소에 설치하는 방유제에 대하여 다음 물음에 답하시오.

1) 탱크가 1기인 때의 방유제 용량
2) 방유제의 높이
3) 방유제의 면적
4) 하나의 방유제 내에 설치하는 탱크의 수
5) 방유제의 재질

➡정답 1) 당해 탱크 용량의 110% 이상
    2) 0.5m 이상, 3m 이하
    3) 8만m² 이하
    4) 10기 이하
    5) 철근콘크리트 또는 흙담

➡참고 방유제
  1. 인화성액체위험물(이황화탄소를 제외한다)의 옥외탱크저장소의 탱크 주위에는 다음 각 목의 기준에 의하여 방유제를 설치하여야 한다.
    가. 방유제의 용량은 방유제 안에 설치된 탱크가 하나인 때에는 그 탱크 용량의 110% 이상, 2기 이상인 때에는 그 탱크 중 용량이 최대인 것의 용량의 110% 이상으로 할 것. 이 경우 방유제의 용량은 당해 방유제의 내용적에서 용량이 최대인 탱크 외의 탱크의 방유제 높이 이하 부분의 용적, 당해 방유제 내에 있는 모든 탱크의 지반면 이상 부분의 기초의 체적, 간막이 둑의 체적 및 당해 방유제 내에 있는 배관 등의 체적을 뺀 것으로 한다.
    나. 방유제의 높이는 0.5m 이상 3m 이하로 할 것
    다. 방유제 내의 면적은 8만m² 이하로 할 것
    라. 방유제 내의 설치하는 옥외저장탱크의 수는 10(방유제 내에 설치하는 모든 옥외저장탱크의 용량이 20만L 이하이고, 당해 옥외저장탱크에 저장 또는 취급하는 위험물의 인화점이 70℃ 이상 200℃ 미만인 경우에는 20) 이하로 할 것. 다만, 인화점이 200℃ 이상인 위험물을 저장 또는 취급하는 옥외저장탱크에 있어서는 그러하지 아니하다.
    마. 방유제는 철근콘크리트 또는 흙으로 만들고, 위험물이 방유제의 외부로 유출되지 아니하는 구조로 할 것

3 에틸알코올에 대한 다음의 물음에 답하시오.

1) 에틸알코올의 완전연소반응식은?
2) 에틸알코올과 칼륨을 접촉시켰을 때 발생하는 기체는?
3) 에틸알코올의 구조이성질체인 디메틸에테르의 화학식은?

▶정답 1) $C_2H_5OH + 3O_2 \rightarrow 2CO_2 + 3H_2O$
  2) 수소(H_2)
  3) CH_3OCH_3
▶참고 $2C_2H_5OH + 2K \rightarrow 2C_2H_5OK + H_2$
  C_2H_5OK(칼륨에틸라이드)

4 다음 보기의 위험물을 인화점이 낮은 순서대로 나열하시오.

> 보기 : 다이에틸에터, 이황화탄소, 산화프로필렌, 아세톤

▶정답 다이에틸에터, 산화프로필렌, 이황화탄소, 아세톤
▶참고 위험물의 인화점

위험물	인화점
다이에틸에터	$-45℃$
이황화탄소	$-30℃$
산화프로필렌	$-37℃$
아세톤	$-18℃$

5 위험물의 운반기준에 따라 다음 보기의 위험물을 운반하는 경우 수납률에 따른 운반용기의 내용적은 몇 % 이하로 하여야 하는지 각각 쓰시오.

> 보기 : ① 질산칼륨   ② 질산   ③ 알킬알루미늄
>   ④ 알킬리튬   ⑤ 과염소산

▶정답 ① 95% 이하,   ② 98% 이하,   ③ 90% 이하,   ④ 90% 이하,   ⑤ 98% 이하
▶참고 ① 고체위험물은 운반용기 내용적의 95% 이하의 수납률로 수납할 것
  ② 액체위험물은 운반용기 내용적의 98% 이하의 수납률로 수납하되, 55도의 온도에서 누설되지 아니하도록 충분한 공간용적을 유지하도록 할 것
  ③ 자연발화성 물질 중 알킬알루미늄 등은 운반용기 내용적의 90% 이하의 수납률로 수납하되, 50℃의 온도에서 5% 이상의 공간용적을 유지하도록 할 것

6 위험물안전관리법령상 보기의 각 위험물 운반용기 외부에 표시할 주의사항을 쓰시오.

보기 : ① 질산칼륨   ② 철분   ③ 황린
　　　 ④ 아닐린   ⑤ 질산

▶정답 ① 질산칼륨 : 화기주의, 충격주의, 가연물접촉주의
　　　 ② 철분 : 화기주의, 물기엄금
　　　 ③ 황린 : 화기엄금, 공기접촉엄금
　　　 ④ 아닐린 : 화기엄금
　　　 ⑤ 질산 : 가연물접촉주의

▶참고 수납하는 위험물별 주의해야 할 표시규정
　　　 ① 제1류 위험물 중 알칼리금속의 과산화물 또는 이를 함유한 것에 있어서는 "화기·충격주의",
　　　　 "물기엄금" 및 "가연물접촉주의", 그 밖의 것에 있어서는 "화기·충격주의" 및 "가연물접촉
　　　　 주의"
　　　 ② 제2류 위험물 중 철분·금속분·마그네슘 또는 이들 중 어느 하나 이상을 함유한 것에 있어서
　　　　 는 "화기주의" 및 "물기엄금", 인화성고체에 있어서는 "화기엄금", 그 밖의 것에 있어서는
　　　　 "화기주의"
　　　 ③ 제3류 위험물 중 자연발화성물질에 있어서는 "화기엄금" 및 "공기접촉엄금", 금수성 물질에
　　　　 있어서는 "물기엄금"
　　　 ④ 제4류 위험물에 있어서는 "화기엄금"
　　　 ⑤ 제5류 위험물에 있어서는 "화기엄금" 및 "충격주의"
　　　 ⑥ 제6류 위험물에 있어서는 "가연물접촉주의"

7 다음은 제2류 위험물 판단기준에 대한 설명이다. 빈칸을 채우시오.

1) 황은 순도가 (　　)(중량)% 이상인 것을 말한다. 이 경우 순도측정에 있어서 불순물은 활석
　 등 불연성물질과 수분에 한한다.
2) "철분"이라 함은 철의 분말로서 (　　)㎛의 표준체를 통과하는 것이 (　　)(중량)% 미만인
　 것은 제외한다.
3) "금속분"이라 함은 알칼리금속·알칼리토금속·철 및 마그네슘 외의 금속의 분말을 말하고,
　 구리 분·니켈 분 및 (　　)㎛의 체를 통과하는 것이 (　　)(중량)% 미만인 것은 제외한다.

▶정답 ① 60,   ② 53, 50,   ③ 150, 50

8 다음은 압력수조를 이용한 가압송수장치의 압력을 구하는 식이다. 각각을 설명하시오.

$$P = P_1 + P_2 + P_3 + 0.35\text{MPa}$$
$$P : \text{필요한 압력(MPa)}$$

1) P_1 :

2) P_2 :

3) P_3 :

▶정답 압력수조의 압력은 다음 식에 의하여 구한 수치 이상으로 할 것
$P = P_1 + P_2 + P_3 + 0.35\text{MPa}$
여기서, P : 필요한 압력(MPa)
1) P_1 : 소방용 호스의 마찰손실수두압(MPa)
2) P_2 : 배관의 마찰손실수두압(MPa)
3) P_3 : 낙차의 환산수두압(MPa)

9 황 100kg, 인화칼슘 600kg, 알루미늄분 500kg의 지정수량 배수의 합을 구하시오.

▶정답 $\dfrac{100\text{kg}}{100\text{kg}} + \dfrac{600\text{kg}}{300\text{kg}} + \dfrac{500\text{kg}}{500\text{kg}} = 4$배

▶참고 지정수량 배수 = $\dfrac{\text{저장수량}}{\text{지정수량}}$ 의 합

위험물			지정수량
유별	성질	품명	
제2류	가연성 고체	1. 황화인	100kg
		2. 적린	100kg
		3. 황	100kg
		4. 철분	500kg
		5. 금속분	500kg
		6. 마그네슘	500kg
		7. 그 밖에 행정안전부령이 정하는 것 8. 제1호부터 제7호까지의 어느 하나에 해당하는 위험물을 하나 이상 함유한 것	100kg 또는 500kg
		9. 인화성고체	1,000kg

위험물			지정수량
유별	성질	품명	
제3류	자연발화성 물질 및 금수성 물질	1. 칼륨	10kg
		2. 나트륨	10kg
		3. 알킬알루미늄	10kg
		4. 알킬리튬	10kg
		5. 황린	20kg
		6. 알칼리금속(칼륨 및 나트륨을 제외한다.) 및 알칼리토금속	50kg
		7. 유기금속화합물(알킬알루미늄 및 알킬리튬을 제외한다.)	50kg
		8. 금속의 수소화물	300kg
		9. 금속의 인화물	300kg
		10. 칼슘 또는 알루미늄의 탄화물	300kg
		11. 그 밖에 행정안전부령이 정하는 것 12. 제1호 내지 제11호의 1에 해당하는 어느 하나 이상을 함유한 것	10kg, 20kg, 50kg 또는 300kg

10 다음 각 위험물에 대한 위험등급 Ⅱ에 해당하는 품명 2가지씩만 쓰시오.

1) 제1류 위험물
2) 제2류 위험물
3) 제4류 위험물

정답 1) 취소산 염류, 질산염류, 옥소산 염류
   2) 황화인, 적린, 황
   3) 제1석유류, 알코올류

참고 위험등급 Ⅱ의 위험물
   ① 제1류 위험물 중 브로민산염류, 질산염류, 아이오딘산염류, 그 밖에 지정수량이 300kg인 위험물
   ② 제2류 위험물 중 황화인, 적린, 황, 그 밖에 지정수량이 100kg인 위험물
   ③ 제3류 위험물 중 알칼리금속(칼륨 및 나트륨을 제외한다) 및 알칼리토금속, 유기금속화합물(알킬알루미늄 및 알킬리튬을 제외한다), 그 밖에 지정수량이 50kg인 위험물
   ④ 제4류 위험물 중 제1석유류 및 알코올류
   ⑤ 제5류 위험물 중 제1호 라목에 정하는 위험물 외의 것

11 이황화탄소에 대한 다음의 물음에 답하시오.

1) 지정수량
2) 연소반응식
3) 저장하는 철근콘크리트 수조의 두께는 몇 m 이상인가?

▶정답 1) 50L
     2) 연소반응식 : $CS_2 + 3O_2 \rightarrow 2SO_2 + CO_2$
     3) 0.2m 이상

12 다음 보기의 소화기구 중 나트륨화재에 대해 적응성이 있는 것을 모두 고르시오.

보기 : 마른 모래, 팽창질석, 포소화기, 이산화탄소소화기, 인산염류소화기

▶정답 마른 모래, 팽창질석
➡참고 금속화재의 적응소화기 : 마른 모래, 팽창질석과 팽창진주암, 탄산수소염류 분말소화기

13 과산화나트륨에 대한 다음의 물음에 답하시오.

1) 물과의 반응식을 쓰시오.
2) 과산화나트륨 1kg이 반응할 때 생성된 기체는 350℃, 1기압에서 체적은 얼마인가(L)?

▶정답 1) $2Na_2O_2 + 2H_2O \rightarrow 4NaOH + O_2$
     2) $2Na_2O_2 + 2H_2O \rightarrow 4NaOH + O_2$

1kg	:	$x\text{m}^3$
2×78kg	:	22.4m^3

$x \times 2 \times 78 = 1 \times 22.4$ $x = 0.1436\text{m}^3$

보일–샤를의 법칙을 이용하여 온도와 압력을 보정하면

$$\frac{P_1 V_1}{T_1} = \frac{P_2 V_2}{T_2}$$

$$\frac{1 \times 0.1436}{(273+0)} = \frac{1 \times y}{(273+350)} \qquad y = 0.3277\text{m}^3 = 327.7\text{L}$$

14 다음은 제4류 위험물에 대한 내용이다. 빈칸에 알맞은 답을 쓰시오.

화학식	품명	지정수량
HCN		
$C_2H_4(OH)_2$		
CH_3COOH		
$C_3H_5(OH)_3$		
N_2H_4		

정답

화학식	품명	지정수량
HCN	제1석유류	400L
$C_2H_4(OH)_2$	제3석유류	4,000L
CH_3COOH	제2석유류	2,000L
$C_3H_5(OH)_3$	제3석유류	4,000L
N_2H_4	제2석유류	2,000L

참고

화학식	품명	수용성 여부
HCN	제1석유류(사이안화수소)	수용성
$C_2H_4(OH)_2$	제3석유류(에틸렌글리콜)	수용성
CH_3COOH	제2석유류(초산)	수용성
$C_3H_5(OH)_3$	제3석유류(글리세린)	수용성
N_2H_4	제2석유류(하이드라진)	수용성

15 인화칼슘에 대한 다음의 물음에 답하시오.

1) 제 몇 류 위험물인지 쓰시오.
2) 지정수량을 쓰시오.
3) 물과의 반응식을 쓰시오.
4) 물과 반응 후 생성되는 물질명을 쓰시오.

정답 1) 제3류 위험물
    2) 300kg
    3) $Ca_3P_2 + 6H_2O \rightarrow 3Ca(OH)_2 + 2PH_3$
    4) 포스핀(PH_3)

16 다음 보기는 제2류 위험물에 대한 설명이다. 설명 중 옳은 것을 모두 고르시오.

> 보기 : ① 황화인, 적린, 황은 위험물 등급 II에 해당된다.
> ② 고형알코올의 지정수량은 1,000kg이다.
> ③ 물에 대부분 잘 녹는다.
> ④ 비중은 1보다 크다.
> ⑤ 대부분 산화제이다.

➡정답 ①, ②, ④

➡참고 제2류 위험물의 특징
① 가연성 고체로서 낮은 온도에서 착화하기 쉬운 속연성 물질(이연성 물질)이다.
② 비중은 1보다 크고 물에 녹지 않으며 산소를 함유하지 않기 때문에 강한 환원성 물질로 대부분 무기화합물이다.
③ 산화되기 쉽고 산소와 쉽게 결합한다.
④ 연소속도가 빠르고 연소열도 크며 연소 시 유독가스가 발생하는 것도 있다.
⑤ 모든 물질이 가연성이고 무기과산화물류와 혼합한 것은 수분에 의해서 발화한다.
⑥ 금속분(철분, 마그네슘분, 금속분류 등)은 산소와의 결합력이 크고 이온화 경향이 큰 금속일수록 산화되기 쉽다(물이나 산과의 접촉을 피한다).

17 다음 표는 제3류 위험물에 대한 내용이다. 빈칸의 번호에 알맞은 답을 쓰시오.

품명	지정수량
칼륨	①
나트륨	②
알킬알루미늄	③
④	10kg
⑤	20kg
알칼리금속(칼륨, 나트륨은 제외) 및 알칼리토금속	⑥
유기금속화합물(알킬알루미늄 및 알킬리튬은 제외)	⑦

➡정답 ① 10kg, ② 10kg, ③ 10kg, ④ 알킬리튬, ⑤ 황린, ⑥ 50kg, ⑦ 50kg

➡참고

위험물			지정수량
유별	성질	품명	
제3류	자연발화성 물질 및 금수성 물질	1. 칼륨	10kg
		2. 나트륨	10kg
		3. 알킬알루미늄	10kg
		4. 알킬리튬	10kg
		5. 황린	20kg
		6. 알칼리금속(칼륨 및 나트륨을 제외한다.) 및 알칼리토금속	50kg
		7. 유기금속화합물(알킬알루미늄 및 알킬리튬을 제외한다.)	50kg
		8. 금속의 수소화물	300kg
		9. 금속의 인화물	300kg
		10. 칼슘 또는 알루미늄의 탄화물	300kg
		11. 그 밖에 행정안전부령이 정하는 것 12. 제1호 내지 제11호의 1에 해당하는 어느 하나 이상을 함유한 것	10kg, 20kg, 50kg 또는 300kg

18 다음 보기의 내용은 고정주유설비 또는 고정급유설비에 대한 설명이다. ( )에 적당한 답을 쓰시오.

> 보기 : ① 고정주유설비의 중심선을 기점으로 하여 도로경계선까지 ( )m 이상, 부지경계선·담 및 건축물의 벽까지 ( )m(개구부가 없는 벽까지는 1m) 이상의 거리를 유지하고, 고정급유설비의 중심선을 기점으로 하여 도로경계선까지 ( )m 이상, 부지경계선 및 담까지 1m 이상, 건축물의 벽까지 ( )m(개구부가 없는 벽까지는 1m) 이상의 거리를 유지할 것
> ② 고정주유설비와 고정급유설비의 사이에는 ( )m 이상의 거리를 유지할 것

➡정답 ① 4, 2, 4, 2
　② 4

➡참고 고정급유설비
　① 고정주유설비의 중심선을 기점으로 하여 도로경계선까지 4m 이상, 부지경계선·담 및 건축물의 벽까지 2m(개구부가 없는 벽까지는 1m) 이상의 거리를 유지하고, 고정급유설비의 중심선을 기점으로 하여 도로경계선까지 4m 이상, 부지경계선 및 담까지 1m 이상, 건축물의 벽까지 2m(개구부가 없는 벽까지는 1m) 이상의 거리를 유지할 것
　② 고정주유설비와 고정급유설비의 사이에는 4m 이상의 거리를 유지할 것

19 위험물안전관리법령상 '유별을 달리하는 위험물은 동일한 저장소에 저장하지 아니하여야 한다. 다만, 옥내저장소 또는 옥외저장소에 있어서 위험물을 저장하는 경우로서 위험물을 유별로 정리하여 저장하는 한편, 서로 1m 이상의 간격을 두는 경우에는 저장할 수 있다'에서 다음 보기의 위험물에 해당하는 물질과 동일한 저장소에 저장할 수 있는 것을 고르시오.

> 보기 : 과염소산칼륨, 염소산칼륨, 과산화나트륨, 아세톤, 과염소산, 질산, 아세트산

1) 질산메틸
2) 인화성고체
3) 황린

정답 1) 질산메틸 : 과염소산칼륨, 염소산칼륨
2) 인화성고체 : 아세톤, 아세트산
3) 황린 : 과염소산칼륨, 염소산칼륨, 과산화나트륨

참고 유별을 달리하는 위험물은 동일한 저장소(내화구조의 격벽으로 완전히 구획된 실이 2 이상 있는 저장소에 있어서는 동일한 실. 이하 제3호에서 같다)에 저장하지 아니하여야 한다. 다만, 옥내저장소 또는 옥외저장소에 있어서 다음의 각 목의 규정에 의한 위험물을 저장하는 경우로서 위험물을 유별로 정리하여 저장하는 한편, 서로 1m 이상의 간격을 두는 경우에는 그러하지 아니하다(중요기준).

가. 제1류 위험물(알칼리금속의 과산화물 또는 이를 함유한 것을 제외한다)과 제5류 위험물을 저장하는 경우
나. 제1류 위험물과 제6류 위험물을 저장하는 경우
다. 제1류 위험물과 제3류 위험물 중 자연발화성물질(황린 또는 이를 함유한 것에 한한다)을 저장하는 경우
라. 제2류 위험물 중 인화성고체와 제4류 위험물을 저장하는 경우
마. 제3류 위험물 중 알킬알루미늄 등과 제4류 위험물(알킬알루미늄 또는 알킬리튬을 함유한 것에 한한다)을 저장하는 경우
바. 제4류 위험물 중 유기과산화물 또는 이를 함유하는 것과 제5류 위험물 중 유기과산화물 또는 이를 함유한 것을 저장하는 경우

20 에틸알코올을 저장하는 옥내저장탱크 2기가 있다. ( ) 안에 알맞은 답을 쓰시오.

1) 옥내저장탱크와 탱크전용실의 벽과의 사이 및 옥내저장탱크의 상호 간에는 ( ) 이상의 간격을 유지할 것
2) 옥내저장탱크의 용량은 지정수량의 ( ) 이하일 것
3) 탱크전용실은 벽·기둥 및 바닥을 ( )로 하고, 보를 ( )로 하며, 연소의 우려가 있는 외벽은 출입구 외에는 개구부가 없도록 할 것
4) 탱크전용실의 창 및 출입구에는 60분＋방화문 또는 60분방화문 또는 30분방화문을 설치하는 동시에, 연소의 우려가 있는 외벽에 두는 출입구에는 수시로 열 수 있는 ( )의 60분＋방화문 또는 60분방화문을 설치할 것
5) 옥내저장탱크의 용량(각 탱크의 용량의 합계)은 몇 L 이하로 하여야 하는가?

▶정답 1) 0.5m
2) 40배
3) 내화구조, 불연재료
4) 자동폐쇄식
5) 16,000L

▶참고 옥내저장탱크의 용량(동일한 탱크전용실에 옥내저장탱크를 2 이상 설치하는 경우에는 각 탱크의 용량의 합계를 말한다)은 지정수량의 40배(제4석유류 및 동식물유류 외의 제4류 위험물에 있어서 당해 수량이 20,000L를 초과할 때에는 20,000L) 이하일 것, 즉 에틸알코올 지정수량이 400L이므로 400L × 40배＝16,000L

1 질산암모늄 중 다음 기체의 wt%를 구하시오.

1) 질소
2) 수소

▶정답 1) $\dfrac{28}{80} \times 100 = 35\text{wt}(\%)$

2) $\dfrac{4}{80} \times 100 = 5\text{wt}(\%)$

▶참고 질산암모늄 : $NH_4NO_3 = (14g \times 2) + (1g \times 4) + (16g \times 3) = 80g$

2 다음 소화약제의 1차 열분해 반응식을 쓰시오.

1) 제1종 분말소화약제
2) 제2종 분말소화약제

▶정답 1) $2NaHCO_3 \rightarrow Na_2CO_3 + H_2O + CO_2$

2) $2KHCO_3 \rightarrow K_2CO_3 + H_2O + CO_2$

▶참고

종류	주성분	착색	적응화재	열분해 반응식
제1종 분말	$NaHCO_3$ (탄산수소나트륨)	백색	B, C	$2NaHCO_3$ $\rightarrow Na_2CO_3 + CO_2 + H_2O$
제2종 분말	$KHCO_3$ (탄산수소칼륨)	보라색	B, C	$2KHCO_3$ $\rightarrow K_2CO_3 + CO_2 + H_2O$
제3종 분말	$NH_4H_2PO_4$ (제1인산암모늄)	담홍색	A, B, C	$NH_4H_2PO_4$ $\rightarrow HPO_3 + NH_3 + H_2O$
제4종 분말	$KHCO_3 + (NH_2)_2CO$ (탄산수소칼륨 + 요소)	회백색	B, C	$2KHCO_3 + (NH_2)_2CO$ $\rightarrow K_2CO_3 + 2NH_3 + 2CO_2$

3 다음 물음에 답하시오.

1) 제조소, 취급소, 저장소를 통틀어 무엇이라 하는가?
2) 옥내저장소, 옥외저장소, 지하저장탱크, 암반탱크저장소, 이동탱크저장소, 옥내탱크저장소, 옥외탱크저장소 중에서 표기하지 않은 저장소의 종류를 1가지 쓰시오.
3) 안전관리자를 선임할 필요 없는 저장소의 종류를 모두 쓰시오.

4) 주유취급소, 일반취급소, 판매취급소 중 표기하지 않은 취급소의 종류를 1가지 쓰시오.

5) 일반취급소 중 액체 위험물을 용기에 옮겨 담는 취급소의 명칭을 쓰시오.

정답 1) 제조소등
2) 간이탱크저장소
3) 이동탱크저장소
4) 이송취급소
5) 충전하는 일반취급소

4 다음 보기 중 지정수량이 옳은 것을 모두 고르시오.

1) 테레핀유 : 2,000L

2) 실린더유 : 6,000L

3) 아닐린 : 2,000L

4) 피리딘 : 400L

5) 산화프로필렌 : 200L

정답 2), 3), 4)

참고

위험물			지정수량
유별	성질	품명	
제4류	인화성 액체	1. 특수인화물	50L
		2. 제1석유류　비수용성 액체	200L
		수용성 액체	400L
		3. 알코올류	400L
		4. 제2석유류　비수용성 액체	1,000L
		수용성 액체	2,000L
		5. 제3석유류　비수용성 액체	2,000L
		수용성 액체	4,000L
		6. 제4석유류	6,000L
		7. 동식물유류	10,000L

5 다음의 정의를 쓰시오.

1) 인화성고체
2) 철분

▶정답 1) 고형알코올 그 밖의 1기압에서 인화점이 40℃ 미만인 고체
　　　 2) 철의 분말로서 53μm의 표준체를 통과하는 것이 50중량% 미만인 것은 제외

6 다음 물음에 답하시오.

1) 마그네슘과 이산화탄소의 반응식
2) 이산화탄소소화약제로 소화가 안 되는 이유

▶정답 1) $2Mg + CO_2 \rightarrow 2MgO + C$
　　　 2) 탄소가 발생하여 화재, 폭발을 일으킬 위험이 있으므로

7 제5류 위험물 중 제1종 및 제2종의 지정수량을 쓰시오.

▶정답 제1종 : 10kg, 제2종 : 100kg

8 다음 물음에 답하시오.

1) 탄화칼슘과 물과의 반응식
2) 물과 반응으로 생성되는 기체의 연소반응식

▶정답 1) $CaC_2 + 2H_2O \rightarrow Ca(OH)_2 + C_2H_2$
　　　 2) $2C_2H_2 + 5O_2 \rightarrow 4CO_2 + 2H_2O$

9 다음 물음에 답하시오.

1) 메탄올의 연소반응식
2) 1몰 메탄올 연소 시 생성되는 물질의 몰수

▶정답 1) $2CH_3OH + 3O_2 \rightarrow 2CO_2 + 4H_2O$
　　　 2) 3몰

10 지름 10m, 높이 4m, 지붕이 1m인 종형 원통형 탱크의 내용적을 구하시오.

1) 계산과정
2) 답

정답 1) $V = \pi r^2 l = 3.14 \times 5^2 \times 4$

2) $314\,\mathrm{m}^3$

11 다음 위험물의 운반용기 외부의 주의사항을 쓰시오.

1) 황린
2) 인화성고체
3) 과산화나트륨

정답 1) 화기엄금, 공기접촉엄금

2) 화기엄금

3) 화기 · 충격주의, 가연물접촉주의, 물기엄금

참고 수납하는 위험물에 따른 주의사항

① 제1류 위험물 중 알칼리금속의 과산화물 또는 이를 함유한 것에 있어서는 "화기 · 충격주의", "물기엄금" 및 "가연물접촉주의", 그 밖의 것에 있어서는 "화기 · 충격주의" 및 "가연물접촉주의"

② 제2류 위험물 중 철분 · 금속분 · 마그네슘 또는 이들 중 어느 하나 이상을 함유한 것에 있어서는 "화기주의" 및 "물기엄금", 인화성고체에 있어서는 "화기엄금", 그 밖의 것에 있어서는 "화기주의"

③ 제3류 위험물 중 자연발화성물질에 있어서는 "화기엄금" 및 "공기접촉엄금", 금수성물질에 있어서는 "물기엄금"

④ 제4류 위험물에 있어서는 "화기엄금"

⑤ 제5류 위험물에 있어서는 "화기엄금" 및 "충격주의"

⑥ 제6류 위험물에 있어서는 "가연물접촉주의"

12 배출설비에 대한 다음 물음에 답하시오.

1) 국소방식은 시간당 배출장소 용적의 (   )배 이상으로 하고 전역방식은 바닥면적 $1\mathrm{m}^2$당 (   )m^3 이상으로 한다.

2) 배출구는 지상 (   )m 이상으로서 연소의 우려가 없는 장소에 설치하고, (   )가 관통하는 벽부분의 바로 가까이에 화재 시 자동으로 폐쇄되는 (   )를 설치할 것

정답 1) 20, 18

2) 2, 배출덕트, 방화댐퍼

➡참고 **배출설비**

가연성의 증기 또는 미분이 체류할 우려가 있는 건축물에는 그 증기 또는 미분을 옥외의 높은 곳으로 배출할 수 있도록 다음 각 호의 기준에 의하여 배출설비를 설치하여야 한다.

① 배출설비는 국소방식으로 하여야 한다. 다만, 다음 각 목의 1에 해당하는 경우에는 전역방식으로 할 수 있다.
　　가. 위험물취급설비가 배관이음 등으로만 된 경우
　　나. 건축물의 구조·작업장소의 분포 등의 조건에 의하여 전역방식이 유효한 경우
② 배출설비는 배풍기·배출 덕트·후드 등을 이용하여 강제적으로 배출하는 것으로 하여야 한다.
③ 배출능력은 1시간당 배출장소 용적의 20배 이상인 것으로 하여야 한다. 다만, 전역방식의 경우에는 바닥면적 $1m^2$당 $18m^3$ 이상으로 할 수 있다.
④ 배출설비의 급기구 및 배출구는 다음 각 목의 기준에 의하여야 한다.
　　가. 급기구는 높은 곳에 설치하고, 가는 눈의 구리망 등으로 인화방지망을 설치할 것
　　나. 배출구는 지상 2m 이상으로서 연소의 우려가 없는 장소에 설치하고, 배출 덕트가 관통하는 벽부분의 바로 가까이에 화재 시 자동으로 폐쇄되는 방화댐퍼를 설치할 것
⑤ 배풍기는 강제배기방식으로 하고, 옥내 덕트의 내압이 대기압 이상이 되지 아니하는 위치에 설치하여야 한다.

13 지정과산화물 옥내저장소에 대한 다음 물음에 답하시오.

저장창고는 (①)m^2 이내마다 격벽으로 완전하게 구획할 것. 이 경우 당해 격벽은 두께 (②)cm 이상의 철근콘크리트조 또는 철골철근콘크리트조로 하거나 두께 (③)cm 이상의 보강콘크리트블록조로 하고, 당해 저장창고의 양측의 외벽으로부터 (④)m 이상, 상부의 지붕으로부터 (⑤)cm 이상 돌출하게 하여야 한다.

➡정답 ① 150
② 30
③ 40
④ 1
⑤ 50

14 과산화수소(H_2O_2)가 들어 있는 비커에 이산화망가니즈(MnO_2)을 넣으니 화학반응이 진행되어 가스가 발생하고 있다. 다음 물음에 답하시오.

1) 산화성액체의 분해반응식을 쓰시오.
2) 발생기체의 명칭을 쓰시오.

➡정답 1) $2H_2O_2 \rightarrow 2H_2O + O_2$
2) 산소

15 이소프로필알코올의 산화에 대한 다음 물음에 답하시오.

1) 아이오딘포름 반응을 하는 제1석유류에 해당하는 물질은?

2) 아이오딘포름의 화학식을 쓰시오.

3) 어떤 색깔인가?

정답 1) 아세톤(CH_3COCH_3)

　　2) CHI_3

　　3) 황색

참고 ① 이소프로필알코올을 산화시키면 아세톤을 얻을 수 있다.

$$CH_3CHOHCH_3 \xrightarrow{-2H} CH_3-CO-CH_3$$

② 아세톤은 아이오딘포름(CHI_3) 반응을 하여 황색 침전이 일어난다.

16 다음 ( )를 채우시오.

1) (①) 등을 취급하는 제조소의 설비

　• 불활성기체 봉입장치를 갖추어야 한다.

　• 누설된 (①) 등을 안전한 장소에 설치된 저장실에 유입시킬 수 있는 설비를 갖추어야 한다.

2) (②) 등을 취급하는 제조소의 설비

　• 은, 수은, 구리(동), 마그네슘을 성분으로 하는 합금으로 만들지 아니한다.

　• 연소성 혼합기체의 폭발을 방지하기 위한 불활성기체 또는 수증기 봉입장치를 갖추어야 한다.

　• 저장하는 탱크에는 냉각장치 또는 보냉장치 및 불활성기체 봉입장치를 갖추어야 한다.

3) (③) 등을 취급하는 제조소의 설비

　• (③) 등의 온도 및 농도의 상승에 따른 위험한 반응을 방지하기 위한 조치를 강구한다.

　• 철, 이온 등의 혼입에 따른 위험한 반응을 방지하기 위한 조치를 강구한다.

정답 ① 알킬알루미늄

　　② 아세트알데하이드

　　③ 하이드록실아민

17 이황화탄소 5kg이 모두 증기로 변했을 때 1기압, 50℃에서 부피를 구하시오.

1) 계산과정

2) 답

정답 1) $1 \times V = 5 \times 0.082 \times (273+50) / 76$

　　2) $1.74m^3$

18 다음 보기 중 소화난이도등급 I 을 고르시오.

① 질산 60,000kg을 저장하는 옥외탱크저장소

② 과산화수소를 저장하는 액표면적이 40m²인 옥외탱크저장소

③ 이황화탄소 500L를 저장하는 옥외탱크저장소

④ 황 14,000kg을 저장하는 지중탱크

⑤ 휘발유 100,000L를 저장하는 해상탱크

정답 ④, ⑤

참고 소화난이도등급 I 의 제조소 등 및 소화설비

가. 소화난이도등급 I 에 해당하는 제조소 등

제조소 등의 구분	제조소 등의 규모, 저장 또는 취급하는 위험물의 품명 및 최대수량 등
제조소 일반취급소	• 연면적 1,000m² 이상인 것 • 지정수량의 100배 이상인 것(고인화점위험물만을 100℃ 미만의 온도에서 취급하는 것 및 제48조의 위험물을 취급하는 것은 제외) • 지반면으로부터 6m 이상의 높이에 위험물 취급설비가 있는 것(고인화점위험물만을 100℃ 미만의 온도에서 취급하는 것은 제외) • 일반취급소로 사용되는 부분 외의 부분을 갖는 건축물에 설치된 것(내화구조로 개구부 없이 구획된 것 및 고인화점위험물만을 100℃ 미만의 온도에서 취급하는 것은 제외)
옥내 저장소	• 지정수량의 150배 이상인 것(고인화점위험물만을 저장하는 것 및 제48조의 위험물을 저장하는 것은 제외) • 연면적 150m²를 초과하는 것(150m² 이내마다 불연재료로 개구부 없이 구획된 것 및 인화성고체 외의 제2류 위험물 또는 인화점 70℃ 이상의 제4류 위험물만을 저장하는 것은 제외) • 처마높이가 6m 이상인 단층건물의 것 • 옥내저장소로 사용되는 부분 외의 부분이 있는 건축물에 설치된 것(내화구조로 개구부 없이 구획된 것 및 인화성 고체 외의 제2류 위험물 또는 인화점 70℃ 이상의 제4류 위험물만을 저장하는 것은 제외)
옥외 탱크저장소	• 액표면적이 40m² 이상인 것(제6류 위험물을 저장하는 것 및 고인화점위험물만을 100℃ 미만의 온도에서 저장하는 것은 제외) • 지반면으로부터 탱크 옆판의 상단까지 높이가 6m 이상인 것(제6류 위험물을 저장하는 것 및 고인화점위험물만을 100℃ 미만의 온도에서 저장하는 것은 제외) • 지중탱크 또는 해상탱크로서 지정수량의 100배 이상인 것(제6류 위험물을 저장하는 것 및 고인화점위험물만을 100℃ 미만의 온도에서 저장하는 것은 제외) • 고체위험물을 저장하는 것으로서 지정수량의 100배 이상인 것

제조소 등의 구분	제조소 등의 규모, 저장 또는 취급하는 위험물의 품명 및 최대수량 등
옥내 탱크저장소	• 액표면적이 40m² 이상인 것(제6류 위험물을 저장하는 것 및 고인화점위험물만을 100℃ 미만의 온도에서 저장하는 것은 제외) • 바닥면으로부터 탱크 옆판의 상단까지 높이가 6m 이상인 것(제6류 위험물을 저장하는 것 및 고인화점위험물만을 100℃ 미만의 온도에서 저장하는 것은 제외) • 탱크전용실이 단층건물 외의 건축물에 있는 것으로서 인화점 38℃ 이상 70℃ 미만의 위험물을 지정수량의 5배 이상 저장하는 것(내화구조로 개구부 없이 구획된 것은 제외)
옥외 저장소	• 덩어리 상태의 황을 저장하는 것으로서 경계표시 내부의 면적(2 이상의 경계표시가 있는 경우에는 각 경계표시의 내부의 면적을 합한 면적)이 100m² 이상인 것 • 별표 11 Ⅲ의 위험물을 저장하는 것으로서 지정수량의 100배 이상인 것
암반 탱크저장소	• 액표면적이 40m² 이상인 것(제6류 위험물을 저장하는 것 및 고인화점위험물만을 100℃ 미만의 온도에서 저장하는 것은 제외) • 고체위험물만을 저장하는 것으로서 지정수량의 100배 이상인 것
이송취급소	• 모든 대상

※ 제조소 등의 구분별로 오른쪽 난에 정한 제조소 등의 규모, 저장 또는 취급하는 위험물의 수량 및 최대수량 등의 어느 하나에 해당하는 제조소 등은 소화난이도등급Ⅰ에 해당하는 것으로 한다.

19 자체소방대에 대해 ( )에 답하시오.

사업소의 구분	화학소방자동차	자체소방대원의 수
1. 제조소 또는 일반취급소에서 취급하는 제4류 위험물의 최대수량의 합이 지정수량의 3천 배 이상 12만 배 미만인 사업소	(①)	(②)
2. 제조소 또는 일반취급소에서 취급하는 제4류 위험물의 최대수량의 합이 지정수량의 12만 배 이상 24만 배 미만인 사업소	(③)	(④)
3. 제조소 또는 일반취급소에서 취급하는 제4류 위험물의 최대수량의 합이 지정수량의 24만 배 이상 48만 배 미만인 사업소	(⑤)	(⑥)
4. 제조소 또는 일반취급소에서 취급하는 제4류 위험물의 최대수량의 합이 지정수량의 48만 배 이상인 사업소	(⑦)	(⑧)
5. 옥외탱크저장소에 저장하는 제4류 위험물의 최대수량이 지정수량의 50만 배 이상인 사업소	2대	10인

▶정답 ① 1, ② 5, ③ 2, ④ 10, ⑤ 3, ⑥ 15, ⑦ 4, ⑧ 20

20 다음 ( ) 안을 채우시오.

> 알코올류라 함은 1분자를 구성하는 탄소원자의 수가 1개부터 (①)개까지인 포화1가 알코올(변성알코올을 포함한다.)을 말한다. 다만, 다음 각 목의 1에 해당하는 것은 제외한다.
>
> 가. 1분자를 구성하는 탄소원자의 수가 1개 내지 3개의 포화1가 알코올의 함유량이 (②) 중량퍼센트 미만인 수용액
>
> 나. 가연성 액체량이 (③)중량퍼센트 미만이고 인화점 및 연소점(태그개방식 인화점측정기에 의한 연소점을 말한다. 이와 같다.)이 에틸알코올 60중량퍼센트 수용액의 인화점 및 연소점을 초과하는 것

➡정답 ① 3
② 60
③ 60

➡참고 "알코올류"라 함은 1분자를 구성하는 탄소원자의 수가 1개부터 3개까지인 포화1가 알코올(변성알코올을 포함한다.)을 말한다. 다만, 다음 각 목의 1에 해당하는 것은 제외한다.

가. 1분자를 구성하는 탄소원자의 수가 1개 내지 3개의 포화 1가 알코올의 함유량이 60(중량)% 미만인 수용액

나. 가연성액체량이 60(중량)% 미만이고 인화점 및 연소점(태그개방식 인화점측정기에 의한 연소점을 말한다.)이 에틸알코올 60(중량)% 수용액의 인화점 및 연소점을 초과하는 것

1 금속칼륨에 대한 다음 물음에 답하시오.

1) 물과의 반응식을 쓰시오.
2) CO_2와의 반응식을 쓰시오.
3) 에틸알코올과의 반응식을 쓰시오.

➡정답 1) $2K + 2H_2O \rightarrow 2KOH + H_2$
   2) $4K + 3CO_2 \rightarrow 2K_2CO_3 + C$
   3) $2K + 2C_2H_5OH \rightarrow 2C_2H_5OK + H_2$

➡참고 CO_2와 CCl_4와 접촉하면 폭발적으로 반응한다.
   $4K + 3CO_2 \rightarrow 2K_2CO_3 + C$
   $4K + CCl_4 \rightarrow 4KCl + C$

2 다음 물질의 연소반응식을 쓰시오.

1) P_2S_5
2) Al
3) Mg

➡정답 1) $2P_2S_5 + 15O_2 \rightarrow 2P_2O_5 + 10SO_2$
   2) $4Al + 3O_2 \rightarrow 2Al_2O_3$
   3) $2Mg + O_2 \rightarrow 2MgO$

3 제조소에 설치하는 옥내소화전에 대한 다음 물음에 답하시오.

1) 수원의 양은 소화전의 개수에 몇 m^3를 곱해야 하는지 쓰시오.
2) 하나의 노즐의 방수압력은 몇 kPa 이상으로 하는지 쓰시오.
3) 하나의 노즐의 방수량은 몇 L/min 이상으로 하는지 쓰시오.
4) 하나의 호스접속구까지의 수평거리는 몇 m 이하로 해야 하는지 쓰시오.

➡정답 1) 7.8
   2) 350
   3) 260
   4) 25

➡참고 소화전설비 기준

구분	방수량	방수압력	토출량	수원량
옥내소화전	$260\dfrac{l}{분}$	350kpa	N(최대 5개)$\times 260\dfrac{l}{분}$	N(최대 5개)$\times 260\dfrac{l}{분}\times 30$분
옥외소화전	$450\dfrac{l}{분}$	350kpa	N(최대 4개)$\times 450\dfrac{l}{분}$	N(최대 4개)$\times 450\dfrac{l}{분}\times 30$분
스프링클러설비	$80\dfrac{l}{분}$	100kpa	헤드수$\times 80\dfrac{l}{분}$	헤드수$\times 80\dfrac{l}{분}\times 30$분
물분무소화설비	$20\dfrac{l}{\text{m}^2분}$	350kpa	A(최대 150m²)$\times 20\dfrac{l}{\text{m}^2분}$	A(최대 150m²)$\times 20\dfrac{l}{\text{m}^2분}\times 30$분

4 위험물안전관리법령에서 정한 위험물의 운반에 관한 기준에서 다음 위험물이 지정수량 이상일 때 혼재가 불가능한 위험물은 무엇인지 모두 쓰시오.

① 제1류 위험물	② 제2류 위험물	③ 제3류 위험물
④ 제4류 위험물	⑤ 제5류 위험물	

▶정답 ① 2, 3, 4, 5
　　② 1, 3, 6
　　③ 1, 2, 5, 6
　　④ 1, 6
　　⑤ 1, 3, 6

➡참고 혼재 가능 위험물은 다음과 같다.
　• 423 → 4류와 2류, 4류와 3류는 서로 혼재 가능
　• 524 → 5류와 2류, 5류와 4류는 서로 혼재 가능
　• 61 → 6류와 1류는 서로 혼재 가능

5 위험물 저장, 취급기준에 대해 괄호 안에 알맞은 말을 쓰시오.

1) 제3류 위험물 중 자연발화성 물질에 있어서는 불티, 불꽃, 고온체와의 접근, 과열 또는 ( )와의 접촉을 피하고, 금수성 물질에 있어서는 물과의 접촉을 피해야 한다.
2) 제( )류 위험물은 불티, 불꽃, 고온체와의 접근이나 과열, 충격 또는 마찰을 피해야 한다.
3) 제2류 위험물은 산화제와의 접촉·혼합이나 불티, 불꽃, 고온체와의 접근 또는 과열을 피하는 한편, ( ), ( ), ( ) 및 이를 함유한 것에 있어서는 물이나 산과의 접촉을 피하고 인화성 고체에 있어서는 함부로 증기를 발생시키지 않아야 한다.

정답 1) 공기
2) 5
3) 철분, 금속분, 마그네슘

6 다음 물음에 답하시오.

1) 대표적인 소화방법 4가지를 쓰시오.
2) 1)의 소화방법 중 증발잠열을 이용하여 소화하는 방법에 해당하는 것의 명칭을 쓰시오.
3) 1)의 소화방법 중 가스의 밸브을 폐쇄하여 소화하는 방법에 해당하는 것의 명칭을 쓰시오.
4) 1)의 소화방법 중 불활성기체를 방사하여 소화하는 방법에 해당하는 것의 명칭을 쓰시오.

정답 1) 질식소화, 냉각소화, 희석소화, 억제소화, 유화소화, 제거소화
2) 냉각소화
3) 제거소화
4) 질식소화

7 아세톤 200g이 완전연소하였다. 다음 보기의 물음에 답하시오.(단, 표준상태이며, 공기 중 산소의 부피는 21%)

보기 : ① 아세톤의 완전연소반응식을 쓰시오.
② 이것에 필요한 이론공기량은 몇 l인가?
③ 이 반응식에서 발생되는 탄산가스의 부피는 몇 l인가?

정답 ① $CH_3COCH_3 + 4O_2 \rightarrow 3CO_2 + 3H_2O$
② $CH_3COCH_3 + 4O_2 \rightarrow 3CO_2 + 3H_2O$

$$200g \quad : \quad x\,l$$
$$58g \quad : \quad 4 \times 22.4l \qquad x = 308.97l$$

따라서, 이론공기량$(A_0) = \dfrac{308.97}{0.21} = 1471.26l$

③ $CH_3COCH_3 + 4O_2 \rightarrow 3CO_2 + 3H_2O$

$$200g \quad : \quad y\,l$$
$$58g \quad : \quad 3 \times 22.4l \qquad y = 231.72l$$

8 질산암모늄 800g이 열분해되는 경우 발생하는 기체의 부피는 1기압, 600℃에서 몇 L인지 구하시오.

▶정답 $2NH_4NO_3 \rightarrow 2N_2 + 4H_2O + O_2$

$$800g \quad : \quad x\,l$$

$$2 \times 80g \quad : \quad 7 \times 22.4l \times \frac{(273 + 600)}{(273 + 0)} \qquad x = \frac{800 \times 7 \times 22.4l \times \dfrac{(273 + 600)}{(273 + 0)}}{2 \times 80g} = 2507.08l$$

➡참고 질산암모늄을 급격히 가열하면 산소가 발생하고, 충격을 주면 단독으로도 폭발한다.
$$2NH_4NO_3 \rightarrow 4H_2O + 2N_2 + O_2$$

9 다음 물음에 답하시오.

1) 다음 괄호에 들어갈 위험물의 명칭과 지정수량을 쓰시오.
( ), ( ) 그 밖에 정전기에 의한 재해발생의 우려가 있는 액체의 위험물을 이동저장탱크의 상부로 주입하는 때에는 주입관을 사용하되 당해 주입관의 선단을 이동저장탱크의 밑바닥에 밀착할 것

2) 1)의 물질 중 겨울철에 응고할 수 있고 인화점이 낮아 고체상태에서도 인화할 수 있는 방향족 탄화수소에 해당하는 물질을 골라 그 구조식을 쓰시오.

▶정답 1) 휘발유 200L, 벤젠 200L

2)

10 옥외저장탱크 또는 지하저장탱크에 다음 위험물을 저장하는 경우 저장온도는 몇 ℃ 이하로 해야 하는지 답하시오.

1) 압력탱크에 저장하는 다이에틸에터
2) 압력탱크에 저장하는 아세트알데하이드
3) 압력탱크 외 저장하는 아세트알데하이드
4) 압력탱크 외 저장하는 다이에틸에터
5) 압력탱크 외 저장하는 산화프로필렌

▶정답 1) 40℃, 2) 40℃, 3) 15℃, 4) 30℃, 5) 30℃

➡참고 ① 옥외저장탱크·옥내저장탱크 또는 지하저장탱크 중 압력탱크 외의 탱크에 저장하는 다이에틸에터 등 또는 아세트알데하이드 등의 온도는 산화프로필렌과 이를 함유한 것 또는 다이에틸에터 등에 있어서는 30℃ 이하로, 아세트알데하이드 또는 이를 함유한 것에 있어서는 15℃ 이하로 각각 유지할 것

② 옥외저장탱크, 옥내저장탱크 또는 지하저장탱크 중 압력탱크에 저장하는 아세트알데하이드 등 또는 다이에틸에터 등의 온도는 40℃ 이하로 유지할 것

11 제2류 위험물과 동소체의 관계에 있는 자연발화성 물질인 제3류 위험물에 대한 다음 물음에 답하시오.

> 1) 연소반응식
> 2) 위험등급
> 3) 옥내저장소의 바닥면적은 몇 m² 이하인지 쓰시오.

▶정답 1) $P_4 + 5O_2 \rightarrow 2P_2O_5$
2) I
3) 1,000

12 메틸알코올이 산화될 경우 포름알데하이드와 물이 발생한다. 이때 메틸알코올 320g이 산화될 경우 생성되는 포름알데하이드의 질량(g)을 구하시오.

▶정답 $2CH_3OH + O_2 \rightarrow 2HCHO + 2H_2O$
    320g   : xg
    2×32g   : 2×30g $x = 300$g

➡참고 메틸알코올(메탄올, CH_3OH, 목정)
① 인화점 : 11℃, 발화점 : 464℃, 비등점 : 65℃, 비중 : 0.8, 연소범위 : 6.0~36%
② 증기는 가열된 산화구리를 환원하여 구리를 만들고 포름알데하이드가 된다.
③ 산화·환원 반응식

$$CH_3OH \xrightarrow[\text{환원}]{\text{산화}} \underset{\text{(포름알데히드)}}{HCHO} \xrightarrow[\text{환원}]{\text{산화}} \underset{\text{(의산)}}{HCOOH}$$

④ 무색투명한 액체로서 물, 에테르에 잘 녹고, 알코올류 중에서 수용성이 가장 높다.
⑤ 독성이 있다.(소량 마시면 눈이 멀게 된다.)

13 특수인화물에 속하는 물질 중 물속에 저장하는 위험물에 대한 다음 물음에 답하시오.

1) 연소 시 발생하는 독성가스의 화학식을 쓰시오.
2) 증기비중을 구하시오.
3) 이 위험물의 옥외저장탱크를 저장하는 철근콘크리트 수조의 두께는 몇 m 이상으로 하는지 쓰시오.

정답 1) SO_2

2) 2.62

3) 0.2m

14 98wt%인 질산용액(비중 1.51) 100mL를 68wt%(비중 1.41)로 만들기 위해 첨가하여야
할 물은 몇 g이 되는지 계산하시오.

1) 계산과정

2) 답

정답

1) $$\dfrac{1.51\dfrac{g}{mL}\times 100mL\times 0.98}{\left(1.51\dfrac{g}{mL}\times 100mL\right)+x}=0.68$$

여기서, x는 추가한 물의 양(g)

2) 66.62g

15 다음 보기 중 염산과 반응 시 제6류 위험물이 발생되는 물질과 물과의 반응식을 쓰시오.

> 보기 : 과산화나트륨, 과망가니즈산칼륨, 마그네슘

정답 $2Na_2O_2 + 2H_2O \rightarrow 4NaOH + O_2$

참고 과산화나트륨은 산과 반응하여 과산화수소를 발생시킨다.
$Na_2O_2 + 2HCl \rightarrow 2NaCl + H_2O_2$

16 다음 보기에 대한 물음에 답하시오.

> 보기 : 메탄올, 아세톤, 클로로벤젠, 아닐린, 메틸에틸케톤

1) 인화점이 가장 낮은 것을 고르시오.

2) 1)의 물질의 구조식을 쓰시오.

3) 제1석유류를 모두 고르시오.

▶정답 1) 아세톤

2)
```
        H   O   H
        |   ‖   |
  H ─ C ─ C ─ C ─ H
        |       |
        H       H
```

3) 아세톤, 메틸에틸케톤

▶참고

위험물	인화점
메탄올	11℃
아세톤	-18℃
클로로벤젠	29℃
아닐린	75℃
메틸에틸케톤	-1℃

17 위험물의 저장 및 취급에 관한 중요기준을 나타낸 것이다. 다음 중 옳은 것을 모두 고르시오.

① 옥내저장소에서는 용기에 수납하여 저장하는 위험물의 온도가 45℃가 넘지 아니하도록 필요한 조치를 강구하여야 한다.

② 제3류 위험물 중 황린 그 밖에 물속에 저장하는 물품과 금수성물질은 동일한 저장소에 저장할 수 있다.

③ 컨테이너식 이동탱크저장소 외의 이동탱크저장소에 있어서는 위험물을 저장한 상태로 이동저장탱크를 옮겨 싣지 아니하여야 한다.

④ 위험물 이동취급소에 위험물을 이송하기 위한 배관·펌프 및 이에 부속한 설비의 안전을 확인하기 위한 순찰을 행하고, 위험물을 이송하는 중에는 이송하는 위험물의 압력 및 유량을 항상 감시할 것

⑤ 제조소등에서 허가 및 신고와 관련되는 품명 외의 위험물 또는 이러한 허가 및 신고와 관련되는 수량 또는 지정수량의 배수를 초과하는 위험물을 저장 또는 취급하지 아니하여야 한다.

▶정답 ③, ⑤

▶참고 ① 옥내저장소에서는 용기에 수납하여 저장하는 위험물의 온도가 55℃가 넘지 아니하도록 필요한 조치를 강구하여야 한다.

② 제3류 위험물 중 황린 그 밖에 물속에 저장하는 물품과 금수성물질은 동일한 저장소에 저장하지 아니하여야 한다.

③ 컨테이너식 이동탱크저장소 외의 이동탱크저장소에 있어서는 위험물을 저장한 상태로 이동저장탱크를 옮겨 싣지 아니하여야 한다.

④ 위험물 이송취급소에 위험물을 이송하기 위한 배관·펌프 및 이에 부속한 설비의 안전을 확

인하기 위한 순찰을 행하고, 위험물을 이송하는 중에는 이송하는 위험물의 압력 및 유량을 항상 감시할 것

⑤ 제조소 등에서 허가 및 신고와 관련되는 품명 외의 위험물 또는 이러한 허가 및 신고와 관련되는 수량 또는 지정수량의 배수를 초과하는 위험물을 저장 또는 취급하지 아니하여야 한다.

18 면적 300m²인 옥외저장소에 덩어리상태의 황을 30,000kg 저장하는 경우 다음 물음에 답하시오.

1) 옥외저장소에 설치할 수 있는 경계표시는 몇 개인지 쓰시오.
2) 경계표시과 경계표시의 간격은 몇 m 이상으로 해야 하는지 쓰시오.
3) 이 옥외저장소에 인화점 10℃ 이상인 제4류 위험물을 함께 저장할 수 있는지의 유무를 쓰시오.

▶정답 1) 3개
2) 10m
3) 저장 불가능하다.

➡참고 옥외저장소 중 덩어리 상태의 황만을 지반면에 설치한 경계표시의 안쪽에서 저장 또는 취급하는 것(제1호에 정하는 것을 제외한다)의 위치·구조 및 설비의 기술기준은 제1호 각 목의 기준 및 다음 각 목과 같다.

가. 하나의 경계표시의 내부의 면적은 100m² 이하일 것
나. 2 이상의 경계표시를 설치하는 경우에 있어서는 각각의 경계표시 내부의 면적을 합산한 면적은 1,000m² 이하로 하고, 인접하는 경계표시와 경계표시와의 간격을 제1호 라목의 규정에 의한 공지의 너비의 2분의 1 이상으로 할 것. 다만, 저장 또는 취급하는 위험물의 최대수량이 지정수량의 200배 이상인 경우에는 10m 이상으로 하여야 한다.
다. 경계표시는 불연재료로 만드는 동시에 황이 새지 아니하는 구조로 할 것
라. 경계표시의 높이는 1.5m 이하로 할 것
마. 경계표시에는 황이 넘치거나 비산하는 것을 방지하기 위한 천막 등을 고정하는 장치를 설치하되, 천막 등을 고정하는 장치는 경계표시의 길이 2m마다 한 개 이상 설치할 것
바. 황을 저장 또는 취급하는 장소의 주위에는 배수구와 분리장치를 설치할 것

※ $\dfrac{30,000kg}{100kg}$ = 300배 (지정수량의 200배 이상인 경우에는 10m 이상으로 하여야 한다.)
※ 제2류 위험물 중에서는 인화성고체만 제4류 위험물과 동일한 저장소에 저장할 수 있다.

19 옥외탱크저장소의 보유공지에 대해 빈칸을 알맞게 채우시오.

1) 지정수량의 500배 이하 : (   )m 이상
2) 지정수량의 500배 초과 1,000배 이하 : (   )m 이상
3) 지정수량의 1,000배 초과 2,000배 이하 : (   )m 이상
4) 지정수량의 2,000배 초과 3,000배 이하 : (   )m 이상
5) 지정수량의 3,000배 초과 4,000배 이하 : (   )m 이상

●정답 1) 3
　　 2) 5
　　 3) 9
　　 4) 12
　　 5) 15

➡참고 옥외탱크저장소 보유공지

저장 또는 취급하는 위험물의 최대수량	공지의 너비
지정수량의 500배 이하	3m 이상
지정수량의 500배 초과 1,000배 이하	5m 이상
지정수량의 1,000배 초과 2,000배 이하	9m 이상
지정수량의 2,000배 초과 3,000배 이하	12m 이상
지정수량의 3,000배 초과 4,000배 이하	15m 이상
지정수량의 4,000배 초과	당해 탱크의 수평단면의 최대지름(횡형인 경우에는 긴 변)과 높이 중 큰 것과 같은 거리 이상. 다만, 30m 초과의 경우에는 30m 이상으로 할 수 있고, 15m 미만의 경우에는 15m 이상으로 하여야 한다.

20 지정과산화물 옥내저장소의 기준에 대한 설명이다. 다음 물음에 답하시오.

1) 지정과산화물의 위험등급을 쓰시오.
2) 이 옥내저장소의 바닥면적은 몇 m² 이하로 해야 하는지 쓰시오.
3) 철근콘크리트로 만든 이 옥내저장소 외벽의 두께는 몇 cm 이상으로 해야 하는지 쓰시오.

●정답 1) I
　　 2) 1,000
　　 3) 20

➡참고 옥내저장소의 저장창고의 기준은 다음과 같다.
　　 가. 저장창고는 150m² 이내마다 격벽으로 완전하게 구획할 것. 이 경우 당해 격벽은 두께 30cm 이상의 철근콘크리트조 또는 철골철근콘크리트조로 하거나 두께 40cm 이상의 보강콘크리트블록조로 하고, 당해 저장창고 양측의 외벽으로부터 1m 이상, 상부의 지붕으로부터 50cm 이상 돌출하게 하여야 한다.
　　 나. 저장창고의 외벽은 두께 20cm 이상의 철근콘크리트조나 철골철근콘크리트조 또는 두께 30cm 이상의 보강콘크리트블록조로 할 것
　　 다. 저장소 하나의 바닥면적은 1,000m² 이하로 할 것

2021년 11월 13일 산업기사 실기시험

1 제1종 분말, 제2종 분말, 제3종 분말 소화약제의 주성분을 화학식으로 답하시오.

➡**정답** • 제1종 분말 : $NaHCO_3$
 • 제2종 분말 : $KHCO_3$
 • 제3종 분말 : $NH_4H_2PO_4$

➡**참고** 분말소화약제

종류	주성분	착색	적응화재	열분해 반응식
제1종 분말	$NaHCO_3$ (탄산수소나트륨)	백색	B, C	$2NaHCO_3$ $\rightarrow Na_2CO_3 + CO_2 + H_2O$
제2종 분말	$KHCO_3$ (탄산수소칼륨)	보라색	B, C	$2KHCO_3$ $\rightarrow K_2CO_3 + CO_2 + H_2O$
제3종 분말	$NH_4H_2PO_4$ (제1인산암모늄)	담홍색	A, B, C	$NH_4H_2PO_4$ $\rightarrow HPO_3 + NH_3 + H_2O$
제4종 분말	$KHCO_3 + (NH_2)_2CO$ (탄산수소칼륨 + 요소)	회백색	B, C	$2KHCO_3 + (NH_2)_2CO$ $\rightarrow K_2CO_3 + 2NH_3 + 2CO_2$

2 금속나트륨에 대한 다음 물음에 답하시오.

> ① 지정수량을 쓰시오.
> ② 보호액 1가지를 쓰시오.
> ③ 물과 접촉했을 때 화학반응식을 쓰시오.

➡**정답** ① 10kg
 ② 석유, 경유, 유동파라핀 중 1가지
 ③ $2Na + 2H_2O \rightarrow 2NaOH + H_2$

3 옥외저장소에 다음과 같이 옥외소화전설비를 설치할 경우 필요한 수원의 양은 몇 m^3인지 계산식과 함께 쓰시오.

1) 3개
2) 6개

정답 1) 수원의 양 = 3 × 13.5 = 40.5m³

2) 수원의 양 = 4 × 13.5 = 54m³

참고 수원의 수량은 옥외소화전의 설치개수(설치개수가 4개 이상인 경우는 4개의 옥외소화전)에 13.5m³를 곱한 양 이상이 되도록 설치할 것

4 제1류 위험물의 성질로 옳은 것을 보기에서 고르시오.

보기 : ① 무기화합물   ② 유기화합물   ③ 산화제
④ 인화점이 0℃ 이하   ⑤ 고체

정답 ①, ③, ⑤

참고 제1류 위험물
① 무기화합물이다.
② 분자 내에 산소를 가지고 있으므로 산소공급원이다.
③ 산화제이다.
④ 불연성물질이므로 인화점은 없다.
⑤ 산화성 고체이다.

5 트라이에틸알루미늄과 물의 반응식과 이때 발생되는 가스명칭을 쓰시오.

정답 $(C_2H_5)_3Al + 3H_2O → Al(OH)_3 + 3C_2H_6$,   에탄($C_2H_6$)

6 이동저장탱크에 설치된 주유설비(주입호스의 선단에 개폐밸브를 설치한 것을 말한다)에 대한 물음에 답하시오.

- 위험물이 샐 우려가 없고 화재예방상 안전한 구조로 할 것
- 주입설비의 길이는 (①)m 이내로 하고, 그 선단에 축적되는 (②)를 유효하게 제거할 수 있는 장치를 할 것
- 분당 토출량은 (③)L 이하로 할 것
- 주입호스는 내경이 (④)mm 이상이고, (⑤)MPa 이상의 압력에 견딜 수 있는 것으로 하며, 필요 이상으로 길게 하지 아니할 것

정답 ① 50,   ② 정전기,   ③ 200,   ④ 23,   ⑤ 0.3

→참고 이동탱크저장소에 주입설비(주입호스의 선단에 개폐밸브를 설치한 것을 말한다)를 설치하는 경우에는 다음 각 목의 기준에 의하여야 한다.

가. 위험물이 샐 우려가 없고 화재예방상 안전한 구조로 할 것

나. 주입설비의 길이는 50m 이내로 하고, 그 선단에 축적되는 정전기를 유효하게 제거할 수 있는 장치를 할 것

다. 분당 토출량은 200L 이하로 할 것

라. 주입호스는 내경이 23mm 이상이고, 0.3MPa 이상의 압력에 견딜 수 있는 것으로 하며, 필요 이상으로 길게 하지 말 것

7 다음과 같은 탱크의 용량(m^3)을 구하시오.(단, 탱크의 공간용적은 5%이다.)

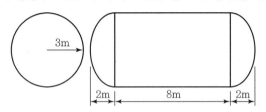

정답 용량$(\mathrm{m}^3) = \pi \times r^2 \times (l + \dfrac{l_1 + l_2}{3}) = \pi \times 3^2 \times (8 + \dfrac{2+2}{3}) \times 0.95$

$$= 250.57\mathrm{m}^3$$

→참고 탱크의 용량

① 위험물을 저장 또는 취급하는 탱크의 용량은 당해 탱크의 내용적에서 공간용적을 뺀 용적으로 한다. 다만, 이동탱크저장소의 탱크의 경우에는 내용적에서 공간용적을 뺀 용량이 자동차 관리관계법령에 의한 최대적재량 이하로 하여야 한다.

② 제1항의 규정에 의한 탱크의 내용적은 다음 각 호의 방법에 의하여 계산한다.

　1. 타원형 탱크의 내용적

　　가. 양쪽이 볼록한 것

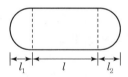

용량 : $\dfrac{\pi \, ab}{4} \left(l + \dfrac{l_1 + l_2}{3} \right)$

　　나. 한쪽은 볼록하고 다른 한쪽은 오목한 것

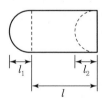

용량 : $\dfrac{\pi \, ab}{4} \left(l + \dfrac{l_1 - l_2}{3} \right)$

2. 원형 탱크의 내용적
   가. 횡으로 설치한 것

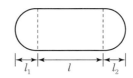

용량 : $\pi r^2 \left(l + \dfrac{l_1 + l_2}{3} \right)$

   나. 종으로 설치한 것

용량 : $\pi r^2 l$

8 다음 보기에서 설명하는 위험물에 대한 물음에 답하시오.

> 보기 : • 분자량은 64이다.
> • 비중은 약 2.2이다.
> • 제3류 위험물로 지정수량 300kg이다.
> • 질소과 고온에서 반응하여 석회질소가 생성된다.

1) 해당되는 위험물의 화학식을 쓰시오.
2) 물과의 반응식을 쓰시오.
3) 물과 반응하여 생성되는 기체의 완전연소반응식을 쓰시오.

▶정답 1) CaC_2
   2) 물과 반응식 : $CaC_2 + 2H_2O \rightarrow Ca(OH)_2 + C_2H_2$
   3) $2C_2H_2 + 5O_2 \rightarrow 4CO_2 + 2H_2O$

9 옥외저장소에 저장할 수 있는 위험물의 품명 4가지를 쓰시오.

▶정답 ① 황
   ② 인화성 고체(인화점이 0℃ 이상인 것에 한함), 동식물류
   ③ 제4류 위험물 중 제1석유류(인화점이 0℃ 이상인 것에 한함)
   ④ 알코올류
   ⑤ 제2석유류
   ⑥ 제3석유류

⑦ 제4석유류
⑧ 동식물유류

10 다음에 해당하는 위험물에 대한 물음에 답하시오.

> ① 제6류 위험물이다.
> ② 단백질과 크산토프로테인반응을 일으켜 노란색으로 변한다.
> ③ 저장용기는 갈색병에 넣어 직사일광을 피하고 찬 곳에 저장한다.

1) 지정수량을 쓰시오.
2) 위험등급을 쓰시오.
3) 위험물에 해당되는 조건을 쓰시오.
4) 분해반응식을 쓰시오.

정답 1) 300kg
2) 위험등급 I
3) 비중이 1.49 이상
4) $4HNO_3 \rightarrow 4NO_2 + 2H_2O + O_2$

11 제5류 위험물 중 트라이나이트로톨루엔에 대한 다음 물음에 답하시오.

1) 제조방식을 설명하시오.
2) 구조식을 쓰시오.

정답 1) 제조방식 : 톨루엔에 질산, 황산을 반응시켜 생성되는 물질은 트라이나이트로톨루엔이 된다.

$$C_6H_5CH_3 + 3HNO_3 \xrightarrow{H_2SO_4} C_6H_2CH_3(NO_2)_3 + 3H_2O$$

2) 구조식

12 다음 물질이 물과 접촉하였을 때 화학반응식을 쓰시오.

1) Al_4C_3

2) CaC_2

> **정답** 1) $Al_4C_3 + 12H_2O \rightarrow 4Al(OH)_3 + 3CH_4\uparrow$
> 2) $CaC_2 + 2H_2O \rightarrow Ca(OH)_2 + C_2H_2\uparrow$
>
> ➡**참고** Al_4C_3은 황색(순수한 것은 백색)의 단단한 결정 또는 분말로서 1,400℃ 이상 가열 시 분해된다. 위험성으로서 물과 반응하여 가연성 메탄가스를 발생시키므로 인화 위험이 있다.

13 다음 보기의 위험물이 연소하였을 때 생성되는 물질이 같은 위험물의 연소반응식을 쓰시오.

> 보기 : 적린, 삼황화인, 오황화인, 황, 철, 마그네슘

> **정답** 1) $P_4S_3 + 8O_2 \rightarrow 2P_2O_5 + 3SO_2$
> 2) $2P_2S_5 + 15O_2 \rightarrow 2P_2O_5 + 10SO_2$

14 다음은 알코올의 산화·환원반응이다. (   )안에 알맞은 답을 쓰시오.

> $CH_3OH \rightleftharpoons HCHO \rightleftharpoons (\ 1\ )$
>
> $C_2H_5OH \rightleftharpoons (\ 2\ ) \rightleftharpoons CH_3COOH$

> **정답** 1) $HCOOH$(의산, 개미산, 포름산)
> 2) CH_3CHO(아세트알데하이드)

15 옥내탱크저장소의 펌프실에 대한 다음 물음에 답하시오.

1) 펌프실에 상층이 없는 경우 지붕은 어떤 재료로 해야 하는가?
2) 펌프실의 출입구는 무엇으로 설치해야 하는가?
3) 탱크전용실에 펌프설비를 설치하는 경우에는 견고한 기초 위에 고정한 다음 그 주위에는 불연재료로 된 턱을 몇 m 이상의 높이로 설치해야 하는가?
4) 창 및 출입구에 사용해야 하는 유리는 무엇인가?
5) 액상의 위험물의 옥내저장탱크를 설치하는 탱크전용실의 바닥의 최저부에는 무엇을 설치해야 하는가?

정답 1) 불연재료

2) 60분＋방화문 또는 60분방화문(다만, 제6류 위험물의 탱크전용실에 있어서는 30분방화문)

3) 0.2m

4) 망입유리

5) 집유설비

참고 탱크전용실이 있는 건축물에 설치하는 옥내저장탱크의 펌프설비는 다음의 1에 정하는 바에 의할 것

1) 탱크전용실 외의 장소에 설치하는 경우에는 다음의 기준에 의할 것

가. 이 펌프실은 벽·기둥·바닥 및 보를 내화구조로 할 것

나. 펌프실은 상층이 있는 경우에 있어서는 상층의 바닥을 내화구조로 하고, 상층이 없는 경우에 있어서는 지붕을 불연재료로 하며, 천장을 설치하지 아니할 것

다. 펌프실에는 창을 설치하지 아니할 것. 다만, 제6류 위험물의 탱크전용실에 있어서는 60분＋방화문 또는 60분방화문 또는 30분방화문이 있는 창을 설치할 수 있다.

라. 펌프실의 출입구에는 60분＋방화문 또는 60분방화문을 설치할 것. 다만, 제6류 위험물의 탱크전용실에 있어서는 30분방화문을 설치할 수 있다.

마. 펌프실의 환기 및 배출의 설비에는 방화상 유효한 댐퍼 등을 설치할 것

2) 탱크전용실에 펌프설비를 설치하는 경우에는 견고한 기초 위에 고정한 다음 그 주위에는 불연재료로 된 턱을 0.2m 이상의 높이로 설치하는 등 누설된 위험물이 유출되거나 유입되지 아니하도록 하는 조치를 할 것

16 황 100kg, 철분 500kg, 질산염류 600kg의 지정수량 배수의 합을 구하시오.

정답 지정수량의 배수 $= \dfrac{저장수량}{지정수량}$ 의 합 $= \dfrac{100}{100} + \dfrac{500}{500} + \dfrac{600}{300} = 4$배

17 다음은 탱크전용실에 설치한 지하저장탱크의 기준에 대한 내용이다. ( ) 안에 알맞은 답을 쓰시오.

> • 탱크전용실은 지하의 가장 가까운 벽·피트·가스관 등의 시설물 및 대지경계선으로부터 (①)m 이상 떨어진 곳에 설치하고, 지하저장탱크와 탱크전용실의 안쪽과의 사이는 0.1m 이상의 간격을 유지하도록 하며, 당해 탱크의 주위에 마른 모래 또는 습기 등에 의하여 응고되지 아니하는 입자지름 5mm 이하의 마른 자갈분을 채워야 한다.
> • 지하저장탱크의 윗부분은 지면으로부터 (②)m 이상 아래에 있어야 한다.
> • 지하저장탱크를 2 이상 인접해 설치하는 경우에는 그 상호 간에 (③)m(당해 2 이상의 지하저장탱크의 용량의 합계가 지정수량의 100배 이하인 때에는 (④)m 이상의 간격을 유지하여야 한다. 다만, 그 사이에 탱크전용실의 벽이나 두께 (⑤)cm 이상의 콘크리트 구조물이 있는 경우에는 그러하지 아니하다.

정답 ① 0.1, ② 0.6, ③ 1, ④ 0.5, ⑤ 20

18 다음 보기의 위험물을 보고 물음에 답하시오.

> 보기 : 아세톤, 메틸에틸케톤, 메탄올, 다이에틸에터, 톨루엔

1) [보기]의 위험물 중에서 연소범위가 가장 넓은 것은?
2) 1)의 답에 해당하는 물질의 연소범위는?
3) 2)의 답을 기준으로 위험도를 구하시오.

정답 1) 다이에틸에터

2) 1.9~48%

3) $H = \dfrac{U-L}{L} = \dfrac{48-1.9}{1.9} = 24.26$

19 다음 지정수량의 배수에 따른 제조소의 보유공지를 위험물안전관리법에 규정된 내용으로 답하시오.

1) 2배
2) 5배
3) 10배
4) 20배
5) 200배

정답 1) 3m 이상
2) 3m 이상
3) 3m 이상
4) 5m 이상
5) 5m 이상

참고 위험물을 취급하는 건축물 그 밖의 시설(위험물을 이송하기 위한 배관 그 밖에 이와 유사한 시설을 제외한다)의 주위에는 그 취급하는 위험물의 최대수량에 따라 다음 표에 의한 너비의 공지를 보유하여야 한다.

취급하는 위험물의 최대수량	공지의 너비
지정수량의 10배 이하	3m 이상
지정수량의 10배 초과	5m 이상

20 불티, 불꽃, 고온체와의 접근이나 과열, 충격, 또는 마찰을 피하여야 하는 위험물에 대한 다음 물음에 답하시오.

1) 물음의 조건에 해당되는 위험물과 혼재 가능한 위험물을 2가지 쓰시오.(단, 지정수량의 10배 이하이다.)
2) 물음의 조건에 해당되는 위험물의 운반용기 외부에 표시하여야 할 사항을 쓰시오.
3) 물음의 조건에 해당되는 위험물에서 지정수량이 가장 작은 것의 품명을 1가지 쓰시오.

▶정답 1) 제2류 위험물, 제4류 위험물
　　　 2) 화기엄금, 충격주의
　　　 3) 유기과산화물, 질산에스터류

1 위험물안전관리법령에 따른 위험물의 운반기준에서 위험물의 양이 지정수량의 1/10일 때 혼재 가능 위험물을 쓰시오.(단, 없으면 해당 없음이라고 쓰시오.)

1) 제2류 위험물과 혼재 가능한 위험물의 유별을 쓰시오.
2) 제4류 위험물과 혼재 가능한 위험물의 유별을 쓰시오.
3) 제6류 위험물과 혼재 가능한 위험물의 유별을 쓰시오.

정답 1) 제4류 위험물, 제5류 위험물
2) 제2류 위험물, 제3류 위험물, 제5류 위험물
3) 제1류 위험물

참고 혼재 가능 위험물은 다음과 같다.
- 423 → 4류와 2류, 4류와 3류는 서로 혼재 가능
- 524 → 5류와 2류, 5류와 4류는 서로 혼재 가능
- 61 → 6류와 1류는 서로 혼재 가능

2 다음 보기의 지정수량에 해당하는 옥외저장소의 보유공지를 쓰시오.

> 보기 : ① 지정수량의 10배 이하인 경우
> ㉠ 제1석유류
> ㉡ 제2석유류
> ② 지정수량의 20배 초과 50배 이하인 경우
> ㉠ 제2석유류
> ㉡ 제3석유류
> ㉢ 제4석유류

정답 ① ㉠ 3m, ㉡ 3m
② ㉠ 9m, ㉡ 9m, ㉢ 3m

참고 옥외저장소 주위에는 그 저장 또는 취급하는 위험물의 최대수량에 따라 다음 표에 의한 너비의 공지를 보유할 것. 다만, 제4류 위험물 중 제4석유류와 제6류 위험물을 저장 또는 취급하는 옥외저장소의 보유공지는 다음 표에 의한 공지의 너비의 3분의 1 이상의 너비로 할 수 있다.

저장 또는 취급하는 위험물의 최대수량	공지의 너비
지정수량의 10배 이하	3m 이상
지정수량의 10배 초과 20배 이하	5m 이상
지정수량의 20배 초과 50배 이하	9m 이상
지정수량의 50배 초과 200배 이하	12m 이상
지정수량의 200배 초과	15m 이상

3 제3류 위험물 중 위험등급 I에 해당되는 품명 5가지를 쓰시오.

▶정답 칼륨, 나트륨, 알킬알루미늄, 알킬리튬, 황린

▶참고 위험등급 I의 위험물
① 제1류 위험물 중 아염소산염류, 염소산염류, 과염소산염류, 무기과산화물 그 밖에 지정수량이 50kg인 위험물
② 제3류 위험물 중 칼륨, 나트륨, 알킬알루미늄, 알킬리튬, 황린 그 밖에 지정수량이 10kg 또는 20kg인 위험물
③ 제4류 위험물 중 특수인화물
④ 제5류 위험물 중 유기과산화물, 질산에스터류 그 밖에 지정수량이 10kg인 위험물
⑤ 제6류 위험물

4 다음 표에 들어갈 위험물의 유별 및 지정수량을 쓰시오.

품명	유별	지정수량
황린	제3류 위험물	20kg
칼륨	①	⑤
질산	②	⑥
아조화합물	③	⑦
질산염류	④	⑧

▶정답 ① 제3류 위험물, ② 제6류 위험물, ③ 제5류 위험물, ④ 제1류 위험물
⑤ 10kg, ⑥ 300kg, ⑦ 200kg, ⑧ 300kg

5 위험물안전관리법에 따른 이동탱크저장소에 의한 위험물 운송에 관한 내용이다. 다음 물음에 답하시오.(단, 없으면 해당 없음이라고 쓰시오.)

1) 운송책임자가 운전자 감독 또는 지원을 하는 방법으로 옳은 것을 모두 고르시오.
⑦ 이동탱크저장소에 동승
⑭ 사무실에 대기하면서 감독, 지원
⑮ 부득이한 경우 GPS 감독, 지원
⑯ 다른 차량을 이용하여 따라다니면서 감독, 지원

2) 위험물운송자는 장거리(고속국도에 있어서는 340km 이상, 그 밖의 도로에 있어서는 200km 이상을 말한다)에 걸치는 운송을 하는 때에는 2명 이상의 운전자로 하여야 한다. 다만, 그러하지 않아도 되는 경우를 고르시오.
⑦ 운송책임자가 동승하는 경우
⑭ 제2류 위험물을 운반하는 경우
⑮ 제4류 위험물 중 제1석유류을 운반하는 경우
⑯ 2시간 이내마다 20분 이상씩 휴식하는 경우

3) 위험물(제1석유류) 운송 시 이동탱크저장소에 비치하여야 하는 것을 모두 고르시오.
⑦ 완공검사합격확인증
⑭ 정기검사확인증
⑮ 설치허가확인증
⑯ 위험물안전카드

▶정답 1) ⑦, ⑭
2) ⑦, ⑭, ⑮, ⑯
3) ⑦, ⑯

▶참고 1. 운송책임자의 감독 또는 지원의 방법은 다음 각 목의 1과 같다.
가. 운송책임자가 이동탱크저장소에 동승하여 운송 중인 위험물의 안전확보에 관하여 운전자 에게 필요한 감독 또는 지원을 하는 방법. 다만, 운전자가 운반책임자의 자격이 있는 경우 에는 운송책임자의 자격이 없는 자가 동승할 수 있다.(운송책임자의 감독, 지원을 받아 운송하여야 하는 것으로 대통령령이 정하는 위험물 : ① 알킬알루미늄, ② 알킬리튬, ③ 알킬 알루미늄, 알킬리튬을 함유하는 위험물)
나. 운송의 감독 또는 지원을 위하여 마련한 별도의 사무실에 운송책임자가 대기하면서 다음 의 사항을 이행하는 방법
1) 운송경로를 미리 파악하고 관할 소방관서 또는 관련 업체(비상대응에 관한 협력을 얻을 수 있는 업체를 말한다)에 대한 연락체계를 갖추는 것
2) 이동탱크저장소의 운전자에 대하여 수시로 안전확보 상황을 확인하는 것
3) 비상시의 응급처치에 관하여 조언을 하는 것
4) 그 밖에 위험물의 운송 중 안전확보에 관하여 필요한 정보를 제공하고 감독 또는 지원 하는 것

2. 이동탱크저장소에 의한 위험물의 운송 시에 준수하여야 하는 기준은 다음 각 목과 같다.

　가. 위험물운송자는 운송의 개시 전에 이동저장탱크의 배출밸브 등의 밸브와 폐쇄장치, 맨홀 및 주입구의 뚜껑, 소화기 등의 점검을 충분히 실시할 것

　나. 위험물운송자는 장거리(고속국도에 있어서는 340km 이상, 그 밖의 도로에 있어서는 200 km 이상을 말한다)에 걸치는 운송을 하는 때에는 2명 이상의 운전자로 할 것. 다만, 다음 의 1에 해당하는 경우에는 그러하지 아니하다.

　　1) 제1호 가목의 규정에 의하여 운송책임자를 동승시킨 경우

　　2) 운송하는 위험물이 제2류 위험물·제3류 위험물(칼슘 또는 알루미늄의 탄화물과 이것 만을 함유한 것에 한한다) 또는 제4류 위험물(특수인화물을 제외한다)인 경우

　　3) 운송 도중에 2시간 이내마다 20분 이상씩 휴식하는 경우

　다. 위험물운송자는 이동탱크저장소를 휴식·고장 등으로 일시 정차시킬 때에는 안전한 장소 를 택하고 당해 이동탱크저장소의 안전을 위한 감시를 할 수 있는 위치에 있는 등 운송하 는 위험물의 안전확보에 주의할 것

　라. 위험물운송자는 이동저장탱크로부터 위험물이 현저하게 새는 등 재해발생의 우려가 있는 경우에는 재난을 방지하기 위한 응급조치를 강구하는 동시에 소방관서 그 밖의 관계기관 에 통보할 것

　마. 위험물(제4류 위험물에 있어서는 특수인화물 및 제1석유류에 한한다)을 운송하게 하는 자 는 별지 제48호 서식의 위험물안전카드, 완공검사합격확인증을 위험물운송자로 하여금 휴 대하게 할 것

　바. 위험물운송자는 위험물안전카드를 휴대하고 당해 카드에 기재된 내용에 따를 것. 다만, 재 난 그 밖의 불가피한 이유가 있는 경우에는 당해 기재된 내용에 따르지 아니할 수 있다.

6 위험물안전관리법령상 그림과 같은 옥외탱크저장소에 대하여 다음 물음에 답하시오.

$r : 5\text{m}$　　$l : 8\text{m}$

1) 해당 탱크의 용량(L)을 구하시오.(단, 공간용적은 $\dfrac{10}{100}$ 이다.)

2) 기술검토를 받아야 하는지 쓰시오.

3) 완공검사를 받아야 하는지 쓰시오.

4) 정기검사를 받아야 하는지 쓰시오.

▶**정답** 1) 용량$(V) = \pi r^2 l \times \dfrac{90}{100} = \pi \times 5^2 \times 8 \times \dfrac{90}{100} = 565.2\text{m}^3 \times \dfrac{1{,}000\text{L}}{1\text{m}^3} = 565{,}200\text{L}$

　2) 받아야 한다.

　3) 받아야 한다.

　4) 받아야 한다.

➡참고 ① 기술검토를 받아야 하는 경우
  • 50만 리터 이상의 옥외저장탱크 또는 암반탱크저장소
  • 지정수량 1,000배 이상의 제조소 또는 일반취급소
② 완공검사를 받아야 하는 경우
  • 50만 리터 이상의 옥외저장탱크
  • 지정수량 1,000배 이상의 제조소 또는 일반취급소
  • 암반탱크저장소
③ 정기검사를 받아야 하는 경우
  • 50만 리터 이상의 옥외저장탱크

7 분자량이 39이고 불꽃반응 시 보라색을 띠는 제3류 위험물이 제1류 위험물인 과산화물이 되었을 경우 그 물질에 대하여 다음 물음에 답하시오.

1) 물과의 반응식
2) 이산화탄소와 반응식
3) 옥내저장소에 저장할 경우 바닥면적은 몇 m^2 이하로 하여야 하는지 쓰시오.

▶정답 1) $2K_2O_2 + 2H_2O \rightarrow 4KOH + O_2$

2) $2K_2O_2 + 2CO_2 \rightarrow 2K_2CO_3 + O_2$

3) $1,000m^2$

8 제4류 위험물 중 인화점이 21℃ 이상 70℃ 미만이며, 수용성인 위험물을 보기에서 모두 고르시오.

보기 : ① 메틸알코올
② 아세트산
③ 포름산
④ 글리세린
⑤ 나이트로벤젠

▶정답 ②, ③

9 제1종 분말, 제2종 분말, 제3종 분말 소화약제의 주성분을 화학식으로 답하시오.

정답 제1종 분말 : $NaHCO_3$
제2종 분말 : $KHCO_3$
제3종 분말 : $NH_4H_2PO_4$

참고 분말소화약제

종류	주성분	착색	적응화재	열분해 반응식
제1종 분말	$NaHCO_3$ (탄산수소나트륨)	백색	B, C	$2NaHCO_3$ $\rightarrow Na_2CO_3 + CO_2 + H_2O$
제2종 분말	$KHCO_3$ (탄산수소칼륨)	보라색	B, C	$2KHCO_3$ $\rightarrow K_2CO_3 + CO_2 + H_2O$
제3종 분말	$NH_4H_2PO_4$ (제1인산암모늄)	담홍색	A, B, C	$NH_4H_2PO_4$ $\rightarrow HPO_3 + NH_3 + H_2O$
제4종 분말	$KHCO_3 + (NH_2)_2CO$ (탄산수소칼륨+요소)	회백색	B, C	$2KHCO_3 + (NH_2)_2CO$ $\rightarrow K_2CO_3 + 2NH_3 + 2CO_2$

10 다음 보기에서 설명하는 위험물에 대하여 물음에 답하시오.

> 보기 : • 제4류 위험물 중 제1석유류로서 비수용성에 해당된다.
> • 무색, 투명한 방향성을 갖는 휘발성이 강한 액체이다.
> • 분자량 78, 인화점 −11

1) 물질의 명칭을 쓰시오.
2) 물질의 구조식을 쓰시오.
3) 위험물을 취급하는 설비에 있어서는 당해 위험물이 직접 배수구에 흘러 들어가지 아니하도록 집유설비에 무엇을 설치하여야 하는가?

정답 1) 벤젠

2) ⬡

3) 유분리장치

11 에틸렌과 산소가 CuCl₂의 촉매하에 반응하여 생성된 물질로 인화점이 −39℃, 비점이 21℃, 연소범위가 4.1~57%인 특수인화물에 대하여 다음 물음에 답하시오.

1) 증기비중을 구하시오.
2) 시성식을 쓰시오.
3) 이 위험물을 보냉장치가 없는 이동탱크저장소에 저장할 경우 몇 ℃ 이하로 유지하여야 하는지 쓰시오.

정답 1) 증기비중 $= \dfrac{\text{성분기체의 분자량}}{\text{공기의 평균분자량}} = \dfrac{44}{29} = 1.52$

   2) CH_3CHO

   3) 40℃

12 다음 위험물의 완전연소반응식을 쓰시오.

1) 메탄올
2) 에탄올

정답 1) $2CH_3OH + 3O_2 \rightarrow 2CO_2 + 4H_2O$

   2) $C_2H_5OH + 3O_2 \rightarrow 2CO_2 + 3H_2O$

13 다음 위험물의 증기비중을 구하시오.(단, 공기의 평균분자량 : 29)

1) 이황화탄소
2) 아세트알데하이드
3) 벤젠

정답 1) $CS_2 = \dfrac{76}{29} = 2.62$

   2) $CH_3CHO = \dfrac{44}{29} = 1.52$

   3) $C_6H_6 = \dfrac{78}{29} = 2.69$

참고 증기비중 $= \dfrac{\text{성분 물질의 분자량}}{\text{공기의 평균분자량}}$

14 공터에서 마그네슘에 이산화탄소 소화기를 방출할 경우 순간 폭발하였다. 다음 물음에 답하시오.

1) 마그네슘과 이산화탄소의 반응식을 쓰시오.
2) 마그네슘은 ( )mm의 체를 통과하지 아니하는 덩어리 상태의 것과 지경 ( )mm 이상 막대모양의 것을 제외한다.
3) 위험등급을 쓰시오.
4) 염산과의 반응식을 쓰시오.
5) 물과의 반응식을 쓰시오.

정답 1) $2Mg + CO_2 \rightarrow 2MgO + C$
2) 2, 2
3) 위험등급 Ⅲ
4) $Mg + 2HCl \rightarrow MgCl_2 + H_2$
5) $Mg + 2H_2O \rightarrow Mg(OH)_2 + H_2$

15 지하저장탱크 2기를 인접하여 설치하는 경우에 그 상호 간의 거리는 몇 m인지 구하시오.

1) 경유 20,000L와 휘발유 8,000L
2) 경유 8,000L와 휘발유 20,000L
3) 경유 20,000L와 휘발유 20,000L

정답 1) 지정수량 배수 $= \dfrac{20,000}{1,000} + \dfrac{8,000}{200} = 60$ 배   정답 : 0.5m

2) 지정수량 배수 $= \dfrac{8,000}{1,000} + \dfrac{20,000}{200} = 108$ 배   정답 : 1m

3) 지정수량 배수 $= \dfrac{20,000}{1,000} + \dfrac{20,000}{200} = 120$ 배   정답 : 1m

참고 지하저장탱크를 2 이상 인접해 설치하는 경우에는 그 상호 간에 1m(당해 2 이상의 지하저장탱크 의 용량의 합계가 지정수량의 100배 이하인 때에는 0.5m) 이상의 간격을 유지하여야 한다.

16 다음 보기에서 금수성 물질이면서, 자연발화성 물질을 모두 고르시오.

> 보기 : 칼륨, 황린, 트라이나이트로페놀, 나이트로벤젠, 글리세린, 수소화나트륨

정답 칼륨

17 주유취급소에 설치하는 탱크의 용량을 몇 L로 하는지 다음 (   ) 안을 채우시오.

> 1) 자동차 등에 주유하기 위한 고정주유설비에 직접 접속하는 전용탱크로서 (   )L 이하의 것
> 2) 고정급유설비에 직접 접속하는 전용탱크로서 (   )L 이하의 것
> 3) 보일러 등에 직접 접속하는 전용탱크로서 (   )L 이하의 것
> 4) 자동차 등을 점검, 정비하는 작업장 등에서 사용하는 폐유, 윤활유 등의 위험물을 저장하는 탱크로서 (   )L 이하의 것

▶**정답** 1) 50,000   2) 50,000
      3) 10,000   4) 2,000

▶**참고** ① 주유취급소에는 다음 각 목의 탱크 외에는 위험물을 저장 또는 취급하는 탱크를 설치할 수 없다. 다만, 별표 10 Ⅰ의 규정에 의한 이동탱크저장소의 상치장소를 주유공지 또는 급유공지 외의 장소에 확보하여 이동탱크저장소(당해 주유취급소의 위험물의 저장 또는 취급에 관계된 것에 한한다)를 설치하는 경우에는 그러하지 아니하다.
   • 자동차 등에 주유하기 위한 고정주유설비에 직접 접속하는 전용탱크로서 50,000L 이하의 것
   • 고정급유설비에 직접 접속하는 전용탱크로서 50,000L 이하의 것
   • 보일러 등에 직접 접속하는 전용탱크로서 10,000L 이하의 것
   • 자동차 등을 점검, 정비하는 작업장 등에서 사용하는 폐유, 윤활유 등의 위험물을 저장하는 탱크로서 2,000L 이하의 것
② 고속국도 주유취급소의 특례
   고속국도의 도로변에 설치된 주유취급소에 있어서는 탱크의 용량을 60,000L까지 할 수 있다.

18 옥외탱크 저장소의 방유제에 대하여 다음 물음에 답하시오.

1) 방유제 내의 면적은 몇 m²인가?
2) 저장탱크의 개수에 제한을 두지 않을 경우 인화점을 중심으로 설명하시오.
3) 제1석유류를 15만 L 저장할 경우 탱크의 최대 개수를 쓰시오.

▶**정답** 1) 8만 m² 이하
      2) 인화점이 200℃ 이상인 위험물을 저장, 취급하는 경우
      3) 10기

▶**참고** 인화성 액체위험물(이황화탄소를 제외한다)의 옥외탱크저장소의 탱크 주위의 방유제 설치기준
   • 방유제의 용량은 방유제 안에 설치된 탱크가 하나인 때에는 그 탱크용량의 110% 이상, 2기 이상인 때에는 그 탱크 중 용량이 최대인 것의 용량의 110% 이상으로 할 것. 이 경우 방유제의 용량은 당해 방유제의 내용적에서 용량이 최대인 탱크 외의 탱크의 방유제 높이 이하 부분의 용적, 당해 방유제 내에 있는 모든 탱크의 지반면 이상 부분의 기초의 체적, 간막이 둑의 체적 및 당해 방유제 내에 있는 배관 등의 체적을 뺀 것으로 한다.
   • 방유제의 높이는 0.5m 이상 3m 이하로 할 것

- 방유제 내의 면적은 8만 m² 이하로 할 것
- 방유제 내에 설치하는 옥외저장탱크의 수는 10(방유제 내에 설치하는 모든 옥외저장탱크의 용량이 20만 L 이하이고, 당해 옥외저장탱크에 저장 또는 취급하는 위험물의 인화점이 70℃ 이상 200℃ 미만인 경우에는 20) 이하로 할 것. 다만, 인화점이 200℃ 이상인 위험물을 저장 또는 취급하는 옥외저장탱크에 있어서는 그러하지 아니하다.

19 다음 물음에 답하시오.

1) 황린의 연소반응식을 쓰시오.
2) 황린과 수산화칼륨 수용액의 반응식을 쓰시오.
3) 아세트산의 연소반응식을 쓰시오.
4) 인화칼슘과 물의 반응식을 쓰시오.
5) 과산화바륨과 물과의 반응식을 쓰시오.

▶정답 1) $P_4 + 5O_2 \rightarrow 2P_2O_5$

2) $P_4 + 3KOH + 3H_2O \rightarrow 3KH_2PO_2 + PH_3$

3) $CH_3COOH + 2O_2 \rightarrow 2CO_2 + 2H_2O$

4) $Ca_3P_2 + 6H_2O \rightarrow 3Ca(OH)_2 + 2PH_3$

5) $2BaO_2 + 2H_2O \rightarrow 2Ba(OH)_2 + O_2$

▶참고 KH_2PO_2 : 하이포아인산칼륨

20 위험물안전관리법상 동식물유류를 아이오딘값에 따라 분류하고 범위를 쓰시오.

▶정답 ① 건성유 : 아이오딘값이 130 이상
② 반건성유 : 아이오딘값이 100 이상 130 미만
③ 불건성유 : 아이오딘값이 100 미만

▶참고 용어의 정의
- 아이오딘가 : 유지 100g에 부가되는 아이오딘의 g 수
- 비누화가 : 유지 1g을 비누화시키는 데 필요한 수산화칼륨(KOH)의 mg 수
- 산가 : 유지 1g 중의 유리지방산을 중화시키는 데 필요한 수산화칼륨(KOH)의 mg 수
- 아세틸가 : 아세틸화한 유지 1g 중에 결합하고 있는 초산(CH_3COOH)을 중화시키는 데 필요한 KOH의 mg 수

1 금속칼륨이 이산화탄소(CO_2)와 접촉하면 폭발적으로 반응이 일어난다. 다음 물음에 답하시오.

1) 위 물질의 화학반응식을 쓰시오.
2) 에틸알코올과의 반응식을 쓰시오.

➡️**정답** 1) $4K + 3CO_2 \rightarrow 2K_2CO_3 + C$
2) $2K + 2C_2H_5OH \rightarrow 2C_2H_5OK + H_2$

➡️**참고** 금속칼륨이 CO_2, CCl_4와 접촉하면 폭발적으로 반응한다.
$4K + 3CO_2 \rightarrow 2K_2CO_3 + C$
$4K + CCl_4 \rightarrow 4KCl + C$

2 제1류 위험물 중 위험등급 I 인 품명 3가지를 쓰시오.

➡️**정답** 아염소산염류, 염소산염류, 과염소산염류, 무기과산화물 중 3가지

3 아세트산에 대한 다음 물음에 답하시오.

1) 시성식을 쓰시오.
2) 완전연소반응식을 쓰시오.
3) 생성된 물질을 옥내저장소에 저장할 경우 저장창고의 바닥면적의 기준을 쓰시오.

➡️**정답** 1) CH_3COOH
2) $CH_3COOH + 2O_2 \rightarrow 2CO_2 + 2H_2O$
3) $2,000m^2$ 이하

➡️**참고** $C_2H_5OH \underset{환원}{\overset{산화}{\rightleftharpoons}} CH_3CHO \underset{환원}{\overset{산화}{\rightleftharpoons}} CH_3COOH$

4 다음 위험물이 물과 반응하여 생성되는 기체의 명칭을 화학식으로 답하시오.(단, 없으면 해당 없음이라고 쓰시오.)

1) 인화칼슘
2) 질산암모늄
3) 과산화칼륨
4) 금속리튬
5) 염소산칼륨

> **정답** 1) PH_3 2) 해당 없음
> 3) O_2 4) H_2
> 5) 해당 없음

➡ **참고** ① $Ca_3P_2 + 6H_2O \rightarrow 3Ca(OH)_2 + 2PH_3$
     ② 물에 녹는다.
     ③ $2K_2O_2 + 2H_2O \rightarrow 4KOH + O_2$
     ④ $2Li + 2H_2O \rightarrow 2LiOH + H_2$
     ⑤ 온수에 녹는다.

5 제3류 위험물인 트라이에틸알루미늄에 대한 설명이다. 다음 물음에 답하시오.

1) 트라이에틸알루미늄과 메탄올의 반응식을 쓰시오.
2) 1)의 반응에서 생성되는 기체의 연소반응식을 쓰시오.

> **정답** 1) $(C_2H_5)_3Al + 3CH_3OH \rightarrow (CH_3O)_3Al + 3C_2H_6$
> 2) $2C_2H_6 + 7O_2 \rightarrow 4CO_2 + 6H_2O$

➡ **참고** $(CH_3O)_3Al$: 알루미늄 메틸레이트

6 나이트로셀룰로오스에 대하여 다음 물음에 답하시오.

1) 나이트로셀룰로오스의 제조방법을 쓰시오.
2) 품명을 쓰시오.
3) 운반 시 운반용기 외부에 표시하여야 할 주의사항을 쓰시오.

> **정답** 1) 셀룰로오스에 진한 질산과 진한 황산으로 나이트로화시켜 제조한다.
> 2) 질산에스터류
> 3) 화기엄금, 충격주의

7 위험물안전관리법령에서 다음 소화설비의 소요단위를 구하시오.

1) 면적 300m²로 내화구조의 벽으로 된 제조소
2) 면적 300m²로 내화구조의 벽이 아닌 제조소
3) 면적 300m²로 내화구조의 벽으로 된 저장소

정답 1) $\dfrac{300}{100}=3$소요단위

2) $\dfrac{300}{50}=6$소요단위

3) $\dfrac{300}{150}=2$소요단위

참고 소요단위의 계산방법

건축물 그 밖의 공작물 또는 위험물의 소요단위의 계산방법은 다음의 기준에 의할 것

1) 제조소 또는 취급소의 건축물은 외벽이 내화구조인 것은 연면적(제조소 등의 용도로 사용되는 부분 외의 부분이 있는 건축물에 설치된 제조소 등에 있어서는 당해 건축물 중 제조소 등에 사용되는 부분의 바닥면적의 합계를 말한다. 이하 같다) 100m²를 1소요단위로 하며, 외벽이 내화구조가 아닌 것은 연면적 50m²를 1소요단위로 할 것
2) 저장소의 건축물은 외벽이 내화구조인 것은 연면적 150m²를 1소요단위로 하고, 외벽이 내화구조가 아닌 것은 연면적 75m²를 1소요단위로 할 것
3) 제조소 등의 옥외에 설치된 공작물은 외벽이 내화구조인 것으로 간주하고 공작물의 최대수평투영면적을 연면적으로 간주하여 1) 및 2)의 규정에 의하여 소요단위를 산정할 것
4) 위험물은 지정수량의 10배를 1소요단위로 할 것

8 위험물안전관리법령에 따른 옥내저장소의 설치기준에 대한 내용이다. 괄호 안에 알맞은 말을 쓰시오.

1) 옥내저장소에서 동일 품명의 위험물이더라도 자연발화할 우려가 있는 위험물 또는 재해가 현저하게 증대할 우려가 있는 위험물을 다량 저장하는 경우에는 지정수량의 (㉮) 이하마다 구분하여 상호 간 (㉯) 이상의 간격을 두어 저장하여야 한다.
2) 기계에 의하여 하역하는 구조로 된 용기만을 겹쳐 쌓는 경우에 있어서는 (㉰) 높이를 초과하지 아니하여야 한다.
3) 제4류 위험물 중 제3석유류, 제4석유류 및 동식물유류를 수납하는 용기만을 겹쳐 쌓는 경우에 있어서는 (㉱) 높이를 초과하지 아니하여야 한다.
4) 그 밖의 경우에 있어서는 (㉲) 높이를 초과하지 아니하여야 한다.

▶**정답** ⑦ 10배

　　㉯ 0.3m

　　㉰ 6m

　　㉴ 4m

　　㉵ 3m

➡**참고** ① 옥내저장소에서 동일 품명의 위험물이더라도 자연발화할 우려가 있는 위험물 또는 재해가 현저하게 증대할 우려가 있는 위험물을 다량 저장하는 경우에는 지정수량의 10배 이하마다 구분하여 상호 간 0.3m 이상의 간격을 두어 저장하여야 한다.

　　② 위험물을 저장하는 경우에는 다음 각 목의 규정에 의한 높이를 초과하여 용기를 겹쳐 쌓지 아니하여야 한다.

　　　• 기계에 의하여 하역하는 구조로 된 용기만을 겹쳐 쌓는 경우에 있어서는 6m

　　　• 제4류 위험물 중 제3석유류, 제4석유류 및 동식물유류를 수납하는 용기만을 겹쳐 쌓는 경우에 있어서는 4m

　　　• 그 밖의 경우에 있어서는 3m

9 제4류 위험물인 산화프로필렌에 대한 내용이다. 다음 물음에 답하시오.

1) 증기비중을 구하시오.

2) 위험등급을 쓰시오.

3) 보냉장치가 없는 이동탱크저장소에 저장할 경우 온도를 쓰시오.

▶**정답** 1) 증기비중 $= \dfrac{58}{29} = 2$

　　2) 위험등급 I

　　3) 40℃ 이하

➡**참고** 산화프로필렌의 화학식 : CH_3CHCH_2O

10 위험물안전관리법령에 따른 위험물의 정의를 쓰시오.

1) 인화성 고체

2) 철분

3) 제2석유류

▶**정답** 1) 고형알코올 그 밖의 1atm에서 인화점이 40℃ 미만인 고체

　　2) 철의 분말로서 53μm의 표준체를 통과하는 것이 50중량% 미만은 제외한다.

　　3) 등유, 경유 등 그 밖의 1atm에서 인화점이 21℃ 이상 70℃ 미만인 것

11 제3류 위험물인 탄화알루미늄에 대한 물음에 답하시오.

1) 물과의 반응식을 쓰시오.
2) 염산과의 반응식을 쓰시오.

▶정답 1) $Al_4C_3 + 12H_2O \rightarrow 4Al(OH)_3 + 3CH_4$
　　 2) $Al_4C_3 + 12HCl \rightarrow 4Al(Cl)_3 + 3CH_4$

12 제4류 위험물(이황화탄소는 제외)을 취급하는 제조소의 옥외위험물 취급탱크에 100만 L 1기, 50만 L 2기, 10만 L 3기가 있다. 이 중 50만 L 탱크 1기는 다른 방유제에 설치하고 나머지를 하나의 방유제에 설치할 경우 방유제 전체의 최소용량의 합계를 계산하시오.

▶정답 ① (100만 L 1기×0.5) + [(50만 L + 10만 L×3)×0.1] = 58만 L
　　 ② 50만 L 1기×0.5 = 25만 L
　　 정답 : ①+② = 58만 L+25만 L = 83만 L
▶참고 옥외에 있는 위험물취급탱크로서 액체위험물(이황화탄소를 제외한다)을 취급하는 것의 주위에는 다음의 기준에 의하여 방유제를 설치할 것
　　• 하나의 취급탱크 주위에 설치하는 방유제의 용량은 당해 탱크용량의 50% 이상으로 하고, 2 이상의 취급탱크 주위에 하나의 방유제를 설치하는 경우 그 방유제의 용량은 당해 탱크 중 용량이 최대인 것의 50%에 나머지 탱크용량 합계의 10%를 가산한 양 이상이 되게 할 것

13 위험물안전관리법령에 따른 제2류 위험물 중 삼황화인과 오황화인이 연소할 때 공통으로 생성되는 물질을 쓰시오.

▶정답 P_2O_5, SO_2
▶참고 연소반응식
　　• 삼황화인 : $P_4S_3 + 8O_2 \rightarrow 2P_2O_5 \uparrow + 3SO_2 \uparrow$
　　• 오황화인 : $2P_2S_5 + 15O_2 \rightarrow 2P_2O_5 \uparrow + 10SO_2 \uparrow$

14 위험물안전관리법령에 따른 불활성가스소화약제의 구성성분에 대하여 다음 (　) 안에 알맞은 답을 쓰시오.

1) IG-55 : 50% (　), 50% (　)
2) IG-541 : 8% (　), 40% (　), 52% (　)

▶정답 1) N_2, Ar
　　 2) CO_2, Ar, N_2

15 위험물안전관리법령에 따른 소화설비의 능력단위에 대한 내용이다. 다음 ( ) 안에 알맞은 답을 쓰시오.

소화설비	용량	능력단위
소화전용(專用)물통	(①)L	0.3
수조(소화전용물통 3개 포함)	80L	(②)
수조(소화전용물통 6개 포함)	190L	(③)
마른 모래(삽 1개 포함)	(④)L	0.5
팽창질석 또는 팽창진주암(삽 1개 포함)	(⑤)L	1.0

➡정답 ① 8   ② 1.5   ③ 2.5
④ 50   ⑤ 160

➡참고

소화설비	용량	능력단위
소화전용(專用)물통	8L	0.3
수조(소화전용물통 3개 포함)	80L	1.5
수조(소화전용물통 6개 포함)	190L	2.5
마른 모래(삽 1개 포함)	50L	0.5
팽창질석 또는 팽창진주암(삽 1개 포함)	160L	1.0

16 보기에서 설명하는 위험물에 대하여 다음 물음에 답하시오.

> 보기 : • 무색의 유동성 있는 액체이고 물과 반응하면 많은 열을 발생한다.
> • 비중은 1.76이고 염소산 중에서 가장 강산이다.
> • 분자량은 100.5이다.

1) 이 위험물의 시성식을 쓰시오.
2) 이 위험물의 유별을 쓰시오.
3) 이 위험물을 취급하는 제조소와 병원과의 안전거리를 쓰시오.
4) 이 위험물 5,000kg을 취급하는 제조소의 보유공지의 너비를 계산하시오.

➡정답 1) $HClO_4$
2) 제6류 위험물
3) 해당 없음
4) $\dfrac{5,000}{300}=16.67$배(지정수량 배수가 10배 초과하므로)   정답 : 5m 이상

→참고 안전거리

제조소(제6류 위험물을 취급하는 제조소를 제외한다)는 다음 각 목의 규정에 의한 건축물의 외벽 또는 이에 상당하는 공작물의 외측으로부터 당해 제조소의 외벽 또는 이에 상당하는 공작물의 외측까지의 사이에 다음 각 목의 규정에 의한 수평거리(이하 "안전거리"라 한다)를 두어야 한다.

17 위험물안전관리법령상 위험물의 유별에 대하여 다음 빈칸에 알맞은 답을 쓰시오.

제1류 위험물	산화성 고체	아이오딘산염류		300kg
		질산염류		(④)
		과망가니즈산염류		1,000kg
		(②)		
제2류 위험물	(①)	마그네슘		500kg
		철분		
		금속분		
		(③)		1,000kg
제4류 위험물	인화성 액체	제2석유류	비수용성	(⑤)
			수용성	2,000L
		제3석유류	비수용성	2,000L
			수용성	(⑥)

정답 ① 가연성 고체 ② 다이크로뮴산염류 ③ 인화성 고체
④ 300kg ⑤ 1,000kg ⑥ 4,000kg

18 지정과산화물의 옥내저장소 저장창고의 지붕에 관한 기준이다. 다음 ( ) 안에 알맞은 말을 쓰시오.

1) 중도리 또는 서까래의 간격은 ( )cm 이하로 할 것
2) 지붕의 아래쪽 면에는 한 변의 길이가 ( )cm 이하의 환강(丸鋼)·경량형강(輕量形鋼) 등으로 된 강제(鋼製)의 격자를 설치할 것
3) 지붕의 아래쪽 면에 ( )을 쳐서 불연재료의 도리·보 또는 서까래에 단단히 결합할 것
4) 두께 ( )cm 이상, 너비 ( )cm 이상의 목재로 만든 받침대를 설치할 것

➡정답 1) 30

2) 45

3) 철망

4) 5, 30

➡참고 저장창고의 지붕은 다음 각 목의 1에 적합할 것
- 중도리 또는 서까래의 간격은 30cm 이하로 할 것
- 지붕의 아래쪽 면에는 한 변의 길이가 45cm 이하의 환강(丸鋼)·경량형강(輕量形鋼) 등으로 된 강제(鋼製)의 격자를 설치할 것
- 지붕의 아래쪽 면에 철망을 쳐서 불연재료의 도리·보 또는 서까래에 단단히 결합할 것
- 두께 5cm 이상, 너비 30cm 이상의 목재로 만든 받침대를 설치할 것

19 다음과 같은 탱크의 용량(m^3)의 최대용량과 최소용량을 구하시오.

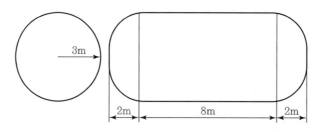

➡정답 ① 최대용량(m^3) $= \pi \times r^2 \times \left(l + \dfrac{l_1 + l_2}{3}\right) = \pi \times 3^2 \times \left(8 + \dfrac{2+2}{3}\right) \times 0.95 = 250.57m^3$

② 최소용량(m^3) $= \pi \times r^2 \times \left(l + \dfrac{l_1 + l_2}{3}\right) = \pi \times 3^2 \times \left(8 + \dfrac{2+2}{3}\right) \times 0.9 = 237.5m^3$

20 제1류 위험물인 염소산칼륨에 대한 내용이다. 다음 물음에 답하시오.

1) 완전분해반응식을 쓰시오.

2) 염소산칼륨 24.5kg이 표준상태에서 완전분해 시 생성되는 산소의 부피(m^3)를 구하시오. (단, 칼륨의 원자량은 39이고 염소의 원자량은 35.5이다.)

➡정답 1) $2KClO_3 \rightarrow 2KCl + 3O_2$

2) $2KClO_3 \rightarrow 2KCl + 3O_2$

24.5kg : $x\,m^3$

$2 \times 122.5kg$: $3 \times 22.4m^3$

$x = \dfrac{24.5 \times 3 \times 22.4}{2 \times 122.5} = 6.72m^3$

1 제1류 위험물인 질산암모늄의 분해반응식을 쓰고, 질산암모늄 1몰이 열분해되는 경우 발생하는 물의 부피는 0.9기압, 300℃에서 몇 L인지 구하시오.

▶**정답** 1) $2NH_4NO_3 \rightarrow 4H_2O + 2N_2 + O_2$

2) $2NH_4NO_3 \rightarrow 4H_2O + 2N_2 + O_2$

1몰	:	xL

2몰 : $4 \times 22.4L \times \dfrac{273+300}{273+0} \times \dfrac{1}{0.9}$

$$x = \frac{4 \times 22.4L \times (273+300) \times 1}{2 \times (273+0) \times 0.9} = 104.47L$$

➡**참고** 질산암모늄을 급격히 가열하면 산소를 발생하고, 충격을 주면 단독으로도 폭발한다.

$2NH_4NO_3 \rightarrow 4H_2O + 2N_2 + O_2$

2 담황색의 결정이며 일광하에 다갈색으로 변하고 비수용성, 아세톤, 벤젠, 알코올, 에테르에 잘 녹고, 가열이나 충격을 주면 폭발하기 쉬운 위험물이 있다. 다음 물음에 답하시오. (단, 분자량 227, 융점 80.7℃)

1) 이 위험물의 화학식을 쓰시오.
2) 이 위험물의 제조방법을 쓰시오.

▶**정답** 1) $C_6H_2CH_3(NO_2)_3$

2) 톨루엔에 질산, 황산을 반응시켜 생성되는 물질은 트라이나이트로톨루엔이다.

$C_6H_5CH_3 + 3HNO_3 \xrightarrow{H_2SO_4} C_6H_2CH_3(NO_2)_3 + 3H_2O$

3 위험물안전관리법에서 정하는 다음 물음에 해당하는 소요단위를 구하시오.

보기 : ① 다이에틸에터 2,000L

② 연면적 1,500m² 로 외벽이 내화구조로 된 제조소

③ 연면적 1,500m² 로 외벽이 내화구조가 아닌 저장소

정답 ① 소요단위 $= \dfrac{2{,}000\text{L}}{50\text{L} \times 10\text{배}} = 4$단위

　　　② 소요단위 $= \dfrac{1{,}500\text{m}^2}{100\text{m}^2} = 15$단위

　　　③ 소요단위 $= \dfrac{1{,}500\text{m}^2}{75\text{m}^2} = 20$단위

4 제3류 위험물인 칼륨에 대한 내용이다. 다음 물음에 답하시오.(단, 없으면 해당 없음이라고 쓰시오.)

1) 이 위험물과 물의 반응식을 쓰시오.
2) 이 위험물과 이산화탄소의 반응식을 쓰시오.
3) 이 위험물과 경유의 반응식을 쓰시오.

정답 1) $2K + 2H_2O \rightarrow 2KOH + H_2$

　　　2) $4K + 3CO_2 \rightarrow 2K_2CO_3 + C$

　　　3) 해당 없음

참고 경유는 물에 녹지 않고 칼륨의 보호액으로 사용한다.

5 다음 보기의 내용은 제2석유류에 대한 설명이다. 맞는 것을 모두 고르시오.

> 보기 : ① 등유, 경유
> 　　　② 중유, 크레오소트유
> 　　　③ 1atm에서 인화점이 70℃ 이상 200℃ 미만인 것
> 　　　④ 1atm에서 인화점이 200℃ 이상 250℃ 미만인 것
> 　　　⑤ 도료류 그 밖의 물품에 있어서 가연성 액체량이 40wt% 이하이면서 인화점이
> 　　　　 40℃ 이상인 동시에 연소점이 60℃ 이상인 것은 제외한다.

정답 ①, ⑤

참고 "제2석유류"라 함은 등유, 경유 그 밖에 1atm에서 인화점이 21℃ 이상 70℃ 미만인 것을 말한다. 다만, 도료류 그 밖의 물품에 있어서 가연성 액체량이 40(중량)% 이하이면서 인화점이 40℃ 이상인 동시에 연소점이 60℃ 이상인 것은 제외한다.

6 크실렌 이성질체 3가지의 구조식과 명칭을 쓰시오.

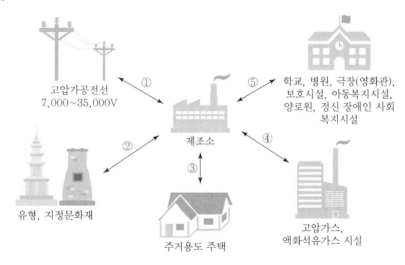

→정답

o-크실렌   m-크실렌   p-크실렌

7 다음은 위험물안전관리법령에서 정한 안전거리기준이다. 다음 그림을 보고 안전거리를 쓰시오.

→정답 ① 3m 이상
② 50m 이상
③ 10m 이상
④ 20m 이상
⑤ 30m 이상

8 다음 보기의 위험물의 시성식을 쓰시오.

> 보기 : ① 트라이나이트로페놀
> ② 트라이나이트로톨루엔
> ③ 아세톤
> ④ 의산(개미산)
> ⑤ 초산에틸

▶정답 ① $C_6H_2OH(NO_2)_3$
② $C_6H_2CH_3(NO_2)_3$
③ CH_3COCH_3
④ $HCOOH$
⑤ $CH_3COOC_2H_5$

9 차광성과 방수성이 있는 덮개를 사용하여야 하는 과산화물을 2가지 쓰시오.

▶정답 ① 과산화칼륨
② 과산화나트륨
▶참고 ① 제1류 위험물 중 알칼리금속의 과산화물 또는 이를 함유할 것
② 제2류 위험물 중 철분·금속분·마그네슘 또는 이들 중 어느 하나 이상을 함유할 것
③ 제3류 위험물 중 금수성 물질은 방수성이 있는 피복으로 덮을 것

10 다음에 보기에 주어진 조건을 보고 방화상 유효한 담의 높이(h)를 구하시오.

> 보기 : • D : 제조소 등과 인접 건축물과의 거리(10m)
> • H : 인접 건물의 높이(40m)
> • a : 제조소 등의 외벽의 높이(30m)
> • d : 제조소 등과 방화상 유효한 벽과의 거리(5m)
> • h : 방화상 유효한 벽의 높이(m)
> • p : 상수(0.15)

▶정답 $pD^2 + a = (0.15 \times 10) + 30 = 31.5m$
즉, 인접 건물의 높이보다 작거나 같기 때문에 방화상 유효한 담의 높이(h)는 2m이다.

➡참고 방화상 유효한 벽의 높이는 다음에 의하여 산정한 높이 이상으로 한다.

　가. $H \leq pD^2 + a$인 경우

　　$h = 2$

　나. $H > pD^2 + a$인 경우

　　$h = H - p(D^2 - d^2)$

　다. "가" 및 "나"에서 D, H, a, d, h 및 p는 다음과 같다.

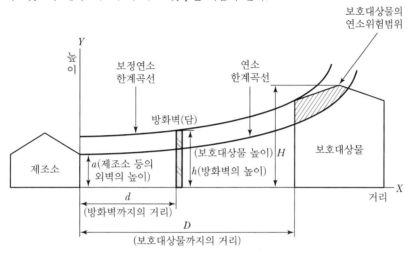

D : 제조소 등과 인접 건축물과의 거리(m)

H : 인접 건물의 높이(m)

a : 제조소 등의 외벽의 높이(m)

d : 제조소 등과 방화상 유효한 벽과의 거리(m)

h : 방화상 유효한 벽의 높이(m)

p : 상수

11 어떤 물질에 150℃에서 니켈촉매로 수소를 첨가하면 사이클로헥산을 얻을 수 있으며 또한 분자량 78인 물질에 대한 다음 물음에 답하시오.

1) 이 위험물의 화학식을 쓰시오.

2) 이 위험물의 위험등급을 쓰시오.

3) 장거리 운전을 하는 경우에는 2명 이상의 운전자로 하여야 한다. 이에 해당하는지 여부를 쓰시오.(단, 해당 없으면 해당 없음이라고 쓰시오.)

4) 이 위험물의 안전카드 휴대 여부를 쓰시오.(단, 해당 없으면 해당 없음이라고 쓰시오.)

정답 1) C_6H_6

2) 위험등급 Ⅱ

3) 해당 없음

4) 휴대해야 한다.

참고 ① 위험물운송자는 장거리(고속국도에 있어서는 340km 이상, 그 밖의 도로에 있어서는 200km 이상을 말한다)에 걸치는 운송을 하는 때에는 2명 이상의 운전자로 할 것. 다만, 다음의 1에 해당하는 경우에는 그러하지 아니하다.
- 제1호 가목의 규정에 의하여 운송책임자를 동승시킨 경우
- 운송하는 위험물이 제2류 위험물·제3류 위험물(칼슘 또는 알루미늄의 탄화물과 이것만을 함유한 것에 한한다) 또는 제4류 위험물(특수인화물을 제외한다)인 경우
- 운송 도중에 2시간 이내마다 20분 이상씩 휴식하는 경우

② 위험물(제4류 위험물에 있어서는 특수인화물 및 제1석유류에 한한다)을 운송하게 하는 자는 별지 제48호 서식의 위험물안전카드를 위험물운송자로 하여금 휴대하게 할 것

12 다음 보기의 위험물에 대해 물음에 답하시오.

> 보기 : 알루미늄분, 염소산암모늄, 질산나트륨, 메틸에틸케톤, 과산화수소

1) 연소 가능한 위험물을 모두 쓰시오.

2) 연소 가능한 위험물의 반응식을 쓰시오.

정답 1) 알루미늄분, 메틸에틸케톤

2) $4Al + 3O_2 \rightarrow 2Al_2O_3$

$2CH_3COC_2H_5 + 11O_2 \rightarrow 8CO_2 + 8H_2O$

참고 제1류 위험물, 제6류 위험물은 불연성 물질이다.

13 다음 보기 위험물의 인화점이 낮은 것부터 순서대로 쓰시오.

> 보기 : 초산에틸, 이황화탄소, 글리세린, 클로로벤젠

정답 이황화탄소 → 초산에틸 → 클로로벤젠 → 글리세린

참고

위험물	인화점
이황화탄소	$-30℃$
초산에틸	$-4℃$
클로로벤젠	$32℃$
글리세린	$160℃$

14 다음 보기에 대한 설명을 참조하여 다음 물음에 답하시오.

> 보기 : • 표백작용, 살균작용을 한다.
> • 운반용기 외부에 표시해야 하는 주의사항은 가연물접촉주의이다.
> • 일정농도 이상인 것은 위험물로 본다.
> • 분자량은 34이다.

1) 이 위험물의 명칭을 쓰시오.
2) 이 위험물의 시성식을 쓰시오.
3) 이 위험물의 분해반응식을 쓰시오.
4) 제조소의 게시판에 설치해야 하는 주의사항을 쓰시오.(단, 없으면 해당 없음이라고 쓰시오.)

정답 1) 과산화수소

2) H_2O_2

3) $2H_2O_2 \rightarrow 2H_2O + O_2$

4) 해당 없음

➡참고 저장 또는 취급하는 위험물에 따라 다음의 규정에 의한 주의사항을 표시한 게시판을 설치할 것
• 제1류 위험물 중 알칼리금속의 과산화물과 이를 함유한 것 또는 제3류 위험물 중 금수성 물질에 있어서는 "물기엄금"
• 제2류 위험물(인화성 고체를 제외한다)에 있어서는 "화기주의"
• 제2류 위험물 중 인화성 고체, 제3류 위험물 중 자연발화성 물질, 제4류 위험물 또는 제5류 위험물에 있어서는 "화기엄금"

15 금속나트륨과 에탄올이 반응하면 가연성 기체를 발생시킨다. 다음 물음에 답하시오.

1) 금속나트륨과 에탄올의 화학반응식을 쓰시오.
2) 1)에서 발생되는 기체의 위험도를 구하시오.

정답 1) $2Na + 2C_2H_5OH \rightarrow 2C_2H_5ONa + H_2$

2) $H = \dfrac{U-L}{L} = \dfrac{75-4}{4} = 17.75$

16 다음은 제조소 등에서 위험물 유별 저장, 취급의 공통기준에 대한 내용이다. 다음 (   )
안에 알맞은 답을 쓰시오.

> 1) 제(   )류 위험물은 불티·불꽃·고온체와의 접근 또는 과열을 피하고, 함부로 증
>   기를 발생시키지 아니하여야 한다.
> 2) 제(   )류 위험물은 가연물과의 접촉·혼합이나 분해를 촉진하는 물품과의 접근
>   또는 과열을 피하여야 한다.
> 3) 제(   )류 위험물은 불티·불꽃·고온체와의 접근이나 과열·충격 또는 마찰을 피
>   하여야 한다.
> 4) 유별을 달리하는 위험물은 동일한 저장소(내화구조의 격벽으로 완전히 구획된 실이
>   2 이상 있는 저장소에 있어서는 동일한 실. 이하 제3호에서 같다)에 저장하지 아니
>   하여야 한다. 다만, 옥내저장소 또는 옥외저장소에 있어서 다음의 각 목의 규정에 의
>   한 위험물을 저장하는 경우로서 위험물을 유별로 정리하여 저장하는 한편, 서로 1m
>   이상의 간격을 두는 경우에는 그러하지 아니하다.
>   • 제1류 위험물과 (   ) 위험물
>   • 제2류 위험물 중 인화성 고체와 (   ) 위험물

➡정답 1) 제4류   2) 제6류   3) 제5류   4) 제6류, 제4류

➡참고 ① 위험물의 유별 저장·취급의 공통기준(중요기준)
- 제1류 위험물은 가연물과의 접촉·혼합이나 분해를 촉진하는 물품과의 접근 또는 과열·충
  격·마찰 등을 피하는 한편, 알칼리금속의 과산화물 및 이를 함유한 것에 있어서는 물과의
  접촉을 피하여야 한다.
- 제2류 위험물은 산화제와의 접촉·혼합이나 불티·불꽃·고온체와의 접근 또는 과열을 피
  하는 한편, 철분·금속분·마그네슘 및 이를 함유한 것에 있어서는 물이나 산과의 접촉을
  피하고 인화성 고체에 있어서는 함부로 증기를 발생시키지 아니하여야 한다.
- 제3류 위험물 중 자연발화성 물질에 있어서는 불티·불꽃 또는 고온체와의 접근·과열 또
  는 공기와의 접촉을 피하고, 금수성 물질에 있어서는 물과의 접촉을 피하여야 한다.
- 제4류 위험물은 불티·불꽃·고온체와의 접근 또는 과열을 피하고, 함부로 증기를 발생시
  키지 아니하여야 한다.
- 제5류 위험물은 불티·불꽃·고온체와의 접근이나 과열·충격 또는 마찰을 피하여야 한다.
- 제6류 위험물은 가연물과의 접촉·혼합이나 분해를 촉진하는 물품과의 접근 또는 과열을
  피하여야 한다.

② 영 별표 1의 유별을 달리하는 위험물은 동일한 저장소(내화구조의 격벽으로 완전히 구획된
   실이 2 이상 있는 저장소에 있어서는 동일한 실. 이하 제3호에서 같다)에 저장하지 아니하여
   야 한다. 다만, 옥내저장소 또는 옥외저장소에 있어서 다음의 각 목의 규정에 의한 위험물을
   저장하는 경우로서 위험물을 유별로 정리하여 저장하는 한편, 서로 1m 이상의 간격을 두는
   경우에는 그러하지 아니하다(중요기준).
- 제1류 위험물(알칼리금속의 과산화물 또는 이를 함유한 것을 제외한다)과 제5류 위험물을
  저장하는 경우

- 제1류 위험물과 제6류 위험물을 저장하는 경우
- 제1류 위험물과 제3류 위험물 중 자연발화성 물질(황린 또는 이를 함유한 것에 한한다)을 저장하는 경우
- 제2류 위험물 중 인화성 고체와 제4류 위험물을 저장하는 경우
- 제3류 위험물 중 알킬알루미늄 등과 제4류 위험물(알킬알루미늄 또는 알킬리튬을 함유한 것에 한한다)을 저장하는 경우
- 제4류 위험물 중 유기과산화물 또는 이를 함유하는 것과 제5류 위험물 중 유기과산화물 또는 이를 함유한 것을 저장하는 경우

17

다음 표는 위험물안전관리법령에서 정한 소화설비의 적응성에 관한 내용이다. 다음 표에 적응성이 있는 것에 ○표를 하시오.

소화설비의 구분		건축물·그 밖의 공작물	전기설비	제1류 위험물		제2류 위험물			제3류 위험물		제4류 위험물	제5류 위험물	제6류 위험물
				알칼리금속과산화물등	그 밖의 것	철분·금속분·마그네슘등	인화성고체	그 밖의 것	금수성물품	그 밖의 것			
옥내소화전													
옥외소화전설비													
물분무등 소화설비	물분무소화설비												
	불활성가스소화설비												
	할로젠화합물소화설비												

▶정답 소화설비의 적응성

소화설비의 구분		건축물·그 밖의 공작물	전기설비	제1류 위험물		제2류 위험물			제3류 위험물		제4류 위험물	제5류 위험물	제6류 위험물
				알칼리금속과산화물등	그 밖의 것	철분·금속분·마그네슘등	인화성고체	그 밖의 것	금수성물품	그 밖의 것			
옥내소화전		○			○		○	○		○		○	○
옥외소화전설비		○			○		○	○		○		○	○
물분무등 소화설비	물분무소화설비	○	○		○		○	○		○	○	○	○
	불활성가스소화설비		○				○				○		
	할로젠화합물 소화설비		○				○				○		

→참고

소화설비의 구분		대상물 구분		제1류 위험물		제2류 위험물			제3류 위험물				
		건축물·그 밖의 공작물	전기설비	알칼리금속과산화물등	그 밖의 것	철분·금속분·마그네슘등	인화성고체	그 밖의 것	금수성물품	그 밖의 것	제4류 위험물	제5류 위험물	제6류 위험물
옥내소화전 또는 옥외소화전설비		○			○		○	○		○		○	○
스프링클러설비		○			○		○	○		○	△	○	○
물분무등소화설비	물분무소화설비	○	○		○		○	○		○	○	○	○
	포소화설비	○			○		○	○		○	○		○
	불활성가스소화설비		○				○				○		
	할로젠화합물소화설비		○				○				○		
	분말소화설비 인산염류 등	○	○		○		○				○		○
	분말소화설비 탄산수소염류 등		○			○	○		○		○		
	분말소화설비 그 밖의 것			○		○			○				
대형·소형수동식소화기	봉상수(棒狀水)소화기	○			○		○	○		○		○	○
	무상수(霧狀水)소화기	○	○		○		○	○		○		○	○
	봉상강화액소화기	○			○		○	○		○		○	○
	무상강화액소화기	○	○		○		○	○		○	○	○	○
	포소화기	○			○		○	○		○	○		○
	이산화탄소소화기		○				○				○		△
	할로젠화합물소화기		○				○				○		
	분말소화기 인산염류소화기	○	○		○		○	○			○		○
	분말소화기 탄산수소염류소화기		○			○	○		○		○		
	분말소화기 그 밖의 것			○		○			○				
기타	물통 또는 수조	○			○		○	○		○		○	○
	건조사			○	○	○	○	○	○	○	○	○	○
	팽창질석 또는 팽창진주암			○	○	○	○	○	○	○	○	○	○

18 트라이에틸알루미늄과 물의 화학반응식을 쓰고, 트라이에틸알루미늄 228g이 반응했을 때 생성되는 가스는 표준상태에서 몇 L인지 쓰시오.(단, 트라이에틸알루미늄의 분자량 : 114)

▶정답 1) $(C_2H_5)_3Al + 3H_2O \rightarrow Al(OH)_3 + 3C_2H_6$

2) $(C_2H_5)Al + 3H_2O \rightarrow Al(OH)_3 + 3C_2H_6$

| 228g | : | xL |
| 114g | : | 3×22.4L |

$114 \times x = 228 \times 3 \times 22.4$　　$x = 134.4$L

정답 : 134.4L

19 다음과 같은 탱크의 용량(m^3)을 구하시오.(단, 탱크의 공간용적은 5%이다.)

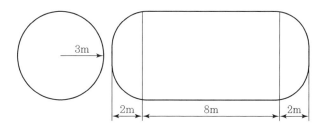

▶정답 용량(m^3) $= \pi \times r^2 \times \left(l + \dfrac{l_1 + l_2}{3}\right) = \pi \times 3^2 \times \left(8 + \dfrac{2+2}{3}\right) \times 0.95$

$= 250.57m^3$

▶참고 탱크의 용량

① 위험물을 저장 또는 취급하는 탱크의 용량은 당해 탱크의 내용적에서 공간용적을 뺀 용적으로 한다. 다만, 이동탱크저장소의 탱크의 경우에는 내용적에서 공간용적을 뺀 용량이 자동차관리관계법령에 의한 최대적재량 이하로 하여야 한다.

② 제1항의 규정에 의한 탱크의 내용적은 다음 각 호의 방법에 의하여 계산한다.

　1. 타원형 탱크의 내용적

　　가. 양쪽이 볼록한 것

 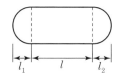

용량 : $\dfrac{\pi ab}{4}\left(l + \dfrac{l_1 + l_2}{3}\right)$

　　나. 한쪽은 볼록하고 다른 한쪽은 오목한 것

용량 : $\dfrac{\pi ab}{4}\left(l + \dfrac{l_1 - l_2}{3}\right)$

2. 원형 탱크의 내용적

가. 횡으로 설치한 것

용량 : $\pi r^2 \left(l + \dfrac{l_1 + l_2}{3} \right)$

나. 종으로 설치한 것

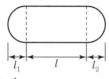

용량 : $\pi r^2 l$

20 다음 표는 위험물안전관리법령에서 정하는 교육과정·교육대상자·교육시간·교육시기 및 교육기관에 관한 내용이다. 다음 (　) 안에 알맞은 답을 쓰시오.

교육과정	교육대상자	교육시간
강습교육	(　① 　)가 되고자 하는 자	24시간
	(　② 　)가 되고자 하는 자	16시간
	(　③ 　)가 되고자 하는 자	8시간
실무교육	(　④　)	8시간 이내
	(　⑤　)	4시간
	(　⑥　)	8시간 이내
	(　⑦　)의 기술인력	8시간 이내

➡정답 ① 안전관리자　　② 위험물운송자　　③ 위험물운반자
④ 안전관리자　　⑤ 위험물운반자　　⑥ 위험물운송자
⑦ 탱크시험자

➡참고 교육과정·교육대상자 및 교육시간

교육과정	교육대상자	교육시간
강습교육	안전관리자가 되고자 하는 자	24시간
	위험물운송자가 되고자 하는 자	16시간
	위험물운반자가 되고자 하는 자	8시간
실무교육	안전관리자	8시간 이내
	위험물운반자	4시간
	위험물운송자	8시간 이내
	탱크시험자의 기술인력	8시간 이내

2023년 4월 22일 산업기사 실기시험

1 위험물안전관리법령에서 정한 옥내저장소이다. 다음 보기를 참고하여 물음에 답하시오.

> 보기 : ① 저장소의 외벽은 내화구조이다.
> ② 연면적은 150m²이다.
> ③ 저장소에는 에탄올 1,000L, 등유 1,500L, 동식물유류 20,000L, 특수인화물 500L를 저장한다.

1) 옥내저장소의 소요단위를 구하시오.
2) 보기에서 위험물의 소요단위를 구하시오.

▶정답 1) 옥내저장소의 소요단위는 내화구조인 경우 바닥면적 150m²가 1소요단위이다.

$$\therefore \text{옥내저장소의 소요단위} = \frac{\text{연면적}}{\text{기준면적}} = \frac{150\text{m}^2}{150\text{m}^2} = 1\text{소요단위}$$

2) 위험물의 1소요단위는 지정수량의 10배이다.

$$\therefore \frac{1,000\text{L}}{400\text{L} \times 10\text{배}} + \frac{1,500\text{L}}{1,000\text{L} \times 10\text{배}} + \frac{20,000\text{L}}{10,000\text{L} \times 10\text{배}} + \frac{500\text{L}}{50\text{L} \times 10\text{배}} = 1.6\text{단위}$$

2 다음 보기에 대한 설명을 참조하여 다음 물음에 답하시오.

> 보기 : ① 표백작용, 살균작용을 한다.
> ② 운반용기 외부에 표시해야 하는 주의사항은 가연물접촉주의이다.
> ③ 일정농도 이상인 것은 위험물로 본다.
> ④ 분자량은 34이다.

1) 이 위험물의 명칭을 쓰시오.
2) 이 위험물의 시성식을 쓰시오.
3) 이 위험물의 분해반응식을 쓰시오.
4) 이 위험물을 저장, 취급 시 넣어주는 안정제 2가지를 쓰시오.

▶정답 1) 과산화수소
2) H_2O_2
3) $2H_2O_2 \rightarrow 2H_2O + O_2$
4) 인산, 요산

→참고 수납하는 위험물에 따른 주의사항

    1) 제1류 위험물 중 알칼리금속의 과산화물 또는 이를 함유한 것에 있어서는 "화기·충격주의", "물기엄금" 및 "가연물접촉주의", 그 밖의 것에 있어서는 "화기·충격주의" 및 "가연물접촉주의"

    2) 제2류 위험물 중 철분·금속분·마그네슘 또는 이들 중 어느 하나 이상을 함유한 것에 있어서는 "화기주의" 및 "물기엄금", 인화성 고체에 있어서는 "화기엄금", 그 밖의 것에 있어서는 "화기주의"

    3) 제3류 위험물 중 자연발화성 물질에 있어서는 "화기엄금" 및 "공기접촉엄금", 금수성 물질에 있어서는 "물기엄금"

    4) 제4류 위험물에 있어서는 "화기엄금"

    5) 제5류 위험물에 있어서는 "화기엄금" 및 "충격주의"

    6) 제6류 위험물에 있어서는 "가연물접촉주의"

3 "옥내저장소에서 위험물을 저장하는 경우에는 어떠한 규정에 의한 높이를 초과하여 용기를 겹쳐 쌓지 아니하여야 한다."라는 규정에서 다음 물음에 답하시오.

1) 기계에 의하여 하역하는 구조로 된 용기만을 겹쳐 쌓는 경우
2) 제4류 위험물 중 제3석유류, 제4석유류 및 동식물유류를 수납하는 용기만을 겹쳐 쌓는 경우
3) 그 밖의 경우

→정답 1) 6m   2) 4m   3) 3m

4 다음 ( ) 안을 채우시오.

> 보기 : 알코올류라 함은 1분자를 구성하는 탄소원자의 수가 1개부터 (①)개까지인 포화 1가 알코올(변성알코올을 포함한다.)을 말한다. 다만, 다음 각 목의 1에 해당하는 것은 제외한다.
> 1) 1분자를 구성하는 탄소원자의 수가 1개 내지 3개의 포화 1가 알코올의 함유량이 (②)중량퍼센트 미만인 수용액
> 2) 가연성 액체량이 (③)중량퍼센트 미만이고 인화점 및 연소점(태그개방식 인화점측정기에 의한 연소점을 말한다. 이와 같다)이 에틸알코올 60중량퍼센트 수용액의 인화점 및 연소점을 초과하는 것

→정답 ① 3   ② 60   ③ 60

→참고 "알코올류"라 함은 1분자를 구성하는 탄소원자의 수가 1개부터 3개까지인 포화 1가 알코올(변성알코올을 포함한다.)을 말한다. 다만, 다음 각 목의 1에 해당하는 것은 제외한다.

    가. 1분자를 구성하는 탄소원자의 수가 1개 내지 3개의 포화 1가 알코올의 함유량이 60(중량)% 미만인 수용액

    나. 가연성 액체량이 60(중량)% 미만이고 인화점 및 연소점(태그개방식 인화점측정기에 의한 연소점을 말한다.)이 에틸알코올 60(중량)% 수용액의 인화점 및 연소점을 초과하는 것

5 적린의 연소생성물질의 화학식과 그 색상은?

정답 P_2O_5, 백색

참고 적린 연소 시 P_2O_5의 흰 연기가 생긴다.

$$4P + 5O_2 \rightarrow 2P_2O_5$$

6 다음 보기에서 지정수량 400L인 제4류 위험물과 제조소 등의 게시판에 설치해야 할 주의 사항 중 "화기엄금"과 "물기엄금"에 해당하는 두 위험물의 화학반응식을 쓰시오.

> 보기 : 에틸알코올, 칼륨, 과산화나트륨, 질산메틸, 톨루엔

정답 $2K + 2C_2H_5OH \rightarrow 2C_2H_5OK + H_2$

참고 저장 또는 취급하는 위험물에 따라 다음의 규정에 의한 주의사항을 표시한 게시판을 설치할 것
- 제1류 위험물 중 알칼리금속의 과산화물과 이를 함유한 것 또는 제3류 위험물 중 금수성 물질에 있어서는 "물기엄금"
- 제2류 위험물(인화성 고체를 제외한다)에 있어서는 "화기주의"
- 제2류 위험물 중 인화성 고체, 제3류 위험물 중 자연발화성 물질, 제4류 위험물 또는 제5류 위험물에 있어서는 "화기엄금"

7 다음 보기에 해당하는 위험물에 대한 물음에 답하시오.

> 보기 : 옥외저장탱크는 벽 및 바닥의 두께가 0.2m 이상이고 누수가 되지 않는 철근콘크리트의 수조에 넣어 보관해야 한다. 이 경우 보유공지, 통기관 및 자동계량장치는 생략할 수 있다.

1) 연소반응식을 쓰시오.
2) 품명을 쓰시오.
3) 다음 보기 중에서 혼재가능한 위험물을 모두 고르시오.(단, 없으면 해당없음이라고 표시하시오.)

> 보기 : 과염소산, 과망가니즈산칼륨, 과산화나트륨, 삼불화브로민

정답 1) $CS_2 + 3O_2 \rightarrow 2SO_2 + CO_2$
2) 특수인화물
3) 해당없음

참고 이황화탄소의 연소반응식은 다음과 같다.

$$CS_2 + 3O_2 \rightarrow 2SO_2 + CO_2$$

8 탄화칼슘에 대한 물음에 답하시오.

1) 물과의 반응식을 쓰시오.
2) 반응 후 생성되는 가스와 구리의 반응식을 쓰시오.
3) 위험성이 있는 이유를 간단히 쓰시오.

>정답 1) $CaC_2 + 2H_2O \rightarrow Ca(OH)_2 + C_2H_2$
  2) $C_2H_2 + 2Cu \rightarrow Cu_2C_2 + H_2$
  3) 아세틸렌이 구리, 은 등의 금속과 접촉하면 폭발성 물질인 금속아세틸리드를 생성시키기 때문에

9 다음 보기에 대한 물음에 답하시오.

보기 : 가. 주유공지를 확보하지 않아도 된다.
  나. 지하저장탱크에서 직접 주유하는 경우에는 탱크용량에 제한을 두지 않아도 된다.
  다. 고정주유설비 또는 고정급유설비의 주유관 길이에 제한을 두지 않아도 된다.
  라. 담 또는 벽을 설치하지 않아도 된다.
  마. 캐노피를 설치하지 않아도 된다.

1) 항공기 주유취급소 특례에 해당하는 것을 모두 고르시오.
2) 자가용 주유취급소 특례에 해당하는 것을 모두 고르시오.
3) 선박 주유취급소 특례에 해당하는 것을 모두 고르시오.

>정답 1) 가, 나, 다, 라, 마
  2) 가
  3) 가, 나, 다, 라

10 위험물안전관리법령에 따른 제2류 위험물 중 황화인에 대하여 다음 물음에 답하시오.

1) 빈칸에 알맞은 답을 쓰시오.

종류	화학식	연소 후 생성되는 물질의 화학식
삼황화인		
오황화인		
칠황화인		

2) 황화인 중에서 1mol당 산소 7.5mol을 필요로 하는 물질의 완전연소 반응식을 쓰시오.
3) 황화인을 운반할 때 운반용기 외부에 표시해야 할 주의사항을 쓰시오.

정답 1)

종류	화학식	연소 후 생성되는 물질의 화학식
삼황화인	P_4S_3	$P_2S_5,$ SO_2
오황화인	P_2S_5	$P_2S_5,$ SO_2
칠황화인	P_4S_7	$P_2S_5,$ SO_2

2) 오황화인 : $2P_2S_5 + 15O_2 \rightarrow 2P_2O_5\uparrow + 10SO_2\uparrow$

3) 화기주의

11 다음 보기의 ( ) 안을 채우시오.

보기 : ① 옥외저장탱크·옥내저장탱크 또는 지하저장탱크 중 압력탱크 외의 탱크에 저장하는 다이에틸에터 또는 아세트알데하이드 등의 온도는 산화프로필렌과 이를 함유한 것 또는 다이에틸에터 등에 있어서는 ( )℃ 이하로, 아세트알데하이드 또는 이를 함유한 것에 있어서는 ( )℃ 이하로 각각 유지할 것

② 옥외저장탱크, 옥내저장탱크 또는 지하저장탱크 중 압력탱크에 저장하는 아세트알데하이드 등 또는 다이에틸에터 등의 온도는 ( )℃ 이하로 유지할 것

③ 보냉장치가 있는 이동저장탱크에 저장하는 아세트알데하이드 또는 다이에틸에터 등의 온도는 당해 위험물의 ( ) 이하로 유지할 것

④ 보냉장치가 없는 이동저장탱크에 저장하는 아세트알데하이드 또는 다이에틸에터 등의 온도는 ( )℃ 이하로 유지할 것

정답 ① 30, 15 ② 40
③ 비점 ④ 40

참고 알킬알루미늄, 아세트알데하이드 및 다이에틸에터 등의 저장기준
① 옥외저장탱크·옥내저장탱크 또는 지하저장탱크 중 압력탱크 외의 탱크에 저장하는 다이에틸에터 또는 아세트알데하이드 등의 온도는 산화프로필렌과 이를 함유한 것 또는 다이에틸에터 등에 있어서는 30℃ 이하로, 아세트알데하이드 또는 이를 함유한 것에 있어서는 15℃ 이하로 각각 유지할 것
② 옥외저장탱크·옥내저장탱크 또는 지하저장탱크 중 압력탱크에 저장하는 아세트알데하이드 등 또는 다이에틸에터 등의 온도는 40℃ 이하로 유지할 것
③ 보냉장치가 있는 이동저장탱크에 저장하는 아세트알데하이드 또는 다이에틸에터 등의 온도는 당해 위험물의 비점 이하로 유지할 것
④ 보냉장치가 없는 이동저장탱크에 저장하는 아세트알데하이드 또는 다이에틸에터 등의 온도는 40℃ 이하로 유지할 것

12 다음 위험물의 완전연소반응식을 쓰시오.

1) 메탄올
2) 아세트알데하이드
3) 메틸에틸케톤

▶**정답** 1) $2CH_3OH + 3O_2 \rightarrow 2CO_2 + 4H_2O$

2) $2CH_3CHO + 5O_2 \rightarrow 4CO_2 + 4H_2O$

3) $2CH_3COC_2H_5 + 11O_2 \rightarrow 8CO_2 + 8H_2O$

13 위험물안전관리법령에 따른 불활성가스 소화약제의 구성성분에 대하여 다음 물음에 답하시오.

1) IG$-$55 : 50% (   ), 50% (   )
2) IG$-$541 : 8% (   ), 40% (   ), 52% (   )
3) IG$-$100 : 100% (   )

▶**정답** 1) N_2, Ar

2) CO_2, Ar, N_2

3) N_2

14 다음 배출설비에 대한 물음에 답하시오.

1) 국소방식은 시간당 배출장소 용적의 (   )배 이상으로 하고 전역방식은 바닥면적 $1m^2$당 (   )m^3 이상으로 한다.
2) 배출구는 지상 (   )m 이상으로서 연소의 우려가 없는 장소에 설치하고, (   )가 관통하는 벽부분의 바로 가까이에 화재 시 자동으로 폐쇄되는 (   )를 설치할 것

▶**정답** 1) 20, 18

2) 2, 배출덕트, 방화댐퍼

▶**참고** 배출설비

가연성의 증기 또는 미분이 체류할 우려가 있는 건축물에는 그 증기 또는 미분을 옥외의 높은 곳으로 배출할 수 있도록 다음 각 호의 기준에 의하여 배출설비를 설치하여야 한다.

① 배출설비는 국소방식으로 하여야 한다. 다만, 다음 각목의 1에 해당하는 경우에는 전역방식으로 할 수 있다.

　가. 위험물취급설비가 배관이음 등으로만 된 경우

　나. 건축물의 구조·작업장소의 분포 등의 조건에 의하여 전역방식이 유효한 경우

② 배출설비는 배풍기·배출덕트·후드 등을 이용하여 강제적으로 배출하는 것으로 하여야 한다.

③ 배출능력은 1시간당 배출장소 용적의 20배 이상인 것으로 하여야 한다. 다만, 전역방식의 경우에는 바닥면적 $1m^2$당 $18m^3$ 이상으로 할 수 있다.

④ 배출설비의 급기구 및 배출구는 다음 각목의 기준에 의하여야 한다.

　　가. 급기구는 높은 곳에 설치하고, 가는 눈의 구리망 등으로 인화방지망을 설치할 것

　　나. 배출구는 지상 2m 이상으로서 연소의 우려가 없는 장소에 설치하고, 배출덕트가 관통하는 벽부분의 바로 가까이에 화재 시 자동으로 폐쇄되는 방화댐퍼를 설치할 것

⑤ 배풍기는 강제배기방식으로 하고, 옥내닥트의 내압이 대기압 이상이 되지 아니하는 위치에 설치하여야 한다.

15 담황색의 결정이며 일광하에 다갈색으로 변하고 비수용성, 아세톤, 벤젠, 알코올, 에테르에 잘 녹고, 가열이나 충격을 주면 폭발하기 쉬운 위험물이다. 다음 물음에 답하시오.(단, 분자량 227, 융점 80.7℃)

1) 화학식

2) 제조방법

정답 1) $C_6H_2CH_3(NO_2)_3$

　　2) 톨루엔에 질산, 황산을 반응시켜 생성되는 물질은 트라이나이트로톨루엔이 된다.

$$C_6H_5CH_3 + 3HNO_3 \xrightarrow{\text{H}_2\text{SO}_4} C_6H_2CH_3(NO_2)_3 + 3H_2O$$

16 표준상태에서 인화알루미늄 580g이 물과 반응할 때 생성되는 기체의 부피는 얼마인가?

정답 $AlP + 3H_2O \rightarrow Al(OH)_3 + PH_3$

　　　580g　　　:　　　xL

　　　58g　　　:　　　22.4L

$58 \times x = 580 \times 22.4$　　　　　$x = 224$L

참고 Al의 원자량 : 27g, P의 원자량 : 31g

　　담배 및 곡물의 저장창고의 훈증제로 사용되는 약제로, 화합물 분자는 AlP로서 짙은 회색 또는 황색 결정체이며 녹는점은 1,000℃ 이상이다. 건조 상태에서는 안정하나 습기가 있으면 격렬하게 가수반응(加水反應)을 일으켜 포스핀(PH_3)을 생성하여 강한 독성물질로 변한다. 따라서 일단 개봉하면 보관이 불가능하므로 전부 사용하여야 한다. 또한 이 약제는 고독성 농약이므로 사용 및 보관에 특히 주의하여야 한다.

17 과망가니즈산칼륨에 대한 다음 물음에 답하시오.

1) 지정수량
2) 열분해할 경우와 묽은 황산과 반응할 경우 공통으로 생성되는 가스를 쓰시오.
3) 위험등급

▶**정답** 1) 1,000kg,　　2) 산소(O_2),　　3) 위험등급 Ⅲ

➡**참고** $2KMnO_4 \rightarrow K_2MnO_4 + MnO_2 + O_2\uparrow$

　　　　묽은 황산과 반응하여 산소를 방출시킨다.

　　　　$4KMnO_4 + 6H_2SO_4 \rightarrow 2K_2SO_4 + 4MnSO_4 + 6H_2O + 5O_2\uparrow$

18 위험물안전관리법상 동식물류에 관한 보기의 물음에 답하시오.

> 보기 : ① 아이오딘가의 정의를 쓰시오.
> 　　　② 동식물류를 아이오딘값에 따라 분류하고 범위를 쓰시오.

▶**정답** ① 유지 100g에 부가되는 아이오딘의 g 수

　　　② 아이오딘값에 따른 분류

　　　　(가) 건성유 : 아이오딘값이 130 이상

　　　　(나) 반건성유 : 아이오딘값이 100 이상 130 미만

　　　　(다) 불건성유 : 아이오딘값이 100 미만

➡**참고** 용어의 정의

　　•아이오딘가 : 유지 100g에 부가되는 아이오딘의 g 수

　　•비누화가 : 유지 1g을 비누화시키는 데 필요한 수산화칼륨(KOH)의 mg 수

　　•산가 : 유지 1g 중의 유리지방산을 중화시키는 데 필요한 수산화칼륨(KOH)의 mg 수

　　•아세틸가 : 아세틸화한 유지 1g 중에 결합하고 있는 초산(CH_3COOH)을 중화시키는 데 필요한 KOH의 mg 수

19 2mol의 리튬이 물과 반응할 경우 다음 물음에 답하시오.

1) 반응식을 쓰시오.
2) 물과 반응할 때 생성되는 기체의 부피(L)를 구하시오.(단, 1기압 25℃이다.)

▶**정답** 1) $2Li + 2H_2O \longrightarrow 2LiOH + H_2$

　　　2) $2Li + 2H_2O \longrightarrow 2LiOH + H_2$

　　　　　2mol　　　:　　　　x

　　　　　2mol　　　:　　$22.4 \times \dfrac{(273+25)}{(273+0)}$

　　$2 \times x = 2 \times 22.4 \times \dfrac{(273+25)}{(273+0)}$　　　$x = 24.45L$

20 위험물안전관리법상 위험물의 성질에 따른 제조소의 특례에 대한 기준이다. 다음 ( )
안에 알맞은 답을 쓰시오.

1) (①) 등을 취급하는 제조소의 특례는 다음 각목과 같다.
　가. (①) 등을 취급하는 설비의 주위에는 누설범위를 국한하기 위한 설비와 누설된 알킬
　　　알루미늄 등을 안전한 장소에 설치된 저장실에 유입시킬 수 있는 설비를 갖출 것
　나. (①) 등을 취급하는 설비에는 불활성기체를 봉입하는 장치를 갖출 것
2) (②) 등을 취급하는 제조소의 특례는 다음 각목과 같다.
　가. (②) 등을 취급하는 설비는 은·수은·동·마그네슘 또는 이들을 성분으로 하는
　　　합금으로 만들지 아니할 것
　나. (②) 등을 취급하는 설비에는 연소성 혼합기체의 생성에 의한 폭발을 방지하기 위한
　　　불활성기체 또는 수증기를 봉입하는 장치를 갖출 것
　다. (②) 등을 취급하는 탱크(옥외에 있는 탱크 또는 옥내에 있는 탱크로서 그 용량이
　　　지정수량의 5분의 1 미만의 것을 제외한다)에는 냉각장치 또는 저온을 유지하기 위한
　　　장치(이하 "보냉장치"라 한다) 및 연소성 혼합기체의 생성에 의한 폭발을 방지하기
　　　위한 불활성기체를 봉입하는 장치를 갖출 것. 다만, 지하에 있는 탱크가 (②) 등의
　　　온도를 저온으로 유지할 수 있는 구조인 경우에는 냉각장치 및 보냉장치를 갖추지
　　　아니할 수 있다.
3) (③) 등을 취급하는 제조소의 특례는 다음 각목과 같다.
　가. 지정수량 이상의 (③) 등을 취급하는 제조소의 위치는 Ⅰ제1호 가목 내지 라목의
　　　규정에 의한 건축물의 벽 또는 이에 상당하는 공작물의 외측으로부터 당해 제조소의
　　　외벽 또는 이에 상당하는 공작물의 외측까지의 사이에 다음 식에 의하여 요구되는
　　　거리 이상의 안전거리를 둘 것
　　　$D = 51.1\sqrt[3]{N}$
　　　D : 거리(m)
　　　N : 당해 제조소에서 취급하는 (③) 등의 지정수량의 배수

▶정답 ① 알킬알루미늄
　　　② 아세트알데하이드
　　　③ 하이드록실아민

1 인화점 측정방법 3가지를 쓰시오.

▶정답 1) 태크밀폐식
2) 신속평형법
3) 클리브랜드 개방컵

➡참고 위험물안전관리에 관한 세부기준
[시행 2019. 1. 14.] [소방청고시 제2019-4호, 2019. 1. 14., 일부개정]

제13조(인화성액체의 인화점 시험방법 등) ① 영 별표 1 비고 제11호의 규정에 따른 인화성액체의 인화점 측정은 제14조의 규정에 따른 방법으로 측정한 결과에 따라 다음 각 호에 정한 것에 의한다.

1. 측정결과가 0℃ 미만인 경우에는 당해 측정결과를 인화점으로 할 것
2. 측정결과가 0℃ 이상 80℃ 이하인 경우에는 동점도 측정을 하여 동점도가 $10mm^2/s$ 미만인 경우에는 당해 측정결과를 인화점으로 하고, 동점도가 $10mm^2/s$ 이상인 경우에는 제15조의 규정에 따른 방법으로 다시 측정할 것
3. 측정결과가 80℃를 초과하는 경우에는 제16조의 규정에 따른 방법으로 다시 측정할 것

② 영 별표 1의 인화성액체 중 수용성액체란 온도 20℃, 1기압에서 동일한 양의 증류수와 완만하게 혼합하여, 혼합액의 유동이 멈춘 후 당해 혼합액이 균일한 외관을 유지하는 것을 말한다.

제14조(태그밀폐식인화점측정기에 의한 인화점 측정시험) 태그(Tag)밀폐식인화점측정기에 의한 인화점 측정시험은 다음 각 호에 정한 방법에 의한다.

1. 시험장소는 1기압, 무풍의 장소로 할 것
2. 「원유 및 석유 제품 인화점 시험방법 - 태그 밀폐식시험방법」(KS M 2010)에 의한 인화점 측정기의 시료컵에 시험물품 50cm³를 넣고 시험물품의 표면의 기포를 제거한 후 뚜껑을 덮을 것
3. 시험불꽃을 점화하고 화염의 크기를 직경이 4mm가 되도록 조정할 것
4. 시험물품의 온도가 60초간 1℃의 비율로 상승하도록 수조를 가열하고 시험물품의 온도가 설정온도보다 5℃ 낮은 온도에 도달하면 개폐기를 작동하여 시험불꽃을 시료컵에 1초간 노출시키고 닫을 것. 이 경우 시험불꽃을 급격히 상하로 움직이지 아니하여야 한다.
5. 제4호의 방법에 의하여 인화하지 않는 경우에는 시험물품의 온도가 0.5℃ 상승할 때마다 개폐기를 작동하여 시험불꽃을 시료컵에 1초간 노출시키고 닫는 조작을 인화할 때까지 반복할 것
6. 제5호의 방법에 의하여 인화한 온도가 60℃ 미만의 온도이고 설정온도와의 차가 2℃를 초과하지 않는 경우에는 당해 온도를 인화점으로 할 것
7. 제4호의 방법에 의하여 인화한 경우 및 제5호의 방법에 의하여 인화한 온도와 설정온도와의 차가 2℃를 초과하는 경우에는 제2호 내지 제5호에 의한 방법으로 반복하여 실시할 것
8. 제5호의 방법 및 제7호의 방법에 의하여 인화한 온도가 60℃ 이상의 온도인 경우에는 제9호 내지 제13호의 순서에 의하여 실시할 것
9. 제2호 및 제3호와 같은 순서로 실시할 것

10. 시험물품의 온도가 60초간 3℃의 비율로 상승하도록 수조를 가열하고 시험물품의 온도가 설정온도보다 5℃ 낮은 온도에 도달하면 개폐기를 작동하여 시험불꽃을 시료컵에 1초간 노출시키고 닫을 것. 이 경우 시험불꽃을 급격히 상하로 움직이지 아니하여야 한다.

11. 제10호의 방법에 의하여 인화하지 않는 경우에는 시험물품의 온도가 1℃ 상승마다 개폐기를 작동하여 시험불꽃을 시료컵에 1초간 노출시키고 닫는 조작을 인화할 때까지 반복할 것

12. 제11호의 방법에 의하여 인화한 온도와 설정온도와의 차가 2℃를 초과하지 않는 경우에는 당해 온도를 인화점으로 할 것

13. 제10호의 방법에 의하여 인화한 경우 및 제11호의 방법에 의하여 인화한 온도와 설정온도와의 차가 2℃를 초과하는 경우에는 제9호 내지 제11호와 같은 순서로 반복하여 실시할 것

제15조(신속평형법인화점측정기에 의한 인화점 측정시험) 신속평형법인화점측정기에 의한 인화점 측정시험은 다음 각 호에 정한 방법에 의한다.

1. 시험장소는 1기압, 무풍의 장소로 할 것

2. 신속평형법인화점측정기의 시료컵을 설정온도까지 가열 또는 냉각하여 시험물품(설정온도가 상온보다 낮은 온도인 경우에는 설정온도까지 냉각한 것) 2mL를 시료컵에 넣고 즉시 뚜껑 및 개폐기를 닫을 것

3. 시료컵의 온도를 1분간 설정온도로 유지할 것

4. 시험불꽃을 점화하고 화염의 크기를 직경 4mm가 되도록 조정할 것

5. 1분 경과 후 개폐기를 작동하여 시험불꽃을 시료컵에 2.5초간 노출시키고 닫을 것. 이 경우 시험불꽃을 급격히 상하로 움직이지 아니하여야 한다.

6. 제5호의 방법에 의하여 인화한 경우에는 인화하지 않을 때까지 설정온도를 낮추고, 인화하지 않는 경우에는 인화할 때까지 설정온도를 높여 제2호 내지 제5호의 조작을 반복하여 인화점을 측정할 것

제16조(클리브랜드개방컵인화점측정기에 의한 인화점 측정시험) 클리브랜드(Cleaveland)개방컵인화점측정기에 의한 인화점 측정시험은 다음 각 호에 정한 방법에 의한다.

1. 시험장소는 1기압, 무풍의 장소로 할 것

2. 「인화점 및 연소점 시험방법-클리브랜드 개방컵 시험방법」(KS M ISO 2592)에 의한 인화점측정기의 시료컵의 표선(標線)까지 시험물품을 채우고 시험물품의 표면의 기포를 제거할 것

3. 시험불꽃을 점화하고 화염의 크기를 직경 4mm가 되도록 조정할 것

4. 시험물품의 온도가 60초간 14℃의 비율로 상승하도록 가열하고 설정온도보다 55℃ 낮은 온도에 달하면 가열을 조절하여 설정온도보다 28℃ 낮은 온도에서 60초간 5.5℃의 비율로 온도가 상승하도록 할 것

5. 시험물품의 온도가 설정온도보다 28℃ 낮은 온도에 달하면 시험불꽃을 시료컵의 중심을 횡단하여 일직선으로 1초간 통과시킬 것. 이 경우 시험불꽃의 중심을 시료컵 위쪽 가장자리의 상방 2mm 이하에서 수평으로 움직여야 한다.

6. 제5호의 방법에 의하여 인화하지 않는 경우에는 시험물품의 온도가 2℃ 상승할 때마다 시험불꽃을 시료컵의 중심을 횡단하여 일직선으로 1초간 통과시키는 조작을 인화할 때까지 반복할 것

7. 제6호의 방법에 의하여 인화한 온도와 설정온도와의 차가 4℃를 초과하지 않는 경우에는 당해 온도를 인화점으로 할 것

8. 제5호의 방법에 의하여 인화한 경우 및 제6호의 방법에 의하여 인화한 온도와 설정온도와의 차가 4℃를 초과하는 경우에는 제2호 내지 제6호와 같은 순서로 반복하여 실시할 것

2 제1종 분말소화약제에 대하여 다음 물음에 답하시오.

1) 1차 열분해반응식을 쓰시오.
2) 탄산수소나트륨 10kg이 열분해 시 생성되는 이산화탄소의 부피는 몇 m³인가?

정답 1) $2NaHCO_3 \rightarrow Na_2CO_3 + CO_2 + H_2O$

    2) $2NaHCO_3 \rightarrow Na_2CO_3 + CO_2 + H_2O$

            10kg : $x\,\text{m}^3$

         $2 \times 84\text{kg}$: 22.4m^3

         $2 \times 84\text{kg} \times x = 10 \times 22.4$ $x = 1.33\text{m}^3$

3 다음 소화약제의 화학식을 쓰시오.

1) 제2종 분말소화약제
2) 할론 1301
3) IG-100

정답 1) $KHCO_3$

    2) CF_3Br

    3) N_2

4 다음 보기에서 설명하는 내용의 위험물을 시성식으로 답하시오.

> 보기 : ① 환원력이 아주 크다.
> ② 이것이 산화하여 아세트산이 된다.
> ③ 증기비중이 1.5이다.
> ④ 은거울반응과 펠링반응을 한다.
> ⑤ 물, 에테르, 알코올에 잘 녹는다.

1) 명칭
2) 화학식
3) 지정수량
4) 위험등급

정답 1) 아세트알데하이드

    2) CH_3CHO

    3) 50L

    4) 위험등급 Ⅰ

참고 아세트알데하이드는 산소에 의해 산화되기 쉽다.

    $2CH_3CHO + O_2 \rightarrow 2CH_3COOH$

5 염소산칼륨에 대하여 다음 물음에 답하시오.

1) 열분해 반응식을 쓰시오.
2) 표준상태에서 염소산칼륨 1kg이 열분해 할 경우 발생한 산소의 부피는 몇 m³인가?

▶정답 1) $2KClO_3 \quad \rightarrow \quad 2KCl + 3O_2$

2) $2KClO_3 \quad \rightarrow \quad 2KCl + 3O_2$

$$1kg \quad : \quad x\,m^3$$
$$2 \times 122.6kg \quad : \quad 3 \times 22.4m^3$$
$$2 \times 122.6 \times x = 1 \times 3 \times 22.4 \qquad x = 0.27m^3$$

6 20℃의 물 10kg을 주수소화할 때 100℃ 수증기로 흡수되는 열량이 몇 kcal인지 구하시오.

▶정답 $Q = GC\Delta t + G\gamma$

$$= \left[10kg \times 1\frac{kcal}{kg\,℃} \times (100-20)℃ \right] + \left[10kg \times 539\frac{kcal}{kg} \right] = 6{,}190kcal$$

7 톨루엔 1,000L, 스티렌 2,000L, 아닐린 4,000L, 실린더유 6,000L, 올리브유 20,000L를 저장할 경우 지정수량의 배수를 구하시오.

▶정답 지정수량 배수 = $\dfrac{저장수량}{지정수량}$ 의 합

$$= \frac{1{,}000}{200} + \frac{2{,}000}{1{,}000} + \frac{4{,}000}{2{,}000} + \frac{6{,}000}{6{,}000} + \frac{20{,}000}{10{,}000} = 12배$$

▶참고

유별	성질	위험물 품명		지정수량
제4류	인화성 액체	1. 특수인화물		50L
		2. 제1석유류	비수용성액체	200L
			수용성액체	400L
		3. 알코올류		400L
		4. 제2석유류	비수용성액체	1,000L
			수용성액체	2,000L
		5. 제3석유류	비수용성액체	2,000L
			수용성액체	4,000L
		6. 제4석유류		6,000L
		7. 동식물유류		10,000L

8 위험물의 양이 지정수량의 1/10일 때 혼재하여서는 안 될 위험물을 모두 쓰시오.

1) 제1류 위험물　　　　　　　　　　　　2) 제2류 위험물
3) 제3류 위험물　　　　　　　　　　　　4) 제4류 위험물
5) 제5류 위험물　　　　　　　　　　　　6) 제6류 위험물

➡정답 1) 제2류, 제3류, 제4류, 제5류
　　　　2) 제1류, 제3류, 제6류
　　　　3) 제1류, 제2류, 제5류, 제6류
　　　　4) 제1류, 제6류
　　　　5) 제1류, 제3류, 제6류
　　　　6) 제2류, 제3류, 제4류, 제5류
➡참고 혼재 가능 위험물은 다음과 같다.
　　　　가. 423 → 4류와 2류, 4류와 3류는 서로 혼재 가능
　　　　나. 524 → 5류와 2류, 5류와 4류는 서로 혼재 가능
　　　　다. 61 → 6류와 1류는 서로 혼재 가능

9 제3류 위험물인 트라이에틸알루미늄에 대한 다음 물음에 답하시오.(단, 트라이에틸알루미늄의 분자량 : 114)

1) 물과의 반응식을 쓰시오.
2) 트라이에틸알루미늄 228g이 물과 반응했을 때 생성되는 기체는 몇 L인가?(단, 표준상태)
3) 트라이에틸알루미늄을 옥내저장소에 저장할 경우 바닥면적은 몇 m²인가?

➡정답 1) $(C_2H_5)_3Al + 3H_2O \rightarrow Al(OH)_3 + 3C_2H_6$
　　　　2) $(C_2H_5)Al + 3H_2O \rightarrow Al(OH)_3 + 3C_2H_6$
　　　　　　　　228g　　　：　　　　xL
　　　　　　　　114g　　　：　　　3×22.4L
　　　　$114×x = 228×3×22.4$　　　　　$x = 134.4$L
　　　　3) 1,000m² 이하
➡참고 위험물을 저장하는 창고의 바닥면적적용 기준
　　　　가. 다음의 위험물을 저장하는 창고 : 1,000m²
　　　　　　1) 제1류 위험물 중 아염소산염류, 염소산염류, 과염소산염류, 무기과산화물, 그 밖에 지정수량이 50kg인 위험물
　　　　　　2) 제3류 위험물 중 칼륨, 나트륨, 알킬알루미늄, 알킬리튬, 그 밖에 지정수량이 10kg인 위험물 및 황린
　　　　　　3) 제4류 위험물 중 특수인화물, 제1석유류 및 알코올류
　　　　　　4) 제5류 위험물 중 유기과산화물, 질산에스터류, 그 밖에 지정수량이 10kg인 위험물
　　　　　　5) 제6류 위험물
　　　　나. 가목의 위험물 외의 위험물을 저장하는 창고 : 2,000m²
　　　　다. 가목의 위험물과 나목의 위험물을 내화구조의 격벽으로 완전히 구획된 실에 각각 저장하는 창고 : 1,500m²(가목의 위험물을 저장하는 실의 면적은 500m²를 초과할 수 없다)

10 위험물안전관리법령에서 정한 지하탱크저장소에 대한 내용이다. 다음 물음에 답하시오.

1) 지하저장탱크의 윗부분은 지면으로부터 (①)m 이상 아래에 있어야 한다.

2) 지하저장탱크를 2 이상 인접해 설치하는 경우에는 그 상호간에 (②)m(당해 2 이상의 지하저장탱크의 용량의 합계가 지정수량의 100배 이하인 때에는 0.5m) 이상의 간격을 유지하여야 한다.

3) 지하저장탱크는 용량에 따라 다음 표에 정하는 기준에 적합하게 강철판 또는 동등 이상의 성능이 있는 금속재질로 (③) 또는 (④)으로 틈이 없도록 만드는 동시에, 압력탱크(최대상용압력이 46.7kPa 이상인 탱크를 말한다) 외의 탱크에 있어서는 70kPa의 압력으로, 압력탱크에 있어서는 최대상용압력의 (⑤)배의 압력으로 각각 (⑥)분간 수압시험을 실시하여 새거나 변형되지 아니하여야 한다.

▶**정답** ① 0.6 ② 1 ③ 완전용입 ④ 양면겹침이음 ⑤ 1.5배 ⑥ 10분

11 다음 보기에서 설명하는 위험물의 대하여 물음에 답하시오.

> 보기 : ① 은백색의 연한 고체
> ② 원자량 : 6.94, 융점 : 180℃, 비점 : 1,350℃, 발화점 : 179℃
> ③ 비중이 0.53으로 2차 전지로 사용하며, 알칼리금속이지만 Na, K보다 격렬하지는 않다.

1) 물과의 반응식을 쓰시오.

2) 위험등급을 쓰시오.

3) 제조소에서 1,000kg을 제조할 경우 보유공지를 쓰시오.

▶**정답** 1) $2Li + 2H_2O \rightarrow 2LiOH + H_2$
2) 위험등급 Ⅱ
3) 5m 이상

▶**참고** 지정수량 배수 $= \dfrac{1,000}{50} = 20$배, 지정수량 배수가 10배 초과하므로 5m 이상

12 제4류 위험물인 클로로벤젠에 대하여 다음 물음에 답하시오.

1) 품명

2) 화학식

3) 지정수량

▶**정답** 1) 제2석유류, 2) C_6H_5Cl, 3) 1,000L

13 다음 보기의 각 위험물 운반용기 외부에 표시할 주의사항을 쓰시오.

> ① 제2류 위험물 중 인화성 고체   ② 제3류 위험물 중 금수성 물질
>
> ③ 제4류 위험물   ④ 제6류 위험물

▶**정답** ① 화기엄금   ② 물기엄금   ③ 화기엄금   ④ 가연물접촉주의

▶**참고** 수납하는 위험물에 따른 주의사항
       ① 제1류 위험물 중 알칼리금속의 과산화물 또는 이를 함유한 것에 있어서는 "화기 · 충격주의",
         "물기엄금" 및 "가연물접촉주의", 그 밖의 것에 있어서는 "화기 · 충격주의" 및 "가연물접촉
         주의"
       ② 제2류 위험물 중 철분 · 금속분 · 마그네슘 또는 이들 중 어느 하나 이상을 함유한 것에 있어서
         는 "화기주의" 및 "물기엄금", 인화성 고체에 있어서는 "화기엄금", 그 밖의 것에 있어서는
         "화기주의"
       ③ 제3류 위험물 중 자연발화성 물질에 있어서는 "화기엄금" 및 "공기접촉엄금", 금수성 물질에
         있어서는 "물기엄금"
       ④ 제4류 위험물에 있어서는 "화기엄금"
       ⑤ 제5류 위험물에 있어서는 "화기엄금" 및 "충격주의"
       ⑥ 제6류 위험물에 있어서는 "가연물접촉주의"

14 과산화칼륨과 아세트산이 반응하여 생성되는 위험물에 대한 설명이다. 다음 물음에 답하
시오.

1) 이 물질의 분해반응식을 쓰시오.
2) 운반용기에 표시하여야 할 주의사항을 쓰시오.
3) 이 물질을 저장하는 장소와 학교와의 안전거리를 쓰시오.(단, 해당 없으면 해당없음이라고
   답하시오.)

▶**정답** 1) $2H_2O_2 \rightarrow 2H_2O + O_2$
       2) 가연물접촉주의
       3) 해당없음

▶**참고** 제조소의 안전거리(단, 제6류 위험물은 제외한다.)

15 다음 물음에 답하시오.

1) 대통령령이 정하는 위험물탱크가 있는 제조소 등의 완공검사를 받기 전에 무엇을 받아야
   하는지 쓰시오.
2) 이동탱크의 완공검사 신청시기를 쓰시오.
3) 지하탱크의 완공검사 신청시기를 쓰시오.

4) 제조소 등의 완공검사를 실시한 결과 기술기준에 적합하다고 인정되는 경우 시도지사는 무엇을 교부해야 하는지 쓰시오.

정답 1) 탱크안전성능검사

2) 이동탱크를 완공하고 상치장소 확보한 후

3) 지하탱크 매설 전

4) 완공검사필증

참고 제조소 등의 완공검사 신청시기

1. 지하탱크가 있는 제조소 등의 경우 : 당해 지하탱크를 매설하기 전

2. 이동탱크저장소의 경우 : 이동저장탱크를 완공하고 상치장소를 확보한 후

3. 이송취급소의 경우 : 이송배관 공사의 전체 또는 일부를 완료한 후. 다만, 지하·하천 등에 매설하는 이송배관의 공사의 경우에는 이송배관을 매설하기 전

4. 전체 공사가 완료된 후에는 완공검사를 실시하기 곤란한 경우 : 다음 각목에서 정하는 시기

   가. 위험물설비 또는 배관의 설치가 완료되어 기밀시험 또는 내압시험을 실시하는 시기

   나. 배관을 지하에 설치하는 경우에는 시·도지사, 소방서장 또는 기술원이 지정하는 부분을 매몰하기 직전

   다. 기술원이 지정하는 부분의 비파괴시험을 실시하는 시기

5. 제1호 내지 제4호에 해당하지 아니하는 제조소등의 경우 : 제조소 등의 공사를 완료한 후

16 다음 보기의 설명 중에서 맞는 내용을 고르시오.

보기 : ① 건조사는 모든 위험물에 소화작용이 있다.

② 제1류 위험물은 주수소화가 가능한 위험물이 있고 그렇지 않은 위험물도 있다.

③ 마그네슘 화재 시 물분무소화가 적응성이 없어 이산화탄소 소화기로 소화가 가능하다.

④ 제6류 위험물을 저장 또는 취급하는 장소로서 폭발의 위험이 없는 장소에 한하여 이산화탄소 소화기는 적응성이 있다.

⑤ 에탄올은 물보다 비중이 높아 물로 소화 시 화재면이 확대되어 주수소화가 불가능하다.

정답 ①, ②, ④

17 흑색화약의 주원료에 대한 설명이다. 다음 빈칸에 알맞은 답을 쓰시오.(단, 위험물이 아닌 경우에는 해당없음이라고 답하시오.)

구분	화학식	품명
①	( )	( )
②	( )	( )
③	( )	( )

정답

구분	화학식	품명
①	KNO_3	질산염류
②	S	황
③	C	해당없음

18 옥외탱크저장소의 방유제에 대한 내용이다 보기의 내용을 보고 다음 물음에 답하시오.

> 보기 : 방유제 안의 탱크 용량 및 개수
> ① 30만L 3기
> ② 20만L(인화점 50℃) 9기

1) 옥외탱크저장소에 설치하여야 하는 방유제의 최소 개수를 구하시오.
2) 30만L 2기, 20만L(인화점 50℃) 2기가 하나의 방유제 내에 있을 경우 방유제의 용량을 구하시오.
3) 방유제에 인화성 액체 대신에 제6류 위험물인 질산을 저장할 경우 방유제 개수를 구하시오.

정답 1) 2개   2) 330,000L   3) 2개

➡참고 가. 방유제 내의 설치하는 옥외저장탱크의 수는 10(방유제 내에 설치하는 모든 옥외저장탱크의 용량이 20만L 이하이고, 당해 옥외저장탱크에 저장 또는 취급하는 위험물의 인화점이 70℃ 이상 200℃ 미만인 경우에는 20) 이하로 할 것. 다만, 인화점이 200℃ 이상인 위험물을 저장 또는 취급하는 옥외저장탱크에 있어서는 그러하지 아니하다. 방유제 안에는 10기 이하로 저장하여야 하므로 총 12기가 있으므로 방유제는 2개 이상으로 하여야 한다.

나. 방유제의 용량은 방유제안에 설치된 탱크가 하나인 때에는 그 탱크 용량의 110% 이상, 2기 이상인 때에는 그 탱크 중 용량이 최대인 것의 용량의 110% 이상으로 할 것. 이 경우 방유제의 용량은 당해 방유제의 내용적에서 용량이 최대인 탱크 외의 탱크의 방유제 높이 이하 부분의 용적, 당해 방유제내에 있는 모든 탱크의 지반면 이상 부분의 기초의 체적, 간막이 둑의 체적 및 당해 방유제 내에 있는 배관 등의 체적을 뺀 것으로 한다.

∴ 300,000×1.1 = 330,000L

다. "가"의 기준과 동일하다.

19 탄화칼슘이 고온에서 질소와 반응할 때 생성되는 물질 2가지를 쓰시오.

정답 사이안화칼슘($CaCN_2$), 탄소(C)

참고 $CaC_2 + N_2 \rightarrow CaCN_2 + C$

20 HNO_3(Nitric Acid)과 H_2SO_4(Sulfuric Acid)과 Glyceine을 섞는 장면을 보여준다. 다음 물음에 답하시오.

1) 최종적으로 제조된 물질의 화학식을 쓰시오.
2) 구조식을 쓰시오.
3) 이 물질이 열분해하여 다량의 가스를 발생하는 열분해 반응식을 쓰시오.

정답 1) $C_3H_5(ONO_2)_3$(나이트로글리세린)

2)
```
      H   H   H
      |   |   |
  H - C - C - C - H
      |   |   |
      O   O   O
      |   |   |
    NO₂  NO₂ NO₂
```

3) $4C_3H_5(ONO_2)_3 \rightarrow 12CO_2 \uparrow + 10H_2O + 6N_2 + O_2 \uparrow$

필답형 **2023년 11월 4일 산업기사 실기시험**

1 탄화칼슘 32g이 물과 반응하여 생성되는 기체가 완전연소하기 위한 산소의 부피 L를 구하시오.

> ▶정답 $CaC_2 + 2H_2O \rightarrow Ca(OH)_2 + C_2H_2$
> $\qquad$ 32g $\quad$: $\qquad$ x mol
> $\qquad$ 64g $\quad$: $\qquad$ 1mol
> $\quad$ 64×x=32×1 $\qquad$ x=0.5mol
>
> $\quad$ $2C_2H_2 + 5O_2 \rightarrow 4CO_2 + 2H_2O$
> $\qquad$ 0.5mol $\quad$: $\qquad$ yL
> $\qquad$ 2mol $\quad$: $\qquad$ 5×22.4L
> $\quad$ 2×y=5×0.5×22.4 $\qquad$ y(정답)=28L

2 다음 보기를 아이오딘값에 따른 동식물유류로 분류하시오.

> 보기 : 아마인유, 야자유, 들기름, 쌀겨유, 목화씨유, 땅콩유

> ▶정답 1) 건성유 : 아마인유, 들기름
> $\quad$ 2) 반건성유 : 목화씨유, 쌀겨유
> $\quad$ 3) 불건성유 : 야자유, 땅콩유

3 다음 보기를 인화점이 낮은 것부터 순서대로 쓰시오.

> 보기 : 초산에틸, 메틸알코올, 나이트로벤젠, 에틸렌글리콜

> ▶정답 초산에틸 < 메틸알코올 < 나이트로벤젠 < 에틸렌글리콜
> ▶참고 ・초산에틸 : −4.4℃ $\qquad$ ・메틸알코올 : 11℃
> $\qquad$ ・나이트로벤젠 : 88℃ $\qquad$ ・에틸렌글리콜 : 111℃

4 위험물의 양이 지정수량의 1/10일 때 혼재하여서는 안 될 위험물을 모두 쓰시오.

$\quad$ 1) 제1류 위험물 $\qquad$ 2) 제2류 위험물 $\qquad$ 3) 제3류 위험물
$\quad$ 4) 제4류 위험물 $\qquad$ 5) 제5류 위험물 $\qquad$ 6) 제6류 위험물

정답 1) 제2류, 제3류, 제4류, 제5류

2) 제1류, 제3류, 제6류

3) 제1류, 제2류, 제5류, 제6류

4) 제1류, 제6류

5) 제1류, 제3류, 제6류

6) 제2류, 제3류, 제4류, 제5류

참고 혼재 가능 위험물은 다음과 같다.

가. 423 → 4류와 2류, 4류와 3류는 서로 혼재 가능

나. 524 → 5류와 2류, 5류와 4류는 서로 혼재 가능

다. 61 → 6류와 1류는 서로 혼재 가능

---

5 다음은 연소의 형태에 대한 설명이다. 다음 물음에 답하시오.

연소의 형태	연소되는 물질
1)	목탄, 금속분
2)	알코올, 에테르
3)	질산에스터류, 셀룰로이드류

정답 1) 표면연소　　　2) 증발연소　　　3) 자기연소

---

6 제1류 위험물의 열분해 반응식을 쓰시오.

1) 아염소산나트륨

2) 염소산나트륨

3) 과염소산나트륨

정답 1) $NaClO_2 \rightarrow NaCl + O_2$

2) $2NaClO_3 \rightarrow 2NaCl + 3O_2$

3) $NaClO_4 \rightarrow NaCl + 2O_2$

---

7 위험물안전관리법령에서 정한 제4류 위험물인 아세톤에 대하여 다음 물음에 답하시오.

1) 시성식을 쓰시오.

2) 품명, 지정수량을 쓰시오.

3) 증기비중을 구하시오.

정답 1) CH_3COCH_3　　2) 제1석유류, 400L　　3) $\dfrac{58}{29} = 2$

8 다음 보기 중 위험물에 적응성이 있는 소화설비의 부분에 해당하는 위험물을 모두 고르시오.

> 보기 : 제2류 위험물중 인화성 고체   제3류 위험물(금수성 제외)
>
>   제4류 위험물   제5류 위험물
>
>   제6류 위험물

1) 불활성가스 소화설비
2) 옥외소화전설비
3) 포소화설비

▶정답 1) 제2류 위험물 중 인화성 고체, 제4류 위험물
       2) 제2류 위험물 중 인화성 고체, 제3류 위험물(금수성 물질 제외), 제5류 위험물, 제6류 위험물
       3) 제2류 위험물 중 인화성 고체, 제3류 위험물(금수성 물질 제외), 제4류 위험물, 제5류 위험물,
          제6류 위험물

소화설비의 구분		건축물·그 밖의 공작물	전기설비	제1류 위험물		제2류 위험물			제3류 위험물		제4류 위험물	제5류 위험물	제6류 위험물
				알칼리금속과 산화물 등	그 밖의 것	철분·금속분·마그네슘등	인화성 고체	그 밖의 것	금수성 물품	그 밖의 것			
옥내소화전 또는 옥외소화전설비		○			○		○	○		○		○	○
스프링클러설비		○			○		○	○		○	△	○	○
물분무등소화설비	물분무소화설비	○	○		○		○	○		○	○	○	○
	포소화설비	○			○		○	○		○	○	○	○
	불활성가스소화설비		○				○				○		
	할로젠화합물소화설비		○				○				○		
	분말소화설비 인산염류 등	○	○		○		○				○		○
	분말소화설비 탄산수소염류 등		○	○		○	○		○		○		
	분말소화설비 그 밖의 것			○		○			○				
대형·소형수동식소화기	봉상수(棒狀水)소화기	○			○		○	○		○		○	○
	무상수(霧狀水)소화기	○	○		○		○	○		○		○	○
	봉상강화액소화기	○			○		○	○		○		○	○
	무상강화액소화기	○	○		○		○	○		○		○	○
	포소화기	○			○		○	○		○		○	○
	이산화탄소소화기		○				○				○		△
	할로젠화합물소화기		○				○				○		

분말소화기	인산염류 소화기	○	○		○		○	○			○		○
	탄산수소 염류소화기		○	○		○	○		○		○		
	그 밖의 것			○		○			○				
기타	물통 또는 수조	○			○		○	○		○		○	○
	건조사			○	○	○	○	○	○	○	○	○	○
	팽창질석 또는 팽창진주암			○	○	○	○	○	○	○	○	○	○

9 다음은 주유취급소에 대한 설명이다. 다음 보기의 설명 중 옳은 것을 모두 고르시오.

> 보기 : ① 옥내주유취급소에 수소충전설비를 설치할 수 있다.
> ② 셀프용 고정주유설비를 일반주유설비로 변경하는 경우 변경 허가를 받아야
>   한다.
> ③ 옥내주유취급소는 건축물 안에 설치하는 것만 해당한다.
> ④ 태양광발전설비는 주유취급소의 캐노피 상부 또는 건축물의 옥상에 설치해야
>   한다.

▶**정답** ④

▶**참고** 1) 수소충전설비는 옥내주유취급소 외의 주유취급소에 한정한다.
2) 일반주유설비를 셀프용 고정주유설비로 변경하는 경우 변경 허가를 받아야 한다.
3) 옥내주유취급소를 설치할 수 있는 장소
가. 건축물 안에 설치하는 주유취급소
나. 캐노피·처마·차양·부연·발코니 및 루버의 수평투영면적이 주유취급소의 공지면적
(주유취급소의 부지면적에서 건축물 중 벽 및 바닥으로 구획된 부분의 수평투영면적을
뺀 면적을 말한다)의 3분의 1을 초과하는 주유취급소

10 농도가 36중량% 이상인 경우 위험물로 본다, 이 위험물에 대해 다음 물음에 답하시오.

1) 이 물질의 분해 반응식을 쓰시오.
2) 이 물질의 위험등급을 쓰시오.
3) 이 물질을 운반하는 경우 운반용기 외부에 표시하여야 할 주의사항을 쓰시오.

▶**정답** 1) $2H_2O_2 \rightarrow 2H_2O + O_2$
2) 위험등급 I
3) 가연물접촉주의

11 다음 보기에서 설명하는 위험물에 대하여 다음 물음에 답하시오.

> 보기 : ① 무색, 투명한 액체이다.
> ② 제4류 위험물로서 지정수량이 50L이다.
> ③ 증기 비중은 2.62이다.

1) 화학식
2) 완전 연소반응식
3) 아래의 옥외탱크저장소와 관련된 내용 중 틀린 부분이 있으면 번호를 적고 수정하시오.(없으면 해당없음이라고 표기하시오.)
   ① 통기관을 설치하지 않을 수 있다.
   ② 보유공지를 확보해야 한다.
   ③ 자동계량장치를 설치하지 않을 수 있다.

정답 1) CS_2
2) $CS_2 + 3O_2 \rightarrow CO_2 + 2SO_2$
3) ② 보유공지를 확보하지 않을 수 있다.

참고 이황화탄소의 옥외저장탱크는 벽 및 바닥의 두께가 0.2m 이상이고 누수가 되지 아니하는 철근콘크리트의 수조에 넣어 보관하여야 한다. 이 경우 보유공지·통기관 및 자동계량장치는 생략할 수 있다.

12 옥외탱크저장소의 기술검토와 관련하여 다음 물음에 답하시오.

1) 기술검토 대상인 옥외탱크저장소의 허가절차를 아래 보기에서 골라 순서대로 나열하시오.

> 보기 : 설치허가, 완공검사, 기술검토, 완공검사합격확인증, 탱크안전성능검사

2) 기술검토를 위탁받아 실시하는 기관의 명칭을 쓰시오.
3) 기술검토 내용을 쓰시오.

정답 1) 기술검토 → 설치허가 → 탱크안전성능검사 → 완공검사 → 완공검사합격확인증
2) 한국소방산업기술원
3) 위험물탱크의 기초, 지반, 탱크의 본체 및 소화설비에 관한 사항

13 제조소에 설치하는 옥내소화전에 대해 다음 물음에 답하시오.

1) 수원의 양은 소화전의 개수에 몇 m³를 곱해야 하는 것인지 쓰시오.
2) 하나의 노즐의 방수압력은 몇 kPa 이상으로 하는지 쓰시오.
3) 하나의 노즐의 방수량은 몇 L/min 이상으로 하는지 쓰시오.
4) 하나의 호스접속구까지의 수평거리는 몇 m 이하로 해야 하는지 쓰시오.

정답 1) 7.8
　　　 2) 350
　　　 3) 260
　　　 4) 25

참고 소화전설비 기준

	방수량	방수압력	토출량	수원량
옥내소화전	$260\dfrac{l}{분}$	350kPa	N(최대 5개)×$260\dfrac{l}{분}$	N(최대 5개)×$260\dfrac{l}{분}$×30분
옥외소화전	$450\dfrac{l}{분}$	350kPa	N(최대 4개)×$450\dfrac{l}{분}$	N(최대 4개)×$450\dfrac{l}{분}$×30분
스프링클러 설비	$80\dfrac{l}{분}$	100kPa	헤드수×$80\dfrac{l}{분}$	헤드수×$80\dfrac{l}{분}$×30분
물분무 소화설비	$20\dfrac{l}{\text{m}^2분}$	350kPa	A(최대 150m²)×$20\dfrac{l}{\text{m}^2분}$	A(최대 150m²)×$20\dfrac{l}{\text{m}^2분}$×30분

14 옥외저장소에는 위험물을 동일한 실에 유별로 1m 이상의 간격을 두고 함께 저장할 수 있는데, 이때 저장 가능한 것을 모두 고르시오.

　① 과산화칼륨과 질산에스터류
　② 염소산칼륨과 과염소산
　③ 인화성 고체와 제1석유류
　④ 황린과 질산염류
　⑤ 황과 휘발유

정답 ②, ③, ④

참고 유별을 달리하는 위험물은 동일한 저장소에 저장하지 아니하여야 한다. 다만, 옥내저장소 또는 옥외저장소에 있어서 다음의 각목의 규정에 의한 위험물을 저장하는 경우로서 위험물을 유별로 정리하여 저장하는 한편, 서로 1m 이상의 간격을 두는 경우에는 그러하지 아니하다(중요기준).
　가. 제1류 위험물(알칼리금속의 과산화물 또는 이를 함유한 것을 제외한다)과 제5류 위험물을 저장하는 경우

나. 제1류 위험물과 제6류 위험물을 저장하는 경우

다. 제1류 위험물과 제3류 위험물 중 자연발화성 물질(황린 또는 이를 함유한 것에 한한다)을 저장하는 경우

라. 제2류 위험물 중 인화성 고체와 제4류 위험물을 저장하는 경우

마. 제3류 위험물 중 알킬알루미늄 등과 제4류 위험물(알킬알루미늄 또는 알킬리튬을 함유한 것에 한한다)을 저장하는 경우

바. 제4류 위험물 중 유기과산화물 또는 이를 함유하는 것과 제5류 위험물 중 유기과산화물 또는 이를 함유한 것을 저장하는 경우

---

15 할로젠화합물 소화약제에 대하여 다음 물음에 답하시오.

1) 할로젠화합물 소화약제의 종류를 쓰시오.
2) 인화성 고체에 적응성이 있는 소화약제를 쓰시오.
3) 이동식 할로젠화합물 소화설비에 사용하는 소화약제를 쓰시오.

▶정답 1) 할론 1301, 할론 1211, 할론 2402
　　　 2) 할론 1301, 할론 1211, 할론 2402
　　　 3) 할론 1301, 할론 1211, 할론 2402

---

16 제3류 위험물인 나트륨에 적응성이 있는 소화약제를 보기에서 골라 쓰시오.

> 보기 : 옥내소화전설비, 포소화설비, 인산염류소화기, 팽창질석, 건조사

▶정답 팽창질석, 건조사

---

17 제5류 위험물인 하이드록실아민을 제조소에서 제조하고자 할 때 다음 물음에 답하시오.

1) 1,000kg의 하이드록실아민을 제조하는 제조소와 병원의 안전거리를 구하시오.
2) 담 또는 토제를 설치하고자 할 때 토제의 경사면의 경사도를 쓰시오.
3) 이 제조소에 설치하는 게시판 주의사항의 바탕색과 문자색을 쓰시오.

▶정답 1) $N = \dfrac{1,000}{100} = 10$배

$D = 51.1 \times \sqrt[3]{N} = 51.1 \times \sqrt[3]{10} = 110.09\text{m}$

2) 60° 미만
3) 적색바탕에 백색문자

▶참고 가. 취급하는 위험물에 따라 다음의 규정에 의한 주의사항을 표시한 게시판을 설치할 것

　　　1) 제1류 위험물 중 알칼리금속의 과산화물과 이를 함유한 것 또는 제3류 위험물 중 금수성 물질에 있어서는 "물기엄금"

2) 제2류 위험물(인화성 고체를 제외한다.)에 있어서는 "화기주의"

3) 제2류 위험물 중 인화성 고체, 제3류 위험물 중 자연발화성 물질, 제4류 위험물 도는 제5류 위험물에 있어서는 "화기엄금"

나. 게시판의 색은 "물기엄금"을 표시하는 것에 있어서는 청색바탕에 백색문자로, "화기주의" 또는 "화기엄금"을 표시하는 것에 있어서는 적색바탕에 백색문자로 할 것

18 다음 물음에 답하시오.

1) 하이드라진과 반응 시 로켓 원료로 사용되는 물질을 만드는 제6류 위험물의 위험물이 되는 기준을 쓰시오.

2) 하이드라진과 ①의 제6류 위험물과의 반응식을 쓰시오.

▶정답 1) 농도가 36중량% 이상

2) $N_2H_4 + 2H_2O_2 \rightarrow N_2 + 4H_2O$

19 제4류 위험물인 아세트알데하이드는 산화와 환원되는 위험물이다. 다음 물음에 답하시오.

1) 산화반응하여 생성되는 물질과 그 물질의 연소반응식을 쓰시오.

2) 환원반응하여 생성되는 물질과 그 물질의 연소반응식을 쓰시오.

▶정답 1) 아세트산, $CH_3COOH + 2O_2 \rightarrow 2CO_2 + 2H_2O$

2) 에틸알코올, $C_2H_5OH + 3O_2 \rightarrow 2CO_2 + 3H_2O$

▶참고 에틸알코올 산화 · 환원 반응식

$$C_2H_5OH \underset{\text{환원}}{\overset{\text{산화}}{\rightleftarrows}} CH_3CHO \underset{\text{환원}}{\overset{\text{산화}}{\rightleftarrows}} CH_3COOH$$

20 다음 보기의 물질이 완전연소할 때 생성되는 물질을 화학식으로 답하시오.(단, 없으면 해당없음이라고 답하시오.)

보기 : ① 질산칼륨, ② 황린, ③ 황, ④ 과염소산, ⑤ 마그네슘

▶정답 ① 질산칼륨은 1류 위험물이므로 불연성 : 해당없음

② 황린(P_4S_3, P_2S_5, P_4S_7) 가연성 : P_2O_5

③ 황(S) 가연성 : SO_2

④ 과염소산은 제6류 위험물이므로 불연성 : 해당없음

⑤ 마그네슘(Mg) 가연성 : MgO

위험물산업기사 실기

발행일	2011. 4. 10	초판 발행
	2014. 2. 20	개정 1판1쇄
	2018. 2. 10	개정 2판1쇄
	2019. 3. 10	개정 3판1쇄
	2020. 7. 10	개정 4판1쇄
	2021. 4. 20	개정 5판1쇄
	2022. 5. 20	개정 6판1쇄
	2023. 3. 10	개정 7판1쇄
	2024. 1. 10	개정 8판1쇄
	2025. 1. 10	개정 9판1쇄

저 자 | 허 판 효
발행인 | 정 용 수
발행처 | 예문사

주 소 | 경기도 파주시 직지길 460(출판도시) 도서출판 예문사
T E L | 031) 955 - 0550
F A X | 031) 955 - 0660
등록번호 | 11 - 76호

정가 : 26,000원

ISBN 978-89-274-5602-5 13530